# 中古宗教与自然审美

钟仕伦　刘敏　等著

商務印書館
创于1897　The Commercial Press

2012年·北京

国家社会科学基金项目(编号 07XZX009)

# 中国中古宗教意识形态与自然审美观研究

# 目　　录

第一章　绪论 …………………………………………………… 1

第一节　杂糅型的中古宗教意识形态 ……………………… 2

一、中古时期的儒教、佛教与道教 ……………………………… 2

二、杂糅型的中古宗教意识形态 ……………………………… 31

三、面向自然的宗教 ………………………………………… 35

第二节　中西哲学史上的自然概念 ……………………… 44

一、西方哲学史上的自然概念 ………………………………… 44

二、中国哲学史上的自然概念 ………………………………… 52

第三节　先秦时期的自然审美观 ………………………… 58

一、“维岳降神”:崇高美的自然崇拜观念 ……………………… 58

二、“以舞降神”:巫术中的自然审美观念 ……………………… 63

第四节　汉魏时期的自然审美观 ………………………… 75

一、汉魏之际自然观的转变 …………………………………… 75

二、王弼的“自然说” ………………………………………… 82

三、王粲的自然审美意识 ……………………………………… 96

第五节　中古自然审美观的形成 ……………………… 103

一、审美移情的自觉 ………………………………………… 103

二、中古自然审美观的形成 ………………………………… 113

第二章 黄老思想与自然审美观 …… 126
第一节 黄老自然观及审美意义 …… 126
一、黄老之学的自然观念 …… 126
二、黄老自然观的审美意义 …… 132
第二节 黄老名理思维与自然审美意识 …… 136
一、中国古代哲学中的名辩思想 …… 136
二、黄老名理思维对自然审美思维的影响 …… 148
第三节 《淮南子》的自然审美意识 …… 150
一、从《吕氏春秋》到《淮南子》 …… 150
二、《淮南子》的自然审美意识 …… 153

第三章 董仲舒的神学自然观 …… 161
第一节 董仲舒天之观念的神学意义 …… 162
一、殷周"天"的观念 …… 162
二、先秦儒学的天道观 …… 167
三、董仲舒"天"之观念 …… 172
第二节 董仲舒自然观之特征 …… 180
一、本体的自然 …… 180
二、观念的自然 …… 187
三、阐释的自然 …… 200
第三节 汉赋自然意象的儒教神学模式 …… 216
一、汉赋自然意象的情感态度 …… 216
二、汉赋自然意象的道德化倾向 …… 231

第四章　六家七宗与魏晋自然审美观 …………………… 242
第一节　般若学与中国 ………………………………… 243
一、般若学的传入 …………………………………… 243
二、六家七宗产生的历史成因 ……………………… 250
三、六家七宗略考 …………………………………… 256
第二节　"得意"的六家七宗 ………………………… 262
一、格义的时代意义 ………………………………… 262
二、言意之辨 ………………………………………… 269
三、六家七宗的自然观 ……………………………… 276
第三节　"空"观下的玄学自然审美观 ……………… 295
一、士僧交往 ………………………………………… 295
二、人物品评 ………………………………………… 305
三、赏游自然 ………………………………………… 308
第四节　艺术的自然觉醒 ……………………………… 322
一、山水诗歌中的自然审美意识 …………………… 322
二、园林建筑中的自然审美意识 …………………… 340

第五章　中古道教神仙思想与自然审美观 ……………… 350
第一节　中古道教神仙思想和自然观念 ……………… 350
一、神仙思想的起源及理论化 ……………………… 350
二、魏晋文人的神仙信仰与自然观念的转变 ……… 357
第二节　道教修炼方式的审美内涵 …………………… 372
一、清静:宗教修炼中的审美体验 …………………… 372
二、存思:宗教修持之道与审美体验之道 …………… 380
三、"守一"之境界与审美境界 ……………………… 383

第三节 博物地理著作中的自然 …………………………… 393
一、博物地理小说中的天道自然观 ………………………… 393
二、博物地理小说中的自然 ……………………………… 399
第四节 游仙诗中的自然与自然观 ……………………… 412
一、三曹——对仙界的幻想 ……………………………… 412
二、郭璞——"仙隐"主题的独特创造 …………………… 420

第六章 中古绘画中的佛学思想及其自然审美观 ……… 424
第一节 中古画论中的佛学思想 ……………………… 425
一、宗炳的"人是精神物"思想与《画山水序》 ……………… 425
二、佛教造像及其自然审美观 …………………………… 430
第二节 陆探微的生平与时代思潮 ……………………… 438
一、陆探微生平考证 …………………………………… 438
二、陆探微创作的时代思潮 ……………………………… 447
第三节 "一笔画"的美学思想 ………………………… 456
一、"以书入画"——"一笔画"的审美创造 ……………… 456
二、"气脉不断"——"一笔画"的核心内涵 ……………… 460
第四节 "秀骨清像"的审美形态 ……………………… 466
一、秀骨——化气韵为骨力 ……………………………… 466
二、清像——意澹而雅正 ………………………………… 473
三、"秀骨清像"中的道释思想 …………………………… 476
四、"自然"与"神会" …………………………………… 481

第七章 《文心雕龙》的自然审美观 ……………………… 487
第一节 《文心雕龙》"自然"范畴的确立 ……………… 489

一、"自然"释义 …… 489
二、"物"的内涵 …… 495
第二节　刘勰的自然审美观 …… 499
一、《物色》篇研究 …… 499
二、刘勰自然审美观的本质 …… 510
第三节　《文心雕龙》自然审美观的构成 …… 520
一、心物论 …… 520
二、审美范畴论 …… 526
第四节　刘勰自然审美意识的生命情怀和历史意义 …… 535
一、刘勰自然审美意识的生命情怀 …… 535
二、刘勰自然审美意识的历史意义 …… 540

第八章　结语 …… 545

主要参考文献与征引书目 …… 556

后记 …… 572

# 第一章　绪论

“中古”这一概念，在古代一般是指周文王时期，有时也泛指周秦。[①] 上个世纪以来，学术界以“中古”称者，就我手边能找到的专著而言，在美学、宗教学和文学界一般是指魏晋南北朝时期，如刘师培的《中国中古文学史讲义》。[②] 但也有不同的，指上自公元前53年扬雄生，下迄公元340年卢谌死时期，把东汉包括在内，如陆侃如的《中古文学系年》[③]。在史学界，“中古”一般指两汉至隋唐

---

① 《系辞》云：“《易》之兴也，其于中古乎。”清毛奇龄说：“中古者，文王与纣之时也”（毛奇龄：《仲氏易》卷二，《文渊阁四库全书》）。《文选》卷四左太冲《蜀都赋》：“夫蜀都者，盖兆基于上世，开国于中古。”李善注曰：“秦惠王讨灭蜀王，封公子通为蜀侯。惠王二十七年（公元前311），使张若与张仪筑成都城，其后置蜀郡，以李冰为守。《地理志》曰：‘蜀守李冰凿离堆，穿两江，为人开田，百姓飨其利。’是时蜀人始通中国，言语颇与华同，故言‘开国于中古’也。”

② 刘师培：《中国中古文学史讲义》，人民文学出版社，1959年11月北京第1版。继之者有王瑶的《中古文学史论集》（上海古籍出版社，1982年10月新1版）、何满子的《中古文人风采》（花城出版社，2007年5月第1版），曹道衡的《中古文学史论文集》（中华书局，1986年7月第1版）、曹道衡、沈玉成的《中古文学史料丛考》（中华书局，2003年7月第1版）、刘跃进的《中古文学文献学》（江苏古籍出版社，1997年12月第1版）、王钟陵的《中国中古诗歌史》（江苏教育出版社，1988年5月第1版）、吴云的《20世纪中古文学研究》（天津古籍出版社，2004年6月第1版）、詹福瑞的《中古文学理论范畴》（中华书局，2005年北京第1版）和袁济喜的《中古美学与人生讲演录》（广西师范大学出版社，2007年10月第1版）。何剑平的《中国中古维摩诘信仰研究》（巴蜀书社，2009年6月第1版）上起汉末，下至隋唐，谢重光的《中古佛教僧官制度和社会生活》则上起汉代，下迄唐宋。

③ 陆侃如：《中古文学系年》，人民文学出版社，1985年6月北京第1版。

这个时期，如荣新江的《中古中国与外来文明》[1]和罗新的《中古北族名号研究》[2]，但胡适的《中国中古思想史长编》[3]则上自公元前4世纪，下迄公元1世纪。本书的"中古"，则上起西汉，下迄梁陈。

中古时期为中国哲学从宇宙论经宇宙论与人生论融合由自然哲学向宗教哲学转化的时期，中古时期的宗教意识形态是推动中古自然审美观形成的主要原因。两汉哲学较少涉及人生论，关注的是宇宙与政治。汉末动荡引起的对社会治乱和对人生何为的思索在哲学中的表现即是玄学的产生，玄学为宇宙论与人生论之融合。道教的出现和佛教的传入，在改变中国本土固有文化范式的同时改变了中国哲学的格局，宗教哲学正式登上中国哲学的殿堂，为中国古典美学的发展推波助澜。先秦两汉哲学追求理性过程中遗留的原始宗教、巫术宗教中的信仰、观念和新产生的道教，以及传进中土的佛教和宗教化了的儒家学说，加上黄老、五行、谶纬、民间信仰等思想，分别从不同的维度对中古时期自然审美观的形成产生了积极的促进作用。

## 第一节　杂糅型的中古宗教意识形态

### 一、中古时期的儒教、佛教与道教

#### （一）儒学的宗教性质

一般来说，能称为现代意义上的宗教应具备"教会"、"仪式"、

① 荣新江：《中古中国与外来文明》，生活·读书·新知三联书店，2001年12月北京第1版。

② 罗新：《中古北族名号研究》，北京大学出版社，2009年3月第1版。

③ 胡适：《中国中古思想史长编》，安徽教育出版社，1999年10月第1版。

“信仰和观念”、“特殊的情感体验”和“道德规范”这五种要素，而规定“宗教”这一概念的本质特征的是“第三种要素，即信仰和观念”，这是“宗教”一词的学科概念。[①]

在中国古代，“宗教”一词作为学科概念几乎没有形成，作为学科概念的“宗教”最早都要到近代才会产生。[②] 但“宗教”一词作为一般性概念而不是作为学科名词概念则源于中古时期。《弘明集》卷十《大梁皇帝敕答臣下神灭论》中右仆射袁昂《答》曰：

> 况乎幽昧，理归惑解。仰寻圣典，既显言不无，但应宗教，归依其有。就有谈有，尤未能尽性，遂于不无论无，斯可远矣。

袁昂讲的“宗教”有“宗旨”的意思。

在作为母语的汉语中还有另外一个意义上的“宗教”一词，源于唐代，指的是管理京城之外的皇族姻亲的官僚机构。这是渊源于西周初年的宗法制的“宗教”的涵义，而正是在这个意义上讲，儒家学说有了宗教的先天遗传。

儒家学说是否是宗教，学术界有不同的看法。张岱年先生从广义的宗教概念出发认为，“以儒学为宗教，也是可以的”；季羡林

---

① 〔苏〕约·阿·克雷维列夫：《宗教史》，王先睿等译，中国社会科学出版社，1984年12月第1版，第3页。

② 日本静冈文化艺术大学国际文化学科教授孙江说：“‘宗教’一词最早出现在六朝以降的佛教典籍里，意为‘宗旨’、‘教派’。19世纪末，‘宗教’又作为religion的翻译语经日语而进入近代汉语。近代日本语中的‘宗教’一词出现在明治元年和二年(1868—1869)对美国和德国的外交文书中，指称基督教，与汉籍佛典中的‘宗教’——‘宗旨’、‘宗派’意思大体一致。”孙江：“在中国发现宗教——日本关于中国民间信仰结社的研究”，《文史哲》，2010年第4期。

先生说“孔子从不以神自居，他的弟子以及弟子的弟子，也不以神视之。‘儒学’非学说而何？不知道从什么时候起，孔子被神化了。到了唐代，儒、释、道三家就并称三教。到了建圣庙，举行祭祀，则儒家已完全成为一个宗教”；蔡尚思先生也说“儒学非宗教而起了宗教的作用”；张立文先生则认为，“儒学既然有很深厚的天命的宗教根基，又具有终极关怀和灵魂救济的内在超越的品格和功能，儒学自身已具备精神化宗教的性质（或称其为智慧型宗教）”；李申先生也有“儒教是教化之教，这教化之教就是宗教之教”的观点。①

冯友兰先生曾经认为，哲学给人“安身立命”，科学给人积极知识，并且断言“在未来的世界，人类将要以哲学代宗教”，“因为在哲学里，为了熟悉更高的价值，无需采取祈祷、礼拜之类的迂回的道路。通过哲学而熟悉的更高价值，比通过宗教而获得的更高价值，甚至要纯粹得多，因为后者混杂着想象和迷信。”所以他主张“以哲学代宗教”。而钟肇鹏先生则认为，冯友兰先生的“以哲学代宗教”中的“哲学”，不是别的哲学，就是中国传统的儒学，②这实际上也从另一个层面说明传统的儒学本身即带有宗教的性质。宗教讲究超越，面对的是人生苦短，这与需要谋求永恒的“逝者如斯”有相通之处；宗教讲究人在精神上应有所寄托，而“充实之谓美，充实而有光辉之谓大”和“内圣外王”与此息息相通；宗教讲究戒律，“饿死事小，失节事大”、“存天理，灭人欲”与此相关联。

德国著名神学家、在20世纪让宗教学成功地脱离神学而独立的宗教学开山人物古斯塔夫·孟欣（Gustav Mensching），在为权

① 以上引自“‘儒学是否宗教’笔谈”，《文史哲》，1998年第3期。

② 钟肇鹏：“以儒学代宗教”，《学术月刊》，1992年第2期。

威的宗教学百科全书《古今宗教：神学宗教学百科辞典》撰写的“宗教”辞条中，是这样定义宗教的：“宗教是与神圣的真实性的充满体验的相遇和由这种神圣之维所决定的人的回应性行为。……对象、与神圣之维相遇的方式和内容的多样性，以及回应性行为的各种典型形式，构建了宗教的现象世界和观念世界。”德国著名普世神学家汉斯·昆（Hans Kueng）从他毕生的普世神学研究和宗教对话经验出发，提出了世界宗教三大河系的理论：闪米特河系的先知宗教系统（犹太教、基督教和伊斯兰教），印度河系的神秘宗教系统（佛教和印度教）和中国河系的宗教系统（儒教、道教和中国化的大乘佛教）。①

其实，儒家学说早在南北朝时期已被看成为与道教、佛教并行的三大宗教之一，虽然三教并行的历史标志要到唐玄宗亲自为《道德经》、《孝经》和《金刚经》做注释才算形成，但“三教”之名与实早在南北朝时期即已出现。陈寅恪先生“冯友兰《中国哲学史》下册审查报告”说：

> 南北朝时，即有儒释道三教之目（北周卫先嵩撰《齐三教论》七卷。见《旧唐书》四七《经籍志》——原注），至李唐之世，遂成固定之制度。如国家有庆典，则召集三教之学士，议论于殿廷，是其一例。故自晋至今，言中国之思想，可以儒释道三教代表之。②

---

① 杨煦生：“失魅时代的超越之维”，《读书》，2009 年第 6 期。

② 陈寅恪：“冯友兰《中国哲学史》下册审查报告”，《金明馆丛稿二编》，上海古籍出版社，1980 年 10 月第 1 版，第 250-251 页。

《南齐书》卷五十五《王文殊传》亦云:“永明十一年(493),太守孔琇之表曰:‘文殊性挺五常,心符三教。’”又《南齐书》卷五十四《顾欢传》曰:“欢虽同二法,而意党道教。宋司徒袁粲托为道人通公駮之,其略曰:‘……孔、老、释迦,其人或同,观方设教,其道必异。孔、老治世为本,释氏出世为宗。’”而梁代的僧祐则直指儒学为“俗教”,其《弘明论后序》云:

> 夫二谛差别,道俗斯分。道法空寂,包三届以等观;俗教封滞,执一国以限心。心限一国,则耳目之外皆疑;等观三界,则神化之理常照。执疑以迷照,群生所以永沦者也。详检俗教,并宪章五经,所尊为天,所法唯圣。[①]

马克斯·韦伯也说:“中国语言中没有‘宗教’对应的专门名词,有的只是:1.(儒家学派的)‘教义’;2.‘礼’,而无宗教性质的和约定俗称的之分。孔夫子主义的正式中国名称是‘文人的教义’(儒教)。儒教与信徒的关系,不管是巫术性质的,还是祭祀性质的,从其本义上讲,都是此岸性的,比起任何地方、任何时期的宗教关系的常规表现来,这种此岸性都要强烈的多,原则得多。”[②]法国汉学家劳格文“中国宗教包括儒教、佛教、道教,连同各种巫教的神职人员及看风水、看相、算命等占卜活动”[③]的观点和哈佛大学前几年

① 僧祐:《弘明集》卷十四《弘明论后序》,上海古籍出版社影印本,1991年8月第1版,第96页。

② 〔德〕马克斯·韦伯:《儒教与道教》,王容芬译,商务印书馆,1995年10月第1版,第195页。

③ 劳格文:“中国宗教的合理性”,范立珠译,《法国汉学》丛书编辑委员会编:《法国汉学》第四辑,中华书局,1999年12月第1版,第339页。

将《儒学与生态》与《佛教与生态》、《道教与生态》一起作为《世界宗教与生态丛书》之一类出版的设计，也将儒学视为宗教之一种。[①]

如果我们赞同加拿大宗教学家威尔弗雷德·坎特韦尔·史密斯的“仪式性的礼仪本身也被称作是‘religions’”的观点和他用“累积的传统”与“个人的信仰”的概念来代替“宗教”的概念的说法，[②]那么，以“礼”为核心思想和以孔子为崇拜对象的儒学更可视为传统意义上的宗教。我也很赞同美国天普大学宗教系佛学研究专家傅伟勋“中国儒道两家都是‘哲学的宗教’或‘智慧的宗教’，哲学与宗教融成一片”[③]的观点和瑞士伯尔尼大学教授耿宁“在中国的精神史上，哲学和宗教并没有原则上的分离”[④]的说法。因此，在本课题的研究中，我们将儒学纳入中古宗教意识形态之一种来对待，由于“意识形态”本身的复杂性(我们会在后面加以讨论)，例如哲学、宗教和宗教哲学都属于意识形态，所以我们所谓的中古宗教意识形态有时实际上也指的是中古宗教哲学，例如我们在讨论玄学的自然观念时就是这样来对待的。

（二）佛教的传播及其影响

自摄摩腾开始，来自天竺、中亚、西域康居、于阗、龟兹等国家的僧人进入到凉州、长安、洛阳、彭城、襄阳、建邺，甚至成都、交趾

---

① 〔美〕安乐哲主编：《佛教与生态》，“前言”，何则阴等译，江苏教育出版社，2008年5月第1版。

② 〔加〕威尔弗雷德·坎特韦尔·史密斯：《宗教的意义与终结》，董江阳译，中国人民大学出版社，2005年6月第1版，第21页。

③ 转引自郭齐勇：“儒学：入世的人文的又具有宗教性品格的精神形态”，《文史哲》，1998年第3期。

④ 耿宁：“中国哲学向胡塞尔现象学之三问”，李峻译，倪梁康校，《哲学研究》，2009年第1期。

等偏远之地，借助王室权臣、世家大族以及州府重臣，通过译经、讲经、造像、习禅、兴福、转读、唱导，甚至通过涉足政权运筹帷幄等方法，在与儒教、道教和玄学以及民间祭祀、黄老之学等传统中国文化的冲撞融和中逐渐在中国扎下根来，并从此改变了中国传统文化的特征，对中古中国的社会生活、政治文化、哲学艺术、自然审美观念等产生了深远的影响。

佛教到底什么时候传入中国，现在已经很难确定。一般认为，在公元前后几十年，中国开始有了佛教的渗入。从文献记载来看，佛教传入中土的时间在汉哀帝元寿元年，即公元前2年。《三国志·魏书·乌丸鲜卑东夷传》裴松之注引《魏略·西戎传》云：

> 临儿国，《浮屠经》云其国王生浮屠。浮屠，太子也。父曰屑头邪，母云莫邪。浮屠身服色黄，发青如青丝，乳青毛，蛉赤如铜。始莫邪梦白象而孕，及生，从母左胁出，生而有结，墮地能行七步。此国在天竺国中。天竺又有神人，名沙律。昔汉哀帝元寿元年，博士弟子景卢受大月氏王使伊存口受《浮屠经》曰复立者其人也。《浮屠》所载临蒲塞、桑门、伯闻、疏问、白疏閒、比丘、晨门，皆弟子号也。

当然这个材料的可靠性也十分值得怀疑，其明显的传说色彩和其它记载降低了佛教传入中国的时间的可信度。汤用彤先生经过考证后认为，“诸书于授经地点人名虽不相同，但受者为中国博士弟子，口授者为大月氏人，则按之当时情形，并无不合”。[①] 从这个时

① 汤用彤：《汉魏两晋南北朝佛教史》第四章《汉代佛法之流布》，中华书局，1983年3月第1版，第36页。

候起，在500多年的时间内，佛教在与中国传统文化相互融合的同时，对中国中古时期的自然审美观念产生了深刻的影响。

依据“冲击-反应”原理，任何一种异质文化都有可能在输入初期受到本土文化的抵御。佛教传入，首先遇到的是语言问题和文化的异质性问题。据《高僧传》记载，康僧会“以吴赤乌十年(248)初达建邺，营立茅茨，设像行道。时吴国以初见沙门，睹形未及其道，疑为矫异。有司奏曰：‘有胡人入境，自称沙门，容服非恒，事应检察。’”孙权后召来康僧会诘问，康僧会答曰验之以佛舍利，孙权将信将疑说：“若能得舍利，当为造塔，如期虚妄，国有常刑。”后果得舍利，“权大叹服，即为建塔，以始有佛寺，故号建初寺，因名其地为佛陀里。由是江左大法遂兴”。[①] 一直到齐高帝建元年间(479-482)，信奉黄老之学的丹阳尹沈文季还主张“责僧入籍，欲沙简僧尼”。[②]

另一则史料依然有着不确定性。《魏书·释老志》说：

> 浮屠正号曰佛陀，佛陀与浮屠声相近，皆西方言，其来转为二音。华言译之则为净觉，言灭秽成明，道为圣悟。凡其经旨，大地衍生生之类，皆因行业而起。有过去、当今、未来，历三世，识神常不灭。凡为善恶，必有报应。渐积胜业，陶冶粗鄙，经无数形，澡练神明，乃至无生而得佛道。其间阶次心行，等级非一，皆缘浅以至深，藉微而为著。率在于积仁顺，蠲嗜

① 〔南朝·梁〕释惠皎撰，汤用彤校注：《高僧传》卷一《译经上·魏吴建业建初寺康僧会》，中华书局，1992年版，第15-16页。

② 〔南朝·梁〕释惠皎撰，汤用彤校注：《高僧传》卷五《义解二·齐京师天保寺释道盛》，中华书局，1992年版，第307页。

> 欲，习虚静而成通照也。故其始修心则依佛、法、僧，谓之三归，若君子之三畏也。又有五戒，去杀、盗、淫、妄言、饮酒，大意与仁、义、礼、智、信同，名为异耳。①

但这段史料透露出一个很重要的事实是，作为外来的宗教，佛教的教义教规必须借助传入国原有的文化传统和哲学思想方能传播开来。

依照荷兰学者许里和的说法，“在公元四世纪以前似乎还没有中国人知道任何梵语知识。因此，这些学说为中国僧人所接受仅仅是：一方面通过随意的、脱漏的和经常是几乎无法理解的译文这种改变了原样的中介，一方面通过因使用中国术语而增加的误导，而这些术语已经有了确定的哲学含义并因而拥有了广泛的非佛教意蕴”。② 也正是“早期中国佛教”的这种“非佛教意蕴”引起了佛教与玄学、佛教与儒教、佛教与道教的冲撞和融汇。玄学的“体”、“用”与大乘佛教的“真俗谛”有着某种渊源关系，③而儒家内圣外王的思想“与大乘佛教的方便观念融合在一起”，④共同规定着中古思想的发展主线。

据《出三藏记集》、《弘明集》、《广弘明集》和《高僧传》等记载，

---

① 〔北齐〕魏收：《魏书》，中华书局，1974 年 6 月第 1 版，第 3026 页。

② 〔荷兰〕许里和：《佛教征服中国》，李四龙译，江苏人民出版社，1998 年 3 月第 1 版，第 3 页。

③ 同上。第 152 页。

④ 如许里和所说：“有时我们发现被解释为基本真理的玄学本体论学说中的‘体’，同时兼有靠现实证明的名教世俗学说的‘用’，这预示了大乘佛教真俗谛一两种层次真理观念的出现。”〔荷兰〕许里和：《佛教征服中国》，李四龙译，江苏人民出版社，1998 年 3 月第 1 版，第 149 页。

佛教与儒教的冲撞主要集中在儒教与佛教教义的异同和神灭神不灭等问题上。通过这种争论和冲撞，伴随着佛经翻译数量上的增加和质量上的提高，儒教与佛教的融合也开始走向深入，魏收《魏书·释老志》以儒教的“三畏”、“五德”譬佛教的“三归”、“五戒”即是一个典型的例证。

佛教传入中国，首先改变了中国传统的家庭观念。《高僧传》中保存有一对夫妻关于尽孝与出家的争论，颇能代表当时士人的人生观念和家庭观念。与母亲独居的竺僧度因见母亲与妻之父母均亡，乃捨俗出家。其妻与书曰：“发肤不可伤毁，宗祀不可顿废。令其顾世教，改远志，曜翘烁之姿，于盛明之世，远修祖考之灵，近慰人神之愿。”僧度答曰：“夫事君以治一国，未若弘教以济万邦；安亲以成一家，未若宏道以济三界。发肤不毁，俗中之近言耳。”又以诗劝其归心佛教：“今世虽云乐，当奈后生何。罪福良由己，宁云己恤它。”其妻“感悟，亦起深信”。[①] 儒家传统的“不孝有三，无后为大”以及修身、齐家、治国、平天下的礼教观念在这里已经荡然无存。换句话说，上至帝王权臣，下至庶民百姓，佛教已经渗透到在中古社会的方方面面，成为中古时期一种强大的意识形态。

其次，佛教的传入改变了世家大族的生活方式和精神世界。晋世尚名教，以门第为重。推重门第，自然追慕前世功勋阀阅，坐拥当世功名福禄，希冀后世永享荫庇，这可以说是儒教的“三世说”。佛教“三生”之义，虽重此生苦炼修行，但期往生佛国净土的思想与此相似。所以我们看到两个现象，一个是本可享受世族恩

① 〔南朝·梁〕释惠皎撰，汤用彤校注：《高僧传》卷四《义解一·晋东莞竺僧度》，中华书局，1992 年版，第 174 页。

泽的人却出家皈依佛门，如东晋丞相王敦之弟竺潜。竺潜年十八出家，事刘元真为师，对《法华经》、《般若经》颇有研究，而且能宣导讲说，不仅受到僧众的拥戴，而且受到东晋元帝司马睿、明帝司马绍和权臣王导、庾元规的崇敬，元帝甚至让他"恒著屐至殿内"。①王羲之的曾孙释道敬也"避世出家，情爱丘壑"。②

另一方面，世家大族多崇信佛教，礼敬沙门。如谢安为见竺法旷，"因山栖幽阻，车不通辙，于是解驾山椒，陵峰步往"；③"太尉王俭，门无杂交，唯待（释法）瑗若师，书语尽敬"；④王僧虔出镇相州，先后携高僧释法安、释昙迁、释昙智同游；⑤王坦之、王雅、刘闞、范宁并为高僧舍园建寺。《高僧传》卷十三《兴福·宋京师安乐寺释慧受》云：

> 释慧受，安乐人。晋兴宁中，来游京师。蔬食苦行，常修福业。尝行过王坦之园，夜辄梦于园中立寺，如此数过。受欲就王乞一间屋处，未敢发言，且向守园客松期说之。期云："王家之园，恐非所图也。"受曰："若令诚感，何忧不得。"即诣王陈之，王大喜，即以许焉。……坦之即舍园为寺，以受本乡闻名，号曰安乐寺。东有丹阳尹王雅宅，西有东燕太守刘闞宅，南有

① 〔南朝·梁〕释惠皎撰，汤用彤校注：《高僧传》卷四《义解》一《晋剡东仰山竺法潜》，中华书局，1992年版，第156页。

② 同上。卷十三《兴福》之《宋山阴法华山释僧翼附道敬》，中华书局，1992年版，第483页。

③ 同上。卷五《义解》二《晋於潜青山竺法旷》，中华书局，1992年版，第205页。

④ 同上。卷八《义解》五《齐京师灵根寺释法瑗》，中华书局，1992年版，第313页。

⑤ 同上。卷八《义解》五《齐京师中寺释法安》，卷十三《经师》之《齐乌衣寺释昙迁》，卷十三《经师》之《齐东安寺释昙智》，中华书局，1992年版，第329页、第501页、第502页。

豫章太守范宁宅，并施以成寺。[①]

第三，佛教的传入改变了传统的自然观念。世家大族本来也是魏晋玄学的主力，对佛教的崇信必然改变他们对“名教”与“自然”的看法，形成新的自然审美观念。而晋宋齐梁对佛教经典的接受已经从译经为主转移到“镜彻”、“综採”和“融冶”为主，[②]这种由被动的接受和客观的翻译，即以“格义”、“合本”[③]为主要方法的接受向主动的阐释、比较、归纳，即以“义疏”、“综录”为主要方法的转变在加快佛教中国化和大众化的同时，也改变和丰富了魏晋玄学的思想理论，使魏晋玄学逐渐脱离治世功用而走向佛学的形而上学。“与中古中国思想的主线相一致，这种名理探讨的主题很快就变得越发不具体和不切实际，变得越发理论化、哲学化和美学化”。[④] 主张“有”、“无”两忘，以般若为极境的社会思潮开始出现。郗超《奉法要》说：

或以为空则无行，行则非空，既已有行，无乃失空乎。夫空者，忘怀之称，非府宅之谓也。无诚无矣，存无则滞封。有

① 同上。卷十三《兴福》之《晋京师安乐寺释慧受》，中华书局，1992年版，第481-482页。

② 〔南朝·梁〕释惠皎撰，汤用彤校注：《高僧传》卷七《义解四·宋京师兴皇寺释道猛》云：“三藏九部，大小数论，皆思入渊微，无不镜彻。”卷七《义解四·宋山阴嘉祥寺释超进》云：“大小诸经，并加综採。”卷八《义解五·梁京师招提寺释慧集》云：“复遍历众师，融冶异说，三藏方等，并皆综达。”中华书局，1992年版，第296页、297页、第341页。

③ 陈寅恪：《支愍度学说考》，《金明馆丛稿初编》，上海古籍出版社，1980年8月第1版，第161-165页。

④ 〔荷兰〕许里和：《佛教征服中国》，李四龙译，江苏人民出版社，1998年3月第1版，第156页。

诚有矣，两忘则玄解。[1]

刘勰也认为：

至如李康《运命》，同《论衡》而过之；陆机《辨亡》，效《过秦》而不及；然亦其美矣。次及宋岱、郭象，锐思于几神之区；夷甫、裴頠，交辨于有无之域：并独步当时，留声后代。然滞有者，全系于形用；贵无者，专守于寂寥：徒锐偏解，莫诣正理；动极神源，其般若之绝境乎！[2]

在佛教看来，一切外在可见之物为色，但万物又处在永恒的变化之中，“如观色念念无常即知为空，过去色灭坏不可见故无色相，未来色不生无作无用不可见故无色相，现在色亦无住不可见不可分别知故无色相。无色相即是空，空即是无生无灭，无生无灭及生灭其实是一”，[3]所以万物皆是空。万物为空，故“色不异空，空不异色，色即是空，空即是色。受想行识，亦复如是”。[4] 意识到这一点的人，便可获得正见，入不二法门：“色色空为二，色即是空，非色灭空，色性自空。如是受想行识，识空为二。识即是空，非识灭空，

---

① 〔南朝·梁〕僧祐：《弘明集》卷十三郗超《奉法要》，上海古籍出版社 1991 年 8 月第 1 版，第 90 页。

② 〔南朝·梁〕刘勰著，范文澜注：《文心雕龙·论说》，人民文学出版社，1958 年，第 327 页。

③ 《大正藏》第二十五卷，〔印度〕龙树著：《大智度论》，〔后秦〕鸠摩罗什译，卷二十三《色初品》。

④ 《大正藏》卷八，《般若波罗蜜多心经》，〔唐〕玄奘译。

识性自空。于其中而通达者，是为入不二法门。”[1]“有”和“无”都源自人的内心，“有无由乎方寸而无系于外物”，[2]带有一定的功利性。超越了“有”“无”，不异“空”“色”，“感绝”、“理冥”，则进入审美的境界，而对自然之美的鉴赏则是进入这种审美境界的最佳途径：

> 有欲苦不足，无欲亦无忧。未若清虚者，带索被玄裘。浮游一世间，泛若不系舟。方当毕尘累，栖志且山丘。[3]

因此，遍观山水，寻幽栖之地以“禅”、“慧”成了中古高僧与文人的一种十分普遍的现象：于法兰“性好山泉，多处崖壑”；于道邃“性好山泽，在东多游履名山”；竺法朗在泰山“创筑房屋，制穷山美”；竺法旷“晋兴宁中东游禹穴，观瞻山水。始投若耶之孤潭，欲依岩傍岭，栖闲养志”；释昙超“元嘉末，南游始兴，遍观山水”。[4]

中古僧众喜好山林的原因很复杂，既有远离尘世以求“禅”、“慧”修炼的目的，也有借助独特幽美的自然环境强调佛教的独立性以维护僧团的切身利益在里面。如庐山的慧远“创造精舍，洞尽山美，而负香炉之峰，傍带瀑布之壑。仍石垒基，即松栽构，清泉环阶，白云满室。复于寺内别置禅林，森树烟凝，石宴苔合。凡在瞻

---

① 《大正藏》卷十四，《维摩诘所说经》，〔后秦〕鸠摩罗什译。

② 〔南朝·梁〕僧祐：《弘明集》卷十三郗超《奉法要》。上海古籍出版社 1991 年 8 月第 1 版，第 90 页。

③ 〔南朝·梁〕释惠皎撰，汤用彤校注：《高僧传》卷十《神异》下《晋上虞龙山史宗》，中华书局，1992 年版，第 376 页。

④ 同上。卷四《义解》一《晋剡山于法兰》、卷四《义解》一《晋敦煌于道邃》、卷十《义解》二《晋泰山昆仑岩竺僧朗》、卷十《义解》二《晋於潜青山竺法旷》、卷十《习禅》之《齐钱塘灵隐山释昙超》，中华书局，1992 年版，第 166、170、190、205、424 页。

履，皆神清而气肃焉”，[①]而慧远“足不过虎溪”也成为中国佛教史上沙门不敬王者的佳话。

中古僧众喜好山林，还有一个很重要的原因是强权者的逼迫。竺道潜就曾经在反对佛教的庾冰掌权后，带领一百多僧人奔入浙江嵊县的剡山隐居。公元400年前后，桓玄在篡权的过程中发现寺庙成了罪犯逃亡的庇护所，“游食之群”、“不羁之众”的避风港，这显然不利于他的野心的实现，遂下令沙汰僧伽。但他同时又宣布“山居养志，不营流俗者”除外，例如“庐山（慧远）道德所居，不在搜简之例”。[②] 说穿了，要这些人去他们该去的地方。山居者，远离朝廷政治也。于是，政治上的混乱引起有识之士，包括济世的高僧的躲避。佛教以个人的思行净修为这一类人提供了精神上的避难所。山林水泉既可使人远离魏阙的倾轧和尘世的喧嚣，又给人提供了自然闲适的日常生活的休憩之地，这二者的结合在寺院山林中得到了满足：

> 连峰数千里，修林带平津。云过远山翳，风至梗荒榛。茅茨隐不见，鸡鸣知有人。闲步践其径，处处见遗薪。始知百代下，故有上皇民。[③]

> 五岳盘神基，四渎拥荡津。动求目方智，默守标静仁。苟

① 〔南朝·梁〕释惠皎撰，汤用彤校注：《高僧传》卷六《义解》三《庐山释慧远》，中华书局，1992年版，第212页。

② 〔南朝·梁〕僧祐：《弘明集》卷十二桓玄辅政：《欲沙汰众僧与僚属教》，上海古籍出版社，1991年8月第1版，第86页。

③ 〔南朝·梁〕释惠皎撰，汤用彤校注：《高僧传》卷五《义解二·晋吴虎丘东山寺竺道壹附帛道猷》，中华书局，1992年版，第207页。

不宴出处，托好有常因。寻元存终古，洞往想逸民。王洁其岩下，金声赖沂滨。捲华藏纷雾，振褐拂埃尘。迹从尺蠖屈，道与腾龙伸。峻无单豹伐，分非首阳真。长啸归林领，潇洒任陶钧。①

帛道猷和支道林的诗颇能代表晋宋之际佛教僧众的自然审美观念，写实景而寄虚怀，物其色而隐其象。“上皇民”也好，“逸民”也好，说的都是全身远祸的侥幸，唱的是高蹈人世与安享自然的合一以及对大自然的亲近，反映出中古文人在佛教影响下的自然审美观念。

实际上，佛教的传播始终处在与皇室权贵的矛盾之中，佛教借皇权以传播，皇权借佛教以治世，二者相依相存，相反相成。中古时期，传统治世的儒学日益衰颓，玄学清谈，难以救国；道教起自民间，为农民起义所利用，治世者对之有所警惕，故当政者多利用佛教以巩固自己的政权。例如刘宋，本起于庶族，成于军功，并无儒家礼教世族之资，其时东晋清谈余风尚存，然治世尤须凝聚人心，凝聚人心莫过整齐视听，所以宋文帝听了求那跋摩关于“帝王与匹夫所修（佛教）各异”的话后感叹道：

夫俗人迷于远理，沙门滞于近教，迷远理者，谓至道虚说；滞近教者，则拘恋篇章。至如法师所言，真谓开悟明达，可与

① 〔唐〕释道宣：《广弘明集》卷三十支道林《咏山居》，上海古籍出版社，1991年8月第1版，第363页。

言天人之际矣。[①]

虽然说的是“天人之际”，但实际上指的可能是治理朝纲，总理天下之机务。“远理”似为玄远之理；“近教”似指各取所需的经典成说，实亦指当时无关世事的“白黑之争”和“形神之辩”，只有求那跋摩布道之语才有利于宋朝的治世。

齐武帝也是看到了佛教的治世功用而优礼沙门，任其“称名而不坐”。《高僧传》卷十三《兴福·齐上定林寺释法献附玄畅》云，法献与玄畅每见齐武帝，与武帝共语，每称名而不坐。武帝先问僧钟，僧钟托疾不应。又问王俭，王俭将桓玄、庾冰及刘宋中朝欲使沙门敬王者而不行的史实告诉武帝后，武帝曰：

畅、献二僧，道业如此，尚自称名，况复余者，抱拜则太甚，称名亦无嫌。[②]

至于梁武帝之“事佛求福”则为中国皇帝之最。

自建安以来，虽有西晋洛阳的短暂繁荣，但中国的文化中心已经从北方向南方迁移。东晋时期的江南，已经是“天下无事，时和

① 〔南朝·梁〕释惠皎撰，汤用彤校注：《高僧传》卷三《译经下·宋京师祇洹寺求那跋摩》，中华书局，1992年版，第106页。

② 《高僧传》卷十三《兴福·齐上定林寺释法献附玄畅》云，法献与玄畅每见齐武帝，“与武帝共语，每称名而不坐”。武帝先问僧钟，僧钟托疾不应。又问王俭，王俭将桓玄、庾冰及刘宋中朝欲使沙门敬王者而不行的史实告诉武帝后，武帝曰：“畅献二僧，道业如此，尚自称名，况复余者，抱拜则太甚，称名亦无嫌。”〔南朝·梁〕释惠皎撰，汤用彤校注：《高僧传》，中华书局，1992年版，第489页。

年丰，百姓乐业，谷帛殷富，几乎家给人足矣”。[①] 江南优越的自然经济条件为文化中心地位的确立提供了坚实的基础，佛教的传播在萧梁之时达到了顶点，几成国教。

一是梁武帝萧衍被称为“皇帝菩萨”。《魏书·萧衍传》云：“初，衍崇信佛道，于建业起同泰寺，又于故宅立光宅寺，于钟山立大爱敬寺，兼营长干二寺，皆穷工极巧，殚竭财力，百姓苦之。曾设斋会，自以身施同泰寺为奴，其朝臣三表不许，于是内外百官共敛珍宝而赎之。衍每礼佛，舍其法服，著乾陀袈裟。令其王侯子弟皆受佛诫，有事佛精苦者，辄加以菩萨之号。其臣下奏表上书亦称衍为皇帝菩萨。”萧衍之崇佛，大有政教合一之趋势。

二是江南的富庶和山水的幽美，吸引着身处战乱不已且自然条件相对恶劣的北方僧徒纷纷南下。《世说新语·文学》篇载：

> 有北来道人好才力，与林公相遇于瓦棺寺，讲《小品》。于时竺法深、孙兴公悉共听。此道人语，屡设疑难，林公辩答清晰，辞气俱爽。此道人每辄摧屈。孙问深公：“上人当是逆风家，向来何以都不言?”深公笑而不答。林公曰：“白旃檀非不馥，焉能逆风?”深公得此义，夷然不屑。[②]

北方高僧之南下对佛教在南方的兴盛起到了举足轻重的作用。北方高僧入南，几乎遍及“译经”、“义解”、“神异”、“习禅”、“明律”、“诵经”、“兴福”、“经师”、“唱导”等各个领域，如停止于建康建

① 〔唐〕房玄龄等：《晋书·食货志》，中华书局，1974 年 11 月第 1 版，第 792-793 页。

② 〔南朝·宋〕刘义庆著，余嘉锡笺疏：《世说新语笺疏》，上海古籍出版社，1993 年版，第 218 页。

业寺的帛尸梨密多罗(吉友)、到慧远庐山的僧伽提婆、在岭南传播佛教的释昙无竭、据建康龙光寺的佛驮什等。在入南的高僧中,以“义解”高僧居多,在由北入南的90位高僧中,“义解”高僧则占了46人。南下高僧为佛教的传播,特别是般若性空学说的普及起到了相当大的作用,遂形成“六家七宗”之派别,推进了佛教融入中国传统文化的进程。

南下高僧对般若性空学说的研究,改变了南方文人对万物的看法,并在此基础上形成了新的自然审美意识。东晋简文帝之所以能够“觉鸟兽虫鱼,自来亲人”,其中很重要的原因在于他与南下高僧僧尸梨密、竺法深、支道林等人的交往。而谢灵运清水出芙蓉般的诗风的形成,恐也与他同北来高僧如建康龙光寺的道生、乌衣寺的慧睿、东安寺的释慧严、下定林寺的释僧镜、匡庐的慧远等人的过从有关。《高僧传》卷七《义解》四《宋京师乌衣寺释慧睿》云:

> 陈郡谢灵运笃好佛理,殊俗之音,多所达解。迺咨睿以经中诸字,并众音异旨,于是著《十四音训叙》。条列梵汉,昭然可了,使文字有据焉。①

又《宋京师东安寺释慧严》云:

> 《大涅槃经》初至宋土,文言致善,而品数疏简,初学难以措怀。严迺共慧观、谢灵运等依《泥洹》本加之品目。文有过

① 〔南朝·梁〕释惠皎撰,汤用彤校注:《高僧传》卷七《义解》四《宋京师乌衣寺释慧睿》,中华书局,1992年版,第260页。

质，颇亦治改，始有数本流行。[①]

谢灵运总是能以自己为主去圆照万物，用一种“情用赏为美，事昧竟谁辨”[②]的独特眼光而不是用功利的或抽象的眼光去观照大自然的一切，哪怕是微末如浮萍上的日影，纤细似水中的尘沙，都使他心旷神怡，超然物化。加之对《大涅槃经》的参定、对《十四音训叙》翻译的研究和与高僧的一同游览，[③]使谢灵运的自然审美意识达到了同时代人的顶峰，也使他的诗歌不独意境清朗超逸，而且音韵谐和，妙声宜人，文章之美，江左莫逮，偏什播于河朔，流风振于唐宋。

般若性空说与玄学的结合使晋宋文人改变了对自己和对自然的看法，在向外发现自然的同时向内发现了自我。而对“自然”和“自我”的双重发现——作为自然存在的“自然”和观念形态的“自然”，即“人的自然化和自然的人化”；作为物质肉体的“我”和作为精神载体的“我”——归根结底是自我意识的确立。作为物质的我在圆照观察自然时与自然有一种异质同构的关系，能够将自然之精微之处描绘出来；作为精神自由的我则能够认识自然的规律，并将自然规律融洽于社会生活，这是中古自然审美观形成的标志。

许里和将中国早期佛教区分为“士大夫佛教”、“王室佛教”和

① 〔南朝·梁〕释惠皎撰，汤用彤校注：《高僧传》卷七《义解》四《宋京师东安寺释慧严》，中华书局，1992 年版，第 262-263 页。

② 〔南朝·梁〕萧统：《文选》卷二十二谢灵运《从斤竹涧越岭溪行》，中华书局，1977 年，第 315 页。

③ 《高僧传》卷七《义解》四《宋下定林寺释僧镜》附《昙隆》云：“上虞徐山，先有昙隆道人。少善席上，晚乎苦节过人，亦为谢灵运所重，常共游嶀嵊。亡后，运迺诔焉。”〔南朝·梁〕释惠皎撰，汤用彤校注：《高僧传》，中华书局，1992 年版，第 293 页。

"民众佛教"三类。"士大夫佛教"与玄学关系紧密，也是佛教对中古思想产生重要影响的载体，其最明显之处就是，将玄学从理想社会的理论蜕变为形而上的自然哲学；"王室佛教"的功用在于通过士族和权臣借佛教以维持其统治；"民众佛教"结合道教与民间信仰将佛教教义世俗化和普世化。而将佛教中国化的高僧则是著名的慧远。慧远的贡献在于：结束佛经的"格义"、"合本"，开启"义疏"和专题的研究；将佛教的传播从上层引向低层，从僧界扩展到世俗；从佛教与王室的融合到沙门不敬王者，从以佛济世到开始政教分离；从对佛教被动的接受到主动的开创宗派（净土宗）。这四点可以说标志着中国化的佛教的形成。"贯穿其间的是一种奇特而又迷人的现象：一个伟大的宗教征服了一个伟大的文化"。[①] 这句话也可以倒过来说：一个伟大的文化同化了一个伟大的宗教。正是在这种同化中，中国中古自然审美观念开始形成。

（三）道教的超现实自然观

道教是中国土生土长的宗教，它的内容比较复杂，其中既有先秦巫术和原始宗教的精神遗传，又有稷下学宫阴阳五行学说、汉代神仙方术和黄老无为思想的混杂，也裹挟着谶纬神学之思。道教起自民间，具有明显的社会政治因素，从道教经典的形成和道教的性质可以看到这个特征。

《太平经》和《道德经》是道教的两部重要经典。据《后汉书·襄楷传》，《太平经》形成于东汉中期，相传由于吉在滨海地区的曲阳县（故城在今江苏省东海县西南 110 里）泉水上所得。这部书之

① 〔荷兰〕许里和：《佛教征服中国》，李四龙译，江苏人民出版社，1998 年 3 月第 1 版，第 377 页。

所以由于吉传给襄楷、宫崇，并经襄楷推荐，由宫崇在延羲九年(166)上奏给顺帝，后来又在黄巾起义领袖张角那里掀起滔天巨浪，成为改朝换代的基本教典，其原因在于它上承《道德经》的精髓，并与西汉末年甘忠可所撰的《天官历包元太平经》有联系。而《天官历包元太平经》中包含有“可为王莽篡位所利用的材料，两书有某种联系”，“是以汉代流行的阴阳五行思想为基础，阐说‘帝王治国’之法，并由此引申，论述养生之道和某种房中术”[①]的书。这样一部书也可以说是一部为改朝换代造舆论的书。

老子所撰的《道德经》也是道教的经典。《汉书·艺文志》说“道家者流，盖出于史官，历记成败存亡祸福古今之道，然后知秉要执本，清虚以自守，卑弱以自持，此君人南面之术。”所以孔子向老子求教治世之方，垂文《述而》之篇。这一点十分重要，后来五世纪的寇谦之、顾欢和刘勰将道教列为与儒教、佛教鼎立的三教之一，大概也是看到道教的治世功用的原因。特别是寇谦之以所谓“新道教”的“礼度”——有点类似于佛教的“戒律”、儒教的“礼仪”——与崔浩托鲜卑政权兴儒家世族的政治理念相结合后，道教本身的社会政治功用被发挥到极致。[②]

“天师道”也有这个特点。创立天师道的张陵为沛国丰(今江苏丰县)人。东汉明帝时为江州(今重庆市)巴子国都令，后隐居学道。[③] 顺帝时，携弟子修道鹄鸣山(今四川大邑县西，即青城山东

---

① 〔日〕尾其正治《道教经典》，〔日〕福井康顺、山崎宏、木村英一、酒井忠夫监修：《道教》第一卷，朱越利译，上海古籍出版社，1990年6月第1版，第91-92页。

② 陈寅恪：《崔浩与寇谦之》，《金明馆丛稿初编》，上海古籍出版社，1980年8月第1版，第107页。

③ 王家祐认为张陵隐居学道学的是“蜀中五斗米道”。王家祐：《张陵五斗米道与西南民族》，《道教论稿》，巴蜀书社，1987年8月第1版，第157页。

南岗)。永和六年,作道书24篇,自称"太清玄元",并用符水咒法为人治病,创立"天师道"。

"天师道"是在整合蜀地民间祭祀、鬼神崇拜的基础上创立的。[①]《云笈七签》卷二十八《二十八治》说张陵:

> 以汉安元年(142)丁丑诏书迁改,不拜。遂解官入益州部界,以其年于蜀郡临邛县渠亭山赤石城中,静思精至。五月一日夜半时,有千乘万骑来下至赤石城前,金车羽盖,步从龙虎鬼兵不可胜数。有五人:一人自言吾是周时柱下史也,一人自言吾是新出太上老君也,一人云吾是太上高皇帝中黄真君也,一人言吾是汉师张良子房也,一人言吾是佐汉子渊天师外祖也,子骨法合道,当承老君忠臣之后,今授子鬼号传世,子孙为国师,抚民无期。于是道陵方亲受太上质勑,当步纲蹑纪,统承三天,佐国扶命,养育群生,整理鬼气,传为国师。依其度数,开立二十四治、十九静庐,授以正一盟威之道,伐诛邪伪,与天下万神分符为盟,悉承正一之道也。[②]

此段材料有两点值得注意。一是托老子、张良、太上老君等"老君忠臣"下旨令张陵"佐国扶命,养育群生",这说明道教的政治性质,实际上是对现实政权的反叛;二是"整理鬼气,传为国师",这与《魏书·释老志》说太上老君授寇谦之"天师之位",命其"清整道教"是

① 王家祐:《张陵五斗米道与西南民族》,《道教论稿》,巴蜀书社,1987年8月第1版,第153页。

② 〔宋〕张君房编,李永晟点校:《云笈七笺》卷之二十八《二十八治》,中华书局2003年12月第1版,第632-633页。

一回事，只不过寇谦之“清整”的是“三张伪法，租米钱税及男女合气之术”，而张道陵“整理”的则是蜀地原有的民间巫术及原始宗教。今四川省广汉市三星堆和成都市金沙遗址出土的青铜树形造像和“太阳神鸟”已经证明，早在张陵入蜀之前若干年，蜀地就存在着源远流长的巫术传统和鬼神崇拜，其目的在创立有体系的宗教组织，甚至创建现实中的地方政权。所以王家祐先生说：“正是巴蜀及陕甘土著民族（氐羌）联合起来，才出现与天师道有联系的张鲁政权，这个道教政权再融入曹魏，并第二次综合黄老思想，才有中国道教的出现。”

道教产生之后，在给中古政治以深刻影响的同时，也改变了中古中国的自然观念，道教的炼金术就是一个代表。道教的炼金术是中国古代的一大发明。“炼金术弄懂了物质的化合、燃烧的原理、蒸馏和冶金法则。在医学上也不断做出巨大的贡献，在甚至包括植物、动物、矿物、天文、地理等其他学科在内的广大领域内，推进了对自然的研究。他们的错误的元素换说，今天看来是那样滑稽，流毒不浅。但错误是通向真理的第一步。不能否认，他们的失败和研究积累，是现代化学和医学的基础”。[①] 炼金术通过物质元素的化合形成新的元素的过程也就是对物质变化规律的认识，这让人从“天不变，道亦不变”的桎梏中解放出来，形成新的自然观念。同时，炼丹术也增进了观察自然的方法和表现自然的艺术手法。

佛教也有冶炼金属的功业，特别是“丈六金身”的铸造和“锻真

---

① 〔日〕村上嘉实《炼金术》，〔日〕福井康顺、山崎宏、木村英一、酒井忠夫监修：《道教》第一卷，朱越利译，上海古籍出版社，1990 年 6 月第 1 版，第 232-233 页。

金为楼子”[1]的技艺。僧祐《出三藏记集》载有《吴郡台寺释慧护造丈六金像记》、《瓦官寺释僧洪造丈六金像记》、《宋孝武帝造无量寿金像记》、《宋明皇帝造丈四金像记》等。[2] 有的高僧还在铸造佛教金像的过程中发现了较为科学的人体结构比例。如僧祐“为性巧思,能目准心计,及匠人依标,尺寸无爽。故光宅(寺)、摄山(寺)大像,剡县石佛等,并请祐经始,准画仪则”。[3] 又“有戴安道所制五像,及戴颙所治丈六金像。昔铸像初成,而面首殊瘦,诸工无如之何,乃迎颙看之。颙曰:‘非面瘦也,乃臂胛肥耳。’既鑢减臂胛,而面相自满,诸公无不叹息”。[4] 但佛教之于金属的目的是为了对佛祖对象的崇拜,金像的铸成实际上是自我的丧失。道教之于金属的目的则是为了自我的肯定和生命的延续,炼金术表现出来的自然观实际上是自我观,也即道教《龟甲文》所讲:“我命在我不在天,还丹成金亿万年。”[5]

炼金术的基本哲学思想是,人为万物中最具智慧的物体与万物是声息相通的,人能够主动地参与自然,可以认识到自然的奥秘。就这一点说,道教的自然观具有历史的进步性,较之于儒教的

---

① 〔南朝·梁〕萧绎:《金楼子·立言》:“余作《金楼子》未竟,从荆州还都,时有言是锻真金为楼子者来诣余,三爵之后,往往乞借“金楼子”玩弄之。应大奇巧,此则近可咍也。”

② 〔南朝梁〕僧祐:《出三藏记集》卷第十二《杂图像集》上卷第八,中华书局,1995年11月第1版,第487页。

③ 〔南朝·梁〕释惠皎撰,汤用彤校注:《高僧传》卷第十一《明律·齐京师建初寺释僧祐》,中华书局,1992年10月第1版,第440页。

④ 〔南朝·梁〕释惠皎撰,汤用彤校注:《高僧传》卷第十三《兴福·晋京师瓦官寺释慧力》,中华书局,1992年10月第1版,第481页。

⑤ 〔晋〕葛洪:《抱朴子内篇》卷十六《黄白》,王明:《抱朴子内篇校释》(增订本),中华书局,1985年3月第2版,第287页。

仁智山水比德说和道家的精神往还说更接近人的创造本性和自我认同性。人人可以成仙，人人自有一座天尊，这座天尊实际上就是自己，前提是自己的努力修炼。炼金术已经蕴含着把经验通过实证——尽管是以试错开始的实证——向真理提炼的科学因素。因此可以说，炼金术的发明是中古时期具有一定科学性质的自然观的反映。

但是，炼金术的指导思想却是为了成为"超世者"，[①]即成为超现实的仙人、真人，甚至成为道教最高境界的圣人。因此，道教的自然观又表现为超现实的特征。道教由于运用神仙方术、阴阳五行的学说以遁入自然界炼丹吃药、导引修行的缘故，对自然事物具有一定的客观认识。"游精罔象，诚不可信"、"有霍乱疾，勿使冷食"、"山岳气扰，则强禽号于林；川渎结滞，则龙虬惨于泽；此自然之象也。故豪盛微觉，将类兽告其骇浪；玄数纤兆，而号眺徵乎治乱矣。斯盖山川之盈缩，非人世之吉凶"。[②] 这依然是神告知的教谕至理，但却看不到天人感应的痕迹。有些比喻也很有道理："学道如穿井。井愈深而去，土愈难运出。"[③]再往前走一步，道教有可能揭示出自然变化的规律，将阴阳五行学说提炼为自然法则。但道教就此止步，甚至走向反面，用超现实的自然观代替了素朴的自

---

① 〔南朝·梁〕陶弘景：《真诰》卷一《运象篇第一》曰："且以灵笔真手，初不敢下交于肉人。虽时当有得道之人，而身未超世者，亦故不敢下手陈书墨以显示于字迹也。"〔日〕吉川忠夫、麦谷邦夫编：《真诰校注》，朱越利译，中国社会科学出版社，2006 年 12 月第 1 版，第 23 页。《抱朴子·对俗》曰："仙道迟成，多所禁忌。自无超世志，强力之才，不能守之。其或颇好心疑，中道而废，便谓仙道长生，果不可得耳。"王明著：《抱朴子内篇校释》（增订本），中华书局，1985 年 3 月第 2 版，第 46-47 页。

② 〔南朝·梁〕陶弘景：《真诰》卷一《甄命授第四》。〔日〕吉川忠夫、麦谷邦夫编：《真诰校注》，朱越利译，中国社会科学出版社，2006 年 12 月第 1 版，第 248 页。

③ 同上。

然观，以绚丽奇幻、惟恍惟惚的艺术手法创造出一个色彩斑斓的超越现实社会和自然界的天上人间。这在宣教诗歌中表现得比较明显。例如：

> 神岳排霄起，飞峰郁千寻。寥笼灵谷虚，琼林蔚萧森。[①]

> 云阙竖空上，琼台耸玉罗。紫宫乘绿景，灵观蔼嵯峨。琅轩朱房内，上德焕绛霞。俯漱云瓶津，仰掇碧柰花。濯足玉天池，鼓枻牵牛河。逐策景云驾，落龙辔玄阿。[②]

> 游空落飞飚，灵步无形方。圆景焕明霞，九凤唱朝阳。晖翮扇天津，掩霭庆云翔。遂造大微宇，挹此金梨浆。逍遥玄垓表，不存亦不亡。[③]

与其他宗教一样，道教对超现实的自然界的描写在于用自然物之神圣崇高为辅导宣教的工具，意欲使人在外界自然物的无限定性的形式面前泯灭自我意识而崇信其教义。

但道教超现实的自然观归根结底来自于现实世界。炼丹需要原材料，这些原材料得以形成的地点多为特定区域内的幽谷密林。

---

① 〔南朝·梁〕陶弘景：《真诰》卷一《运象篇第一》。〔日〕吉川忠夫、麦谷邦夫编：《真诰校注》，朱越利译，中国社会科学出版社，2006 年 12 月第 1 版，第 1 页。

② 同上，第 31 页。

③ 〔南朝·梁〕陶弘景：《真诰》卷十三《稽神枢第三》。〔日〕吉川忠夫、麦谷邦夫编：《真诰校注》，朱越利译，中国社会科学出版社，2006 年 12 月第 1 版，第 415 页。

为了炼丹，道士需寻找这些幽谷密林，这使他们比其他人有更多的机会接近自然界和形成独特的自然审美意识。道教多用紫色来渲染描绘三清宫阙、洞天道观，如“紫盖”、“紫庭”、“紫轩”、“紫天”、“紫桂”、“紫烟”、“紫丘”、“紫辔”，这可能长期与炼丹的重要原材料朱砂、赤石脂本身的颜色接触有关。“丹砂是上药第一位，水银和硫磺的天然化合物。在中国有名的丹砂产于湖南辰州。大者成块，小者是六角形结晶，颜色鲜红”。[①] 而句曲洞天就因为“山出黄金”和丹砂而成为自汉至后世著名的道教圣地。在道教徒看来，自然界既是他们炼丹寻药、追求长生不老的物质材料：

> 玉亦仙药，但难得耳。《玉经》曰：服金者寿如金，服玉者寿如玉也。又曰：服玄真者，其命不极。玄真者，玉之别名也。令人身飞轻举，不但地仙而已。然其道迟成，服一二百斤，乃可知耳。玉可以乌米酒及地榆酒化之为水，亦可以葱浆消之为饴；亦可饵之为丸，亦可烧之为粉，服之一年以上，入水不霑，入火不灼，刃之不伤，百毒不犯也。[②]

> 合丹当于名山之中，无人之地，结伴不过三人，先斋百日，沐浴五香，致加精洁，勿近秽污，及与俗人往来，又不令不信道者知之，谤毁神药，药不成矣。[③]

---

① 〔日〕村上嘉实《炼金术》，〔日〕福井康顺、山崎宏、木村英一、酒井忠夫监修：《道教》第一卷，朱越利译，上海古籍出版社，1990 年 6 月第 1 版，第 249 页。

② 〔晋〕葛洪：《抱朴子·仙药》，王明著：《抱朴子内篇校释》（增订本），中华书局，1985 年 3 月第 2 版，第 204 页。

③ 〔晋〕葛洪：《抱朴子·金丹》，王明著：《抱朴子内篇校释》（增订本），中华书局，1985 年 3 月第 2 版，第 74 页。

又是他们远祸全身、自求多福的精神食粮：

> 是故古之高人，览罪咎之难豫知，高贵之不可享矣。遂肥遁长林，栖景名山，咀嚼和气，漱濯清川，欲远此恶迹，自求多福，超豁恒聘，保全至素者也。[①]

正是这种对自然界的双重认识，或者说是自然界的二重性决定了道教的超现实自然观念的形成。

《文心雕龙·明诗》篇说："及正始明道，则诗杂仙心。"道士"以游仙为乐"，[②]以"高逸长岭，寝冥林泽"为"美举"。[③] 这种思想反映到文学上则是"游仙诗"的产生。例如：

> 青青岭上松，亭亭高山柏。光色冬夏茂，根柢无凋落。吉士怀贞心，悟物思远托。扬志玄云际，流目瞩岩石。羡昔王子乔，友道发伊洛。迢遰陵峻岳，连翩御飞鹤。抗迹遗万里，岂恋生民乐。常怀慕仙类，眩然心绵邈。[④]

> 晦朔如循环，月盈已见魄。蓐收清西陆，朱羲将由白。寒

① 〔南朝·梁〕陶弘景：《真诰》卷二《运象篇第二》。〔日〕吉川忠夫、麦谷邦夫编：《真诰校注》，朱越利译，中国社会科学出版社，2006年12月第1版，第55页。

② 〔南朝·梁〕陶弘景：《真诰》卷十四《稽神枢第四》。〔日〕吉川忠夫、麦谷邦夫编：《真诰校注》，朱越利译，中国社会科学出版社，2006年12月第1版，第460页。

③ 〔南朝·梁〕陶弘景：《真诰》卷二《运象篇第二》。〔日〕吉川忠夫、麦谷邦夫编：《真诰校注》，朱越利译，中国社会科学出版社，2006年12月第1版，第77页。

④ 〔南朝·梁〕萧统：《文选》卷二一何敬宗《游仙诗》，中华书局，1977年11月第1版，第306页。

露拂陵苕。女萝辞松柏。蕣荣不终朝，浮游岂见夕。圆丘有奇草，钟山出灵液。王孙列八珍，安期炼五石。长揖当途人，去来山林客。[①]

萧统将“游仙”与“招隐”、“游览”、“行旅”相区分；钟嵘说郭璞的游仙诗“乃是坎壈咏怀，非列仙之趣”；[②]李善也说，“凡游仙之篇，皆所以滓秽尘网，锱铢缨绂。餐霞饮景，饵玉玄都”。[③] 他们似乎都看到了“游仙诗”的审美特征，即通过描写大自然的变化来抒发对生命短暂的感叹，以超现实的自然来反映现实的境遇，并从中获得自己的精神解脱。也可以说“游仙诗”是用审美的手段诠释了道教的“变化之术”。阮孚之所以对郭璞“林无静树，川无停流”有“神超形越”的感受，[④]其原因在于这一类诗歌不仅仅是对自然景物的抒写，更重要的是揭示了自然界的变化规律，给人以审美情趣，引起对大自然奥秘的探索。简言之，“游仙诗”实际上是道教超现实的自然观念在审美领域中的反映。

## 二、杂糅型的中古宗教意识形态

我们今天使用的现代汉语中的马克思主义术语“意识”、“意识

① 〔南朝·梁〕萧统：《文选》卷二一郭景纯《游仙诗》，中华书局，1977 年 11 月第 1 版，第 308 页。

② 曹旭：《诗品集注》，上海古籍出版社，1994 年 10 月第 1 版，第 247 页。

③ 〔南朝·梁〕萧统：《文选》卷二一郭景纯《游仙诗》李善题注。中华书局，1977 年 11 月第 1 版，第 306 页。

④ 《世说新语·文学》曰：“郭景纯诗云：‘林无静树，川无停流。’阮孚云：‘泓峥萧瑟，实不可言。每读此文，辄觉神超形越。’”余嘉锡：《世说新语笺疏》，上海古籍出版社，1993 年 12 月第 1 版，第 256-257 页。

形态”均来自日本。

德国学者李博(1932— )认为,日语中的模范词“ishiki 意识”公认是由日本学者西周当年首创的,但日语的“ishiki 意识”源于中国的古汉语。王充的《论衡·实知》篇就用了“意识”这个说法:“众人阔略,寡所意识,见贤圣之名物,则谓之神。”西周所首创的“ishiki 意识”这个术语很快被当作英语“consciousness”的翻译得到认可,在19世纪与20世纪之交前后以“意识”的形式进入汉语。日本学者河上肇在翻译马克思《政治经济学批判序言》“不是人们的意识决定人们的存在,相反,是人们的社会存在决定人们的意识”时,首先用“ishiki 意识”来翻译德语的“Bewusstsein 意识”一词。后来,李大钊在翻译马克思《政治经济学批判序言》时,把相应的汉语词“意识”作为德语“Bewusstsein 意识”的对等词,“并以此建立了一直持续至今的传统,即用‘意识’这个词来翻译马克思与‘物质存在’相对应的‘Bewusstsei’这个概念。……Kawakami Hajime(河上肇)和在他之后所有翻译《序言》的译者都使用了日语中的‘ishiki keitai 意识形态’这个词来翻译‘Bewusstseinsformen’;很多翻译《序言》的中国译者于是也效仿这种翻译方法,李大钊是其中的第一位。是他把汉语词‘意识形态’引入了中国政治术语当中的。在中国的马克思主义术语里,‘意识形态’这个词的作用范围扩大了,它也被用来表示西方国际术语里的‘Ideologie’和‘ideologisch’所代表的含义。”①

西方国际术语中的“Ideologie”指的是社会观念体系,简言之,

① 〔德〕李博:《汉语中的马克思主义术语的起源与作用》,赵倩等译,中国社会科学出版社,2003年8月第1版,第311-313页。

"意识形态"的含义就是社会观念体系。[①] 有人认为，马克思和恩格斯的著作中的"意识形态"有四个含义，其中有一个是中性解释，"即认为意识形态是建立在社会的经济结构之上，并与之相适应的社会意识形式。……正是在这个意义上，马克思、恩格斯把原始人'纯粹动物式的意识(自然宗教)'也称为'意识形态'。"[②]

依照这个含义，我们所说的中国中古时期的宗教意识形态指的是自两汉至南北朝时期中国社会与宗教的社会观念体系。这个体系的源头在先秦时期的巫术意识和自然宗教意识，由西汉的黄老思想和董仲舒的神学思想、东汉的谶纬之学、佛教学说、神仙道教思想以及玄学中与之相关联的部分学说所构成，具有相对的独立性和生长性，表现出明显的杂糅性质。借用班固"杂家者流，盖出于议官。兼儒、墨，合名、法，知国体之有此，见王治之无不贯，此其所长也"[③]的话来说，这种杂糅型的宗教意识形态对中古自然审美观的形成和发展起着兼容整合的作用，并因此成为整个中古美学思想的"国体"。

虽然就严格意义的"体系"而言，中古时期的宗教意识形态没有严密的逻辑结构，但这种体系的逻辑结构上的缺位并不能表示中古时期宗教意识形态理论丰富性的阙失，恰恰相反，这种体系结构正是中古时期社会思潮异常开放的象征。先是以公孙弘、董仲

---

① 汉语翻译又有"观念学"、"观念形态"、"思想体系"、"精神现象"等，贺麟、王玖兴在翻译黑格尔的《精神现象学》时在"前言"中说："每一个精神的现象就是一个意识形态，因此，'意识形态'可以说是'精神现象'的同义语。"参陆梅林："何为意识形态——艺术意识形态论一"，《文艺研究》，1990年第2期。

② 陈荣富：《马克思主义宗教观研究》，四川出版集团四川人民出版社，2008年8月第1版，第247页。

③ 《汉书·艺文志》，中华书局，1983年6月第1版，第154页。

舒为代表的汉代新儒学从黄老之学中突破重围获得崇高地位，继之以每个个体的信仰权利被剥夺为代价创立了影响十分深远的“天人感应”学说，随后，当这种学说被谶纬学家——实际上也是政治家和思想家们——发挥到极致的时候也就是它走向衰落的时候。

当从儒学内部再也很难找到振兴其独尊学说之火种的时候，新生的玄学却给了传统儒学以生机。《庄》《老》《易》的三合一、才与性的“同”“异”“离”“合”、“自然”与“名教”、“无”与“有”的攻击与诘难所留下的缺口——对苦难人生和无情世界的关注——让外来的佛教如普天甘霖洒遍中土四域，而起自人生苦难现实并“包含某些传统的材料”[①]的道教借助于本土自然宗教意识悠久深广的传统，甚至也借助佛教的某些传播方法而一发不可收拾，并从此开启中国三教合流的先河。

中古时期的宗教意识形态正是在这种中国本土固有的社会观念体系内部自我更新和外来宗教意识形态的双重变奏中走向成型，或曰走向“杂糅型”。这与西方中古时期的宗教意识形态形成鲜明的对比。

中世纪的西方，基督教一统天下，由罗马国教而至世界宗教，独立的位格神至高无上。中世纪欧洲虽然在文化领域的扩大、形成富有生命力的大民族和巨大的技术进步上取得了举世公认的成就，但在人的生存权利上和人对具体的美的追求上，特别是在人对自然美的追求上却笼罩着迷雾。诚如阎国忠先生所言，美不在自

① 恩格斯：《路德维希·费尔巴哈和德国古典哲学的终结》，《马克思恩格斯选集》第四卷，人民出版社，1972年5月第1版，第253页。

然而在上帝，“上帝作为本体是绝对的——上帝是至高、至美、至能。其他事物都是依恃别一事物而存在的，上帝的存在却是‘自有’的，上帝之上没有也不可能有更高的存在；其他事物都是因‘分有’才成其为美的，美与存在并非一体，上帝的美却是原初的美，上帝就是美的本源。”[①]西方美学对自然本身之美的认识要在康德“为自然立法”之后才真正建立，而中国中古时期的宗教意识形态因其呈现出开放性和多元性的理论形态与自然审美观念有着天生的联系。

中国中古时期的自然审美观正是在这种“杂糅型”的宗教意识形态的影响下，从神学的自然审美观经玄学自然审美观的嬗变而走向宗教的自然审美观和科学的自然审美观，以“美”的眼光来审视自然的审美思潮代替了以“善”的眼光和以“真(道)”的眼光来审视自然的美学传统，而中国的自然美学理论也在这个时候开始走向成熟。

### 三、面向自然的宗教

西塞罗考察了 religio(宗教)一词的来源，认为它来自 relegere (复读)这个词，意思是读了又读，这正好揭示了罗马宗教的这一侧面。[②] 马里奥·佩尔尼奥拉认为，宗教仪式的“重点根本不在于诠释文本、解释内容，而恰恰相反，在于外在化的完美重复，完全消灭掉其本来意义。许多仪式上用到的许多词连那些念念有词地使用

---

① 阎国忠:《美是上帝的名字——中世纪神学美学》，上海社会科学出版社，2003年8月第1版，第79页。

② 〔古罗马〕西塞罗:《神的本质》，转引自〔意〕马里奥·佩尔尼奥拉:《仪式思维》，吕捷译，商务印书馆，2006年版，第92页。

它们的教士们都不解其义，这一事实充分说明，记忆的目的不是记住，而是忘掉！罗马宗教根本不是什么原始现象，不是靠低等动物的思维，把词语和魔力相联系的产物。相反，它是把印欧和伊特鲁里亚以及地中海影响下的这些神话遗产进行非神话的过程，它的那些重复之所以行之有效，正因为它打破了词和物的关联，打破了神话世界的现实和社会之间的关联”。①

丘镇英说：“希腊的宗教，大别有两派，一为奥林匹克宗教(Olympic Religion)，以 Zeus(神名)为天，以 Demeter(神名)为地，Poseidon(神名)为海。这派的神除作自然之解释外，复兼有人性，如人有战争，神亦有战争；人有爱憎，神亦有爱憎；人有喜怒，神亦有喜怒。总之，凡人所有的一切，神亦全有；换言之，即神的人格化而已。此一派为泰理斯(Thales)一派(即米利都学派，Miletus School)又名爱奥尼亚学派哲学的先驱。”②希腊的天、地、海既是人的化身又是神的化身，是一个个与人一样而又不一样的神，也可以说希腊哲学起于宗教的同时把“自然”——具有“自然法则”的物理学意义上的自然——拟人化了。

中国哲学则起于“巫术宗教”，具有浓郁的自然艺术色彩。由于“自然”向人展示的或者说人所感知经验的自然环境的恶劣，干旱(后羿射日)、洪水(大禹治水、龙的传说)、风沙(风伯)、地震(天柱绝，东南倾)的威胁，逼使人们必须有组织地以包括巫术宗教在内的各种各样的方式同这些环境进行抗争，并通过这种抗争淬炼出与自然血脉相连、精神相依的民族宗教性格。

---

① 〔意〕马里奥·佩尔尼奥拉：《仪式思维》，吕捷译，商务印书馆，2006 年版，第 92 页。

② 丘镇英：《西洋哲学史》，“导言”，北京师范大学出版社，1986 年 1 月第 1 版，第 19 页。

在与恶劣的自然环境进行抗争的过程中，那些具有“非凡品质”的人建立起了如马克斯·韦伯所讲的“卡里斯马权威”并通过这种权威进行统治：

> 他们的统治的合法性建立在对非凡的、超越常人品质因而受到推崇的东西（最初作为超自然的东西被推崇）的信仰与献身上面，也就是建立在神秘信仰、启示信仰和英雄信仰上，这些信仰之源是由奇迹、胜利和其他成就，由被统治者的康乐考验出来的卡里斯马品质。[①]

也就是说，中国的神来源于人但又在德行能力上高出于一般的人。所以在中国哲学中，天、地、人是同位格的，中国哲学从一开始就把宇宙论与人生论统一在“自然”里。而自然律也就很自然地同道德律结合在一起，让“自然道德律”成为中国哲学的核心思想并深刻地影响着两千多年的中国哲学和中国美学。

在“万物有灵论”的作用下，原始时代的人们最易将自身周围的自然界神灵化，形成原始崇拜。这种原始崇拜以“精神的隔代遗传”的方式一直影响到后世的宗教观念。

马克思对宗教的性质、宗教产生的社会根源和存在的社会条件以及宗教的社会作用等做了科学的论述。马克思在《〈黑格尔法哲学批判〉导言》中对宗教所下的定义：

① 〔德〕马克斯·韦伯：《儒教与道教》〔最新修订版〕，王容芬译，广西师范大学出版社，2008年12月第1版，第31页。

> 人创造了宗教，而不是宗教创造了人。就是说，宗教是那些还没有获得自己或是再度丧失了自己的人的自我意识和自我感觉。

至今仍然具有指导意义。马克思不仅从哲学上对宗教做了界定，还从现实社会的角度对宗教的社会作用进行了深刻的分析："宗教里的苦难是现实的苦难的表现，又是对这种现实的苦难的抗议。宗教是被压迫生灵的叹息，是无情世界的感情，正象它是没有精神的制度的精神一样。宗教是人民的鸦片。"[①]依据这两个定义，马克思在《〈政治经济学批判〉导言》中所讲的"宗教的"掌握世界的方式既是就一种历史现象而言，也是就一种哲学思想而言。

恩格斯曾经说，"宗教是在原始的时代从人们关于自己本身的自然和周围的外部自然的错误的、最原始的观念中产生的"。[②] 宗教从它产生的那一刻起就与自然界有着千丝万缕的联系，而人们的自然审美意识观念也随之与宗教意识密不可分。

作为一种哲学思想，"宗教的"掌握世界的方式在人类有了思维之后便与整个社会活动密不可分。依据朱光潜先生翻译的马克思的《政治经济学的方法》中的

> 艺术的宗教的实践-精神的掌握世界的方式
>
> 政治经济学——理论科学凭思维着的头脑由片面(抽象)

---

① 《马克思恩格斯选集》第一卷，人民出版社，1972 年 5 月第 1 版，第 2 页。

② 恩格斯：《路德维希·费尔巴哈和德国古典哲学的终结》，《马克思恩格斯选集》第四卷，人民出版社，1972 年 5 月第 1 版，第 250 页。

上升到整体(概念)的掌握世界的方式[①]

这一段话可知,1. 艺术和宗教都是"实践-精神的掌握世界的方式";2. 和艺术一样,"宗教的"掌握世界的方式不是纯然抽象的和概念的,而是"实践-精神的"。

按照亚里士多德的区分,有两种实践,一种是指向活动之外目的的或本身不完成目的的活动;一种本身即是目的的或包含完成目的在内的活动。前者可以说是科学的活动,所用的方式为数学、物理学以解决科学和技术的问题。后者可以说是一种"实践智慧"。"实践智慧是一种关于人类践行的知识,并以在具体事物中的践行作为自己的目的,它不是通过单纯学习和传授而获得的,经验在这里起了很大作用,并要求我们身体力行地去实现人类最大的善。"[②]艺术的宗教的活动即是通过经验去追求最大的善和最高的美的"实践智慧"的实现过程。

按照马克思一贯的基本观点,在人的认识过程中,实践是第一位的和关键的一步。而人与自然——通过劳动——的物质交换是实践的基本方式。早年马克思认为,人在私有制条件下劳动,人的自然属性——那些属人的自然本性,例如吃、喝、睡、性——被人的社会属性所异化,本来劳动是人自身的需要,异化成人需要劳动才能生存;劳动的对象变成了主体,人成了机器。后来马克思认为,只有在审美和艺术活动中,人才是自由的,人才有自由的时间和空间感觉。但要达到这一步,即尽可能的增加人的自由时间,只有等

① 朱光潜:"政治经济学的方法",《朱光潜全集》第二十卷,安徽教育出版社,1992年7月第1版,第327页。

② 洪汉鼎:"论实践智慧",《北京社会科学》,1997年第3期。

到整个社会的生产力大大提高。

劳动首先是人和自然之间的实践过程，是人以自身的活动来引起、调整和控制人和自然之间的物质变换的过程。人自身作为一种自然力与自然物质相对立。为了在对自身有用的形式上占有自然物质，人就使他身上的自然力——臂和腿、头和手——运动起来。当他通过这种运动作用于他身外的自然并改变自然时，也就同时改变他自身的自然。他使自身的自然中沉睡着的潜力发挥出来，并且使这种力的活动受到他自己控制。

因此，在人类掌握世界的基本方式中，宗教必然面向自然，或者说“宗教的掌握世界的方式”首先得回答自然是什么、自然的变化规律是什么、自然是怎样运行的、人在自然中的位置是怎样的等等这一类最基本的问题。这便是几乎所有希腊哲学家在探讨宇宙和人生的时候都不可避免地带有或多或少的宗教色彩的原因。

宗教的思维虽然不同于求“真”的科学的思维，但它却因有着幻想性和形象性的特点与艺术的思维有相类似的地方，二者同样需要塑造对(偶)象，需要想象和联想，甚至在迷狂时的思维也与艺术有着类似的地方。

马克思把“宗教的”掌握世界的方式与“艺术的”掌握世界的方式并列为“实践——精神”的一类，以区别于那种“由片面(抽象)上升到整体(概念)的掌握世界的方式”，例如政治经济学，这种方式对世界的认识是整体认识而不是片面认识。

“艺术的宗教的实践-精神的掌握世界的方式”的思想扬弃了经验论哲学和理性论哲学的观点，显然有着康德和黑格尔哲学思想的精华在内。康德把审美看作是弥缝纯粹理性和实践理性之间的桥梁，是人类从必然王国向自由王国过渡的必需。人类最基本的实践活动是劳动，劳动一方面改变了自然，另一方面也改变了人类自己身上的自然，只有在实践中，人类的感觉、感性、感情与智慧、意志、精神才达到统一，才能够发现自然美和创造艺术美。

在认识自然的方式上既然相同，宗教与艺术与生俱来的关系就是，几乎所有古典艺术的美学风格都不可避免地带有宗教意识形态的胎记。“宗教艺术是以表现宗教观念、宣扬宗教教理、跟宗教仪式结合在一起，或者以宗教崇拜为目的的艺术。它是宗教观念、宗教情感、宗教精神、宗教仪式与艺术形式的结合。”[①]或者说，宗教艺术是艺术的掌握世界的一种主要方式，也是历史最为悠久的艺术种类，从它产生之日起就与自然审美意识融为一体，而神话和传说是最具有自然审美观念的宗教艺术。

陈寅恪先生比较早地研究了书法艺术与宗教的关系，他在谈到滨海地域环境与天师道之关系时说，信奉天师道的世家大族往往都精于书法虽然是史书记载的偶然结果，“然艺术之发展多受宗教之影响，而宗教之传播，亦多倚艺术为资用”。[②] 王羲之与山阴道士“写经换鹅”、“会稽孤姥烹鹅饷羲”的逸事，陈寅恪先生认为，“亦非道士仅为爱好书法，及右军喜此鵝鵝之群有合于执笔之姿势也。实以道经非倩能书者写之不可”。[③] 无论是道士为修炼以求心灵之清净，还是道士为诵经而写经，他们都必然要接近自然，前者是直接进入自然，后者是经书法而进入自然。

傅雷先生在分析文艺复兴先驱和佛罗伦萨画派始祖乔多的作

① 蒋述卓：“宗教艺术的涵义”，《文艺研究》，1992 年第 6 期。

② 陈寅恪：“天师道与滨海地域之关系”，载《金明稿丛稿初编》，上海古籍出版社，1980 年版，第 34 页。

③ 同上，第 38 页。

品时也说，基督教圣者圣法朗梭阿大西士改变了人们对宗教的可怕印象，使宗教成为大众的亲切的安慰者。他颂赞自然，颂赞生物。而乔多的作品，例如“圣法朗梭阿出家”、“圣法朗梭阿向小鸟说教”、“圣母之诞生”，则鲜明地再现了圣法朗梭阿仁慈与博爱的教义，并因此而带来西方绘画史上的革命，在将神圣宗教世俗化的同时将拜占廷的金碧辉煌一变而为文艺复兴时期的简单与朴素。① 本雅明也说过：“一件艺术品的独一无二性是与它置身其中的传统关联相一致的。当然，这传统本身是绝对富有生气的东西，它具有极大的可变性。例如，一尊维纳斯古雕象，在古希腊和中世纪就处于完全不同的传统关联中。希腊人把维纳斯雕象视为崇拜的对象，而中世纪的牧师则把它视作一尊淫乱的邪神象，但这两种人都以同样的方式触及了这尊雕象的独一无二性，即它的光韵。”②

但是，正如吾淳所说，“中国宗教不像犹太教或基督教，其与伦理没有实现充分统一，导致这种状况出现可能有这样一些主要原因：第一，中国宗教未经伦理革命，这使得中国宗教就其本意来说不可能以伦理的面貌出现，同时，未经中断的原始宗教品质被完好地保存下来，并对后来的宗教产生着深刻的影响；第二，在中国社会，世俗生活承担着主要的伦理责任；第三，在佛教与道教中，普遍有一种与伦理疏离的现象，究其原因，与其所具有的知识化特征或倾向密切相关；第四，中国宗教又有着十分强烈的功利主义品质，

① 傅雷：《世界美术名作二十讲》，第一讲“乔多与圣法朗梭阿大西士”，生活·读书·新知三联书店，1985年11月第1版，第6页。

② 〔德〕瓦尔特·本雅明：《机械复制时代的艺术品》，王才勇译，凤凰出版集团江苏人民出版社，2006年，第58页。

功利主义品质与伦理主义品质本身就具有冲突的性质，因此这样一种品质的形成并主流化无疑对伦理在造成极大的损害；第五，还有更重要的一点，即无论是知识化倾向还是功利化倾向，在其背后都有着明显的巫术性质或意图的支配，同样，巫术类宗教与伦理类宗教也是格格不入的，前者所面对的是具体的经验的对象，而后者则关心具有普遍和终极意义的问题。正是由于上述种种原因，造成中国宗教伦理薄弱之现实。"①

中国宗教伦理薄弱的原因还可以用当代美国宗教社会学专家、贝勒大学的罗德尼·斯达克(Rodney Stark)教授所说的"宗教的道德效应仅限于信奉神灵的宗教。此类宗教关注人类的道德行为，宗教的仪式和仪轨对道德没有任何独立的影响"的观点来解释。罗德尼·斯达克认为，多神论宗教，包括西方的宗教，毫无例外地缺乏道德感。相反，一神论宗教，如犹太教、基督教、伊斯兰教和印度教都信仰诅咒罪愆和倡导道德感。"但是日本和中国的神灵对道德却缺乏关注，在那里宗教仪式和仪轨几乎没有任何道德影响力。"②无论是中国的原始宗教还是中国的道教和中国的改造过的佛教，更不用说儒教了，几乎无一例外地是非信奉一神教的宗教。

也恰恰是这种"宗教与伦理的疏离"给中国中古时期的自然审美意识的形成预留下了广阔而自由的发展空间。先秦时期伦理与自然结缘。儒家讲的"君子比德"、"岁寒然后知松柏之后凋也"、"仁者乐山，智者乐水"，老庄讲的"独与天地精神相往还而不傲倪

---

① 吾淳："中国宗教伦理薄弱的主要原因"，《华东师范大学学报》，2000年第5期。

② 〔美〕罗德尼·斯达克："比较研究的复杂性"，《北京大学学报》，2009年第4期。

于万物”,墨家讲的“兼爱”等等,都将道德律嫁接在自然律上面,给汉代以“天”为最高道德律和伦理依据留下了缺口。汉代的宗教意识虽说是“独尊儒术”,但董仲舒的儒学已经完全不同于先秦儒学,已经混杂着阴阳、数术、五行、黄老之学。本为自然界意义上的“天”,被罩上了神圣的光环,“天不变,道亦不变”,物质意义上的“天”演化成精神意义上的“上天”。随着“自然律”与神学结合,以“天”为本的宗教意识开始产生并直接影响到汉人的自然审美意识。

## 第二节　中西哲学史上的自然概念

### 一、西方哲学史上的自然概念

自然观是人们对自然界,包括自然界的变化规律在内的总的看法和观念,而对“自然”的认识和了解是自然观形成的基础,也是审美主体建构自然审美意识的重要前提之一。

霍克海默有句名言:“概念的变化是反映现实的运动的。”[①]在西方哲学史上,对“自然”的研究首推亚里士多德。黑格尔认为,“关于自然的理解,我们应该说,自然是被亚里士多德以一种最高最真实的方式表述了的”。[②] 亚里士多德在他的《形而上学》中说:

> 自然事物为自然所创造,其所由来为物质;其所成就即自

① 〔德〕霍克海默:《批判理论》第一卷,第 268 页。转引自〔德〕H. 贡尼、R. 林古特:《霍克海默传》,任立译,商务印书馆,1999 年 1 月第 1 版,第 33 页。

② 〔德〕黑格尔:《哲学史讲演录》第二卷,贺麟、王太庆译,商务印书馆,1978 年 12 月第 1 版,第 308 页。

> 然间现存事物。或为一人或为一草一木，或为类此之物，凡自然所创造而有所成就者，我们均称之为本体——自然或人工〈技术〉所造一切事物都有物质。一般说来，无万物所由生成者为自然，万物所依以生成之范型亦为自然，其所生成者如一草一木，或一动物皆具有自然本性。[①]

亚里士多德从外在必然性和目的论出发，将“自然”理解为自然界和“本体”，“理解为生命，把某物的自然〔或本性〕理解为这样一种东西，其自身即是目的，是与自身的统一，是它自己的活动性的原理，不转化为别物，而是按照它自己特有的内容，规定变化以适合它自己，并在变化中保持自己”。[②] 换句话说，在亚里士多德那里，自然是世界一切事物形成的原因，也是一切事物变化的结果，自然是一个事物的生长，也是一个事物的性质。

罗素曾指出：“在亚里士多德的著作里，物理学（physics）这个字乃是关于希腊人所称为‘phusis’（或者“physis”）科学；这个字被人译为‘自然’，但是并不恰好等于我们所赋给‘自然’这个字的意义。”[③]这说明，在西方哲学史上，关于“自然”的概念有一个变化的过程。

作为现代汉语的“自然”，一般指的是“自然界”，也还有“自由发展”、表示“理所当然”和“不勉强、不呆板、不局促”的意思。就其

① 〔古希腊〕亚里士多德：《形而上学》，吴寿彭译，商务印书馆，1959 年 12 月第 1 版，第 137 页。

② 〔德〕黑格尔：《哲学史讲演录》第二卷，贺麟、王太庆译，商务印书馆，1978 年 12 月第 1 版，第 309-310 页。

③ 〔英〕罗素：《西方哲学史》上卷，何兆武、李约瑟译，商务印书馆，1963 年 9 月第 1 版，第 263 页。

母语来说，它来自古汉语的“自然”，而古汉语的“自然”又是从“自”与“然”的集合而来；就其非母语来说，它来自于英语的“nature”。

我们先看现代汉语中的非母语的“自然”。20世纪美国思想史家拉夫乔伊曾列举了66条关于“自然”的涵义。他认为伦理学、政治学和宗教学中的“自然”的规范用法来自于“自然”在文学和哲学中的用法。作为对西方思想史产生过重大作用的“自然”这一基础性的概念实际上与中国古代思想史上的“自然”概念，无论是哲学、文学，还是伦理学和政治学、宗教学中的“自然”概念有着相同的用法。[①]

现代欧洲语言中，一般把“自然”理解为两种含义。一种是“物的集合”，现代汉语译作“自然”或“自然界”；一种是“内在于事物自身的本源或本质”。我们今天讲的“本质”在希腊时期就是指的“自然”。柯林武德说：

> 它（自然）总是意味着某种在一件事物内或非常密切地属于它，作为其行为根源的东西。这是它在早期希腊作者们那里的唯一含义，并且是贯穿整个希腊文献史的标准含义。但非常少见地且相对较晚地，它也有自然事物的总和或汇集这第二种含义，即它开始或多或少地与（宇宙）“世界”一词同义。……我断定，在爱奥尼亚哲学家那里，Physis 从来没有在第二种意义上使用过，而总是在其原初的意义上使用。“自然”对于他们从来没有意味着世界或者那些组成世界的诸事物，而总是指内在于这些事物之中、使得它们像它们所表现的

① 拉夫乔伊：“‘自然’的一些涵义”，彭刚译，载吴国盛主编：《自然哲学》第2辑，中国社会科学出版社，1996年。

> 某种东西。[①]

柯林武德显然要比19世纪英国哲学家密尔在其《论自然》中给“自然”下的：

> 自然一词有两个主要的含义：它或者是指事物及其所有属性的集合所构成的整个系统，或者是指未受到人类干预按其本来应是的样子所是的事物。[②]

这个定义更全面一些。

十八世纪，法国启蒙主义者对教皇的权威和封建制度发起批判，把“理性”推崇为思想和行动的基础，倾向于自然神论，主张一切，包括自然和理性都要受到理性的审判，依据卢梭和洛克的经验论对自然重新进行审查。他们认为，不仅人的肉体来自自然，而且人的精神也来自自然，并由此来建立公正、仁爱和和平。霍尔巴赫宣称：

> 人是自然的产物，存在于自然之中，服从自然的法则，不能超越自然，就是在思维中也不能走出自然；人的精神想冲到有形的世界范围之前乃是徒然的空想，它是永远被迫要回到这个世界里来的。[③]

---

① 〔英〕柯林武德：《自然的观念》，吴国盛译，北京大学出版社，2006年版，第52-54页。

② 转引自吴国盛：《自然的发现》，《北京大学学报》，2008年第2期。

③ 〔法〕霍尔巴赫：《自然的体系》上卷，管士滨译，商务印书馆，1999年3月修订第2版，第3页。

霍尔巴赫接着说：

> 变化多端，以无穷无尽的方式组合的物质，不断接受并且传导各式各样的运动。这些物质的不同特性、不同组合、变化多端的活动方式（这些方式是活动的必然结果），给我们构成了事物的本质；由这样多样化的本质产生出这些事物所处的不同秩序、等级或体系，它们的总和就形成我们所称的自然。[①]

与阿奎那不同的是，霍尔巴赫把自然完全独立于人的精神之外，自然就是自然界，它是人的有机体和人的精神、意志、感觉，甚至是幸福、痛苦、烦恼的来源。因此，人必须服从于自然法则。阿奎那却把自然法则与人的道德联系在一起，把自然律与基督教神学连在一起，自然法则成了上帝赋予人的理性来源。因此，人的一切，包括生命和本性、自由和尊严统统来之上帝。

霍尔巴赫认为，我们的一切观念、意欲、活动都是大自然所赋予我们的本质和特性的产物，甚至：

> 艺术，也只是借助于自然本身所创造的种种工具而行动的那个自然而已。[②]

在这种社会思潮的影响下，法国乃至后来的英国、德国都产生了自然主义美学思潮，无论是诗歌还是戏剧，无论是绘画还是建筑。回

---

① 同上，第10页。

② 〔法〕霍尔巴赫：《自然的体系》上卷，管士滨译，商务印书馆，1999年3月修订第2版，第4页。

到大自然、表现人的自然本性几乎成了欧洲十八世纪和十九世纪的美学狂飙。

但是，在黑格尔看来，自然对理念来说是一个派生的东西，“自然在时间上是一个最先的东西，但绝对先在的东西却是理念；这种绝对先在的东西是终极的东西，是真正的开端，起点就是终点。”[①]黑格尔实际上说的是自然精神而不是物质层面上的自然。

马克思主义理论中的“自然”具有多义性。一方面，马克思把一切自然存在都看成是人加工过的实践成果，并且认为，自从有了人类社会，自然就是历史的自然，历史就是自然的历史，此可谓“历史自然观”；另一方面，马克思又从人的劳动实践来看待自然，他认为“自然”是外部自然界或外在的感性世界，“凡不是人的活动的结果，不是劳动的结果的东西，都是自然，而作为自然，就不是社会的财富。”[②]也就是说，“自然”即外部自然界或外在的感性世界。但随着马克思从实践的角度理解外在的感性世界，“自然”的含义和范围发生了一个根本变化，他把自然看成是整个“人的外部实在”。如A.施密特所指出的那样：

> 这种人的外部实在既独立于人，同时又以人、或者至少能以人为中介。马克思用下面一些同义术语来表述它：“物质”、“自然”、“自然材料”、“自然事物”、“大地”、“劳动对象的存在基因”、“客观地(sachlich)”、“实在的劳动条件”等等，按照马

① 〔德〕黑格尔：《哲学全书》第二部，(施图加特，1950年)，第28节附释，第58页。转引自〔联邦德国〕A.施密特著：《马克思的自然概念》，欧力同、吴仲昉译，赵鑫珊校，商务印书馆，1988年版，第10页。

② 《马克思恩格斯全集》第26卷，第473页。

克思的观点，人构成实在的一部分，所以他的自然概念和“全部实在”是同一的。[①]

马克思认为，人在私有制条件下劳动，人的自然属性——那些属人的自然本性，例如吃、喝、睡、性——被人的社会属性所异化，本来劳动是人自身的需要，但却异化成人需要劳动才能生存；劳动的对象变成了主体，人成了机器；后来，马克思认为，自由王国只存在于真正物质生产领域的彼岸，这个彼岸在审美和艺术活动之中，因为只有在审美和艺术活动中，人才是自由的，人才有自由的时间和空间感觉。但要达到这一步，即尽可能的增加人的自由时间，只有等到整个社会的生产力大大提高。

在“自然”学说的基础上，西方哲学史上产生了“自然律”的思想。

西方哲学史上最早关涉“自然律”思想的是希腊哲学中的“斯多葛学派”。斯多葛学派主张，世界是道德的秩序，“就一种意义来说，每一个生命都与‘自然’和谐，因为它的存在正是自然律所造成的”。[②] 因此，“随自然以生”，即为人生至高之目的，而要达此目的，唯有随顺自然之理性并且将此自然之理性与自己之道德修养合为一体，专心一意造就德行，此一思想即承认自然律之普遍性。

斯多葛学派的自然观念与朱熹相似而异于嵇康。嵇康之“任自然”纯然是任人之本性或曰人之情欲。与此“随自然以生”恰恰相反。此即调和宇宙论与人生论，开启将“自然律”转化为“自然道德

① 〔联邦德国〕A. 施密特：《马克思的自然概念》，欧力同、吴仲昉 译，赵鑫珊校，商务印书馆，1988 年版，第 18 页。

② 〔英〕罗素：《西方哲学史》上卷，何兆武、李约瑟译，商务印书馆，1963 年 9 月第 1 版，第 322 页。

律"之先河，其理论颇类似于朱子的学说。朱熹认为，"宇宙之间，一理而已。天得之为天，地得之为地。而凡生于天地之间者，又各得之以为性。其张之为三纲，其纪之为五常，盖皆此理之流行，无所适而不在。"①目的则是要人随自然而随社会规则而已。

潘小惠认为，按照多玛斯的观点，所谓"自然律"，不是别的，正是"理性受造物所分享的永恒律"。这样意义下的自然律，其实更好说是"自然道德律"。可以这么说，在西方哲学家的言语中，真正的自然律就是指称道德自然律。虽然人无法在天主的理智内读到永恒律，但人可以认出自己本性内的基本倾向和需要；在反省这些倾向和需要时，他就能认识人所固有的自然道德律。每一个人都有自然的倾向，去发展自己的潜能，以得到人所应有的善。每一个人也都有自然本性的理性之光藉由它而反省自己本性的诸基本倾向，而给自己宣布自然道德律。自然道德律泛指正当理性关于应行之善及应避之恶，所颁布的普遍戒命或指令。②

按照自然法则，"一个事物的毁灭，就是另一个事物的诞生"。严格说来，在自然里并没有什么生和死。许多古代哲学家都感觉到

---

① 郭齐、尹波点校：《朱熹集》卷七十杂著《读大纪》，四川教育出版社，1996年10月第1版，第3656页。

② 潘小惠："辅仁学派的天理/自然道德律——以儒家的天理与多玛斯的自然道德律思想为主的探究"，载台湾辅仁大学《哲学与文化》杂志，第33卷第3期，第6页。自然律（natural law）一概念在西方向为道德哲学和法律理论的基础。古希腊辩士（the Sophists）曾提出nomos（law norm）的概念用以指称社会共约（conventions）。而斯多葛学派则最早提出自然律的概念，作为宇宙理性展示的法则。自是，自然律在西方哲学便成为社会正义和道德伦理的规准。到了中世纪，自然律的概念和基督教的神学相结合，成为上帝赋予人的理性之光，是自人性衍生而出的普遍法则。迨近世西方政治哲学萌发以后，自然律又与自然权利（natural right）、社会契约（socil contract）等学说结合，成为现代民主政治重要的理论基础。参俞懿娴："洛克与自然律"，载台湾辅仁大学《哲学与文化》杂志，第33卷，第3期，第21页。

这个真理。又根据斯多葛学派的伦理学，人必须“顺其自然而活”，主张人生的目的在追求幸福，而幸福系于品德。品德即根据自然、过着自然生活的人所拥有的特质，其所行所为均符合自然律。人的行为依理性（人的自然本质）而行和宇宙依自然律而运行，本意上是相同的。就这个阶段而言，斯多葛学派的自然律说和中国古代《易经》上所说的“天行健，君子以自强不息”的理想十分接近，也和古哲常言“天道”、“人道”之说雷同。天道即自然律，人道即道德律；人道法天道，亦即为人当效法自然规律有秩序，以发展建立道德律（礼法人伦），这一点在中国美学史上表现得比较明显。

## 二、中国哲学史上的自然概念

如前所述，米利都学派的观念亦可解释为“自然就是本质”，“本质”的观念亦就是“自然”的观念，万物之法则也在自然，这与中国哲学中的老子的“人法地，地法天，天法道，道法自然”的“自然”观念极其相似。

老子的“道”就是中国哲学中的“本质的观念”，亦即“自然”。《老子》讲的“道之尊，德之贵，夫莫之命而常自然”，《庄子·田子方》所说的“夫水之于汋也，无为而才自然矣”以及郭象注《庄子·逍遥游》所说的“自然者，不为而自然者也”与米利都学派的“自然”的含义都十分相同。

“道法自然”，说的是“道”就是它自己那个样子，“道”依存的就是它自己的法则。因此，万物之本质在“道”也就在“自然”。这很有点像后来现象学所谓的“现象就是本质”的思想，本质就在现象之中，本质就是它自己，“自然”是不需发掘的。“道可道，非常道”，“道”不需名状。具有“自然法则”的物理学意义上的自然，或者如我们今天所说的“大自然”、“自然界”既是它自己呈现出来的那个样子又是它成为那个样子的本质。那种仅把"nature"理解为自然界之"自然"并批评说中国古代没有"自然(自然界)"意义上的说法是片面的。我认为,中国哲学史上的"自然"一词兼具"本质"与"自然界"的双重涵义,应依据具体语境而判然。

《说文》云:"自,鼻也。象鼻形。"段玉裁注云:"此以鼻训自,而又曰象鼻形。……己也、自然也,皆引申之义。"朱骏声《说文通训定声》云:

> "自"通训当为"始",即本义之转注。《方言》十三:"梁、益之间谓鼻为初,或为之祖。"《说文》皇篆下:"自,始也。"俗以始生子、鼻子为自子,后世俗说,谓人之胚胎,鼻先受形。

甲骨文和金文的"自"也明显像人的鼻子。"自"有"开始"、"本来"、"先在"等含义,这些意思都涉及人从何来、天地开辟、时间和空间等哲学上的大问题。

杨树达先生的《词诠》归纳了关于"然"的九种用法,[①]王引之

---

① 杨树达先生《词诠》卷五关于"然"的解释如下:1. 内动词:即今"燃"字。《说文》:"然,烧也。"《孟子·公孙丑》上:"凡有四端于我者,知皆扩而充之矣,若火之始然,泉之始达。"2. 不完全内动词:乃也,是也。《庄子·天地》:"始也我以汝为圣人邪:今然君子也。"3. 表态形容词:是也。《论语·雍也》:"仲弓曰:'居简而行简,恶乃太简乎?'子曰:'雍之言然。'"4. 指示代名词:《礼记·学记》:"故君子之于学也,藏焉、修焉、息焉、游焉。夫然,故安其学而亲其师,乐其友而信其道。"5. 应对副词:唯也,诺也。《礼记·檀弓上》:"曾子曰:'参也与子游闻之。'有子曰:'然,然则夫子有为言之也。'"6. 转接连词:与"然则"同。与"然而"同。7. 语末助词:助形容词或副词为其词尾:"惠然"(《诗·邶风·终风》:"惠然肯来"。)、"终然"(《鄘风·定之方中》:"卜云其居,终然允臧。")、"斐然"(《论语·公冶长》:"子在陈,曰:'归与!归与!吾党之小子狂简,斐然成章,不知所以裁之。'")8. 语末助词,表拟象,多与"如"、"若"连用:《孟子·公孙丑》上:"无若宋人然。"以名词为比拟。《孟子·尽心》上:"道则高矣美矣,宜若登天然。"《孟子·公孙丑》下:"木若以美然。"以形容词为比拟。9. 语末助词:表断定,用同"焉"。《礼记·檀弓下》:"穆公召县子而问然。"中华书局,1954 年版,第 253-258 页。

《经传释词》列举了“然”的具体用法和意义。除了作为虚词的“然，词之转也”、“然，犹而也”、“然，犹乃也”和应声词的“然”以外，“然”还表示“是”（范望注《太元务测》曰：“然，犹是也。”常语也。）、“如是”（《礼记大传》注曰：“然，如是也。”凡经传称“然则”、“虽然”、“不然”、“无然”、“胡然”、“夫然”者，皆是也，常语也。）、“状事之词”（若《论语》“斐然”、“喟然”、“俨然”之属是也。）、“比事之词”（若《大学》“如见其肺肝然”是也。）和“时间之词”（“然后，而后也，乃也，常语也。”）。[①]

从王引之和杨树达列举的内容和分析看，“然”恐由应声之“然”发展到应对副词之“然”，再到表态形容词之“然”，后又经指示代名词之“然”（这样的话），再到语末助词之“然”。其中表示“是”、“如是”和“时间之词”的“然”有“存在”、“此在”、“本生”的意思，也涉及到哲学上的大问题。

一般认为，老子可能是最早把“自”、“然”连在一起来表达一种哲学观念的思想家。《老子·二十五章》云：“人法地，地法天，天法道，道法自然。”王弼注云：

> 法，谓法则也。人不违地，乃得全安，法地也。地不违天，乃得全载，法天也。天不违道，乃得全覆，法道也。道不违自然，乃得其性，法自然也。法自然者，在方而法方，在圆而法圆，于自然无所违也。自然者，无称之言，穷极之辞也。用智

① 王引之：《经传释词》卷七 云：“《广雅》曰‘然，譍也。’（譍，通作应。）《礼记·檀弓》曰：‘有子曰：“然则夫子有为言之也。”’《论语·阳货》曰：‘然有是言也。’《孟子·公孙丑》篇曰：‘然夫时子恶知其不可也。’此三‘然’字，但为应词而不训为是。”江苏古籍出版社，2000 年版，第 70-72 页。

不及无知，而形魄不及精象，精象不及无形，有仪不及无仪，故转相法也。道法自然，天故资焉。天法于道，地故则焉。地法于天，人故象焉。[①]

这里的“自然”有可能不是名词的词性，而是一个词组，即“自己成为它那个样子”。也就是说，“道”不可名，不可道，不知始，不知终，“道”依循的就是“自己成为它那个样子”的自己，“道法自然”翻译过来可以接近“道遵从的就是它自己”的意思。

这样一来，人、地、天反而成了我们今天意义上的“大自然”，而这个“大自然”的自然律（Nature Law）在老子那里不是因果律的关系，也不是机械运动的关系，而是循环运动的关系。因此，老子把“自然”变成了自然法则，具有自然哲学的意味，使“自然”成了本体意义上的“存在”。同时，我们有理由认为，在老子那里，就如同在孔子和孟子那里一样，把大自然的自然律作为治理人类社会的政治理论和法律理论的基础，具有政治哲学的意味，又使自然律变成了自然道德律（Nature Moral Law）。

现在的问题是，老子又说“有物混成，先天地生，寂兮廖兮，独立不改，周行而不殆，可以为天下母（帛书甲、乙本均作“天地母”）。”这个先于天地的“物”到底是什么，是否如黑格尔所说的先于自然的理念，老子没有说。如果参照斯多葛学派的“自然律”思想，这个“物”似可以理解为由人所想象出来的超越天、地、人，超越道、超越自然但又支配着自然的“自然律”（天下母〔天地母〕、周行

① 王弼：《老子道德经注》，楼宇烈：《王弼集校释》，中华书局，1980 年 8 月第 1 版，第 65 页。

而不殆)，指的是自然界万事万物的内在之理或法则，如万有引力定律等。

有人认为，老子的旨趣在于研究万事万物，包括社会历史的可能态势，归趋则在认识最佳态势上。最佳态势既是事物变化的最优趋势，也是存在的最优条件。"最佳"指的就是"正常态"，简言之为"常态"，常态的本质就是自然态。老子的"自然"不等于大自然、规律、事物、实体、元素、自然现象等等，而是指这种正常、稳恒、优化、动态平衡的态势。所谓老子哲学，可以说是关于事态或态势的哲学，而"自然"的理念旨在倡导掌握和服从最佳变化趋势。①

但有一点是可以肯定的，作为汉语母语中的"自"和"然"，从一开始就蕴涵着"人是存在的主体"这一哲学的根本问题("自，己也、自然也。""自，始也。")"认识你自己"和认识自然依然是中国哲学上的原初母题。同时，"然"作为"如是"或"自己如此"的时候，"可作为静态，亦可作为动态的呈现。当作静态时，是宇宙万物真实面貌的本然呈显，个个圆满具足，人可由大化流行中感悟道的存在，在静观的过程中，泯除相对，进入绝对的存在状态；因此也极易引发美感经验，这或许也是'自然'一词衍生出许多美学问题探讨的主因。"②而我们要讨论的自然审美观的形成在审美发生学的意义上讲，就是从"然"开始的。

也有人认为，作为汉语母语的"自然"一词虽最先由老子使用，但在整个中国古代都未出现名词性的"自然界"之义。③ "自然"的

---

① 谢扬举："老子'自然'概念的实质和理论"，《湖南大学学报》，2009 年第 1 期。

② 李玲珠：《魏晋新文化运动：自然思潮》，台湾文津出版社，2004 年版，第 17 页。

③ 高文强："老子'自然'范畴之哲学内涵的生成及流变"，《中州学刊》，2008 年第 6 期。

名词性内涵是到了近代以后才开始出现的。日本学者池田久之说:“中国的‘自然’,与西洋的 nature 是根本由来不同且从无关系的两个词,后者在日本虽译作‘自然’,可两者意思似乎还是毫无共同之处。”①陈鼓应也认为“自然”一词并不是名词,而是状词,“自然”并不是指具体存在的东西,而是形容词“自己如此”的一种状态。② 刘笑敢赞同将“自然”读作名词,但是补充说,这个名词不等于自然界。③

其实,如同我们在论述西方哲学史上的自然概念时所引的霍克海默的名言“概念的变化是反映现实的运动的”一样,中国哲学中的很多概念、术语,在不同的历史时期也有不同的涵义,也反映了“现实的运动”,“自然”这个概念也不例外。

例如,魏晋玄学中的“名教”与“自然”,如果说“名教”指的是“现存社会礼教制度”,那么“自然”在玄学发展的第一个阶段,在观念形态上就隐含着名词性的“自然”的涵义。“名教出于自然”,这里的“自然”显然不是作状语用,虽也不是指“自然界”,但由于这个命题由王弼、何晏本于“贵无”、“有生于无”的基本思想提出,因此,“名教出于自然”的“自然”带有了名词的性质;而到了玄学发展的第二个阶段,由嵇康提出的“越名教而任自然”的“自然”既有状语的意义,即“自然而然”的意思,又有名词“自然界”的意思。从《与山巨源绝交书》中例举的嵇康所向往的那种“卧喜晚起”、“抱琴行

① 〔日〕池田久之:“中国思想史上‘自然’之产生”,《民族论坛》,1994 年第 3 期。

② 陈鼓应:“老子哲学系统的形成”,《老庄新论》,上海古籍出版社,1992 年版,第 25 页。

③ 刘笑敢:《老子古今:五种对勘与析评引论》上卷,中国社会科学出版社,2006 年版,第 51 页。

吟，弋钓草野”、“心不耐烦”的“循性而动，各附所安”的生活和心情表白看，他所“任”之“自然”，有自然本性的意思，也有“自然界”的意思。

到了玄学发展的第三个阶段，即向秀、郭象所主张的“名教同于自然”的阶段时，“自然”已经具有名词性的“自然”的意义。郭象在肯定无“无”的同时实际上是肯定了“有”，只不过这个“有”是寓个别于一般、寓抽象于具象、并意识与存在为一体的“有”。当“名教”与“自然”合二为一，实际上也就肯定了自然界存在的合理性。如果说王弼、何晏贵“无”，崇尚“名教出于自然”主要是从认识论上来探讨宇宙和人生问题，嵇康、裴頠崇“有”，追求“越名教而任自然”是一种人生智慧哲学的话，向秀、郭象无“无”，标举“名教同于自然”则接触到哲学史上的根本问题，即宇宙和人生的存在问题，带有本体论的意义。

因此，中国古代的“自然”概念经过魏晋玄学的淬炼，具有了名词的属性和哲学史上本体论的涵义。更重要的是，“自然”开始有了西方哲学上的“自然”的意义，否则，我们很难解释魏晋之后无论是在诗歌、音乐还是在绘画、雕塑上涌现出了那样多的关于自然界题材的作品，先秦两汉用“道”或用“天”来表示的自然或自然界到这时已经由“自然”自己来承担了。

## 第三节 先秦时期的自然审美观

### 一、“维岳降神”：崇高美的自然崇拜观念

面对“自然”，中国古人感到自身十分渺小。为了认识自然进而掌握自然规律，人总是借助宗教的工具在联想和想象中求得自

然的恩赐和施予以保护自身生存。我们先从曹操说起。《世说新语·容止》篇云：

> 魏武将见匈奴使，自以形陋，不足雄远国，使崔季珪代，帝自捉刀立床头。既毕，令间谍问曰："魏王何如？"匈奴使答曰："魏王雅望非常；然床头捉刀人，此乃英雄也。"魏王闻之，追杀此使。

曹操的自知之明和胸襟肚量，在此不论，但他所谓的"不足雄远国"的思想却自有渊源——来自汉高祖，且远绍周文王，其中所蕴含的关于"崇高"的自然美学思想和中国本民族固有的自然审美意识源远流长。

《文选》卷十一何平叔《景福殿赋》曰："昔在萧公，暨于孙卿，皆先识博览，明允笃诚。莫不以为不壮不丽，不足以一民而重威灵；不饰不美，不足以训后而永厥成。"何晏所说的"萧公"即萧何。当年楚汉相争，刘邦"至长安。萧何治未央宫，立东阙、北阙、前殿、武库、大仓。上见其壮丽，甚怒，谓何曰：'天下匈匈，劳苦数岁，成败未可知，是何治宫室过度也！'何曰：'天下方未定，故可因以就宫室。且夫天子以四海为家，非令壮丽亡以重威，且亡令后世有以加也。'上说。自栎阳（故城在今陕西临潼县西北七十里）徙都长安。"[①]刘邦不修文学，但性格明达，乐于接受意见，搞懂了萧何治未央宫的真正意图在于开创大汉帝国的基业和大汉江山的巩固。说穿了，是借宫殿的巍峨壮丽来抬高自己的统治地位和自己的威

① 《汉书·高祖本纪》，中华书局，1962 年版，第 64 页。

望权力,担心被别人小看,从而危及自己的权势和地位。问题是,这种"重威"的建筑美学风格演化为帝王的"威灵"之后,"不壮不丽、不饰不美"便成为一代之文学的审美风格。为了"壮丽",为了"饰美",为了"润色鸿业",汉大赋,如司马相如的《子虚》、《上林》,无不假称珍怪,汪洋恣肆,以其洋洋洒洒之文笔,煌煌扈扈之景象艺术地诠释了帝王"重威"的精神世界。

其实,这种"重威"的思想来自于西周时期的"崇高"自然审美意识。《文心雕龙·知音》篇中列举各种文学风格时举有"壮丽"一品,云:"壮丽者,高论宏裁,卓烁异彩者也。"这让我们想起西方美学史上那个托名朗吉弩斯的《论崇高》的思想。在西方美学史上,朗吉弩斯第一次明确将"崇高"(The Sublime)作为一个审美范畴提出来,而且是作为一个取代"美"的最高范畴提出来的。

据已有的研究,我们知道,"崇高"的希腊文的原意是"高"或"上升至某种高度",可能是由埃斯库洛斯在悲剧《阿伽门农》中率先使用,后演变有绝顶、最高级地位、极点、极度、顶峰、极致等意思。朗吉弩斯所说的"崇高",具有修辞学上有关理想形态的价值概念的意思,其涵义比古典时期的"崇高"宽泛得多,意指:伟大、雄伟、壮丽、高雅、古雅、遒劲、尊严、文雅等,涉及文学艺术,这是首要的涵义。"雄伟的风格乃是重大思想的自然结果,崇高的谈吐往往出自胸襟旷达志气远大的人","慷慨激昂的谈吐往往出自胸襟旷达志气远大的人"。①

朗吉弩斯的这个说法与刘勰的"壮丽"一品颇为相似,换句话

---

① 蒋孔阳、朱立元主编,范明生:《西方美学通史》,第一卷,《古希腊罗马美学》,第十四章,"朗吉弩斯",上海文艺出版社,1999年第1版,第865页。

说,“壮丽”亦可称为朗吉努斯所谓的“崇高”。后来的博克把“崇高”的审美心理功能阐释得很明确。他从经验心理学出发,认为人有两大根本冲动:自我保存欲和社交性,认为崇高来自前者,美来自后者。痛苦不是在现实里,而是仅作为表象存在于满足自我保存欲,自我保存欲则引起崇高的情感。

康德则认为,本来的崇高是超感性的,其合目的性不存在于对象。崇高情感是在对某个对象产生对审美判断力的不快感,但同时对象作为合目的性再现时产生的审美判断本身对作为理念根源的理性成为主观上的合目的性。这时,先行的不愉悦的程度愈强,后续的愉悦就愈大,这就是崇高情感的一般特征。康德之后的席勒、赫尔德、里普斯、伏尔盖特,包括后现代美学家利奥塔等,都对崇高进行了研究,但大都不出康德范围。

但中国美学中的“崇高”则与西方美学中的“崇高”有所不同。就“崇高”一语而言,来自《国语·楚语》:

> 楚灵王(前549—前520)为章华之台(古章华台在今湖北省监利县离湖上),与伍举升焉,灵王曰:“台美夫!”对曰:“臣闻国君服宠以为美,安民以为乐,听德以为聪,致远以为明。不闻其以土木之崇高、彤镂为美,而以金石匏竹之昌大、嚣庶为乐;不闻其以观大、视侈、淫色以为明,而以察清浊为聪。”

伍举的美学观念显然是以“王道”为上,他讲到的“崇高”与“彤镂”已经包含有形式美的因素,但伍举没有讲出“崇高”美概念本身的意思,此其一。

其二,相对于下面我们要谈到的《诗·大雅·崧高》中所具有的“崇高”，伍举关于“崇高”的说法显然要晚一段时间。[①] 所以，“崇高”作为中国美学中的一个重要范畴则以《诗·大雅·崧高》为代表：

> 崧高维岳，骏极及天；维岳降神，生申及甫。维申及甫，维周之翰。四国于蕃，四方于宣。亹亹申伯，王缵之事。于邑于谢，南国是式。

依《诗序》的说法，这首诗是赞美周宣王中兴之功德的，歌颂他能使“天下复平，能建国亲诸侯，褒赏申伯。”申伯之被褒赏，“本其先祖所由之。兴言有崧然而高者，维是四岳之山。其山高大，上至于天。维此至天之大岳，降其神灵和气以福祚伯夷之后，生此甫国之侯与申国之伯。以伯夷常掌其神祀，故祐助其后，使其国则历代长存，子孙则多有贤智。维此申伯及此甫侯，维为周之卿士，桢干之臣，若四表之国有所患难，则往捍御之，为之蕃屏；四方之处恩泽不至，则往宣畅之，使霑王化，是由神所祐，故有此贤智也。”[②]这里的“崧高”（又作“嵩高”）即为“崇高”。《说文解字》曰：“崇，山大而高者。”段玉裁注解说：“崧、嵩二形，皆即‘崇’之异体。韦（昭）注《国语》云：‘古皆用崇字。’《河东赋》‘瞰帝唐之嵩高，脈隆周之大宁’，嵩高即崇高也。许造《说文》，不取嵩、崧二字，盖其时固了然也。”

---

① 一般认为，《诗·大雅·崧高》这首诗是尹吉甫赞美周宣王中兴的作品，时间在公元前9世纪左右。

② 孔颖达：《毛诗正义》卷十八，阮元：《十三经注疏》上册，中华书局，1980年第1版，第565页。

前面讲过，西方美学中的崇高，在客观上表现为数量和体积上的无限大和无限定性，这与中国美学中的崇高有相似的一面，在主观上，西方美学中的崇高表现的是主体被客体否认后反而获得审美的快感，本质上还是人战胜了自然客体。

另一方面，中国美学中的崇高与西方美学又有很大的不同。由于中国哲学的“我”与“非我”同为一体，如果说西方美学中的崇高表现的是人与自然的对立，那么，中国美学中的崇高则表现为人与自然的统一，其根本原因在于中国哲学讲究自然本体作为最高本质内化在自然万物之中。人生的终极目标便是回归到自然，在这个回归的过程中，人的精神得到升华，成为“圣人”，或者成为“桢干之臣”。作为“无界限性”、“无形式性”的自然事物赋予作为主体的人不是痛感，而是神圣感和神秘感，带有原始宗教的意味。

因此，中国美学中的崇高审美范畴从人对自然的崇拜演变而来。在《诗·大雅·崧高》的赞美歌声中，崇拜这一概念已经从自然宗教的范畴升华为艺术宗教的范畴，而当它从自然宗教的范畴升华为艺术宗教的范畴，崇拜也就转化为崇高，成为一种审美范畴，对客体的崇拜转化为对人格的赞美，也正是在这里，“美”转化为了“善”，而这种“善”蕴含有自然崇拜的审美意识，是自然道德律(Nature Moral Law)的一种典型代表。

## 二、“以舞降神”：巫术中的自然审美观

《诗·周颂》中有一篇《有瞽》诗，描绘了西周初年天子演奏宫廷音乐的场面：

有瞽有瞽，在周之庭。设业设虡，崇牙树羽。应田县鼓，

鞉磬柷圉。既备乃奏，箫管备举。喤喤厥声，肃邕和鸣，先我客戾止，永观厥成。

这首诗是为周公摄政六年制礼作乐祷告祖先而作，具有明显的“以舞降神”的特点。

这里用来演奏的乐器非常简单，大多为木质的鼓架、竹质的箫管和皮质的小鼓，有的甚至类似于后来卖货郎的拨浪鼓和卖干糖者的小竹笛。[①] 虽然没有战国时期奢华的编钟等青铜乐器，但演奏场面却十分壮观。依《周礼·春官序》“瞽矇。上瞽四十人，中瞽百人，下瞽百有六十人，视瞭三百人”（演奏场面的布置和瞽人在演奏时都需要“视瞭”〔有目者〕安排带领）的说法，演奏鼓乐的乐工有六百人之多，演奏现场笼罩着神秘肃穆的氛围，这个场景应该与“以舞降神”——以歌舞祭祀周代先祖之神——有关。

孔颖达在对这些乐器和鼓架等演奏装置——“设业设虡，崇牙树羽”——作进一步的解释说：“故《明堂位》云：‘夏后氏之龙簨虡，殷之崇牙。’注云：‘横曰簨，饰之以鳞属，以大板为之，谓之业；殷又于龙上刻画之为重牙，以挂县（悬）紘[②]。’是牙即业之上齿也，以其形卷然，得挂绳于上，故言可以为县（悬）也。言挂县（悬）紘者，紘

① 《毛传》云：“田，大鼓；鞉，小鼓。”《尔雅·释乐》：“所以鼓柷谓之止。”郭璞注：“柷如漆桶，方二尺四寸，深一尺八寸，中有椎柄，连底挏之，令左右击止者，其椎名。”孔颖达《正义》引《周礼·春官·小师》注云：“鞉如鼓而小，持其柄摇之，旁耳还自击。”郑玄注“箫管备举”云：“箫，编小竹管，如今卖餳者所吹也。管如篴（笛），并而吹之。”孔颖达《正义》引《方言》云：“餳，谓之张皇，或云滑糖。凡饴谓之餳，关东之通语也。”

② 阮元校“紘”作“紞”。下同。

谓县(悬)之绳也。'树羽、置羽'者,置之于栒虡之上角。"[1]他又引《汉礼器制度》说:

> 《汉礼器制度》云:"为龙头及颔口衔璧,璧下有牦牛尾。"《明堂位》于崇牙之下又云:"周之璧翣。"注云:"周人画缯为翣,载以璧,垂五采羽其下,树翣于簨之角上。"饰弥多是也。[2]

从孔颖达的解释中我们至少可以获得以下三个信息:

一是三代各有祭祀祖先的音乐歌舞,其祭祀演奏场面大体相同,甚至所用装置及乐器也大同小异,只是代有损益而已。

二是这些祭祀演奏场景的布置已经具有自然崇拜(动物崇拜)和祖先崇拜的双重意义,无论是龙、鳞属和羽毛、牦牛尾,都登上了祭祀的盛典。

三是源自远古的巫术场景在西周——甚至有可能在汉代——得到延续,而操牛尾舞蹈歌唱则是一种非常久远的巫术形式。

《吕氏春秋·古乐》说:"昔葛天氏之乐,三人操牛尾,投足以歌八阕:一曰《载民》,二曰《玄鸟》,三曰《逐草木》,四曰《奋五谷》,五曰《敬天常》,六曰《达帝功》,七曰《依地德》,八曰《总禽兽之极》。"这里的古乐,既有祭祀天地万物的内容,又有祭祀歌颂上帝功劳的内容,与《有瞽》诗所要表现的思想非常接近,这说明西周初年的祭祀演奏场面是"以舞降神"的典型场面,具有神秘浓厚的巫术宗教的意味。

---

① 孔颖达:《毛诗正义》卷十八,阮元:《十三经注疏》上册,中华书局,1980年第1版,第595页。

② 同上。

如《有瞽》诗所描绘的祭祀仪式那样，当一切准备就绪，“乃使瞽人击而奏之。又有吹者，编竹之箫，併竹之管，已备举作之，喤喤然和集其声。此等诸声，皆恭敬和谐而鸣，不相夺理，先祖之神于是降而听之。于时我客二王之后，适来至止，与闻此乐，其音感之，长令多其成功。谓感于和乐，遂入善道也。此乐能感人神，为美之极，故述而歌之。”[①]能感动人和神的音乐，一定是“偩天地之情，达神明之德，降兴上下之神”[②]的音乐。如果说“维岳降神”还是一种原始的自然宗教崇拜，那么，《有瞽》诗所反映的周天子祭祀祖先的音乐、舞蹈、诗歌，则表现为“以舞降神”的自然审美观，带有浓厚的巫术色彩。值得注意的是，一直到唐代，这种“以舞降神”的音乐还被尊为“美之极”，具有永恒的艺术魅力。

《有瞽》诗中用羽毛装饰的鼓架等乐器装置，在《荀子》那里仍有记载。[③] 这样的祭祀场景，这种对五彩鸟羽的自然审美情趣，我们在屈原的《九歌》里看到更加瑰丽的描写。《九歌·东君》云：

> 暾将出兮东方，照吾槛兮扶桑。抚余马兮安驱，夜皎皎兮既明。架龙辀兮乘雷，载云旗兮委蛇。长太息兮将上，心低徊兮顾怀。羌声色兮娱人，观者憺兮忘归。縆色兮交鼓，箫钟兮瑶虡，鸣篪兮吹竽，思灵保兮贤姱。翾飞兮翠曾，展诗兮会舞，应律兮合节，灵之来兮蔽日。青云衣兮白霓裳，举长矢兮射天狼。

① 孔颖达：《毛诗正义》卷十八，阮元：《十三经注疏》上册，中华书局，1980年第1版，第595页。

② 《乐记·乐情》。

③ 《荀子·乐论》云：“君子以钟鼓道志，以琴瑟乐心，动以干戚，饰以羽旄，从以磬管。”王先谦：《荀子集解》，中华书局，1988年版，第381页。

依王逸的说法,《东君》祭祀的是日神,“日为王者,王者受命,必诛贪残,故曰举长矢,射天狼,言君当诛恶也。”[①]王逸的看法是否正确,这里不谈。《东君》中涉及到的祭祀的乐器和方法虽然有所发展和变化,悬挂鼓乐的木质的“虡”已经变成用美玉装饰的“瑶虡”,“钟”、“瑟”等乐器也是《有瞽》诗里没有的,而且除音乐外还有诗歌咏唱和舞蹈表演,但祭祀的基本理念却没有变化,依然是通过“和乐”来悦神,来“以舞降神”以祈求神灵的福佑和恩赐。

我们很难确认祭祀仪式上的这种羽毛为何种鸟类所有,但至少可以从这里看出,对鸟的崇拜很早就与巫术音乐相联系,而对鸟的崇拜实际上也就是对自然的崇拜,反映了上古时期的自然审美意识。

我们知道,审美活动的产生有两个前提,一个是具有审美能力的人,或曰审美主体,另一个是能够给予审美主体以美的享受的审美对象的产生。审美活动是依赖于双方转化的人类的精神现象,外在于认识主体的自然界作为审美对象必待主体的自觉,因为没有自我意识或再度丧失掉自我意识的人是不可能对客观事物进行审美观照的。

《史记·孔子世家》载:“吴伐越,堕会稽,得骨节专车。吴使使问仲尼:‘骨何者最大?’仲尼曰:‘禹致群神于会稽山,防风氏后至,禹杀而戮之,其节专车,此为大矣。’吴客曰:‘谁为神?’仲尼曰:‘山川之神足以纲纪天下,其守为神,社稷为公侯,皆属于王者。’”裴骃《集解》引韦昭云“群神谓主山川之君为群神之主,故谓之神也”、山川之神“足以纲纪天下,谓名山大川能兴云致雨以利天下也。”又引

① 洪兴祖:《楚辞补注》,中华书局,1983年3月第1版,第75页。

王肃云"守山川之祀者为神，谓诸侯也"、"但守社稷无山川之祀者，直为公侯而已。"从《史记》的记载和韦昭、王肃的解释来看，先秦时期儒家推崇的神灵为山川自然之神，因其能够为人的生存而调节气候、提供阳光、空气和水以及食物等人所必需的生产和生活资料而受到顶礼膜拜。但这些"山川之君"既有别于希腊神话中的人化了的自然神，也不同于罗马神话里的神灵的守护者，例如罗马附近内米湖畔森林女神狄安娜神庙的祭司。

《易·系辞》云："知鬼神之精状与天地相似。"中国的鬼神无影无踪，充塞于天地之间，甚或本身就是天地，西方宗教中的鬼神之所以在中国难以找到对应之处，其原因正在这里。《乐记·乐论》云：

> 大乐与天地同和，大礼与天地同节。和，故百物不失；节，故祀天祭地。明则有礼乐，幽则有鬼神。

郑玄的解释是："言顺天地之气与其数，成物有功报焉。"也就是说，最美的音乐和最高的礼节与天地相似，因为它们都顺应了天地的自然变化规律。"游魂谓之鬼，物终所归；精气谓之神，物生所信也。言木、火之神，生物东南；金、水之鬼，终物西北，二者之精，其状与春夏生物、秋冬终物相似。"① 自然事物（金、木、水、火）的物质属性之变化规律（春夏生物、秋冬终物）在经验式思维方式的影响下演变成了自然道德律（Nature Moral Law）。在《大戴礼记》关于孔子回答宰我"黄帝三百年"问的记载中，我们看到先秦时期将

① 《易·系辞》郑玄注"是故知鬼神之精状与天地相似"语。

自然律演化成自然道德律的根本原因在于这个“神”做到了“顺天地之纪，幽明之故，死生之说，存亡之难”。[①]“鬼神之精状与天地相似”的说法抽掉了鬼神的宗教学意义而赋予其伦理学的内涵，而最美的音乐艺术又是与天地相似的艺术。因此，祈神请鬼必然与艺术相连，而“以舞降神”则成了几乎所有巫师的基本技能。

上古时期的王是群巫之长，例如夏禹。“天下皆宗禹之明度数声乐，为山川之主。”[②]相传的“禹步”，依闻一多所说，则是夏禹摹仿动物形状而创设的一套祭祀的舞步。[③]

问题是，为什么要用类似动物形状的舞蹈？可能的解释是野性思维使之然。如列维－布留尔所言，原始时代有一种思维叫“互渗律”，在这种思维方式的作用下，先民们“相信任何动物之间，或者更准确地说，一定集团的人们和某些特定的动物之间存在着密切的亲族关系。这些信仰常常在神话中表现出来。……在比较发达的民族中间，关于这些神话动物的观念稍稍有点不同。图腾集团的祖先们根本不是与现存动物完全相象的动物，但是他们在自己身上却同时神秘地包含了动物的和人的本性。原始人把它们想

① 《大戴礼记·五帝德》云：“宰我问于孔子曰：‘昔者予闻诸荣伊令，黄帝三百年。请问黄帝者人邪？抑非人邪？何以至于三百年乎？’孔子曰：‘予！禹汤文武成王周公可胜观也。夫黄帝尚矣，女何以为？先生难言之。’宰我曰：‘上世之传，隐微之说，卒业之辨，闇昏乎之意，非君子之道也，则予之问也固矣。’孔子曰：‘黄帝，少典之子也，曰轩辕。生而神灵，弱而能言，长而敦敏，成而聪明。治五气，设五量，抚万民，度四方，教熊罴貔豹虎，以与赤帝战于版泉之野。三战，然后得行其志。黼黻衣，大带，黼裳，乘龙扆云，以顺天地之纪，幽明之故，死生之说，存亡之难。时播百谷草木，故教化淳鸟兽昆虫，历离日月星辰，极畋土石金玉，劳心力耳目，节用水火材物。生而民得其利百年，死而民畏其神百年，亡而民用其教百年，故曰三百年。’”(清)王聘珍撰：《大戴礼记解诂》，中华书局，1983 年月第 1 版，第 117-119 页。

② 《史记·夏本纪》。

③ 夏德靠：“‘禹步’的起源及其嬗变”，《四川师范大学学报》，2010 年第 6 期。

象成构成社会集体预期图腾动物的统一的互渗。”[①]于是，“禹步”也好，“以舞降神”也好，它们在力图用类似动物形状的原始歌舞来改变自然现象（或许还有自然法则）的同时带有原始的自然审美意识。“以舞降神”需要摹仿、想象、创造和虚构，而摹仿、想象、创造和虚构正是审美主体建构自然审美意识的主要能力，就是说，“以舞降神”者已经具有对自然进行审美观照的能力。

如果依照马克斯·韦伯的观点，中国古代没有大地之神，唯有“沃土之灵（社）”与“收获之灵（稷）”融合起来由伦理惩戒神格发展而成的农民的双重神（社稷），那么，诸侯为山川之神的守护者，宗主周天子自然成了“天”神的守护者，祭天成为中国古代最高的祭祀礼仪。但是，这些诸侯同时是宗周的“桢干之臣”，他们因周天子的“卡里斯马权威”而臣服，又因为征战阀阅和纳贡赋力得到宗主周天子的表彰，如《诗·大雅·崧高》所谓，并成为被后世崇拜的神灵。

也就是说，先秦时期的自然审美观念是宗教与伦理相互融合的混合体，“维岳降神”反映的是自然宗教意识，其内在的理念是自然道德律的作用。自然界存在的绝对大的量的震撼对人的心理产生作用后被用于社会伦理崇高人格的写照。那种外在于人的实体——“骏极及天”的山——内化为人的道德精神后，本来是人的精神道德的对象反而成了主体，成了“降神”的动力。人成了山的奴仆，山是人的主人，在能“降神”的“骏极及天”的山的面前，人的主体性荡然无存。

---

① 〔法〕列维-布留尔：《原始思维》，丁由译，商务印书馆，1981年第1版，第87-88页。

如果说在"维岳降神"那里主体是被对象的量和质所征服而丧失掉自我，那么"以舞降神"则是在一整套野性思维和审美思维的作用下将自我寻回，甚至企图让自然服从于自我，从而显现人的主体性地位。我们可以通过"巫"和"觋"的作用看到这点。

《说文》云："巫，祝也。女能事无形，以降神者也，象人两褎舞形。"段玉裁注云："祝乃觋之误。《周礼》：'女巫无数，旱暵则舞雩。'[①]许云'能以舞降神'，故其字象舞褎。"[②]又《说文·觋》云："能齐肃事神明者。在男曰觋，在女曰巫。"段玉裁注云："《楚语》：'民之精爽不攜贰者，而又能齐肃衷正，其知能上下比义，其圣能光远宣朗，其明能光照之，其聪能听彻之，如事，则神明降之。在男曰觋，在女曰巫。是使制神之处，位次主而为之，牲器时服。'韦（昭）注：'齐，一也；肃，敬也。'"

巫、觋除了能"以舞降神"外，尚能祈雨消灾、治病请福。朱骏声《说文通训定声》引《公羊传·隐公四年》"于钟巫之祭焉"注云："巫者，事鬼神祷解以治病、请福者也。"他们是一群既能改变自然现象——尽管是偶然甚或是依据冷静地观察、辨认、推断而获得的预测自然现象的改变——又能给人以幸福憧憬的精神导师。"巫术是打击处于自然力之上或之内的鬼怪的强制性的魔法，或者说是简单地换取神的欢心。"[③]能换取神的欢心，即能"降神"的人自然是具有特殊品质和能力的人，也就是前面所说的"精爽不携贰"、

① 桂馥《说文解字义证》引《周礼》注云："使女巫舞旱，祭祟阴也。"此有明显的将自然法则对应于人类社会法则的意思，基于世界由"阴阳"这两个最简单的元素组成的观念，天阴则雨，祷雨需阴，女为阴，故驱旱则女巫为之。

② 《周礼·地官·舞师》："教皇舞，帅而舞旱暵之事。"

③ 〔德〕马克斯·韦伯：《儒教与道教》（最新修订版），王容芬译，广西师范大学出版社，2008年版，第19页。

“齐肃衷正”、“上下比义”的人，即巫和觋。“贤圣何必不作巫乎”，[①]这种特殊人才在上古时期往往是部落和族群中的聪慧之人和有识之士，在这种人中间甚至有个别精英，如夏禹、汤武，由于才华出众、能力超常而获得“卡里斯马权威”，成为部落的首领或国家的领袖。

在专制权力的产生过程中，“巫”和“觋”扮演着重要的角色。当一个种族在智慧的开发和知识的占有上极度贫弱的时候，由于先天的原因和实践中的才能显示而产生一批至少在感觉上是与众不同的人——“巫”和“觋”——的时候，利用巫术(一整套不为他人所知的艺术或技术手段)为本部落或本族群祛灾祈福的人自然被他人看成是一种既能左右自然又能左右自己的人。

因此，“在世界很多地区，国王是古代巫师或巫医一脉相承的继承人。一旦一个特殊的巫师阶层已经从社会中被分离出来和委以安邦治国的重任以后，这些人便获得日益增多的财富和权势，直到他们的领袖脱颖而出，发展成为神圣的国王。”[②]“致群神于会稽山”[③]的大禹、“达乎鬼神之化”[④]的汤武和推演八卦的周文王以及苌弘、巫咸便是由巫师而国王或祭祀之长的代表，都是这样的“精爽不携贰”者或“齐肃衷正”者。这种人实际上应该是一类人的代表，当他们以“巧饰”[⑤]和“式巧”[⑥]——可能是用舞蹈、音乐、诗歌、

---

① 段玉裁《说文》“巫”注语。

② 〔英〕弗雷泽：《金枝》，徐育新等译，大众文艺出版社，1998 年第 1 版，第 85 页。

③ 《国语·鲁语》。

④ 《吕氏春秋·顺民》。

⑤ “巫”与“工”同意，《说文》云：“工，巧饰也。”

⑥ 段玉裁《说文》“巫”注语。

雕刻、装饰等艺术手段——的方法“降神”之时，自然界已经被审美化，他们的节奏、色彩、乐曲、服装无一不染上自然审美观的色彩，尽管是带有自然宗教意识的自然审美观色彩。①

通过巫术所传达出来的自然审美意识虽然在目的上体现了人的主体精神，“巧饰”和“式巧”的目的是为了认识自然和掌握自然，但在“降神”的过程上却丧失了人的自我意识。祭祀的巫师只有在强烈的节奏和神秘的声音以及迷幻的环境中感觉灵魂附体，方能达到“降神”的目的。“巧饰”和“式巧”，即艺术本身所具有的形式美感在这里转换成宗教的迷狂和痛感。审美本来是通过感觉、感性和感情的体悟来形成审美快感，从而通过审美快感的作用使人的知识能力与人的意志达到统一，但“降神”的过程却用审美的手段使人的知识能力和人的意志消亡，在这个过程中起决定作用的是人的自然宗教意识。

巫术认为，万物有灵，神与万物一样，都服从某种超现实的力量。当巫术把神等同于万物的时候，实际上它也就取消了神的存在。所以，“以舞降神”所反映出来的自然审美观念要比“维岳降神”前进一步。“维岳降神”实质上是人对自然界所存在的自然秩序的认识，它所代表的是原始宗教，反映了西周初期试图从“自然物理律”中去探索人类社会的规律，将外在自然秩序与人类理性相结合，实际上是自然道德律的影响下的结果。“高山仰止，景行行

① 如前引屈原《九歌·东君》中“以舞降神”的场面将巫师的“巧饰”和“式巧”才能展现得很充分。在观者如堵之中，巫师随着钟鼓箫瑟之节奏，且舞且歌，“巫舞工巧，身体翾然若飞，似翠鸟之举也”（王逸《楚辞章句》语）。巫师舞蹈对飞鸟的模仿，其目的只有一个，即告知众人：我即神灵，神灵即我。屈原诗歌所描写的这一场景，当是“重巫”之楚国远古巫术场景的艺术再现。

止”、“仰之弥高，钻之弥坚”、“仁者乐山，智者乐水”等等，无一不是此观念影响的结果。而“以舞降神”的本质则是人主动运用审美的手段来认识和试图改变自然界的某些现象，它的“巧饰”和“式巧”即是用艺术的和宗教的方式来把握自然，从这个角度讲，“以舞降神”代表了先秦时期的自然审美观。

西周时期的神主要是在人们对自然变化规律了解甚少的情况下产生的，但西周的神，较之夏商二代的“神”为无形之上帝又要明确一些。到了春秋时期，孔子心目中的神已经变成了镇守山川的诸侯了。在战国屈原的笔下，神灵已经完全是高高在上的“皇天”，[①]而且能够君临世间，辅佐朝廷。之后，春秋时期的巫、祝、史、宗等兼有官职的神职人员在五行学说的浸润下转而下降为汉代的方士与儒生，以经术润饰吏事的风行和职业官员的产生让祭祀之类事务由“大传统”转向了“小传统”，[②]遂使民间巫术和谶纬之学如雨后春笋，甚至发展成为改朝换代的民间理论和官方之学。这种将人事对应于自然灾变——实际上是自然规律——的做法要到魏黄初二年(公元221年)曹丕发布取消将人事对应于自然灾变的诏令[③]才宣告结束。

至此，在将近一千年的时间内，自《诗·大雅·崧高》和《有瞽》

① 《离骚》:“皇天无私阿兮，览民德焉错辅。”王逸《楚辞章句》云:“错，置也；辅，佐也。言皇天神明无所私阿，观万民之中有道德者，因置以为君，使贤能辅佐以成其志也。”

② 陈来:《古代宗教与伦理——儒家思想的根源》，生活·读书·新知三联书店，1996年3月第1版，第2页。

③ 《三国志·魏书·文帝纪》载，黄初二年(公元221年)五月戊辰晦，“日有食之，有司奏免太尉，诏曰:‘灾异之作，以谴元首，而归过股肱，岂禹汤罪己之义乎？其令百官各虔其职，后有天地之眚，勿复劾三公。’”

诗开始的以西周人格神为代表的自然宗教意识经汉代的神学化到魏文帝诏令的颁行，先秦至魏晋时期的自然观和自然审美观念都发生了不小的变化，曹丕诏令的颁布标志着中古时期具有一定物理学意义的自然观念的出现。由于外来佛教的影响和儒学的衰颓，真正具有今天我们美学意义上所讲的自然审美观念的形成在汉魏之际才刚刚滥觞。

## 第四节　汉魏时期的自然审美观

### 一、汉魏之际自然观的转变

魏晋较之于两汉，用“天”来指代“自然”的现象已经比较少了，原因在于现实的变化让人们感觉到“人天情通”，[①]认识到自然就是自已，自已就是自然。而“人天情通”之时，自然是“自然”回归到日常生活和观念形态的话语之日。

先秦两汉的“天”，本质上是那些“没有自我意识的人”制造出来的，它虽然被人们看作是君临天下一切合理性的最高的自然法则，但它的自然元素又不可避免地同时在人们的经验性体验中形成自然意识。这样，当完全被异化了的自然变成了极权主义的自然的时候，“天”成了偶像。一方面，“天”凌驾于“道”之上，“天不变，道亦不变”；另一方面，“天”又可以被思维反思，汉代思想家在“究天人之际”的同时又在展开对自然法则的研究，张衡的地动仪

① 王符《潜夫论·叙录》云：“人天情通，气感相合，善恶相徵，异端变化。圣人御之，若御舟车，作民精神，莫能含嘉。”〔汉〕王符著，〔清〕汪继培笺，彭铎校正：《潜夫论笺校正》，中华书局，1985 年 9 月第 1 版，第 480 页。

的发明和郑玄提出的类似“胡克定律”的“力与变形成正比关系”[①]的思想就是其中鲜明的代表。

两汉时期，已经方士化了的儒生在“天子”的需要下奉儒家经典为自然法则和政治原则，“他们的目标既在曲解经书来适应于当前的统治集团的利益，把古代史实勉强拉来和当时的东西相比，他们的方法又牵缠于阴阳五行的附会，处处要使得人事和自然界应弦合拍。”[②]因此，自然界的光线、色彩、线条、结构、形态均被他们赋予“皇权”的意识，文人笔下的自然景物已经被神圣化。例如，司马相如《上林赋》关于上林苑景色的渲染铺陈：

> 于是乎卢橘夏熟，黄柑橙楱。枇杷橪柿，亭奈厚朴，梬枣杨梅，樱桃蒲陶，隐乎薁棣。荅遝离支，罗乎后宫，列乎北园。貤丘陵，下平原，扬翠叶，抓紫茎，发红花，垂朱荣，煌煌扈扈，照耀钜野。沙棠栎槠，华枫枰栌，留落胥邪，仁频并闾。欃檀木蘭，豫章女贞，长千仞，大连抱。夸条直畅，实叶葰楙，攒立丛倚，连卷欐佹，崔错发骫，坑衡閜砢。垂条扶疏，落英幡纚。纷溶箾蔘，猗狔从风，藰莅卉歙，盖象金石之声，管籥之音。[③]

司马相如对天子上林苑的赞美虽然带有巴蜀地域文化中的

---

① 参《新华文摘》1988 年第 8 期《论点摘编》“郑玄提出的‘力与变形成正比关系’比胡克定律早 1500 年”条。

② 顾颉刚：《秦汉的方士与儒生》附《中国辨伪史略》，上海古籍出版社，1998 年 1 月第 1 版，第 8 页。

③ 司马相如：《上林赋》，《文选》卷八。

"树神崇拜意识"，[①]但其目的却在"汉家威仪"的张扬，其铺陈渲染的丛林果木、山岭溪流等等遮天蔽日，覆盖山川平原，其自然景物已成神圣之气。"煌煌扈扈，照耀钜野"的参天大树已经被赋家赋予壮丽的色彩和恢弘的气象，自然美在这里已经转化为染上自然宗教色彩的崇高之美。

但是，一个强盛的帝国不可能没有相对进步的科学技术作支撑，仅仅凭藉高蹈的黄老思想和五行灾异谴告学说难以使天下臣服和安定。事实上，两汉的科学技术也有所发展。顾颉刚先生《秦汉的方士与儒生·序》说："然而汉代的学术方面尚有很多的辉煌的果实，例如唐都、落下闳、邓平、刘歆、张衡的天文学和历法学，张衡的地震学，王景、桑钦的地理学，赵过的农学，许商、平当、贾让的水力学，淳于意、张机、华佗的医学，马均的机械学。"[②]而对科学技术的研究和追求必然带来对自然规律和自然事物的新的认识。如果没有"天人感应"学说，这些对自然规律和自然事物的探究思想很有可能成为自然法则，并发展出国家层面的自然法，进而衍生出

① 在广汉三星堆一号祭祀坑和二号祭祀坑发掘出土的陶器、青铜礼器和金器遗物中，除了金杖、金面罩、青铜头像、鸟头形器、高柄豆、尖底盏具具有巴蜀地域文化特征外，最能代表巴蜀民族的"树神"崇拜意识的器物莫过于二号祭祀坑发掘出土的青铜"树神"。据发掘报告，二号祭祀坑共发掘出土两件仿植物的青铜器物，一件下为圆座，上铸三圆弧棱相连以象征三山，树干立于三山正中，挺直峻拔，树枝屈曲，其上铸有花蕾、果实等，鸟栖于果实上，树干下端铸一"飞龙"缘树而下，飞龙为马面、蛇身、凤尾，整个造形神秘而生动。另一件有三脚架座，座的三面各跪一小铜人，树干挺立，高略1.4米，上分桠杈，花叶茂盛，果实饱满。桠杈上有许多人、兽、鸟、蛇、钟和圆形挂饰，还有一只昂首垂尾的公鸡。这两尊青铜仿植物器物反映了巴蜀远古先民的"树神"崇拜意识。巴蜀远古先民的这种"树神"崇拜意识通过本民族、本地域的途径和"获得性隔代遗传"或"累积起来的遗传"（恩格斯《自然辩证法》语）在巴蜀汉赋大家司马相如的"赋家之心"中得到传承并在《上林赋》中得到艺术的再现。

② 顾颉刚：《秦汉的方式与儒生》，王煦华导读，上海古籍出版社，1998年1月第1版，第7页。

真正的国家意志。不幸的是，汉代这种对科学技术的研究和追求始终笼罩在“神明”之中，使汉代的自然观呈现出浓厚的自然宗教色彩，有汉一代，我们仅在王充那里看到了些许怀疑的眼光。

老子的圣人“以辅万物之自然而不敢为”[①]的思想经庄子“独与天地精神相往还而不傲倪于万物”的阐释后，在王充这里有了批判的继承。王充以“自己如此”的自然观引五谷、丝麻、草木、花叶、春夏秋冬的变化，批判道家“有为”——以自然灾异谴告对应社会人事——自然观的同时，又以：

> 物虽自然，亦须有为辅助。耒耜耕耘，因春播种者，人为之也。及谷入地，日夜长夫，人不能为也[②]

和宋人揠苗助长的故事说明人只有按照自然规律来办事才有可能取得成功。

在王充看来，春天播种，有为；如不为，则无收成。谷物生长，无为；如有为(揠苗助长)，则死亡。有为，是掌握自然规律，无为，也是掌握自然规律。王充的这种自然观虽然还停留在经验论的层面，但他的自然观实际上已经孕育着科学的自然法则的思想，只不过王充的这种自然观对汉魏之际自然审美观念的影响还不明显。将直观的经验变成抽象的哲理，用哲学的眼光，进而用审美的眼光来看待自然，这个目标在玄学家那里开始实现。

① 朱谦之：《老子校释》，中华书局，1984 年 11 月第 1 版，第 262 页。帛书乙本作“能辅万物之自然，而弗敢为”(高明：《帛书老子校注》，中华书局，1996 年 5 月第 1 版，第 39 页)。郭店楚简本作“是故圣人能尃万物之自然，而弗能为”(廖名春：《郭店楚简老子校释》，清华大学出版社，2003 年 6 月第 1 版，第 60 页)。

② 王充：《论衡・自然》，中华书局，1990 年 2 月第 1 版，第 780 页。

汉魏之际，人们对自然界的看法已经发生变化，例如在曹操的笔下，已经出现大量的自然景物，譬如“朝露”、“乌鹊”、“鹿鸣”、“野萍”，乃至“虎豹”、“熊罴”、“星汉”、“洪波”，[①]但这些描写仅仅是精神意志和怀抱情感的手段，诗歌所表现的审美境界依然在人的精神主体而不在自然界本身。

董仲舒出于汉大一统的需要，以“经术润饰吏事”，[②]提倡“天不变，道亦不变”，遂使“天人感应”之说盛行，将先秦与人的道德律相关的“天”演变成具有社会契约和政治哲学意义上的“天”。先秦的“天”虽然也高高在上，具有神性，但这种神性仅仅具有自然神的意义，而汉代的“天”已经具有宗教意义和政治意义上的“神”（权）的意义，天子通过儒生和方士获得了空前的政治与经济地位，而独尊儒术[③]也就自然把敬天畏神的“儒家”变成了“儒教”。所以，到

---

① 曹操：《短歌行》、《苦寒行》、《步出夏门行》。

② 《汉书·儒林传序》。

③ 关于“独尊儒术”，有人有不同的看法。孙景坛在《南京社会科学》1993 年第 6 期上撰文“汉武帝‘罢黜百家，独尊儒术’子虚乌有”说，汉武帝从未采纳过董仲舒“罢黜百家，独尊儒术”的建议，更未真的有过“罢黜百家，独尊儒术”的实际行动，有的只是“绌抑黄老，崇尚儒学”。汉代“绌抑黄老，刑名百家言，延文学儒者数百人”者为田蚡，他一直是武帝初期尊儒活动的支持者和参加者，而且是最后完成人。董仲舒的建议，迟于田蚡，他根本就没有参与武帝六年前的尊儒活动。他只是田蚡和汉武帝“延文学儒者数百人”时所延的一个。他的“罢黜百家，独尊儒术”也不新鲜，不过是步田蚡后尘，鹦鹉学舌，沽名钓誉而已。庄春波在《孔子研究》2000 年第 4 期撰文指出，汉武帝“罢黜百家，独尊儒术”说，与史乘抵牾，学者已有考辨，然未足撼动成论，伪史迄未揭破。汉武帝“罢黜百家，独尊儒术”似成定论。然《史》、《汉》、《通鉴》记此事相异。董氏对策不在建元，建元尊儒发自御史大夫赵绾，《汉书》移秦“丞相绾奏”黜李斯奏议补建元元年，司马光移董策建元元年，始成此说。汉武尊儒未罢百家，而是“兼容并包”，“霸王道杂之”，以醇儒传经，能者为治。汉武删《今上本纪》，杨恽等人缮补《史记》，刘歆为刘氏中兴崇汉武，尊古文，神秘《周易》，是移王绾奏议为卫绾奏议的始作俑者。司马光以《通鉴》说神宗更化易政，反对王安石变法，是其伪造汉武“罢黜百家，独尊儒术”说的基本动机。此事因溢出本题范围，暂不论，姑从旧说。

了汉代末年，本身是孔子后裔的孔融反而要身体力行打破儒家的规矩，其“父之于子，当有何亲？论其本意，实为情欲发耳；子之于母，亦奚何为？譬如寄物瓶中，出则离矣”[①]的说法看起来惊世骇俗，但实际上是想冲破已经宗教化的儒家而回归先秦自然律与道德律相统一的正统儒家学说。

但历史已经发展到这样一个时代，一方面中国本土的自然道德律和固有的文化传统在汉代末年因社会的急剧变迁而走向式微，仅靠儒家自身的力量已经很难重振雄风中兴儒学；另一方面，由黄老之治遗留下来的精神遗产与谶纬内学相结合给道教的产生铺下温床。魏晋时期的“名教”类似于自然道德律，即由人的理性所宣布的“礼制”和道德规范。而嵇康标榜的“越名教而任自然”却恰恰是魏晋玄学家所反省的结果，即人的自然本性可以超越或者说冲破“名教”的限制。

一般认为，嵇康的这种观念带着强烈的政治色彩，是曹氏集团与司马氏集团的生死搏斗在哲学上的反映，但我总觉得，一个在《戒子书》和《养生论》中不厌其烦地讲说人之性命本情的玄学家不可能不思考人自己固有的自然道德律，嵇康是在找到了自己本性中的理性之光之后才宣布“越名教而任自然”的。同时，嵇康又是幸福的人，因为“幸福的人就是会享受自然恩惠的人；不幸的人就是没有能力利用自然恩惠的人”。[②]

更重要的是，一个崭新的外来宗教——佛教——趁中国本土文化在以上两个方面的式微，正从中国社会的皇室和士大夫开始

① 《三国志·魏书·孔融传》。

② 〔法〕霍尔巴赫：《自然的体系》上卷，管士滨译，商务印书馆，1999 年 3 月修订第 2 版，第 3 页。

一步一步地征服中国。要想保住中国本土文化，特别是以儒家独尊为代表的传统思想不致被淹没，唯有另辟蹊径，走中国本土文化内部整合的道路方才有可能抵御住外来佛教的征服。

于是，源出于礼官的儒家和源出于史官的道家走到了一起，以他们的代表经典为研究对象的社会学术思潮渐渐产生，这就是玄学的出现。无论是王弼还是何晏，无论是嵇康还是郭象，魏晋时期的玄学家几乎都兼通儒、道，旁及名、法。而玄学家和魏晋名士们几乎无一例外的决裂于传统的自然律和自然道德律，他们以自己的言行和研究重新诠释了“自然”、“自然律”、“自然道德律”和“名教”、“无”、“有”。玄学家把自然律与自己的自然本性拴在一起，“日月星辰，如出其里”的宇宙成了玄学家的身体[①]、“崧高维岳，骏极及天”和“仰之弥高，钻之弥坚”的自然道德律的典范成了玄学家丢弃的对象。[②]

魏晋之后，儒释道三教渐趋合流。玄学糅合儒道两家，在对宇宙人生的“道问学”中抽去了儒家的“重德行”，追求积极入世、立功不朽的价值观渐渐被修行吃药、高蹈于世所代替。在追求人生的道德价值上，儒释道三教虽有不同的路径，一以穷理尽性、立德为上；一以因果为宗，彻悟万有为重；一以清净寡欲、羽化升天为宝。[③] 但无论是儒教、佛教还是道教，都有一个共同特点，即亲近大自然，用审美的眼光来看待大自然，他们都以亲近大自然为达到

① 《世说新语·任诞》云：“刘伶恒纵酒放达，或脱衣裸形在屋中。人见讥之，伶曰：‘我以天地为栋宇，屋室为裈衣，诸君何为入我裈中！’”

② 嵇康《与山巨源绝交书》云：“又每非汤武而薄周孔，在人间不止，此事会显，世教所不容，此甚不可一也。”

③ 张怀承：“试论中国传统文化三教互补的伦理精神”，《湖南社会科学》，2000年第4期。

人生最高境界或立身安命的手段。

有人认为，同基督教一样，佛教也有与之相似的自然律与自然道德律的思想。一切现象因缘和合、离散之“缘起”法则，以及生命具足“无名”与“我爱”，而又趋生畏死、趋乐避苦的天性。人皆有之的“我爱”，虽是伤己、伤人，亦可反向操作而利人、利己，其关键即在于易地而处的“自通之法”（同情共感的能力）。自通之法，缘起法相的相关性与缘起法行的平等性，即是自然律中的三大道德原理。“自通之法”，就是用自己的心情，来揣度其他众生的心情，而珍重他趋生畏死，趋乐避苦的天性。[①] 魏晋时期兴起的审美移情，除了因玄学“名教”与“自然”之辩的启示之外，可能佛教的这种“自通之法”或者说“同情共感”的思想也起到了极大的推动作用。尤其是“自通之法”还视动物为“自通”的对象，动物与人同样具有“不喜被杀”的本能和与人一样的喜怒哀乐。主张“山水有清音，何必丝与竹”、“觉鸟兽虫鱼自来亲人”的昭明太子萧统和东晋简文帝都是虔诚的佛教信徒即是鲜明的例证。

## 二、王弼的“自然说”

汉魏之际，风衰俗怨，儒学衰颓，五经叛散，有识之士甚至喊出“叛散五经，灭弃风雅，百家杂碎，请用从火”的口号。[②] 产生在这个时期的魏晋玄学本为治乱而生，王弼的“自然”说不仅有关于自然本质和关于自然道德律的探讨，而且有关于治乱除暴、建立理想社会的索隐，涉及到自然哲学、道德哲学和政治哲学。我们先来看

① 释昭慧：“有关‘自然律’与‘自然道德律’之佛法观点”，载台湾辅仁大学《哲学与文化》杂志，第 33 卷，第 3 期，第 100 页。

② 《后汉书·仲长统传》载仲长统《昌言》。

王弼对“自然”的解释。

王弼在解释《老子》“功成事遂，百姓皆谓我自然”和“人法地，地法天，天法道，道法自然”的时候给“自然”下的定义是：

> 自然者，无称之言，穷极之辞也。①

我们在前面分析中国哲学中的自然概念时曾经说过，相同的概念术语在不同的历史时期有不同的含义。张汝伦在分析中国哲学研究中的“范畴错误”时也说，像“天”、“道”这一类概念是很难用西方哲学的概念来作对应式研究，“天”、“道”属于“范畴型概念”。“像这样的范畴型概念，它本身只是一个无穷的意义场，随着人类哲学思想的发展，随着一代又一代的哲学家的阐释而不断发展；一旦给它规定一个明确的定义，那就不是它了，那就犯了赖尔所谓的‘范畴错误’(意义和意义场是不同类型的范畴)。当海德格尔说‘存在就是存在’时，从表面上看他是说了一个重言式，实际要说的却是：像存在这样的范畴型概念是不能用一般定义方式来表述的。”②在中国哲学史上，“自然”也是一个“范畴型概念”，只有在特定的意义场中，我们才能分辨出这个特定“自然”的定义。王弼在这里讲到的“自然者，无称之言，穷极之辞”，我以为实际上说的就是我们今天讲的“范畴型概念”的意思，作为一个“范畴型概念”的“自然”，它只有在特定的，即王弼哲学的意义场中才能得到准确的解释。

---

① 《后汉书·仲长统传》载仲长统《昌言》。

② 张汝伦：“中国哲学研究中的‘范畴错误’”，《哲学研究》，2010 年第 7 期。

前面已经谈到，在中国古代，“自然”是由“自”与“然”组合而成，“自”和“然”的字体形状本身是一个实体。“自”和“然”在它们分别出现时，它们是一个实体性概念，具有哲学的意义。在《老子》和《庄子》中，当“自”和“然”分别使用时，它们都已经具有哲学上的基本的问题意识，涉及到诸如西方哲学史上的“认识你自己”一类的哲学上的根本问题。[①] 当“自”与“然”二而一组合成“自然”的时候，它还不是一个范畴型概念，而是一个一般性概念，它的定义是“自己如此的样子”。当我们说某一个事物或者某一个概念是“自然”的时候，实际上说的是这个事物或这个概念“如它自己存在的样子”那样存在着。在这个意义上讲，“自然”既不能作为“天”也不能作为“道”的代替概念来使用。如“道法自然”就不能理解为或解释为“自然法自然”，“天人合一”也不能理解或解释为“自己本来的样子与人合一”。但是在魏晋玄学这里，“自然”开始有了“范畴性概念”和一般性概念的区别。王弼这里所说的“自然者，无称之言，穷极之辞也”中的“自然”即是一个“范畴性概念”。正因为作为范畴性概念的“自然”的出现，才有了作为一般性概念的“自然”的产生。包括王弼在内的魏晋玄学家所讲的“自然”只有在特定的语意场中才能得到正确的阐释。

所以，王弼认为(作为范畴型概念的)“自然”无形无名，无时空可限定，无语言可指称，无文辞可描绘，我们难以感受到它自己的“意趣”。因而我们所见的自然事物的形状、声音不是自然本身，只是自然的表象。“故象而形者，非大象也；音而声者，非

---

① 李玲珠：《魏晋新文化运动：自然思潮》，台湾文津出版社有限公司，2004 年初版，第 14 页。

大音也。”[①]

另一方面，王弼认为，要认识自然事物，必须要有“名号”，亦即要有抽象概括的能力，要有语言的指称，否则我们无法了解自然。因为“名号生乎形状，称谓出乎涉求。名号不虚称，称谓不虚出”，用西方语言学家的话说就是所指和能指必须统一。王弼所讲的一旦给出“自然”的名号、称谓，则“大失其旨”、“未尽其极”，指的是（范畴性概念的）“自然”无法用名号来称谓。[②] 但不能称谓“自然”，不等于“自然”本身不存在。恰恰相反，“自然”总是要通过一定的方式来显现它自身。“四象不形，则大象无以畅；五音不声，则大音无以至。四象形而物无所主焉，则大象畅矣；五音声而心无所适焉，则大音致矣。”[③]无形通过有形来显现，无声通过有声来传达，只有不局限于有形有声才能追求到最美的自然之形和自然之声。而人之所以能够经验自然，原因在于人本身有一种自然属性，犹如“燕雀有匹，鸠鸽有仇；寒乡之民，必知旃裘。自然已足，益之则忧。”[④]

从王弼的“自然”概念看，自然超越于人的经验认识，我们经验感受到的自然（形状、声音、色彩、味道等）不是自然本身，因为人人都有自己的经验的判断标准。因此，形状、声音、色彩、味道就因人而异，没有一个普遍的标准。换句话说，自然的本质被事物本身所

① 王弼：《老子指略》，楼宇烈：《王弼集校释》，中华书局，1980 年 8 月第 1 版，第 195 页。

② 同上，第 198 页。

③ 同上，第 195 页。

④ 同上，第 47 页。

遮蔽。但自然的本质就在事物自身，“此自然之道”[①]——王弼的“自然之道”与他所说的“常”是一个意思，都是指自然界的某种运行规律或法则，类似于西方哲学中的“自然法则”(Nature Law)。唯有依循“自然之道”、“顺自然而行，不造不施”、“因物自然，不设不施”[②]、“合自然之智”[③]，才可以成为“达自然之性，畅万物之情”[④]的圣人，从而达到治理天下的目的。

王弼在解释《老子》二十八章“朴散则为器，圣人用之则为官长”时说：“朴，真也。真散则百行出，殊类生，若器也。圣人因其分散，故为之立官长。以善为师，不善为资，移风易俗，复使归于一也。”在解释《老子》三十章“以道佐人主者，不以兵器强天下”时又说：“言师凶害之物也。无有所济，必有所伤，贼害人民，残荒田亩，故曰‘荆棘生焉’。言用兵虽趣功济难，然时故不得已后用者，但当以除暴乱，不遂用果以为强也。”

王弼的现实主义的哲学阐释与王粲《英雄记》所记录的“白骨委积，臭秽满路”[⑤]的史实和《从军诗》“城郭生荆棘，蹊径无所由”、《七哀诗》“出门无所见，白骨蔽平原。路有饥妇人，抱子弃荒间”的现实主义的描写如出一辙，带有强烈的治世安民的儒家色彩。范甯以王弼比桀纣，实在是有点冤枉王弼。梁元帝萧绎《金楼子·立言》篇引河上公序《老子》“周道既衰，老子疾时王之不为政，故著

① 王弼：《老子道德经注》上篇，楼宇烈：《王弼集校释》，中华书局，1980年8月第1版，第34页。

② 同上，第71页。

③ 同上，第74页。

④ 同上，第77页。

⑤ 《后汉书·董卓传》也记载说：“是时谷一斛五十万，豆麦二十万，人相食啖，白骨委积，臭秽满路。”

《道德经》二篇”时也说：“老子虽存《道德》，尚清虚，然博贯古今，垂文《述而》之篇，及《礼》、《传》所载，孔子慕焉是也。”王弼实际上是深得《老子》之旨的哲学家。

因此，王弼关于“自然”的整个学说都是围绕圣人怎样治理国家来展开的。他认为，“万物以自然为性，故可因而不可为也，可通而不可执也”，但“百姓不知其所以然”，唯圣人能知之。王弼说：

> 圣人达自然之性，畅万物之情，故因而不为，顺而不施。除其所以迷，去其所以惑，故心不乱而物性自得之也。[①]

圣人通达知晓包括人本身在内的万物之性就在自然，用万物的自然之性来对待万物，对待人本身，其目的是为了因循万物以治乱世，落脚点还是在治理乱世以求太平。所以我认为，王弼的整个哲学思想的根基在政治哲学。

但王弼的政治哲学中包含着自然哲学和自然审美意识，“达自然之性，畅万物之情”的思想结束了以“感应说”为核心的汉代自然审美意识，开启了以“我”为主、主客体相互交融的以“移情”为代表的中古自然审美意识。

一般来说，一种宗教有它自己所信奉崇拜的位格神，如基督教的耶和华、伊斯兰教的真主。希伯来原始宗教与基督教结合以后，在长达一千年的时间内成为统治西方哲学和美学的最高教义。中国先秦时期的宗教属于自然宗教而非启示宗教。“中国的宗教观

① 王弼：《老子道德经注》上篇，楼宇烈：《王弼集校释》，中华书局，1980年8月第1版，第77页。

念，强调、突出的从来都不是神作为主体的人格化和超世力量，而是神主宰自然和人伦世界的规律。……在这种宗教观看来，人在世俗世界中只要达到最高的道德境界，也就是达到了神人相同的最高境界。所以，唐尧、虞舜、夏禹、商汤、文王、武王和周公，都被看做是神道的化身而在替天行道。在这种宗教观中，体现的是一个统观整体的辩证主体原则。"①

更重要的是，中国古代虽然有"神"的说法，但这个"神"却是从人死后演变而来，创造天地万物的不是上帝而是属人的盘古氏，创世宗教带来的是对人的地位的尊崇。②

老庄学派也同样以人的地位为上："天地不仁，以万物为刍狗。""天大，地大，人亦大。"这样一种思想虽经汉代"天人感应"的弱化，但很快随着讲究"一阐提皆可成佛"的大乘佛教思想的传入，在玄学的推波助澜之下，重新获得新生，并在"圣人有情无情"和"名教"与"自然"的清谈诘难中向着更高的层次——不仅将"我"与"非我"清醒地加以区分，而且在"我"中发现"非我"，在"非我"中发现"我"——将主体和客体分别开来，认识到人作为认识主体的存在，又在自我主体中发现客体，在客体中发现主体。此乃陶渊明诗歌"有我之境"、谢灵运诗歌"清水出芙蓉，天然去雕饰"、顾恺之绘画"迁想妙得"、戴逵塑像"非面之腴，乃臂长"等自然审美观念之所以产生的哲学基础。

同时，王弼"扫象"，并对《老子》的义理做了探讨，他认为"《老子》之文，欲辩而诘者，则失其旨也；欲名而实者，则违其义也。故

---

① 邹化政："中西文化的哲学基础"，《天津社会科学》，1989年第5期。

② 《论语·先进》云："季路问事鬼神，子曰：'未能事人，焉能事鬼？'曰：'敢问死？'曰：'未知生，焉知死？'"

其大归也，论太始之源以明自然之性，演幽冥之极以定惑罔之迷。……《老子》之书，其几乎可一言以蔽之。噫！崇本息末而已矣。"[①]王弼认为，在对自然、社会、人生的探讨上，儒、墨、名、法、杂家都失之偏颇，唯老子为能尽美。

但王弼对《老子》的致思路径是从语言哲学开始的。他在《老子指略》中说：

> 夫不能辨名，则不可与言理；不能定名，则不可与论实也。凡名生于形，未有形生于名者也。故有此名必有此形，有此形必有其分。仁不得谓之圣，智不得谓之仁，则各有其实矣。夫察见至微者，明之极也；探射隐伏者，虑之极也。能尽极明，匪唯圣乎？能尽极虑，匪谓智乎？校实定名，以观绝望，可无惑矣。[②]

王弼的意思是说，人的概念来自于人的感性实在，认识来自视之、听之、味之、嗅之的直观经验，但"实在的东西不可能以完整的形态而只能以片断的形态表现在思维中。这种差异是正常的——它以思维的本性为依据，而思维以普遍性为本质，同以个别性为本质的实在相区别"。[③] 同时，无概念的直观又是盲目的直观。就思维而言，必须使用"名号"、"称谓"对普遍性进行概括，而"名号"、

① 王弼：《老子指略》，楼宇烈：《王弼集校释》，中华书局 1980 年 8 月第 1 版，第 198 页。

② 同上，第 197-199 页。

③ 〔德〕费尔巴哈：《未来哲学原理》，第 48 节，第 159-160 页。转引自〔联邦德国〕A. 施密特：《马克思的自然概念》，欧力同、吴仲昉 译，赵鑫珊校，商务印书馆，1988 年版，第 10 页。

“称谓”本身正确与否又成了进行这种概括的前提。王弼对“名”、“称”、“分”、“理”这些概念本身的“校实定名”的研究，实际上涉及了如康德后来所致力于解决的“我们的认识如何可能”的问题。这种对认识本身何以可能的研究在魏晋时期又被称之为“校练名理”。

由此，王弼提出了基于他的自然本体论之上的认识论。他在注《周易・乾卦》时说：

> 夫易者，象也。象之所生，生于义也。有斯义，然后明之以其物，故以龙叙乾，以马明坤，随其事义而取象焉。

黑格尔曾说，《易经》是“最深邃的、最普遍的东西与极其外在的、完全偶然的东西之间的对比。这些图形是思辨的基础，但同时又被用来作卜筮。所以那最外在最偶然的东西与最内在的东西便有了直接的结合”。①“象”、“义”、“物”，三者各不相同但又紧密相连。“象”是《易经》之核，是《易经》用来阐释一个道理的最基本的元素。这个“象”，既是具体的“物象”，如龙、马之属，又是从具体的“物象”中抽象出来的“拟诸形容”的“数象”——特定的符号系统。《系辞上》云：“夫象，圣人有以见天下之赜，而拟诸其形容，象其物宜，是故谓之象。”陆德明《经典释文》对“象”的解释是：“象，拟象也。”也就是说，要表达抽象的“数象”——特定的物象——所代表的一般意义必须借助于具体的语言和具体的“拟象”。由此，王

① 〔德〕黑格尔：《哲学史讲演录》第一卷，贺麟、王太庆译，商务印书馆，1959年9月第1版，第120页。

弼又提出了著名的“言意之辩”。在《周易略例・明象》中王弼说：

> 夫象者，出意者也。言者，明象者也。尽意莫若象，尽象莫若言。言生于象，故可寻言以观象；象生于意，故可寻象以观意。意以象尽，象以言著。故言者所以明象，得象而忘言；象者，所以存意，得意而忘象。犹蹄者所以在兔，得兔而忘蹄；筌者所以在鱼，得鱼而忘筌也。

由于“意”表达的是一般，它和“象”的结合是一定意思的深层结构，即“象生于意”；“象”与“言”的结合是一定意思的表层结构，即“象以言著”，所以人的认识过程应该是从表层结构进入到深层结构，即由“得象而忘言”发展到“得意而忘象”。

在认识的第一个阶段，即“得象而忘言”的阶段，由语言阐明的“象”是具体的“物象”，它们都和一定的意思相匹配，都指向一定的自然之物或社会生活。在认识的第二个阶段，即“得意而忘象”的阶段，由语言阐明的得意之“象”，已经由个别的、具体的“物象”上升为一般的、抽象的“数象”。“数象”——黑格尔用“极抽象的范畴，是最纯粹的理智规定”[①]来概括《易经》哲学思想的主要原因——已经内蕴着“意象”这一中国美学史上最重要的理论。但“数象”不是“意象”，“意”和“象”的结合更不能形成“意象”，只有经过艺术所创造的以寓一般于个别的形象作为媒介，即“拟象”，“意”和“象”的结合方才能形成“意象”，所以后来的章学诚说意象乃“人

① 〔德〕黑格尔：《哲学史讲演录》第一卷，贺麟、王太庆译，商务印书馆，1959年9月第1版，第120页。

心营构之象”,“人心营构之象,亦出天地自然之象。”[①]

汤用彤先生在《魏晋玄学论稿·言意之辨》中概括王弼玄学思想时说:“新学术之兴起,虽因于时风环境,然无新眼光新方法不能有组织完备之新学。故学术,新时代之托始,恒依赖新方法之发现。……依言意之辨,普遍推之,而使之为一切论理之准量,则实为玄学家所发现之新眼光新方法。”[②]王弼所发现的这种“新眼光新方法”,不仅开启中国哲学之新阶段,而且开启中古自然美学的新阶段。“王弼的‘得意忘象’论,促使魏晋美学由‘形象’的观念转向‘意象’,魏晋的美学者对艺术的认识由抽象化的概念深化到更内在的更根源性的层次,间接地推导出形神关系论。在审美关照和品味的情趣上,一方面凭藉有限物象,另一方面又得超越对物象关照的执着,伸展向无限的宇宙、历史、人生中渗透,而获致具宇宙感、历史情和人生中体验的深沉美感。”[③]这种新的审美观念不独表现在“形神关系论”上,而且表现在魏晋自然审美观念的巨大变化上。无论是书法、绘画、雕刻,还是诗歌、散文、辞赋,一种对自然界本身的色彩、形状、声音、结构之美的描绘、表现、歌咏,以及将自己的情感、意志、愿望投射到自然界的色彩、形状、声音、结构中去,从而融自我与自然为一体的新的自然审美观念成了文人和美学家自觉追求的社会思潮。在表现自然美的艺术实践中,“意象”的“营构”及其成功与否,成了自然审美观新的追求和新的审美价值判断

① 章学诚:《文史通义》卷一《内篇》一《易教》下,上海书店,1988年3月第1版,第6页。

② 汤用彤:《汤用彤学术论文集》,中华书局,1983年5月第1版,第214页。

③ 曾春海:《两汉魏晋哲学史》(增订版),台湾五南图书出版公司,2002年12月版,第349页。

标准。

魏晋文人对《老子》、《庄子》的态度是典型的实用主义：为我所用。老子的宇宙论是先验的绝对的"道"，"道"就是自然——它自己那个样子，无始无终，无根无据。但魏晋文人的"自然"也可以说是"使然"，他们对自然的追求是依据自己的宇宙观和人生观来开展的。例如，"营魄，人之常居处也。一，人之真也。言人能处常居之宅，抱一清神能常无离乎？则万物自宾也。"[①]"万物自宾"，亦即后来宋人所讲的"万象为宾客"[②]之意。但人最终依然离不开自然，必"归之自然"。[③] 有了这种自我意识的人，自然在他的眼里，"无状无象，无声无响，故能无所不通，无所不往。不得而知，更以我耳、目、体不知为名，故不可致诘，混而为一。"[④]

人的主体性的展开让魏晋人发现了两个"自然之道"。一个是自然界的自然之道："夫晦以理，物则得明；浊以静，物则得清；安以动，物则得生。此自然之道也。"一个是人自身的自然之道："夫御体失性，则疾病生；辅物失真，则疵衅作。信不足焉，则有不信，此自然之道。"[⑤]人只要依据自然界的规律来对待自然和对待自

---

① 王弼：《老子道德经注》上篇，楼宇烈：《王弼集校释》，中华书局，1980 年 8 月第 1 版，第 22 页。

② 宋张孝祥：《念奴娇》（过洞庭）云："洞庭青草，近中秋、更无一点风色。玉鉴琼田三万顷，著我扁舟一叶。素月分辉，明河共影，表里俱澄澈。悠然心会，妙处难与君说。应念岭海经年，孤光自照，肝肺皆冰雪。短发萧骚襟袖冷，稳泛沧浪空阔。尽吸西江，细斟北斗，万象为宾客。扣舷独笑，不知今夕何夕。"（唐圭璋编纂：《全宋词》，中华书局，1999 年 1 月新 1 版，第三册，第 2185 页。）

③ 王弼：《老子道德经注》上篇，楼宇烈：《王弼集校释》，中华书局，1980 年 8 月第 1 版，第 29 页。

④ 同上，第 31 页。

⑤ 同上，第 34 页。

己，循自然之道而为，就能了解自然，认识自己。

我们以王弼对《易·大过》"枯杨生荑"的解释为例来看魏晋时期的自然观和自然审美观念的转变。"枯杨生荑"是《易·大过》九二的爻辞："枯杨生荑，老夫得其女妻，无不利。"孔颖达认为《大过》有两个意思："一者，物之自然，大相过越常分，即此'泽灭木'是也；二者，大人大过越常分，以拯患难，则'九二，枯杨生荑，老夫得其女妻'是也。"[①]《开元占经》一百一十二卷《竹木草药占·草木休徵·木生复死》引《京房易传》云："木枯而生，不及二年，国有大丧，上贪色，以宠人为主。"又引京房《易候》云："枯杨生荑，断枯复生，天辟当之。"又引《地镜》云："竹苇树木枯死忽复生，赋政执政流其令。"这里，作为自然现象之一种的"枯杨生荑"被赋予明确的政治色彩，自然律没有和道德律联姻，而走到社会的政治生活中去了。

如前所述，先秦时期是把自然律与道德律联系在一起的。《大过》彖曰："大过，大者，过也。栋挠，本末弱也。刚过而中，利有攸往，乃亨。大过之时大矣哉！"又象曰："泽灭木，大过，君子以独立不惧，遁世无闷。"强调的是君子超过凡人的地方在于生处衰败危难之世，能越过常理，拯救时难，以挽狂澜于既倒，扶大厦之将倾，救亡图存，献身于世，从而成就自己的功名。汉儒则越过道德律，直接将自然律移置到社会政治生活中去。而王弼对"枯杨生荑"的阐释则又复归到自然律与人格之美上面：

> 稊者，杨之秀也。以阳处阴，能过其本，而救其弱者也。

---

① 孔颖达：《周易正义》卷三，阮元：《十三经注疏》上册，中华书局，1980年第1版，第41页。

上无其应，心无特吝，处过以此，无衰不济也。故能令枯杨更生稊，老夫更得少妻。拯弱兴衰，莫胜斯爻，故无不利也。老过则枯，少过则稚。以老分少，则稚者长；以稚分老，则枯者荣；过以相与之谓也。大过至衰，而己至壮，以至壮辅至衰，应斯义也。

王弼极力赞美先秦儒家"泽灭木，大过，君子以独立不惧，遁世无闷"的看法，认为"此所以为大过非凡之所及。"他的解释肯定了自然事物本身的规律("稊[荑]者，杨之秀也。")带有明显的自然审美色彩——回到自然本身的审美意向性。

显然，王弼这里的"自然"说已经很接近"自然界"意义上的自然，这使自然审美观具有明显的超越性和坚实的哲学基础，即以自然哲学思想为根基建构起新的自然审美观念。

王弼的自然审美观念还包括人的自然属性在内。他在解释《老子》第二章"天下皆知美之为美，斯恶已；皆知善之为善，斯不善已。故有无相生，难易相成，长短相较，高下相倾，音声相和，前后相随"时说：

美者，人心之所进乐也；恶者，人心之所恶疾也。美恶犹喜怒也，善不善犹是非也。喜怒同根，是非同门，故不可得而偏举也。此六者，皆陈自然，不可偏举之名数也。①

① 王弼：《老子道德经注》上篇，楼宇烈：《王弼集校释》，中华书局，1980 年 8 月第 1 版，第 6 页。

在王弼看来，美是人心所乐于追求的一个对象，凡是美的事物，都能引起人的喜悦，而这种审美的喜悦，犹如人们对丑恶的厌恶一样，都是人的自然本性的显现，也就是他所说的“喜怒同根”和“皆陈自然”。这是魏晋时期人的“自我”被发现的重要内容。

## 三、王粲的自然审美意识

我们在前面论证王弼的“自然”说所蕴含的政治哲学思想的时候讲到其与王粲诗歌中所反映的现实的一致性，王粲和王弼，一为“建安七子”的代表，一为玄学家。除了王弼的父亲王业曾从王粲那里接受当年蔡邕赠予王粲的近万卷图书可能会对王弼的思想有所影响而外，①我们没有多少事实证明王弼受王粲很深的影响，但特定的时代必造就出特定的英雄和相同的有识之士。《文心雕龙·论说》云：“傅嘏、王粲，校练名理。”从这个角度讲，王粲与王弼的学识、思想，特别是关于自然观念的转变在某种意义上应该是一致的。因此，我们现在通过对王粲作品的分析来进一步考察魏晋自然观对中古美学思想的影响。

---

① 王粲生于汉灵帝熹平五年（公元176年），卒于建安二十二年（公元217年），时年41岁。王粲卒后八年，即魏文帝黄初六年（公元225年）王弼生，正始十年（公元249年），王弼卒，时年24岁。《三国志·魏书·钟会传》注引《博物记》曰：“初，王粲与族兄凯俱避地荆州，刘表欲以女妻粲，而嫌其形陋而用率，以凯有风貌，乃以妻凯。凯生业，业即刘表外孙也。蔡邕有书近万卷，末年载数车与粲，粲亡后，相国掾魏讽谋反，粲子与焉，既被诛，邕所与书悉入业。业字长绪，位至谒者仆射。子宏字正宗，司隶校尉。宏，弼之兄也。”又注引《魏氏春秋》曰：“文帝既诛粲二子，以业嗣粲。”又《三国志·魏书·王粲传》云王粲“博物多能，问无不对。”注引《典略》曰：“粲才既高，辩论应机。钟繇，王朗等虽名为魏卿相，至于朝廷奏议，皆阁笔不能措手。”从这些史料来看，王弼通过其父王业受王粲思想的间接影响似有可能。

汉魏之际，天下大乱，称王僭号者无数，割据拥兵者四起。“郡郡作帝，县县自王”，[①]致“谷一斛五十万，豆麦二万，人相食啖，白骨委积，臭秽满路”。[②] 世积乱离，朝纲解散，文人四处漂泊，依豪强与英雄，壮志难酬，故多向往独立自由，这在诗歌中有所反映。

王粲多写飞鸟，计有“白鹤”、“鶡”、“鹦鹉”、“莺”、“鸿”、“雕”、“鸾凤”、“鸷鸟”、“鸠”、“寒蝉”、“鹳鹄”[③]等。王粲之写飞鸟，实向往建功立业的自由。这些“鸟”的意象反映出王粲的自然审美观，即借享有自由时空的飞鸟来表达对自由的渴望以及对“贵公子”身份性消失的哀叹。诗人内在的情感意志借恰如其分的自然之物传达出来。

我们知道，对鸟的崇拜是先秦时期自然宗教崇拜的重要内容之一，由自然界的一般飞鸟到鸷鸟、凤凰、神乌、朱雀，再到羽化升天、驾鹤西去，鸟的形象经历了原始宗教崇拜到世俗宗教崇拜的演化过程，而这个演化过程实际上也就是中国中古时期宗教意识与自然审美观的发展过程。宗白华先生在分析先秦时期的“莲鹤方壶”时说：

> 现在我们有一个极珍贵的出土铜器，证明早于孔子一百多年，就已从“错彩镂金，雕缋满眼”中突出一个活泼、生动、自

① 王粲：《英雄记》，俞绍初校点：《王粲集》，中华书局，1980 年 5 月第 1 版，第 64 页。

② 同上，第 58 页。

③ 王粲：《白鹤赋》，《鶡赋》，《鹦鹉赋》，《莺赋》。《赠蔡子笃》：“苟非鸿雕，孰能飞翻。”《杂诗四首》之四：“鸷鸟化为鸠，远窜江汉边。遭遇风云会，托身鸾凤间。”《从军诗五首》之五云：“寒蝉在树鸣，鹳鹄摩天游。”俞绍初校点：《王粲集》，中华书局，1980 年 5 月第 1 版。

> 然的形象，成为一种独立的表现，把装饰、花纹、图案丢在脚下了。这个铜器叫“莲鹤方壶”。它从真实自然界取材，不但有跃跃欲动的龙和螭，而且还出现了植物：莲花瓣。表示了春秋之际造型艺术要从装饰艺术独立出来的倾向。尤其是顶上站着一个张翅的仙鹤象征着一个新的精神，一个自由解放的时代。[①]

这个时候对鸟的崇拜还是一种素朴的原始自然宗教的崇拜。

一九四九年二月在长沙东郊陈家大山楚墓出土的人物夔凤帛画、一九四二年九月（一说一九三四年）在长沙子弹库楚墓出土的人物帛画、在长沙马王堆汉墓出土的帛画中的神乌、尹湾汉简中的《神乌赋》和三星堆出土的树神上的鸟的造型都以飞鸟为神灵，在人物飘飘欲仙、游于无穷的背景中，鸟的至尊地位、被人神化的倾向已经十分明显。

李学勤先生说：“这两幅帛画有明显的共同点。画面的重点都是一个人物，第一件上是博袖细腰的女子，第二件上是高冠长袍佩剑的男子。女子的一幅，人立于新月之上，前有一龙一凤飞翔升腾。男子的一幅，人驭龙而行，龙作舟状，下有鱼，尾上有鹤。画面的结构不同，而人都是在神物的引导下登空迅进。”[②]人物造型呈飞动之势，发饰作螺髻后坠状，凤鸟的羽毛线条细腻飘动。尤其是女子立于新月上的一幅，与《离骚》“前望舒使先驱兮，后飞廉使奔属。鸾皇为余先戒兮，雷师告余以未具。吾令凤鸟飞腾兮，继之以日夜”所描写的场景和《庄子·逍遥游》所描绘的“肌肤若冰雪，绰

① 宗白华：“中国美学史中重要问题的初步探讨”，《宗白华全集》第3卷，安徽教育出版社，1994年12月第1版，第451页。

② 李学勤：《东周与秦代文明》（增订本），文物出版社，1991年版，第358页。

约如处子。不食五谷，吸风饮露，乘云气，御飞龙，而游乎四海之外”的神人形象一样，以飞动的气势和飘逸的手法将寻找灵魂寄托的主题很好地表现了出来。

王粲诗中飞鸟形象所蕴涵着的自然审美观念上承先秦飞鸟自然崇拜，下起中古自然审美观念，在后来的嵇康、阮籍那里依然可以寻觅到它的形象，[①]甚至在道教羽化升天的思想中也可寻觅到它的踪影。

此外，在王粲的笔下，对自然事物和自然气候变化的观察精细入微。这里有“发红晖”的芙蓉和“吐芳烈”的幽兰的交相辉映，[②]还有浓阴中的“华榱”以及铺天盖地的“萑蒲”和欲断江流的“葭苇”，[③]甚至有“摇荡”的山川。[④]

这时，自然环境——如雅斯贝尔斯所说，我们自身就是环境，环境就是存在，在我们眼里，环境好像是“构成我们意识的部分”[⑤]——在诗人笔下已经与诗人同为一体，难舍难分。无论是远适荆蛮依附刘表时壮志难酬的悲愤和客居他乡的孤愁，还是与友

① 日本学者兴膳宏说，嵇康的很多写飞鸟的诗歌，如《四言诗》十一首其八、《答二郭》三首其三、《五言古意一首》等，“诗中的飞鸟都不是实景的写生，而完全是幻想的产物，在大部分场合，都暗示了遨游仙界的超然者的姿态。”（〔日〕兴膳宏：《六朝文学论稿·嵇康的飞翔》，彭恩华译，岳麓书社，1986 年 6 月第 1 版，第 1-25 页）这与王粲诗歌中的飞鸟的寓意是相一致的。

② 王粲：《杂诗四首》之二云：“幽兰吐芳烈，芙蓉发红晖。”俞绍初校点：《王粲集》，中华书局，1980 年 5 月第 1 版，第 5 页。

③ 王粲：《从军诗五首》之五云：“萑蒲竟广泽，葭苇夹长流。”俞绍初校点：《王粲集》，中华书局，1980 年 5 月第 1 版，第 10 页。

④ 王粲：《羽猎赋》云：“山川于是乎摇荡，草木为之以摧落。”俞绍初校点：《王粲集》，中华书局，1980 年 5 月第 1 版，第 20 页。

⑤ 〔澳大利亚〕约翰·巴斯摩尔：《哲学百年 新近哲学家》，洪汉鼎、陈波、孙祖培译，商务印书馆，1996 年 12 月第 1 版，第 532 页。

人生离死别的痛苦，以及从军途中流露的期盼社稷安康的愿望，诗人无一例外的以自然之物为寄托。自然不再是手段而是目的，甚至也不是客体而成了主体，自然环境成了王粲的“意识的部分”，即他的经验的对象成了他对对象经验的体悟——理性化了的对象，而理性化了的自然对象是没有功用可言的。

很明显，自然对象在这里已经变成了审美的对象。有了这种自然审美意识，连很不起眼的“蓼虫”都成了诗人自己甘于居处苦辛之地修身厉行而不改其志的代表，[①]本是诗人弹奏丝桐的音声却成了丝桐自身表达的哀情。[②]

通过王粲的作品，我们可以看到，在建安诗人的笔下，自然的神性已经荡然无存。“假称珍怪，以为润色”[③]的表现手法也弃之不用，有的是自然界的一草一木、一石一鸟对诗人心境的呼应，或者是日月星辰、风雨雷电引起的诗人对人生的思考。也就是说，到了建安时期，自然开始回到了“自然”，实际上是人回到了人自身。树立了的新的天人关系之后，天、地、人三位一体的审美自然律代替了汉代的神学自然律。有了这种新的自然审美观，诗人便能够自由地从自身去表现自然，歌咏自然之美。自然界的形状、色彩、声音、结构，甚至温度和湿度都成了主体“课美”（审美）[④]的对象。

---

① 王粲：《七哀诗三首》其三：“蓼虫不知辛，去来勿与咨。”俞绍初校点《王粲集》，中华书局，1980年5月第1版，第7页。

② 王粲：《七哀诗三首》其二：“丝桐感人情，为我发悲音。”俞绍初校点《王粲集》，中华书局，1980年5月第1版，第6页。

③ 左思：《三都赋序》，《文选》卷四。

④ 王粲：《玛瑙勒赋》：“总众材而课美，信莫臧于玛瑙。”俞绍初校点：《王粲集》，中华书局，1980年5月第1版，第24页。“课美”有“审美”的含义。“课”的本义为“试”和“第”。朱骏声《说文通训定声》随部第十云：“课，试也。”王念孙：《广雅疏证》卷五上《释诂》：“课，第也。谓品第之也。”《逸周书·大匡解》云：“程课物徵。”

更重要的是，在所有对自然之美的发现中，对人自身之美的发现和"课美"(审美)成了一种自觉意识。曹操的"自已形陋，不足以雄远国"[①]内涵的是曹操自己意识到的自我人体美与人格美的冲突。而王粲的《闲邪赋》：

夫何英媛之丽女，貌洵美而艳逸！横四海而无仇，超遐世而秀出。发唐棣之春华，当盛年而处室。恨年岁之方暮，哀独立而无依。情纷挐以交横，意惨悽而增悲。何性命之奇薄，爱两绝而俱违！排空房而就衽，将取梦以通灵。目炯炯而不寐，心忉怛而惕惊。[②]

和《神女赋》：

退变容而改服，冀致态以相移。登宴对兮倚床垂，税衣裳兮免簪笄，施华的兮结羽钗。扬娥微眄，悬藐流离。婉约绮媚，举动多宜。称诗表志，安气和声。探怀授心，发露幽情。彼佳人兮难遇，真一遇而长别。[③]

则从"看"与"被看"的角度对女性的形体、五官、发肤、步态、眼神进行了细腻的描摹，用诗的语言把人的自然之美表达得淋漓尽致。

王粲的自然审美意识代表着老庄自然本体论美学与孔孟自然道德论美学在汉魏之际的融合，也标志着神学自然律向审美自然

① 《世说新语·容止》。

② 王粲：《闲邪赋》，俞绍初校点：《王粲集》，中华书局，1980年5月第1版，第16页。

③ 同上，第22页。

律的过渡。那种既讲求“恬淡清玄，混沌淳朴。薄礼愚学，无为无欲。均同死生，混齐荣辱”的精神以与天地交，又不忘“君子不以志易道，不以身后时，进德修业，与世同理”[①]的内圣外王之道的双重人格在魏晋时期开始出现。

这种观念在绘画上的表现很明显。顾恺之的画，有人说他并不是刻意地画成有古意，他就是有点画不象，“那时的技术水平还处于初级阶段，还不知道怎么才能把对象画准确。没有西方发展的那种严谨科学的解剖、透视知识和素描、造型能力，但因为有了儒道精英文化的影响，对于艺术的理解却已经超越了那时的手头技术水平。”[②]但顾恺之的“画不象”，反而成了中国绘画的圭臬，让中国绘画走上了一条与西方绘画不一样的道路。这里的核心，我以为即是魏晋文人对自然的“使然”态度，象不象，无所谓，关键是画出我想画的样子，画出我的人格修养和我的精神风貌才是最重要的。

书法也是如此。王羲之的书法，有“萧散”[③]之美，即涵泳宇宙、囊括万有的气势。[④] 换言之，“萧散”即以我心书写宇宙，凡书写宇宙者则“任情姿性”，不为笔墨所累。蔡邕《笔论》云：

> 书者，散也。欲书先散怀抱，任情恣性，然后书之。若迫于事，虽中山兔毫，不能佳也。

---

① 王粲：《七释》，俞绍初校点：《王粲集》，中华书局，1980年5月第1版，第34页。

② 潘公凯：《谈中国画笔墨》，《天涯》，2009年第3期。

③ 《颜氏家训・杂艺》云：“王逸少风流才士，萧散名人，举世惟知其书，翻以能自蔽也。”

④ 《淮南子・天文训》：“元气有涯垠，清阳者，薄靡而为天，重浊者，凝滞而为地。……天地之袭精为阴阳，阴阳之转精为四时，四时之散精为万物。”

魏晋文人这种“化乃吾自画，书乃吾自书”[①]高扬的是《庄子·在宥》篇所谓“独往独来，是谓独有；独有之人，是谓至贵”的人的独立精神。

但还有一方面，魏晋文人又特别“妙肖自然”，以自然为能动的“无意识的精神”，嵇康眼中的“归鸿”，阮籍耳中的“鸣禽”，陆机所谓的“喜柔条于芳春，悲落叶于劲秋”，既是对必然王国的认识，又是对自由王国的体悟。感性世界的自然之物变成了审美对象，使主体的精神得到解脱。随着魏晋人向内和向外两个方面都发现了自然，或者说发现了“审美自然律”，人与自然之间的审美移情也就很自然地发生了。

## 第五节　中古自然审美观的形成

### 一、审美移情的自觉

中国古代虽然没有建立起完整的移情说美学体系，但存在着不少对审美移情现象进行描述和探究的理论。作为汉语母语中的“移情”，也是一个“范畴型概念”，具有不确定性。大致说来，“移情”有三个基本含义。一是指改变性情以向善，这个意思又作“移情性”；二是指情谊的改变；三是指心境的变化。前两个概念与心理学上的移情较为相似，最后一个指称“心境变化”的“移情”则与西方美学中的“移情”比较接近。与西方美学相比，中国古代审美移情更看重自然对自我生命情感的影响以及自我与自然的交流。

① 张彦远：《历代名画记》卷五《叙历代能画人名》载王廙语，人民美术出版社，1963年第1版，第110页。

中国古代审美移情理论成熟于魏晋时期，魏晋自然审美观在这个成熟过程中起到了积极的推动作用。王弼“达自然之性，畅万物之情”的说法为中国古代审美移情理论的发展奠定了坚实的哲学基础。

审美移情是一种非常普遍的现象。从亚里士多德到里普斯，西方美学史上关于审美中的移情作用的研究源远流长，但最早把“移情作用”这个概念明确地作为美学名词提出来的是德国的费舍尔(1847-1933)。费舍尔在其《论视觉的形式感情》(1873 年)中把与形式主义相对立而被要求的、应引导事物象征化的心理活动起名叫“移情作用”，指的是观照者对事物及其心理状态无明确表象而且把移入那里的情感内容带到现实的共同体验中来。后来美国实验心理学家蒂庆用英语“Empathy”这个词来翻译它。

英语中另外还有一个词“Transference”，也是指移情作用，但“Transference”仅用于精神分析学领域。作为精神分析学领域的移情作用，它指的是“人在成年时感受到的不为原激发人而为另一人引起的童年时代所感觉过的情绪”，也即“按照早期的蓝图相互塑造对方形象的方式”，这是弗洛伊德在对奥地利内科医生与生理学家约瑟夫·布鲁尔的医疗案例进行研究后创立的一种理论。这种移情理论在精神分析学中占有相当重要的地位，有人甚至认为移情概念的起源就是精神分析学说本身的起源。①

审美中的移情作用经费舍尔提出后，真正将其理论系统化的美学家则是里普斯(1851-1914)。里普斯把人的情感分为“自我活

① 〔英〕戴维·科尔比:《简明现代思潮辞典》，邓平译，重庆出版社，1987 年 10 月第 1 版，第 163-165 页。

动的情感”、“自我愉悦的情感”、“自我价值的情感”三种。但“自我价值的情感”本身不成为审美价值。因为审美价值是作为不同于自我的对象的价值感受到的。因此审美价值应该是“客观化的自我价值情感”。里普斯的移情说美学原理就在于说明这种客观化的可能性。概略地说，里普斯的移情作用等概念指的是，在审美活动中，审美主体一方面把自己的价值情感在对象中加以客观化，在这里完成客观的审美价值内容；另一方面观照给定的对象，使之在自己心灵中主观化，然后在自己的现实情感中加以体验。其理论核心在于：把对象主观情感化的过程同时当作自我情感的客观化加以考虑，据此深刻地把握审美意识中主客观融合的关系。

中国古代有无审美移情理论，对此学界有不同看法。德国美学家 W. 沃林格认为移情说美学只能解释文艺复兴以前的古典艺术，而无法说明古代东方艺术。[①] 王福雅认为“中国古代虽有‘移情’一词出现，但并没有移情理论的存在。”[②]但王先霈先生说，移情概念在社会心理学和审美心理学中各有自己的含义，这两个概念涉及的心理现象、心理能力，中国古人都注意到了，都给予多方面的论述。关于人与自然景象之间的移情，中国古代文论家注意到它的双向性，认为物移我情和我情注物、移我就物和移物就我是同时发生的双向作用。关于人与人之间的移情，古代文论家不仅把它看作心理分析和推想的能力，而且认为是为人处世的基本原则，是满怀同情心地对待他人。这是中国古代移情思想的精华。[③]

---

① 〔民主德国〕W. 沃林格：《抽象与移情》，王才勇译，辽宁人民出版社，1987 年第 1 版。

② 王福雅：“中国‘移情’理论辨析”，《湘潭师范学院学报》，2001 年第 2 期。

③ 王先霈：“中西移情理论之异同”，《沈阳工程学院学报》，2009 年第 1 期。

在我看来，作为审美活动中的一种常见现象，古今中外的美学理论都有所关注，只不过因为语言、文化和理论形态本身的差异，我们很难将中外美学的移情理论完全等同，但这并不能说中国古代没有审美移情理论的存在。

中国古代关于人与人之间的移情，主要是在道德意志层面上展开的，属于伦理哲学和政治哲学的范畴。而人与自然景物之间，同时也包括人与艺术作品之间的移情更接近西方美学中的移情学说。

审美中的移情作用早在先秦时期就已出现。上个世纪三十年代，朱光潜先生曾以《庄子·秋水》篇“人鱼之乐”①的故事来说明美感经验移情作用的“结果是死物的生命化，无情事物的有情化。”②上个世纪六十年代，朱光潜先生在研究西方美学的移情理论时又说：

> 我国古代语文的生长和发展在很大程度上是按移情的原则进行的，特别是文字的引申义。我国古代诗歌的生长和发展也是如此，特别是“托物见志”的“兴”。最典型地运用移情作用的例子是司空图的二十四“诗品”以及在南宋盛行的咏物词。③

① 《庄子·秋水》。

② 朱光潜：《文艺心理学》第三章“美感经验的分析”（三）“物我同一”，《朱光潜全集》第一卷，安徽教育出版社，1987年8月第1版，第235页。

③ 朱光潜：《西方美学史》下卷第十八章“‘审美的移情说’的主要代表：费肖尔，立普斯，谷鲁斯，浮龙·李和巴希”，人民文学出版社，1964年8月北京第1版，第597-599页。

依照朱光潜先生的这个说法，我国先秦文学中出现的“悲秋”母题，实际上也就是审美中的移情作用。从《诗·秦风·蒹葭》托物言志，以茂密的芦苇和白露秋霜为情感载体，吟唱出思念情人的哀愁到宋玉《九辩》“悲哉！秋之为气也，萧瑟兮草木摇落而变衰。憭慄兮若在远行，登山临水送将归。泬寥兮天高而气清，寂漻兮收潦而水清。憯悽增欷兮薄寒之中人，怆怳懭悢兮去故而就新。坎壈兮贫士失职而不平，廓落兮羁旅而无友生，惆怅兮而私自怜。（中略）黄天平分四时兮，窃独悲此凛秋”的悲叹，这种借自然景物作为自己情感的载体来表达自己的意志、性情、心境，并同时将自己的意志、性情、心境外射到对象中去与对象融为一体，“使死物生命化，无情事物有情化”的作品在中国古代大量存在。

梁元帝《摄山栖霞寺碑》“苔依翠屋，树隐丹楹。涧浮山影，山传涧声”以《诗经》“杨柳依依”为新变，杜甫有“无边落木萧萧下，不尽长江滚滚来。万里悲秋常作客，百年老病独登台”的长吟，辛弃疾则注愁恨于群山并与群山共悲愁：“楚天千里清秋，水随天去秋无际。遥岑远目，献愁供恨，玉簪螺髻。”周德清之“千山落叶岩岩瘦，百结愁肠寸寸愁”、柳永之“惨绿愁红”、李清照之“绿肥红瘦”、史梅溪之“柳昏花冥”、周邦彦之“牵衣待话”、张孝祥的“万象为宾客”等等，无不以自我情感赋予自然景物而使这些看似无情的山、水、花、鸟，甚至宇宙万象有了与自己同样的情感，而诗人又与这些“看起来有了人的情感”的对象相互交流，相互呼应，表现出审美中的移情作用。

中国古代的审美实践中不仅存在着大量的审美移情现象，而且也存在着研究这些审美移情现象的理论概念，这些历史上存在的理论概念对建构我们当代的美学体系很有借鉴意义。但用历史上留下来的理论概念来建构我们今天的理论体系，首先有一个把这些历史上留下的理论概念尽可能还原到历史语境中去，从那些包含着真理的历史概念的碎片中“来构造真理，而不是放弃真理”，[①]并且“将中国还给中国，一时代还给一时代。按这方向走，才能将我们的材料跟外来意念打成一片，才能处处抓住要领；抓住要领以后，才值得详细探索起来。”[②]使用这种方法来研究中国古代的审美移情理论，我们马上就会发现作为汉语母语中的“移情”概念的复杂性。

“移情”一词在中国古代首先是指“移易性情以向善”。《文选》卷四十六任彦昇《王文宪集序》云：“六辅殊风，五方异俗。公不谋声训，而楚夏移情，故能使解剑拜仇，归田息讼。”任昉这里用的“移情”，指的是南齐名臣王俭在丹阳尹任内颇有治理之功，庶民百姓“感其道德，已移情于善道”的现象，实际上就是《后汉书》卷四十九《仲长统传》载其《昌言》“敦教学以移情性，表德行以厉风俗”中的“移情性”。显然，任昉所说的“移情”属于儒家政治哲学的概念而不具备移情说美学理论的内涵。

其二，“移情”指人的情感的改变，如《刘子·言菀》篇“夫善交者，不以出入易意，不以生死移情，在终如始，在始如终，犹如日月也”的说法。

其三，“移情”指审美主体在欣赏自然景物和艺术作品过程中

---

① 〔德〕H. 贡尼、R. 林古特：《霍克海默传》，任立译，商务印书馆，1999年1月第1版，第60页。

② 朱自清：“诗文评的发展——评罗根泽《中国文学批评史》与朱东润《中国文学批评史大纲》”，载《朱自清序跋书评集》，生活·读书·新知三联书店，1983年9月第1版，第242页。

的心境的变化。这个用法很普遍，如邵雍《伊川击壤集》卷三《宿寿安西寺》"好景信移情，直连毛骨诚。威怜多胜概，尤喜近都城。竹色交山色，松声乱水声。岂辞终日爱，解榻傍虚楹"、陈维崧《陈伽陵丽体文集》卷四《徽刻吴圆次〈宋元诗选〉启》（选名《簃我情集》）云"何地无愁，有天长醉。英雄未老，藉造句以移情；岁月多闲，仗钞诗而送日"、王世贞《艺苑卮言》附录一云"即词好称诗余，然而诗人不为也。何者？婉恋而近情也，足以移情而奇嗜，其柔靡而近俗也"和朱彝尊《曝书亭集》卷十四古今诗《徐尚书载酒虎坊南园联句》"移情欣鸟音，侧足避花荅。层楼牕面面，远目水默默"等。

从上面所举到的三类有关"移情"的例子中可以看到，前两类"移情"概念与心理学上的"移情"较为相似，而第三类用以指称"心境变化"的"移情"，则与美学中的"移情"比较接近。这第三类关于"移情"的说法，与西方美学中的审美移情有一些相似的地方，但还不能说它们就是西方美学中的移情理论。西方的移情说美学理论还特别强调在把对象主观情感化的过程中同时把主体客观情感化，并且达到主体与客体的相互融合。这里的第三类"移情"仅表现为审美鉴赏实践中的主体的心境或情感的移换与变动，或曰单向的情感交流。因此，这种"移情"说还不能完全等同于西方美学中的移情理论。

其实，与西方美学比较相似的中国古代的移情理论反而往往不用"移情"二字来表达。兹举数例如下：

曹植在黄初四年（公元 223 年）朝京师返封国过洛水时，写下了著名的《洛神赋》，其中云：

> 日既西倾，车殆马烦。尔迺税驾乎蘅皋，秣驷乎芝田，容与乎阳林，流眄乎洛川。于是精移神駭，忽焉思散。……于是

> 背下陵高，足往神留，遗情想像，顾望怀愁。[①]

李善在解释“精移神骇”时说：“移，变也。情思萧散，如有所悦。”作为才思横溢、风流敏感的诗人，曹植实际上是把自己有志不遂、“块然独处，左右惟仆隶，所对惟妻子，高谈无所与陈，发义无所与展，未尝不闻乐而拊心，临觞而叹息”[②]的愁愤困苦灌注进眼前的自然景物，而眼前的自然景物使他“精移神骇，忽焉思散”，他则“遗情想像，顾望怀愁”，山川景物与他的心境交融在一起，进入到一种审美移情的境界。

陆机《文赋》“遵四时以叹逝，瞻万物而思纷。悲落叶与劲秋，喜柔条于芳春”的说法阐明了文学创作过程中将对自然法则的体悟与自我的情感结合在一起的规律，也已经蕴含有审美移情的理论思想。而刘勰《文心雕龙·物色》篇：

> 春秋代序，阴阳惨舒，物色之动，心亦摇焉。盖阳气萌而玄驹步，阴律凝而丹鸟羞，微虫犹或入感，四时之动物深矣。若夫珪璋挺其惠心，英华秀其清气，物色相召，人谁获安？是以献岁发春，悦豫之情畅；滔滔孟夏，郁陶之心凝；天高气清，阴沉之志远；霰雪无垠，矜肃之虑深。岁有其物，物有其容；情以物迁，辞以情发。……山沓水匝，树杂云合。目既往还，心亦吐纳。春日迟迟，秋风飒飒。情往似赠，兴来如答

---

① 曹植：《洛神赋》，《文选》卷十九。

② 曹植：《求通亲亲表》，《文选》卷三十七。

的这一段话，将自我与自然、主体与客体之间双向往还的情感交流概括得很准确，可以说已经接近西方美学中的审美移情说了。东晋简文帝入华林园，“觉鸟兽虫鱼自来亲人”之说和萧统“朱炎受谢，白藏纪时，玉露夕流，金风多扇。悟秋山之心，登高而远托”①以及孔颖达“六情静于中，百物荡于外，情缘物动，物感情迁”②的这些说法都从不同的角度阐释了审美移情作用及其原因，已经在基本原理上与西方美学中的移情说理论甚为相似。

可以看出，中国古代关于审美移情的理论比较重视自然规律、自然环境对审美主体的心境的影响。也就是说，审美过程中产生的移情作用，一般都因为主体受物境的影响而形成，但外界的物境需与主体内在的心境相一致时，才会形成移情作用。因为“大凡外境之交于前者，无不随人意为转移。故同一境也，意所乐，斯乐已，意所不乐，并不见其可乐也。即或境能移情，风日之研和也，山水之清嘉也，鱼鸟之亲人也，花药之纷敷而猗靡也，遇之未有不神怡者；然而乐系乎物，境过则迁，斯犹非真乐耳。”③心境是一种人自身的一切其他活动和体验都染上情绪色彩的比较持久的情绪状态。由于审美主体的心境不同，对自然景物产生的移情作用也有很大的不同。主体在心情愉悦时，常觉得花欢草笑、莺歌燕舞；而在黯然伤神时却又感到云愁月惨、鸟虫衔悲。由于心境的外化，竟使本来没有感情的事物看起来有了感情，而有了感情

① 严可均：《全上古秦汉三国六朝文·全梁文》卷二十昭明太子《答湘东王求〈文集〉及〈诗苑英华〉书》，中华书局，1958年12月第1版，第3064页。

② 孔颖达：《毛诗正义序》，《全唐文》卷一百四十六，上海古籍出版社，1990年12月第1版，第649页。

③ 卢文昭：《抱经堂文集》卷七《四时寻乐图题辞》（甲午），中华书局，1990年6月第1版，第104页。

的事物反过来也会影响人情感，结果便是“情能移境，境也能移情”。[①]

中国古代审美移情理论还认为，审美移情有两个重要条件。一个是对象必须有“可以移人之情者”，一个是主体必须有“触性性通，导情情出”的审美能力。而主体的审美能力归根结底来源于现实生活的体验，体验得越深，赋景物以情感甚至生命，并与有情感甚至有生命的景物化为一体的审美移情作用就越大。

因为在审美判断中，“如果愉快和直观对象的纯粹形式的把握(apprehensio)结合着，而不联系到一个为了一定的认识的目的的概念：那么，表象就不联系到客体，而只联系到主体。在这样情况下，愉快就只是客体对于诸认识机能的一致”，[②]而主体的心境对对象的情感化和生命化起着决定性的作用。“感时花溅泪，恨别鸟惊心”[③]、“春风何豫人，令我思东溪。草色有佳意，花枝稍含荑”[④]、“野花愁对客，泉水咽迎人”[⑤]、“雨恨云愁，江南依旧称佳丽”[⑥]，雨云、春风、绿草、花枝、野花、泉水这些本来没有生命、没有情感的表象，由于它们“联系到主体”，与主体的特定心境产生共鸣，与“主体的生命情感相关”，它们便与诗人赠答往还，从而使审美主体与审美对象一同进入到“天籁人籁合同而化”的境界。

自魏晋开始，我们在诗歌里看到了在宗教意识形态影响下的

① 吴乔：《围炉诗话》。

② 〔德〕康德：《判断力批判》上卷，宗白华译，商务印书馆，1964年1月第1版，第28页。

③ 杜甫：《春望》。

④ 赵殿成：《王右丞集笺注》卷二《座上走笔赠薛璩慕容损》。

⑤ 赵殿成：《王右丞集笺注》卷十二《过沈居士山居哭之》。

⑥ 朱彝尊：《词综》卷四，王禹偁《点绛唇》。

新的自然审美观念的产生，即诗人不是把自然作为君子之德的象征，也不是把自然作为神秘不可知的力量，而是如后来的禅宗诗人一样，“对自然付出了与之相应的无限尊敬之情，……把自然不看成是征服的对象，而是把自然看成友善的存在。”[①]自然界可以怡情养心，在诗人眼中成为“触兴为诗”的审美对象。

总的来看，中国古代审美移情理论在魏晋之后逐渐走向成熟，有些理论和观点已经比较接近西方的移情说美学理论，形成这种现象的主要原因我以为在于魏晋审美自然观的影响。魏晋玄学的兴起改变了传统的认识论，玄学将宇宙和人生纳入自己的研究领域，使中国哲学与西方哲学有了相似的研究对象，即宇宙论和人生论。[②] 在玄学的推波助澜之下，被汉代“天人感应”神权自然法则压抑下的人的主体性重新获得新生，神学自然观被审美自然观所取代，在自然中发现人自身，在人自身中发现自然，将主体和客体分别开来。而认识到人作为认识主体的存在，在自我主体中发现客体，在客体中发现主体，这正是中国古代审美移情理论得以建构的“先验法式”和重要的哲学基础。

## 二、中古自然审美观的形成

马克思和恩格斯曾经指出：“全部人类历史的第一个前提无疑是有生命的个人的存在。因此，第一个需要确定的具体事实就是这些个人的肉体组织以及由此产生的个人对其他自然的关系。当然，我们在这里既不能深入研究人们自身的生理特性，也不能深入

① 〔日〕铃木大拙：“禅与日本人的自然爱”，张锡坤主编：《佛教与东方艺术》，吉林教育出版社，1989 年 8 月第 1 版，第 878 页。

② 丘镇英：《西洋哲学史》，“导言”，北京师范大学出版社，1986 年月第 1 版。

研究人们所处的各种自然条件——地质条件、山岳水文地理条件、气候条件以及其他条件。任何历史记载都应当从这些自然基础以及它们在历史进程中由于人们的活动而发生的变化出发。"[①]人类与自然界的接触首先是从生存和日常生活来考虑的。主动认识自然界的万事万物，并以万事万物为我所用的观念早在先秦时期即已确立，其中以自然界动植物为药用的思想在春秋时期已经形成，出现了"属于本草类的药物学古籍《万物》"，《万物》较之《神农本草经》早了400多年。[②]

马克斯·韦伯也说，在宗教伦理中，"对待苦难的原始立场最初主要形象地表现为共同体在宗教庆祝活动中如何对待那些受疾病或别的不幸事故造成的伤痛折磨的人。长期痛苦和悲伤的人、慢性病人以及别的不幸的人，就其苦难的种类看，不是魔鬼附身，就是他侮辱过的某位神灵的愤怒压着他。"[③]因此，宗教的传播往往离不开医学和技术的传播。《新约·马可福音》就记载有耶稣为信徒治病的故事。[④] 陈寅恪先生在研究寇谦之受佛教影响为新道教教宗时曾说：

---

① 《马克思恩格斯选集》第一卷，《费尔巴哈》，人民出版社，1972年5月第1版，第24页。

② 《新华文摘》1988年第7期《文物与考古》专栏载："一种我国最早的本草类古籍《万物》在残存的阜阳汉简中发现。……本草即我国药物学著作，在这之前公认的最早的是《神农本草经》。据考证它的成书年代在南北朝以后。而目前所发现的材料，可以证明《万物》编撰成书在春秋战国时期，到西汉初年抄成。也就是说，从《万物》到《神农本草经》经历了秦和两汉400多年时间。"

③ 〔德〕马克斯·韦伯：《儒教与道教》（最新修订版），王容芬译，广西师范大学出版社，2008年12月第1版，第6-7页。

④ 《新约·马可福音》第五章云："有一个管会堂的人，名叫睚鲁，来见耶稣，就俯伏在他脚前，再三地求他说：'我的小女儿快要死了，求你去按手在他身上，使她痊愈，得以活了。'耶稣就和他同去。"

> 自来宗教之传播，多假医药天算之学以为工具，与明末至近世西洋之传教师所为者，正复相类，可为明证。吾国旧时医学，所受佛教之影响甚深，如耆域（或译耆婆——原注）者，天竺之神医，其名字及医方与其他神异物语散见于佛教经典，如《柰女耆婆经》、《温室经》等及吾国医书如巢元方《病源候论》、王焘《外台秘要》之类，是一例证。[①]

而医学的传播和疾病的治疗又往往要了解自然运行的法则与规律，要与自然界相接触，从自然界的风雨雷电、阴晴晦明到山川草木、飞禽走兽，道士僧徒无不需要了解以利于掌握医学知识和治疗技能，从而有利于教义的传播。

中古时期有很多高僧和道教徒既精通教义又精通医学，既是宗教学家，又是医学家。对大自然的接近影响到他们的自然审美观念的转变，大自然在他们眼里既是“关于苦难、死亡、复活之神传说的最好的代表”，[②]具有强烈的功利色彩的对象，又是陶冶性情的审美对象，是他们“享用和消化的精神食粮”，[③]这种社会思潮在晋宋时期表现得十分明显。

晋宋之际，自然审美观念日渐形成。文学则“庄老告退，山水方滋”；[④]绘画则以“妙悟自然”为绝，其作为上上品；[⑤]雕塑有戴颙

---

① 陈寅恪：“崔浩与寇谦之”，《金明馆丛稿初编》，上海古籍出版社，1980 年 8 月第 1 版，第 113-114 页。

② 〔德〕马克斯·韦伯：《儒教与道教》（最新修订版），王容芬译，广西师范大学出版社，2008 年 12 月第 1 版，第 9 页。

③ 马克思：《1844 年经济学哲学手稿》，人民出版社，1985 年版，第 52 页。

④ 《文心雕龙·明诗》。

⑤ 《历代名画记》卷二《论画体工用搨写》云：“自然者，为上品之上。”

对人体自然美比例的精思；[①]书法崇尚涵咏宇宙、囊括万有的自然萧散之风；[②]音乐则“信自然之极丽，羌殊尤而绝世”。[③]

晋宋之际自然审美观念的形成固然离不开魏晋玄学对“自然”与“名教”和“无”与“有”的探究，也与身处易代之际的文人遁入山林以避祸乱的现实需要和江左自然地理环境相关联，但促使晋宋之际自然审美观念形成的根本原因还在于因佛教传播而带来的人对自身以及对自然的新的看法。

魏晋玄学通过体验认知不同的事物与观点以达到对人生、对宇宙的整体的认识，但同时魏晋玄学又用独立的思考来阐释经验与认知的事实。前者如“无”和“有”的涉及到本体论的论争，后者如清谈过程中的“及”与“不及”的诘问。[④] 中国传统哲学缺乏的恐不是“创造的综合”，而是缺乏对“自然”——无论是语词意义上的

---

① 《历代名画记》卷四《叙历代能画人名》云：“宋太子铸丈六金像于瓦棺寺，像成而恨面瘦，工人不能理，乃迎（戴）颙问之。曰：‘非面瘦，乃臂胛肥。’既铝减臂胛，像乃相称，时人服其精思。”

② 王羲之的书法，有“萧散”之风。《颜氏家训·杂艺》篇云：“王逸少风流才士，萧散名人，举世惟知其书，反以能自蔽也。”“萧散”似即涵泳宇宙、囊括万有之气势。也可以说是以我心书写宇宙，凡书写宇宙者则“任情姿性”，不为笔墨所累。蔡邕《笔论》云：“书者，散也。欲书先散怀抱，任情恣性，然后书之。若迫于事，虽中山兔毫，不能佳也。”见元盛熙明《法书考》卷三《笔法》引。

③ 成公绥：《啸赋》，《文选》卷十八。

④ 《世说新语·文学》云：“客问乐令‘旨不至’者，乐亦不复剖析文句，直以麈尾柄确几曰：‘至不？’客曰：‘至。’乐因又举麈尾曰：‘若至者那得去？’于是客乃悟服。乐辞约而旨达，皆此类。”此与古希腊哲学家赫拉克利特(Heraclitus)“以为世界上，没有不动的实在，也没有不变的实体，一切万有，皆不绝变化和运动，而无片刻的停止。其最著名的一语为‘濯足长流，抽足再入，已非前水。’(You connot step into the same rivers, for fresh waters are ever flowing upon you. 兹据严译)”，亦即“人不能两次走进同一条河流，因为新而又新的水不断地往前流动”（丘镇英：《西洋哲学史》第一篇“古代哲学”，北京师范大学出版社，1986年1月第1版，第22页）的观点相似，“至”与“不至”谓一切都在变动之中，世上没有一成不变的事物，已涉及认识论的辨证观点。

还是实体意义上的——科学的认识。由于不把“自然”作为独立的、自立的对象来认识因而不能把自我作为自足的、自主的主体来对待。

中国传统哲学追求的是人与天地精神往还交融的“吾丧我”，从而将我与自然合二为一，不知何为“我”，何为“自然”。佛教传入后，在明于经学、兼通玄释的高僧们的“创造的综合”作用下，关于世界的因缘、有无、关于人生的因果报应、关于心灵与物体、精神与自然等等关系有了新的阐释。

我们知道，人与自然主客二分的认识论在很长时间内一直是西方哲学史上的主流学派。不仅人人有“我”与“非我”之分，而且人与自然相对立，人往往把自己的主观意志强加给大自然，人成了世间一切事物的至尊者。

相应地，在西方哲学史上，“自然”成了哲学家的主要研究对象之一。从希腊时期亚里士多德的《形而上学》、巴门尼德的《论自然》、伊壁鸠鲁的《论自然》到中古经院哲学家爱里根那的《自然的分解》、启蒙主义者霍尔巴赫的《自然的体系》，再到恩格斯的《自然辩证法》、罗宾·科林伍德的《自然的观念》，对“自然”的研究几乎贯穿于整个西方哲学史。这说明西方哲学在对待“自然”的问题上，从一开始就走上了一条与中国哲学完全不一样的路径。

佛教传入之前，中国哲学中的“我”与“非我”同出一源，同为一体，强调天人合一，主客二分的思想微乎其微。晋宋之际中国传统哲学已经具有主客二分的萌芽，对人的精神和肉体的认识也有新的观念，开始把一切自然中最美的自然——人的身体——作为审美的对象。从曹植、何晏的“傅粉”[①]到陆展的“染发”[②]，从王恬、王廞、杜乂的“美形”[③]到卫永的“旄仗下形”，从王恭的“形茂”[④]到王济的“自觉形秽”，[⑤]对人的身体之美的追求成了魏晋的时尚。有人甚至因其“风姿神貌”之美而命运陡转，[⑥]至于女性的身体之美被直接或间接书写则成了这一时期文人笔下的常态。

儒家讲体用不二，人的精神道德的完善即在自身的身体力行实践过程之中形成。精神人格的崇高就在自身的修身养性之中，除了现实存在的活生生的自我，不存在人的精神个体；道家讲“天大、地大、人亦大”，将“齐物我”、“等死生”、“吾丧我”作为人生最高

① 《三国志·魏书·王粲传》附《邯郸淳传》注引《魏略》云：“时五官将（曹丕）博延英儒，亦宿闻淳名，因启淳欲使在文学官属中。会临淄侯（曹）植亦求淳，太祖遣淳诣植。植初得淳甚喜，延入坐，不先与谈。时天暑热，植因呼常从取水自澡讫，傅粉。”《世说新语·容止》云：“何平叔美姿仪，面至白。魏明帝（一作魏文帝——引者注）疑其傅粉，正夏月，与热汤饼。既噉，大汗出，以朱衣自拭，色转皎然。”注曰：“《魏略》云：‘晏性自喜，动静粉帛（帛，一作白——引者注）不去手，行步顾影。’按此言，则晏之妖丽本资外饰；且晏养自宫中，与帝相长，岂复疑其形姿，待验而明也？”

② 《宋书·谢灵运传》云：“临川王义庆招集文士，（何）长瑜自国侍郎至平西记室参军。尝于江陵寄书与宗人何勖，以韵语序义庆州府僚佐云：‘陆展染鬓发，欲以媚侧室。青青不解久，星星行复出。’”

③ 《世说新语·容止》曰：“王敬豫（恬）有美形，问讯王公（导）。王公抚其肩曰：‘阿奴，恨才不称。’”又曰：“王右军见杜弘治（乂），叹曰：‘面如凝脂，眼如点漆，此神仙中人。’时人有称王长使（廞）形者，蔡公（谟）曰：‘恨诸人不见杜弘治耳。’”

④ 《世说新语·容止》曰：“有人叹王恭形茂者，云：‘濯濯如春月柳。’”又曰：“祖士少（约）见卫君长（永）云：‘此人有旄仗下形。’”

⑤ 《世说新语·容止》曰：“骠骑王武子（济）是卫玠之舅，儁爽有风姿，见玠辄叹曰：‘珠玉在侧，觉我形秽！’”

⑥ 《世说新语·容止》：“石头事故，朝廷倾覆。温忠武（峤）与庾文康〔亮〕投陶公（侃）求救，陶公云：‘肃祖（东晋明帝司马绍）顾命不见及，且苏峻作乱，衅由诸庾，诛其兄弟，不足以谢天下。’于时庾在温船后，闻之，忧怖无计。别日，温劝庾见陶，庾犹豫未能往。温曰：‘溪狗我所悉，卿但见之，必无忧也。’庾风姿神貌，陶一见便改观，谈宴竟日，爱重顿至。”

追求，看重的是在物我交融中使自身的精神境界得到升华。儒家把自然界看成是精神道德的化身，“维岳降神”虽然也肯定了自然界的美感因素，但却赋予自然美以浓厚的社会道德意识，其自然审美观的核心是“善”；道家把自然界看成是自己的精神载体和人生归宿，以“适性”为价值判断，追求的是“形莫若缘，情莫若率”。[①]这种自然审美观把自然界看成是自己意识的终结，认为真理就在自然之中，只要“得其环中”，余皆“存而不论”，其核心在“真”。相对于儒家以“善”为核心的自然审美观和道家以“真”为核心的自然审美观，杂糅了佛教与道教的晋宋之际的自然审美观，其核心在“美”。

这种自然审美观起自“感物”但又超越了“感物”，成为中国中古时期最具代表性的自然审美观念。儒家也讲“感物”，但儒家的“感物”说基于人自身与自然界同为一“物”的意识，二者可以相互感应，相互融合。儒家的“感物说”为心理学意义上的美学，这种理论把人心看作是一张白纸，人心受到外界的影响便有喜怒哀乐。《乐记·乐本》把这个道理说得很清楚：

> 凡音之起，由人心生也。人心之动，物使之然也。感于物而动，故行于声；声相应，故生变，变成方，谓之音；比音而乐之，干、戚、羽、旄谓之乐。

这种理论还强调，外界对人心的感应是“同声相应，同气相

① 〔清〕郭庆藩：《庄子集释》卷七上《山木》第二十，中华书局，1961年7月第1版，第686页。

求”,有什么样的外界的刺激感染,就有什么样的人心的反映。这种反映完全对应于外界的事物:“其哀心感者,其声噍以杀;其乐心感者,其声啴以缓;其喜心感者,其声发以散;其怒心感者,其声粗以厉;其敬心感者,其声直以廉;其爱心感者,其声和以柔:六者非性也,感于物而后动。”[①]或者说,在佛教传入之前的“感物”或“感发”[②]说在人与自然的关系上侧重的是人的此在的被动地位,强调的是“物化人”[③]的作用,落脚点还是在现实生活。

但佛教传入之后,其般若智慧之学对儒家“感应”学说进行了改造,或者说借助儒家“感应”学说之体,将般若智慧之用嫁接上去,创立了超越世间一切实相的新的感应学说,或曰“神感”学说。此学说追求的是感物中的“逸韵”,[④]强调的是人的精神主体的地位和作用,并由此带来人们对自然界崭新的认识和表现,形成新的自然审美观。

这种新的自然审美观主要表现在四个方面。首先,佛教信徒也把自然界本身变成了人的审美对象。我们以庐山诸道人的《游石门诗并序》来说明这个问题。东晋隆安四年(公元400年)仲春,

---

① 《乐记·乐本》篇。孔颖达:《礼记正义》卷三十七,阮元:《十三经注疏》下册,中华书局,1980年10月第1版,第1529页。

② 〔南朝·梁〕萧统《文选》卷五十一王褒《四子讲德论》云:“于是皇泽丰沛,主恩满溢,百姓欢欣,中和感发。《传》曰‘诗人感而后思,思而后积,积而后满,满而后作。’”李善注云:“‘传曰’为纬书《乐·动声仪》文”。中华书局,1977年11月第1版,第713页。

③ 孔颖达《礼记正义》卷三十七《乐记·乐本》云:“人生而静,天之性也。感于物而动,性之欲也。物至知知,然后好恶形焉。好恶无节于内,知诱于外,不能反躬,天理灭矣。夫物之感人无穷,而人之好恶无节,则是物至而人化物也。人化物也者,灭天理而穷人欲者也。”阮元:《十三经注疏》下册,中华书局1980年10月第1版,第1529页。

④ 支道林:《咏怀诗五首》之五云:“感物思所托,萧条逸韵上。”逯钦立:《先秦汉魏晋南北朝诗·晋诗》卷二十,中华书局,1983年9月版,第1081页。

三十余名庐山东林寺桑门结伴游览庐山石门：

咸拂衣晨征，怅然增兴。虽林壑幽邃，而开途竞进。虽乘危履石，并以所悦为安。既至则援木寻葛，历险穷崖。猿臂相引，仅乃造极。于是拥胜倚岩，详观其下，始知七岭之美蕴奇于此。双阙对峙其前，重岩映带其后。峦阜周迴以为障，崇岩四营而开宇。其中则有石台石池，宫馆之象，触类之形，致可乐也。清泉分流而合注，渌渊镜净于天池。文石发彩，焕若披面，柽松芳草，蔚然光目。其为神丽，亦已备矣。

面对如此美妙绝伦的自然山水，众僧无不欢欣鼓舞，尽情享受自然之美，以致：

斯日也，众情奔悦，瞩览无厌。游观未久，而天气屡变，霄雾尘集，则万象隐形。流光迴照，则众山倒影，开阖之际，状有灵焉，而不可测也。乃其将登，则翔禽拂翮，鸣猿厉响。归云迴驾，想羽人之来仪。哀声相和，若玄音之有寄。虽仿佛犹闻，而神以之畅。虽乐不期欢，而欣以永日，当其冲豫自得，信有味焉，而未易言也。①

在庐山僧众的眼里，自然界本身之美展露无遗，无论是"清泉渌渊"，还是"石台石池"，无论是"柽松芳草"，还是"林壑重岩"，甚或

① 〔东晋〕庐山诸道人：《游石门诗并序》，逯钦立：《先秦汉魏晋南北朝诗·晋诗》卷二十，中华书局，1983 年 9 月版，第 1086 页。

"翔禽鸣猿"、"流光霄雾",它们自身所呈现出来的"神丽"——自然界的光线、色彩、线条、结构、形态所构成的美——无不使人"神以之畅",进而觉悟到"神仙同物化,未若两俱冥"。①

其次是以记载山水游览为主题的地方记志的大量出现。据《隋书·经籍志》记载,比较著名的地方记志有《荆州记》三卷,宋临川王侍郎盛弘之撰;《神境记》一卷,记荥阳山水,黄闵撰;《衡山记》一卷,宗居士(炳)撰;《游名山志》,谢灵运撰;《湘州记 》,庾仲雍撰;《永初山川古今记》二卷,齐都官尚书刘澄之撰;《荆南地志》二卷,萧世诚(绎)撰;《十三州志》,阚因撰。这些山水游览志和地方记志除了"辨其山林川泽丘陵坟衍原隰之名物,及土会之法"②外,在描写自然风光之美上也不亚于山水诗赋,有的甚至已成千古绝唱,如盛弘之《荆州记》对三峡的描写。③

第三是体悟感应山水自然之美已经成为中古文人修身养性、吟诵诗赋的必要前提。萧子显"若乃登高目击,临水送归,风动春朝,月明秋夜,早雁初莺,开花落叶,有来斯应,每不能已也"的情灵摇荡、④萧统"悟秋山之心,登高而远托。或夏条可结,倦于邑而属词;冬云千里,睹纷霏而兴咏"的感慨,⑤以及伏挺"秋风四起,园林

① 〔东晋〕庐山诸道人:《游石门诗并序》,逯钦立:《先秦汉魏晋南北朝诗·晋诗》卷二十,中华书局,1983 年 9 月版,第 1086 页。

② 〔唐〕房玄龄等:《隋书·经籍志》,中华书局,1973 年 8 月第 1 版,第 987 页。

③ 《水经注》一般是征引别人著述,然后加以论断,有时写出书名,有时不写,描写三峡的文字,采用的是南朝宋盛弘之的《荆州记》。参王国维:《水经注校》卷三十四《江水》(二),上海人民出版社,1984 年 5 月第 1 版,第 1067-1068 页。

④ 《梁书·萧子显传》载萧子显《自序》,中华书局,1973 年 5 月第 1 版,第 512 页。

⑤ 〔清〕严可均:《全上古三代秦汉三国六朝文·全梁文》卷二十昭明太子《答湘东王求＜文集＞及＜诗苑英华＞书》,中华书局,1958 年 12 月第 1 版,第 3064 页。

异色，凉野寂寞，寒虫吟叫，怀抱不可直置，情虑不能无托，时因吟咏，动辄成篇”[①]的说法都将体悟自然作为文学创作的源泉。

在这种时代思潮的影响下，文人笔下的自然景观已是大自然本身的存在之美而非大自然的神化之美。例如，梁代张缵《南征赋》中描绘安徽境内长江两岸自然景色的一段文字：

> 溯金牛之迅渚，睹灵山之雄壮，实江南之丘墟，平云霄而竦状。标素岭乎青壁，葺赪文于翠嶂；跳巨石以惊湍，批冲岩于骇浪。铲千寻之峭岸，漴万流之大壑；隐日月以蔽亏，抟风烟而回薄。崖映川而晃朗，水腾光而倏烁；积霜霰之往还，鼓波涛之前却。……于是千流共归，万岭分状；倒影悬高，浮天泻壮。清江洗涤，平湖夷畅；飚光转彩，出没摇漾。岷山、嶓冢，悠远寂寥；清溢、赤岸，控汐引潮。望归云之翁翁，扬清风之飘飘；界飞流于翠薄，耿长虹于青霄。若夫灌莽川涯，层潭水府，游泳之所往还，喧鸣之所攒聚。群飞沙涨，掩薄草渚；奇甲异鳞，雕文綷羽。听寡鹤之偏鸣，闻孤鸿之慕侣；在客行而多思，独伤魂而凄楚。[②]

使我们看到了大自然的鬼斧神工，也感受到了中古文人独特的自然审美意识。这些体悟中有一个很重要的现象是，他们不再将自然法则，即春夏秋冬的变化规律与内圣外王之道相联系，而是将自然变化规律与自己的心理变化规律结合在一起对自然界进行审美

---

① 〔唐〕姚察：《梁书·付挺传》载付挺《致徐勉书》，中华书局，1973 年版，第 720 页。

② 〔唐〕姚察：《梁书·张缵传》载张缵《南征赋》，中华书局，1973 年版，第 498 页。

观照。

第四，中古文人对自然之美的喜爱已经不是此在此生的事情，他们甚至想把这种喜爱自然之美的审美情趣一代一代的传下去。为子女们所取的名字从一个侧面反映了这样一种心态，谢庄就是其中的一个代表。《南齐书·谢瀹传》云：

> 谢瀹字义洁，陈郡阳夏人也。祖弘微，宋太常。父庄，金紫光禄大夫。瀹四兄飏、朏、颢、嵸，世谓谢庄名儿为风、月、景、山、水。

如果说先秦时期的“自然”是指“自己如此”或“自己的样子”，反映的是人对自己与自然之关系的素朴的认识，魏晋时期的“自然”是指形上本体的自然理念的话，那么，齐梁文人的“自然”已仅仅是独立于自己、自身之外的“他然”了。如果“自然”不是独立于自己的“他然”，写出“美人迈兮音尘阙，隔千里兮共明月”千古名句的谢庄不会将自己的子女的姓名都“钉”上自然界的风、月、景、山、水。特别是名“颢”，其中蕴涵的自然审美观更耐人寻味。“景”与风、月、山、水还不一样，风、月、山、水是一个个具体可感可触的对象，“景”却是一个抽象的关于自然美的概念。“景”是人“看起来”是那个样子的自然景色，这已属观念形态上的自然界和美学中的自然美的概念了。

这说明中古文人一方面把自己、自身独立于自然界，一方面也正是因为有了这种在观念形态上的对自然的对立与区分，才能在实践上将自己、自身与自然融为一体。到这里，实际上在中古文人的心目中呈现出来的自然已经是一种具有审美移情意味的自然了。换句话说，中古文人的自然观与上古时期的自然观的最大区别在于，中古文人的自然观理念中浸润着感觉、感性和感情，是美学的而非宗教的，是自我意识的体悟和确认而不是自我意识的丧失。说到底，中古文人的自然审美意识实际上是他们对宇宙、对人生、对人存在的关注。

至此，我们讨论了中古宗教意识形态与自然审美观念有联系的某些史实与理论，并且极为简要地论述了先秦至南朝自然审美观念的发展变化。在以后的章节中，我们将基本上以中古社会的历史阶段为纬，以宗教意识形态的变化为经，分别从汉代的黄老之学和神学思想、魏晋的佛教学说和道教思想以及玄学对中古自然审美观的影响进行研究，并以中古绘画和《文心雕龙》为主要对象，考察宗教意识形态对中古艺术的影响，以探索出中古美学发展的某些规律性问题。

# 第二章　黄老思想与自然审美观

汉代是中古自然审美观念形成的准备时期。在这个时期，黄老思想和董仲舒的儒学思想分别从两个不同的维度对中古时期自然审美观念的形成产生了积极的推动作用。在这一章中，我们首先从黄老学派的经典著作入手，讨论黄老思想中的自然观念与自然审美意识，并将其与自然审美活动过程相联系，论证其审美作用；然后对《淮南子》中的自然审美意识进行讨论。由于《淮南子》编撰之时正是窦太后喜好黄帝、老子思想之日，自然无为的思想成了《淮南子》一书的主要思想，作为西汉前期道家思想的总结，《淮南子》的内容十分丰富，“则天地之理究矣，人间之事接矣，帝王之道备矣。”[①]其中蕴涵的自然观念对中古自然审美观的形成有着直接的影响。

## 第一节　黄老自然观及审美意义

### 一、黄老之学的自然观念

哲学思想是自然观形成的基础，黄老自然观的特征离不开黄

① 刘文典：《淮南鸿烈集解》卷二十一《要略》，中华书局，1989 年 5 月第 1 版，第 707 页。

老学的思想特征。我们知道，黄老学思想是以道家思想为基础对各派学说的统摄，有着综合思想的趋向，黄老自然观同样也存在以道家自然观为基础兼并百家自然观的特征。汉代是黄老学的巅峰时期，其思想传播达到顶峰，这时期的黄老学论著成为黄老学派的总结之作。因此，汉代黄老学的自然观是黄老学派最为成熟、最为完整的自然观，囊括了黄老自然观的所有特征。以下我们通过汉代黄老著作来探究黄老自然观的特征。

道家思想是黄老学派思想的中心，虽然黄老学在发展过程中对于原始道家思想有所改变，但道家思想总的根基——“道”之规定性——却不曾动摇。

“道”是《老子》一书中所描写的核心，老子思想所有的内容都围绕着“道”而产生，老子对于“道”的规定和论述成为后世道家著作所遵循的原则之一。“道”不仅是道家哲学的基础，同时也是道家自然观的基础。原始道家的自然观立足于“道”，继承原始道家的黄老学其自然观基础也在“道”。

老子将“道”作为万物生成的本源。“道生一，一生二，二生三，三生万物。万物负阴而抱阳，冲气以为和”，[①]道在万物化生过程中，化作阴阳二气，而阴阳二气的相互结合碰撞形成万物，“道”随之化生而存在于万物之中。“道，可道，非常道；名，可名，非常名。无名，天地始；有名，万物母。常无，欲观其妙；常有，欲观其徼。此两者同出而异名，同谓之玄，玄之又玄，众妙之门。”[②]老子之“道”具有能随物迁移，应物变化的特征。但是“道”在这变化中却不曾

① 朱谦之：《老子校释》，中华书局，1984年11月第1版，第174-175页。

② 同上，第3-7页。

改变，此中的不变为“常”，而能随物变化则“无名”。[①]

“道”具有自然无为、守雌贵柔的特点，而这些特点也成为万物存在的标准。圣人居于上，但居无为之事，行不言之教，不居功，不恃名，顺应万物的自然规律；而万物也自按其规律生长，整个宇宙秉遵“道”之规律而得到平和、安定。万物顺应本性容易，但是有智识的人要做到此绝非易事，因此老子提倡人要通过一定的修炼才能达到顺应自然的状态，

> 载营魄抱一，能无离？专气致柔，能婴儿？涤除玄览，能无疵？爱人治国，能无为？天门开阖，能为雌？明白四达，能无知？生之畜之，生而不有，为而不恃，长而不宰，是谓玄德。[②]

以阴魂守阳魄，使人形体守住元气，只要能集中精气，以致至柔，便能像婴儿一样无知无欲。涤除心中的欲念，使心境澄明，怎么能为万事所累呢？以仁爱之心治国，怎能无所作为？因此至德的表现为：虽然生而养之，但不以其生养而居功，顺应其自然生长而不主宰。用一句话概括，原始道家与黄老学所共同追求的自然观是：以空静之心随物迁移、应物变化。

汉人拥有广阔的心胸和雄浑的气势，这一方面源于统治思想上的大一统和疆域上的大一统，另一方面则源自汉人心中天、地、

① 朱谦之解读《老子》开篇第一章为“老子著五千之文，于此首发其立言之旨趣”。此段内容体现“道”之玄妙，“老聃所谓‘道’，乃变动不居，周流六虚”，因此老聃谈“道”，重在谈其变化，而不是讨论道“有名”、“无名”的矛盾性。

② 同上，第37-41页。

人三位一体的自然观。

汉人天、地、人三位一体的自然观首先源于邹衍。邹衍为战国时期齐国人，曾就学于稷下学宫，阴阳五行思想是其思想体系的主要内容。“驺衍睹有国者益淫侈，不能尚德，若《大雅》整之于身，施及黎庶矣。乃深观阴阳消息而作怪迂之变，《终始》、《大圣》之篇十余万言。”[①]邹衍作文的目的在于改变君主淫欲奢侈的现状，恢复至德之世，于是深入观察万物阴阳变化，并以此作书。

邹衍所言迂怪虚妄，其方法是先从细小之物考察，而后进行推衍，达到无边无际；或从当今开始推衍至黄帝时代，根据世代的盛衰变化，考察记录吉凶度制，用以设置后世盛衰。“先列中国名山大川，通谷禽兽，水土所殖，物类所珍，因而推之，及海外人之所不能睹。称引天地剖判以来，五德转移，治各有宜，而符应若兹。以为儒者所谓中国者，于天下乃八十一分居其一分耳。中国名曰赤县神州。赤县神州内自有九州，禹之序九州是也，不得为州数。中国外如赤县神州者九，乃所谓九州也。于是有裨海环之，人民禽兽莫能相通者，如一区中者，乃为一州。如此者九，乃有大瀛海环其外，天地之际焉。”[②]邹衍的五行推衍学说首先着手于山川、动植物等自然之物，进而谈到五行与帝王之更替，最后是对于地理的推衍，形成“大九州”的理论。

总结邹衍的理论，其中虽然有怪诞荒谬的成分，但是其基于自然事物的推理，并将其扩展至天地的思维模式却有合理的成分，对汉代黄老学派自然观以及汉人思维起着重要影响。《吕氏春秋》进

① 《史记·孟子荀卿列传》。

② 同上。

而发挥了邹衍此种囊括天地万物的思想：

> 盖闻古之清世，是法天地。凡《十二纪》者，所以纪治乱存亡也，所以知寿夭吉凶也。上揆之天，下验之地，中审之人，若此则是非可不可无所遁矣。天曰顺，顺维生；地曰固，固维宁；人曰信，信维听。三者咸当，无为而行。行也者，行其理也。行数，循其理，平其私。[①]

上古的清平盛世，都是效法天地而行，因此《十二纪》通过考察验证天、地、人三者来制定治国政策以及人事的法则。要顺天而行才能生养万物，要牢固大地才能使万物得到安宁，而人要诚信，诚信之人所说之话、所行之事才有人相信并支持。

邹衍和《吕氏春秋》对于天、地、人的考察直接影响到汉代黄老之作的代表《淮南子》。一方面，推理思维成为《淮南子》一书中最为重要的思维特征："尝一脔肉，知一镬之味；悬羽与炭，而知燥湿之气；以小明大"，[②]"见象牙乃知其大于牛，见虎尾乃知其大于狸，一节见而百节知也"，[③]以小知大，以近知远的思维能力不仅丰富人的智力，更是丰富人的想象力。另一方面，"夫作为书论者，所以纪纲道德，经纬人事，上考之天，下揆之地，中通诸理"，[④]可见穷尽天、地、人的规律也是《淮南子》作书的首要方法，此与《吕氏春秋》同出一辙。

---

① 王利器：《吕氏春秋注疏》，巴蜀书社，2002 年 1 月第 1 版，第 1211 页。

② 刘文典：《淮南鸿烈集解》，中华书局，1989 年 5 月第 1 版，第 550 页。

③ 同上，第 572 页。

④ 同上，第 700 页。

总之，通过基于现实，发挥想象的推衍思维，将天、地、人融为一体的庞大、完整的自然观是汉代黄老自然观的又一大特色。

我们在“绪论”中讲到，相对来说，汉代的科技已经发展到了一定的程度，但是对于苍茫宇宙、浩瀚世间，仍有许多不可探究之理。因此，虚幻自然观在汉代仍然存在，黄老虚幻自然观就是其中的代表。但黄老虚幻自然观不是一种无根的虚幻，不是一种天马行空的想象，而是一种基于现实之上的想象和虚构。汉代黄老自然观中的虚幻成分源自黄老学著作中的养身内容。

中古自然观拥有的虚幻成分来源于原始宗教时期。原始宗教时期，人一方面依赖自然而生，人与自然的关系首先是一种为生存而产生的崇拜关系。如“惟岳降神”，这种自然崇拜逐渐演化为对圣人、对神灵的崇拜，有了神灵崇拜，人类便真正进入了宗教时期。

商周时期的统治者将原始的自然崇拜转化为阶级统治的工具，将宇宙间的至上神与人世间的王权紧密相连。春秋战国时期的百家学派自然观中或多或少含有宗教的成分。孔子承认“自然之天”的神秘力量及不可抗拒性；老子虽然承认自然界依照其自身规律独立存在，但对圣人自我修养的过程以及自在遨游的描述都透露出虚幻的成分；墨家代表人物墨翟坚持“天”拥有意志，其拥有意志的目的是为了“兼爱天下”；阴阳家代表邹衍的核心范畴“五行”，“阴阳”就其本身来说其实是对自然规律的描述，但是将自然规律与人事比附，陷入了神秘主义。

在道家向道教的转化过程中，黄老之学的虚幻自然观起着促进作用。道家与道教之间有着脉络承继，而这个脉络就是道家的养生论，而道家的养生论后来转化为道教的神仙思想。

养生思想是原始道家的重要内容之一，老子对于圣人的描写，那种通达于道的气势，是道家也是黄老学派养生论的核心。《淮南子》中有不少关于与天地共存，与四时、阴阳、云霄同行的“至人”、“神人”的描写：

> 是故大丈夫恬然无思，澹然无虑；以天为盖，以地为舆；四时为马，阴阳为御；乘云凌霄，与造化者俱。纵志舒节，以驰大区。可以步而步，可以骤而骤。令雨师洒道，使风伯扫尘。电以为鞭策，雷以为车轮。上游于霄雿之野，下出于无垠之门。刘览偏照，复守以全。经营四隅，还反于枢。[①]

这样的“大丈夫”已经是遨游天体的神灵，它们本身就是天地的化身。更为重要的是，先秦时期的神灵，如风伯、雨师，仅仅是“大丈夫”神灵的仆从，虚幻出来的“神人”的位格高于自然神。《淮南子》的这个思想实际上从另一个侧面诠释了汉代大一统思想，反映了汉代的神学自然观念，为黄老之学的重要代表，并为魏晋时期的道教“神仙”刻画了原型。

## 二、黄老自然观的审美意义

在黄老学派那里，“自然”并不能算作真正意义上的审美对象，但它却已经孕育着自然审美的萌芽。

无论原始道家还是黄老学派，都将自然规律的探索作为他们哲学思想的核心。在先秦道家那里，自然主要被视作一种抽象的规律、依据。而“自然”在黄老学中已不再是抽象虚幻的，而被当作

① 刘文典：《淮南鸿烈集解》，中华书局，1989 年 5 月第 1 版，第 8-9 页。

一种可被认知的客观实体,“自然”一词的本质转变是自然审美活动得以发生的前提。

在黄老之学中,对“自然”的探究具有以下特点。一方面承认自然万物有不同的种类,另一方面将各种自然事物与自然环境结合起来论述。“洞同天地,浑沌为朴,未造而成物,谓之太一。同出于一,所为各异,有鸟有鱼有兽,谓之分物。方以类别,物以群分,性命不同,皆形于有。隔而不通,分而为万物,莫能及宗”①强调以“一”化生万物,而万物生成后具有不同的类别,不同类别的事物则拥有不同的性质,因此彼此相隔而不能相通。“夫萍树根于水,木树根于土,鸟排虚而飞,兽蹠实而走,蛟龙水居,虎豹山处,天地之性也。”②“故橘树之江北则化而为枳,鸲鹆不过济,貈渡汶而死,形性不可易,势居不可移也。”③应该说,这种思想具有朴素的自然观念。但万物的根源在于“道”,“道”化生了万物,赋予万物规律,不仅决定自然万物生长、消亡,还决定了自然万物的生存环境和生死存亡。

汉代黄老思想认识自然万物的新思路,虽然没有完成对于自然如何转化成审美客体的构想,但是却有超越先秦自然观的萌芽。他们根据道家宇宙生成论,认为“道”生万物,进而万物平等。承认不同物种之间的差异性,承认不同物种之间的阻隔性,是隐去了“道”生万物的最高思想,着眼于自然万物本身。这对万物及其环境的描述,已经形成一个整体意识,看待万物时不再孤立,而是与周围环境联系起来,存在于环境中的万物显得更加真实、鲜活,并

① 刘文典:《淮南鸿烈集解》,中华书局,1989年5月第1版,第463页。

② 同上,第17页。

③ 同上,第20页。

拥有自己的灵性。

其次，汉代黄老思想关于审美主体的研究较之于先秦时期的道家有了一个较大的转变。《淮南子》认为，人具有独立的地位：

> 天地以设，分而为阴阳。阳生于阴，阴生于阳。阴阳相错，四维乃通。或死或生，万物乃成。蚑行喙息，莫贵于人。孔窍肢体，皆通于天。天有九重，人亦有九窍。天有四时，以制十二月，人亦有四肢，以使十二节。天有十二月，以制三百六十日，人亦有十二肢，以使三百六十节。[①]

这种将人的形体构造与自然界的运行规律相比配的观念，实际上是对人的地位的肯定，在某种程度上讲，《淮南子》的这种“人为贵”的思想开启了人与自然相互感应学说的先河。

其次，空静的心胸与真挚的情感是审美主体意识的基础。老子提出的“涤除玄览”成为审美观照的始祖，汉代黄老学派也提出审美主体应该用一个空静的心胸完整接纳自然：“明白太素，无为复朴，体本抱神，以游于天地之樊，芒然仿佯于尘垢之外，而消摇于无事之业。浩浩荡荡乎，机械知巧弗载于心。”[②]没有欲念，没有巧智，复归于素朴，守住精神中最为重要的本源，也是审美观照的前提。

除了澄静的审美心胸，深厚而真挚的情感也是“人”成为审美主体的重要因素。“昔者，师旷奏《白雪》之音，而神物为之下降，风雨暴至，平公癃病，晋国赤地。庶女叫天，雷电下击，景公台陨，支

---

① 刘文典：《淮南鸿烈集解》，中华书局，1989 年 5 月第 1 版，第 126 页。

② 同上，第 227 页。

体伤折，海水大出。”①“昔雍门子以哭见于孟尝君，已而陈辞通意，抚心发声，孟尝君为之增欷歍唈，流涕狼戾不可止。”②人的情感具有巨大的作用，只要能专注精神，胸怀真挚的情感，便能成就不能之事，感动天下之人，能够察其所往，知其所来，“以死生为一化，以万物为一方。”③

汉代黄老之学关于人的论述对自然审美主体的形成具有推动作用，它加深了人对于自然的认知感，扩大了人的视野。人的心胸能够容纳万物，人的情感能够与万物相契合，将自己与万物之间的关系升华至审美的境界。

我们知道，人对于自然之美的感悟首先来自外在的感受，通过外在的感受与主体特定的心境产生共鸣从而与自然对象融为一体，并在这种与对象的相浃与化中将自己的感情寄托在自然对象上，使自然对象看起来有了自己的情感甚至意志，这是一个双向互动、往返交流的过程。

汉代黄老之学虽然没有完整的关于自然审美活动的论述，但是黄老之学通过万物相应学说，为自然审美活动的发生建立了中介。

万物感应问题在先秦时期就被关注，《周易》“同声相应，同气相求；水流湿，火就燥；云从龙，风从虎”的观念就是其中鲜明的代表，汉代黄老之学继承了这种万物感应学说。《淮南子》一书中对万物相应问题做了详细的论述，认为万物都是由气化生，由气组成，万物在物质形成方面拥有同样的地位：

① 刘文典：《淮南鸿烈集解》，中华书局，1989 年 5 月第 1 版，第 191 页。

② 同上，第 194 页

③ 同上，第 229 页。

然则我亦物也，物亦物也。物之与物也，又何以相物也？[①]

由于万物都由气组成，由气相通，那么其内在的律动及规律也相同，因此万物可以互相感应，“火上荨，水下流，故鸟飞而高，鱼动而下。物类相动，本标相应。”[②]

除了物体之间的感应外，人也能和万物感应。万物之间的感应是简单地根源于其内在的发展、运动。而人是有思维，有智识的，因此人与万物之间的感应较为特别。“见一叶落，而知岁之将暮；睹瓶中之冰，而知天下之寒”，[③]“故桑叶落而长年悲也”，[④]由此可见，人与物之间的感应除了因为二者拥有与天地同源的特性，还在于人类所拥有的特殊的思维和情感。这种具有思维和情感的感应在自然审美活动中具有很重要的作用，而情感的抒发也是自然审美活动的目的之一。黄老学中的感应学说与董仲舒以及谶纬神学的感应说不同，黄老学中的感应说是由于人们长期对于自然及自我的观察而总结出来的正确结果。自然存在的特征，常常会让身入其内的人们感到拥有同样的悸动，而人们的思维与情感又会跟随这种运动而得到升华，从而得到其所需的满足。

## 第二节　黄老名理思维与自然审美意识

### 一、中国古代哲学中的名辩思想

“名”最早见于甲骨文，由“夕”与“口”两部分组成。桂馥《说文

① 刘文典：《淮南鸿烈集解》，中华书局，1989 年 5 月第 1 版，第 224 页。
② 同上，第 81-82 页。
③ 同上，第 550 页。
④ 同上，第 550-551 页。

解字义证》中对“名”的注解如下:“名,自命也。从口从夕。夕者冥也,冥不相见,故以口自名。”[①]“名”和“命”读音相同,可见“名”不仅包含“名称”一义,还有“命名”的意思。“夕”表示夜晚的黑暗,由于黑暗而无法看见、辨识事物,那么如何完成指示、实现交流呢?这时只能说出事物的名称以便区分。可见“名”是具体事物的抽象概念,是人们得以顺利交流的工具,在人们的生活中占据重要的地位。而“实”是与名相对应的概念,也就是“名”的对象,其内容包含具体事物的形状、性质、特征、规律等。

“名”和“实”这对概念放在一起,便构成了一对哲学范畴:从表面上来看,这对范畴之间的关系为由具体事物的“实”来总结抽象的“名”,然后根据“名”来检验事物的“实”是否相符,但“实”——“名”——“实”这个过程其实蕴含了深刻的思辨精神;从更为深层次的角度来看,“名”、“实”不仅是关于语言、符号学的问题,还可以引申、转化为其他的哲学问题。

例如,其目的是为了端正礼仪制度,便有了“正名”说;其目的是为了形成法律规范、统治手段,便有了“刑名”说;其目的是为了探究事物内在规律及性质,便形成“名理”说。但无论是“形名”还是“名理”,其所指向的中心都是“名实”问题。因此“名”、“实”是中国哲学史上的重要范畴,而“名实”之辩也以其丰富的内涵,强烈的思辨精神成为中国哲学史上的重要论题之一。

哲学史上的名实之辩首见于孔子的“正名”学说。春秋战国时期,“海内争于战功矣”,[②]面对礼乐崩溃、道德沦丧,孔子提出“正

---

① 桂馥:《说文解字义证》,齐鲁书社,1987年12月第1版,第124页。

② 《史记,六国年表序》

名"说：

> 名不正，则言不顺；言不顺，则事不成；事不成，则礼乐不兴；礼乐不兴，则刑罚不中；刑罚不中，则民无所措手足。[①]

孔子的这段话，指明了一条思维线路：首先，得正百事之名，端正了百事的名称，才能构成言语；言语形成才能成事，事情按照规矩进行，礼乐才能兴盛，礼乐兴盛刑罚才能恰当，这样百姓才知行事的对错标准；"正名"就是名实要相符，这是兴礼乐、中刑罚的关键。孔子对"名"与"实"的讨论，目的在于确定礼乐制度的准则，"名"的追求实为礼乐文化依据的落实。

墨翟和尹文子在孔子"正名"说的基础上，对名实关系展开进一步的探索。墨翟提出"瞽不知白黑者，非以其名也，以其取也"，[②]盲人虽然知道黑、白这两个名称的指代，但却不明白这黑白二词指代对象的内容是什么。不能将黑白与其指代内容相联系的这种名实割裂使得盲人其实并不明白什么是黑、什么是白，盲人对黑白知识的缺失并不是对"黑白"二词的名称不熟悉，而是不了解"黑白"这两种颜色的感性样态，因此墨翟提出"非以其名也，以其取也"。

由此可见，墨翟在论述名实关系的过程中，一方面强调名实一定要紧密结合，另一方面将"实"置于"名"之前。尹文子不仅汲取孔子与墨翟对于名实问题的探索，更对"名"进行分类。"大道无

① 程树德：《论语集释》，中华书局，1990年8月第1版，第892页。

② 孙诒让：《墨子闲诂》，中华书局，2001年4月第1版。第443页

形，称器有名。名也者，正形者也。形正由名，则名不可差。故仲尼云，必也正名乎”，[①]“名者，名形者也。形者，应名者也。”[②]尹文子解释了何谓“名”“形”：“名”就是为“形”而命名，“形”就是要合乎“名”。那么二者关系如何：“有形者必有名，有名者未必有形。形而不名，未必失其方圆白黑之实。名而不可不寻名以检其差，故亦有名以检形。形以定名，名以定事，事以检名，察其所以然，则形名之与事物，无所隐其理矣”，[③]实质存在的事物一定有名称，但是有名称未必有实质存在的事物，如上所述的盲人就知“黑白”之名，而不知“黑白”之形。

由此得知，尹文子与墨翟观点相同，“形”在“形名”关系中应处于第一位。但是同时他也深知“名”的重要性——“名以检形”。根据“形”而制定的“名”可以反过来考察“形”，以确定是否“形正”。因此尹文子在名实关系问题上构造出以下图式：形—名—事—名—形。在厘清“形名”的辩证关系后，将“名”分为三类：“一曰命物之名，方圆白黑是也；二曰毁誉之名，善恶贵贱是也；三曰况谓之名，贤愚爱憎是也。”[④]第一种“名”是事物的名称，第二种“名”关乎道德，而第三种“名”关乎情绪。虽然比起后人对“名”的分类，尹文子有失偏颇，但是尹文子对“名”的分类为后人关于“名”的细究提供了材料与线索。

先秦名辩思潮在名家学派手中达到顶峰，名家代表人物公孙龙所著《名实论》一篇，第一次以独立篇章系统地对名实问题进行

① 尹文：《尹文子》，上海古籍出版社，1990 年 9 月第 1 版，第 1 页。
② 同上，第 2 页。
③ 同上。
④ 同上。

阐述。

《名实论》开篇就对“物、实、位、正”这四个概念加以阐释,“物”为“天地与其所产焉”,[①]“实”为“物以物其所物,而不过焉”,[②]也就是说“实”为万物形成的时候不超过自己的范围;“位”为“实以实其所实,而不旷焉”,[③]“位”就是“实”所应处的位置,“正”为“出其所位非位,位其所位焉”。[④] 公孙龙不仅对名实关系中的“实”进行解释,并且赋予其规定性,如“位”、“正”,这是先前名实关系的讨论中未曾出现的。之所以对“实”进行规定,是为了对“名”进行作铺垫。“其正者,正其所实也;正其所实者,正其名也”,[⑤]“夫名,实谓也。知此之非此也,知此之不在此也,则不谓也;知彼之非彼也,知彼之不在彼也,则不谓也。”[⑥]

名是实的称谓,但是由于“实”包含了“物、位、正”而为一体,因此名的确立一方面要顾及“实”的内在属性,一方面还要顾及“实”的外在范围,也就是符号学上所称的内涵与外延,因此公孙龙提出“彼实”只能称作“彼名”,“此实”必须称作“此名”。公孙龙对名实问题的解说,不仅引发出“名”之内涵、外延问题,更是增强逻辑上的思辨精神。虽然公孙龙的学说似乎忽视了“名”的上下位关系,但确为先秦名辩思潮发展中至关重要的一环,并且为魏晋时期的“校练名理”思潮之先路。

《荀子正名》篇是先秦名辩思潮的总结之作,不同于《名实论》

---

① 谭業谦译注:《公孙龙子译注》,中华书局,1997 年 12 月第 1 版,第 48 页。
② 同上。
③ 同上。
④ 同上。
⑤ 同上。
⑥ 同上,第 50 页。

注重从认识论和逻辑学辩证名实关系，《正名》篇主要是从维护阶级统治层面入手解析名实关系。

《正名》篇在名实关系问题上的贡献主要有以下三点：第一，提出“名”从何而来。“刑名从商，爵名从周，文名从《礼》。散名之加于万物者，则从诸夏之成俗曲期，远方异俗之乡则因之而为通。”①“名”的产生分为两类，一类是继承，而另一类则是“约定俗成”。这里也谈到“名”的意义：不同地区、不同习俗的人们因为有了“名”才能实现交流。

第二，提出事物名称同异的根据。“凡同类、同情者，其天官之意物也同，故比方之疑似而通，是所以共其约名以相期也。”②人们判定事物名称类别的归属主要源于两个方面，一是由于同族人的内在感情相同，二是外在感官相同。因此面对同一事物的时候，能够给予同样的描述。

第三，讲述“命名”的过程。“同则同之，异则异之，单足以喻则单，单不足以喻则兼，单与兼无所相避则共，虽共，不为害矣。知异实者之异名也，故使异实者莫不异名也，不可乱也，犹使异实者莫不同名也。”③同样的事物具有同样的名，不同的事物具有不同的名，单名能指代就用单名，单名不能指代还有兼名，“命名”的唯一根据就是“名实相符”。但是荀子并非像韩非子那样，严格规定“此名”只能称“此实”，比如“马”只能指代马，却不能指代白色的马。他认为“名”里面拥有一个大共名——“物”，而“鸟”、“兽”这一类的名是大别名，然后依次推出不同事物的“名”，只要事物有差异性就

① 王先谦：《荀子集解》，中华书局，1988年9月第1版，第411-412页。

② 同上，第415-416页。

③ 同上，第418页。

有不同的“名”。由此可见，荀子深谙“名”的种属类别关系，并且“名”位置越靠上，其外延越大，但内涵越小。最小的“名”，拥有最为详细的内涵却没有了外延。就是因为名实之间这些微妙的关系，复杂的逻辑辩证，才使得先秦哲学家将其作为讨论的核心之一。

名实问题在黄老学思想中同样具有重要的地位，黄老学具有以道家思想为中心，集合百家思想之所长的特征，因此黄老学中关于名实问题的探讨具有多层面、多角度的特点。

黄老学中关于名实问题的讨论主要集中于以下三个方面：一是继承孔子的“正名”学说。黄老学说立足于现实，致力于维护君主统治，因此首先应当建立严格的等级制度。“（贵）贱必谌，贫富（有）等”，[①]承认人存在贵贱、贫富的阶级差异性，不同的阶级有不同的行为及规范，彼此不能混乱违背。

二是发扬韩非的“刑名法术”之说。韩非的“刑名法术”在黄老学思想熔炉中被利用转化为两个方面的内容：一方面是有关于法律的制定。法律制定以后不能轻易修改，以免扰乱民众的认知，而法律的名称与其所规范的内容一定要严格对应。另一方面是“君人南面之术”，统治者根据官职履行与之相对应的职责，彼此协作管理国家，以达到“臣有为而君无为”。

三是发扬名理学说。黄老的名理学说同公孙龙的“形名”学说一样，具有很强的思辨色彩。只是黄老名理学说是建立在自身哲学基础上的名辩思潮，具有其独特之处。汉魏的“循名责实”、“综

① 陈鼓应注译：《黄帝四经今注今译——马王堆汉墓出土帛书》，商务印书馆，2007年6月第1版，第245页。

核名实”无不源于黄老名理思维的精华,因此黄老名理思维是黄老学名实问题探讨中最为璀璨的明珠。

黄老名理思维应成形于《黄老帛书》,《黄老帛书》开辟独立篇章专论“名理”,书中也都浸润着名理思维的痕迹,我们可以通过对《黄老帛书》研究能探寻出黄老名理思维的整个体系。

《黄老帛书》首先谈到关于黄老名理思维的形成基础,黄老名理思维源于黄老学的宇宙生成论。黄老学是以道家思想为主线,因此黄老学的宇宙生成论源于老子的“道生万物”。《道原》一篇详细阐释了“道”与万物之间的关系。“道”是道家思想的核心范畴,是宇宙万物的起源。“恒无之初,迵同大(太)虚。虚同为一,恒一而止。湿湿梦梦,未有明晦,神微周盈,精静不巸(熙)。古(故)未有以,万物莫以。古(故)无有刑(形),大迵无名。天弗能覆,地弗能载。小以成小,大以成大。盈四海之内,又包其外。在阴不腐,在阳不焦。一度不变,能适规(蚑)侥(蛲)。鸟得而蜚(飞),鱼得而流(游),兽得而走。万物得之以生,百事得之以成。人皆以之,莫知其名,人皆用之,莫见其刑(形)。”[①]在宇宙生成以前,世界处于一片混沌的状态,除了“道”之外别无他物,这时候的“道”是一个“湿湿梦梦,未有明晦”的整体。“道”没有固定的形体,它可以微小成精细之物,也可扩充至浩瀚宇宙。没有名称可以代替“道”,因为它可随物转移。

由此可知“道”具有二重属性,既是“在阴不腐,在阳不焦”的恒定之物,又可随万物而转化,因此“鸟得而蜚(飞),鱼得而流(游),

---

① 陈鼓应注译:《黄帝四经今注今译——马王堆汉墓出土帛书》,商务印书馆,2007年6月第1版,第399页。

兽得而走。”[①]“一者其号也，虚其舍也，无为其素也，和其用也。”[②]“道”无名无形，《帛书》却用“一”、“虚”、“无为”、“和”四者来对道进行规定，这样做并不是为了赋予道之“形名”，而是为了总结“道”的特征所在：“道”之混沌一体，“道”之虚无，“道”之应物宛转，“道”之恒定不变，这四者堆砌起高深莫测、不可探究之“道”。“天地阴阳，(四)时日月，星辰云气，规(蚑)行侥(蛲)重(动)，戴根之徒，皆取生，道弗为益少”，[③]世间万物，上至天地阴阳、日月星云，下至动物植物，全部都是由“道”而生，但“道”却从不因此减少或增加。

由此可见，无名无形、虚无无为、恒定不变之“道”是宇宙化生的本源，它不仅生成万物，并在生成过程中使万物成其为万物，这也就是说“道”在生成万物的过程中不仅赋予万物内在性质，还使万物与其“名”相对应。

其次，《黄老帛书》谈到黄老学中的“形名自定”与原始道家“道生万物”的关系。在黄老之学中，“道”与“形名”联系紧密，那么黄老学中的“形名”如何生成，与“道”究竟有何联系呢？黄老之学认为，“虚无有，秋毫成之，必有刑(形)名，刑(形)名立，则黑白之分已。”[④]有了“道”，无论如何细小的事物都可以生成，而万物种类繁多需要进行分辨区别，因此产生了“形名”。但基于“道”而生的万物，都具有“道”的特性——自然无为，因此万物的“形名”并不是特意安排，而是在化生的过程中随之产生的。万物根据自身存在的

---

① 陈鼓应注译：《黄帝四经今注今译——马王堆汉墓出土帛书》，商务印书馆，2007年6月第1版，第399页。

② 同上，第402页。

③ 同上。

④ 同上，第10页。

规律，自定“形名”，而当“形名”确定的时候，万物各归其位。

如果说自然界中“形名自定”，那么伴随万物化生，承载万物规律的“形名”如何在社会转化中“不失其正”呢？

《黄老帛书》认为这场转化必须由圣人来完成，而这个圣人就是黄帝。黄帝既是社会统治者，也是赋予“形名”之称谓的人。黄帝能完成这一转化的原因是他得到了“道”。得“道”意味着黄帝深谙“道”的性质、规律和化生万物的过程、原则。

在把握了“道”的精髓之后，圣人便开始制定“形名”：“故执道者之观于天下也，必审观事之所始起，审其刑（形）名”，[①]圣人在制定“形名”的时候要先观察万物的起因，也就是先观“道”，再审“形名”。因此圣人制定“形名”的前提有两方面：其一，“故执道者之观于天下殹（也），无执殹（也），无处也，无为殹（也），无私殹（也）”，[②]圣人制定形名，不能依据自我意识，而是应该根据万物由“道”而生的规律，做到自然无为，随物宛转；其二，“故唯圣人能察无刑（形），能听无[声]。知虚之实，后能大虚；乃通天地之精，通同而无间，周袭而不盈。”[③]“刑（形）恒自定，是我俞（愈）静。事恒自（施），是我无为。静翳不动，来自至，去自往。”[④]圣人要做到自然无为，随物宛转，就应保持内心的虚静平和，剔除内心的欲念、意识，只专注于“道”之规律，万物之生成。

圣人依照“道”、万物的规律制定“形名”的目的是为了国家的

① 陈鼓应注译：《黄帝四经今注今译——马王堆汉墓出土帛书》，商务印书馆，2007年6月第1版，第173页。

② 同上，第10页。

③ 同上，第406页。

④ 同上，第336页。

统治，因此《帛书》将“名”分为三类：“一曰正名立而偃，二曰倚名法（废）而乱，三曰强主威（灭）而无名。”①形名相符，国家安定团结；形名不符，则法律荒废，国家混乱；如果形名关系不存在，无论多么强大的国家也必定灭亡。“名实相应则定，名实不相应则静。勿（物）自正也，名自命也，事自定也。”②“名”根据万物的内在本质而规定，万物在“名”的规定下各自得其正，那么万事也在名实相符的基础上“各自为事”。由以上的分析可见，黄老学中的“形名”学说具有以下线路：“道”——万物——形名——万事——国治。“道”生万物，万物形名自定，形名相符万事自为解决，万事既定，国家平和安定。

最后，我们从《黄老帛书》之《名理篇》来分析黄老学名理说的具体内容。“名理说”中的“名”为名称，同于“形名”之名，而“理”就是其中的理数，在此的意思是万物合于“道”的规律，“物各（合于道者），胃（谓）之理。”③

黄老名理说的内容主要体现在《黄老帛书·经法》的第九篇《名理》中：

天下有事，必审其名。名□□循名廄（究）理之所之，是必为福，非必为（灾）。是非有分，以法断之；虚静谨听，以法为符。审察名理冬（终）始，是胃（谓）廄（究）理。唯公无私，见知不惑，乃知奋起。故执道者之观于天下[也]，见正道循理，能

① 陈鼓应注译：《黄帝四经今注今译——马王堆汉墓出土帛书》，商务印书馆，2007年6月第1版，第138页。

② 同上，第141页。

③ 同上，第130页。

> 与曲直，能与冬（终）始。故能循名廄（究）理。刑（形）名出声，声实调合。祸（灾）废立，如景（影）之隋（随）刑（形），如向（响）之隋（随）声，如衡之不臧（藏）重与轻。故唯执道者能虚静公正，乃见[正道]，乃得名理之诚。①

《名理》中的这段话阐述了"道"、"形名"、"理"之间的关系以及"循名究理"的过程。"道"无名无形，由于其恒定不变、随物宛转的特性称之为"一"。"道"是万物的本源，也是万物尊其本性的根源，万物的规律、性质是其化生时自身所含有的，不依靠任何外事外物获得。"道"无形名，但万物生成后根据自身特质自定形名，"名"根据"形"而定，但反过来可以验证万物是否符实。

在以"名"验证"实"的过程中，可以寻求其"名实"相符的规律，而这个规律终究归于"道"，归于"一"。名理思维的最终目的就是"循名复一"，就是执守"大道"。由此可见，《帛书》作者作此"名理"之说是为了维护道家的宇宙生成学说，"夫唯一不失，一以驺化，少以知多。夫达望四海，困极上下，四乡（向）相枹（抱），各以其道。夫百言有本，千言有要，万[言]有蔥（总）。"②"道"以一生万物，以一而知万物本性，天下的所有事物都有其统一规律，千言万语都有其总纲，这个总纲就是"道"。

"名理说"同时对如何得到"名理之诚"做出了规定：首先要懂得关于"道"的性质、规律，知道"道"化生万物的过程、特征，知道如何名实相符；其次要保持内心的虚静公正，只有虚静才能观察到万

① 陈鼓应注译：《黄帝四经今注今译——马王堆汉墓出土帛书》，商务印书馆，2007年6月第1版，第187-188页。

② 同上，第291页。

事万物的本质，才能洞悉“名实”相符。而只有公正才能排除自身欲念以及先验的意识，从万事万物本身入手洞察名实关系，不带有任何外在意识，这是对名实关系正确考察的重要条件。

由以上对于《帛书》中“名理说”的分析，可以得知黄老的“形名”说与“名理”说构成一个循环模式：

道 —（化生万物）→ 万物 —（形名自定）→ 形名 —（审名核实）→ 万物 —（循名究理）→ 道

“形名”说解释万物“形名”的形成源于“道”对于万物的化生，“名理”说从万物“形名”入手追究万物之理——“道”。这个循环模式一方面赋予道家及黄老思想最高范畴的“道”最高地位，认为世间万事万物都无法逃脱“道”的包裹，全部归属于“道”之下；另一方面展现了黄老学派试图建立一种大一统格局的思维模式。

《黄老帛书》的这种思维模式集中代表了汉代黄老学派的素朴的自然观念，它从语言哲学的角度对人们认识自然现象和自然规律进行了深刻的阐释，特别是它所提出的“循名究理”之说，不仅为黄老自然审美观念的形成起到了奠基的作用，而且对魏晋时期的“校练名理”——魏晋自然观的哲学思辨基础——也起到了“精神的隔代遗传”的作用。

## 二、黄老名理思维对自然审美思维的影响

黄老名理思维对后世人类的思维发展提供了重要的基础及路径，其思维的全面性、缜密性成为中国传统思维的主要特征。在自然审美中，审美主体的审美思维是审美活动产生的重要原因，黄老名理思维从以下三个方面对自然审美思维起到了直接的推动作用。

首先是囊括宇宙的心胸的陶冶。汉代人总是怀揣这样的愿望，希望穷究天、地、人之理，从而将天、地、人囊括于自己心中。汉代人拥有这样的希望并且加以实现，与其阔达恢宏的审美心胸密不可分。而黄老名理思维正为这样吐纳天地万物心胸的形成提供了条件。

黄老名理学说认为，世间万物是多种多样的，而人也只是其中微小的一类。万物拥有万形，就拥有万名。从表面上看，想要穷尽万物之形名，对于人来说犹如精卫填海。但人可以发挥自己的能力，不着眼于万物这样的末，而是集中于探究万物之本，当万物之本明朗之时，万物之形名必然可知。因此人类将万物之本"道"含化于心中，用以掌握世间万物，这样世间万物便能存在于人心胸之中。完整心胸的形成有助于审美主体在审美活动中完整接纳自然审美客体进入其意识之内，进而完成自然审美活动。

其次为抽象思维的淬炼。抽象思维是人类独特的思维形式之一，抽象思维能帮助人类在面对复杂、繁多的事物时，把握其主线，寻找其源头。在黄老名理思维中，如何从世间万物中寻找它们的共同点，寻找它们之间的内在本质联系成为思维研究的重点。黄老之学认为，万物的相同点就在于万物的生长、消亡都有自己的规律，也就是我们在前面讲到的自然法则，人只有顺应自然法则，才能够获得自由。如果破坏这个规律，万物的秩序就会被打乱。为了掌握自然法则，人除了需要抽象思维以外，还需要一定的形象思维，抽象思维和形象思维在自然审美活动中对于主体精神的深化起了重要的作用。

从黄老名理思维的图式可以看出，这个思维发展呈循环状态，这个循环图式不仅透知名理思维的内容及过程，更体现其思维系统的完整性、缜密性。这个循环系统将整个宇宙生成包含在内，表现出明显的系统思维的特征。黄老名理学说作为一个完整的思维系统，不仅使主体将整个世界纳入审美观照，而且对自然审美观的形成提供了思想基础，让汉人从总体上把握自然，将天地之美纳入自己的审美视野。在汉大赋和贾谊等人的雄文之中我们看到了这种宏大叙事般的“汉家威仪”，看到了有汉一代崇尚壮美，例如萧何劝谏汉高祖修筑未央宫的自然哲学和自然审美的底蕴。

## 第三节 《淮南子》中的自然审美意识

### 一、从《吕氏春秋》到《淮南子》

汉代存在两大重要的思想体系：黄老之学与儒家神学。这两大思想体系的核心都与《吕氏春秋》有着千丝万缕的联系。黄老之学思想体系的建构是以道家思想为中心而统摄各家思想中的精髓，其思想体系中的包容性在一定程度上与《吕氏春秋》一书有着直接的承袭关系。二者在组织百家之说的方法上有所不同，但它们都是杂糅儒、墨，兼取名、法，而春秋公羊学中的核心成分则是对《吕氏春秋》中阴阳五行及天人感应内容的发挥。

《吕氏春秋》中的《十二纪》按照春主生、夏主长，秋主肃杀，冬主死亡的自然律，将天、地、人三者联系起来。董仲舒的《春秋繁露》中关于阴阳五行论述也是采自《吕氏春秋》的《十二纪》，并且发展为天人感应学说，将自然与政治相联系，自然现象成为政治统治的直接反映。黄老学与董仲舒的儒家神学是汉代政术与学术的核心体系。比较这两种思想体系与《吕氏春秋》一书得知，黄老学与董仲舒的儒家神学思想中的重要部分都存在着对《吕氏春秋》的继承和发挥，可见《吕氏春秋》对汉代思想具有深刻影响。

《吕氏春秋》对《淮南子》有着直接的影响。《淮南子》中的《时则训》一篇完全参照《吕氏春秋》的《十二纪》纪首，《时则训》对孟春、仲春、季春等十二纪的自然现象、天子行为以及政令进行描述，除了十二纪的名称与《吕氏春秋》相同，内容也大致相似。另外《天文训》中所谈的有关“五星”的内容也曾出现在《吕氏春秋》十二纪的纪首。

《吕氏春秋》中的思维特征主要有两点：一系统性，二思辨性。《吕氏春秋》一书意欲建立囊括天、地、人的庞大的思想体系。要将宇宙万物全部归于一个体系中，必须深谙万物规律及关系。《吕氏春秋》不仅吸收邹衍的阴阳五行学说，还发扬邹衍“先验小物，推而大之”的思维能力，根据已有知识，既可追溯远古，又能设想未来，其贯穿古今的思维能力对汉代的神学自然审美观影响很大。因此，汉代人的弘通广大，豁达通脱无不受到《吕氏春秋》的影响。

西汉前期，为了休养生息，采取黄老无为之治，大力发展国家经济，安抚人民，史称“文景之治”。到武帝时期，汉朝已经发展到了顶峰，武帝承继先祖创造的家业，改变治国路线，采取董仲舒的意见，独尊儒术。但淮南王刘安著《淮南鸿烈》似有追慕汉初黄老无为之治的心态，似亦有为武帝治国提供另一种方略的意图在内。

《汉书·艺文志》云：“杂家者流，盖出于议官。兼儒、墨，合名、法，知国体之有此，见王治之无不贯，此其所长也。”《吕氏春秋》与《淮南子》的创作目的都是为了给统一的封建帝国提供完备而全面的治国指导思想。两书作者首先都清楚统一帝国的治国方针一定要能应付整个庞大国度中的所有问题，其次他们都能看清各种学说的优势，认为只有用百家之长代替一家之说，才能做到对任何问题的应对自如。虽然二者的治政学说并未得到采用，但其广阔视野，随物宛转的思维方式对时代的影响巨大。

吕不韦与淮南王有个共同的特点：礼贤下士，结交宾客。吕不韦当时辅佐朝政，拥有雄厚的政治、经济实力。“当是时，魏有信陵君，楚有春申君，赵有平原君，齐有孟尝君，皆下士喜宾客以相倾。吕不韦以秦之强，羞不如，亦招致士，厚遇之，至食客三千人。”[①]吕不韦羞愧自己不如魏、楚、赵、齐的君主那样拥有诸多门客为其出谋划策，于是用重金招致门客三千人。这些门客中不乏一些才辩之士，比如荀卿之类。吕不韦命他的门客记录下自己的见闻，并将这些论文编著成八览、六论、十二纪三部分，共记有二十多万言，此书包含对天地万物古往今来事理的认识。

《淮南子》成书过程与《吕氏春秋》有着相同的境遇。淮南王“招致宾客方术之士数千人，作为《内书》二十一篇，《外书》甚众，又有《中篇》八卷，言神仙黄白之术，亦二十余万言。”[②]淮南王拥有比较强大的政治、经济背景，致力于建立一个完备、系统的思想体系，“上揆之天，下验之地，中审之人。”[③]

由此可见，《淮南子》与《吕氏春秋》的创作基点几乎一模一样，一方面将天、地、人纳入一个思想体系之内，一方面对天、地、人的规律进行归结以达到治世的目的。

将《吕氏春秋》与《淮南子》两书比较分析得知，两者确实有许多相同之处，造成这种现象的原因有两个：一方面为两者拥有相似

① 《史记·吕不韦列传》。

② 《汉书·淮南衡山济北王传》。

③ 王利器：《吕氏春秋注疏》，巴蜀书社，2002年1月第1版，第1211页。

的创作背景，另一方面为《吕氏春秋》可能为《淮南子》的参考材料之一。因此《吕氏春秋》一书不仅自身具有价值性，其存在还深深影响后世著作。

## 二、《淮南子》中的自然审美意识

《淮南子》一书中的自然审美意识体现在对道、自然、人三者关系的论述上。根据《淮南子》一书的思想体系，道、自然、人三者是紧密联系在一起的，以下从三者的关系入手来探究《淮南子》一书中的自然审美意识。

“道”与宇宙化生、万物生成一直是原始道家以及黄老学派的哲学中心。《淮南子》中的描述将道家的核心范畴“道”推于至高无上的地位。《淮南子》一书中出现三次有关道与宇宙万物生成的描述，分别见于《原道训》、《天文训》与《精神训》。《原道训》同其它道家学派著作一样，首先对“道”之特点进行描述：

> 夫道者，覆天载地，廓四方，析八极，高不可际，深不可测，包裹天地，禀授无形。原流泉浡，冲而徐盈；混混滑滑，浊而徐清。故植之而塞于天地，横之而弥于四海，施之无穷而无所朝夕。舒之幎于六合，卷之不盈于一握。约而能张，幽而能明，弱而能强，柔而能刚。横四维而含阴阳，紘宇宙而章三光。甚淖而滒，甚纤而微。[①]

《原道训》之“道”与原始道家之“道”的相同之处在于二者都具

① 刘文典：《淮南鸿烈集解》，中华书局，1989 年 5 月第 1 版，第 1-2 页。

有无名无形、随物宛转的特点，不同之处在于《原道训》并没有通过描写“道”与万物生成的过程来体现“道”之化生万物的功能，而是通过直接描写万物自身规律来反现“道”之作用：“山以之高，渊以之深，兽以之走，鸟以之飞，日月以之明，星历以之行，麟以之游，凤以之翔。泰古二皇，得道之柄，立于中央，神与化游，以抚四方”，[①]这实际上已经非常明显地表现出淮南王刘安的自然观念：日月星辰、山川鸟兽、凤凰麒麟、泰古二皇，无不存在于自然之中，天、地、人三者将世间万物囊括在内，“道”弥漫于万物之中。

《天文训》则主要以“气”论代替“道”论来描述万物生成的过程：

> 天墜未形，冯冯翼翼，洞洞灟灟，故曰太昭。道始于虚霩，虚霩生宇宙，宇宙生气。[②]

天地成形之前的混沌时期，称之为“太昭”，“道”便存在于此混沌的“太昭”之中。“道”在这虚空之中产生了“宇宙”，“宇宙”产生了“气”，而“气”才是万物生成的最为直接的源流。“气”的提出，是《淮南子》对中古自然美学的一个重要贡献。“气有涯垠，清阳者薄靡而为天，重浊者凝滞而为地”，[③]“天地之袭精为阴阳，阴阳之专精为四时，四时之散精为万物。积阳之热气生火，火气之精者为日；积阴之寒气为水，水气之精者为月。日月之淫为精者为星辰。

① 刘文典：《淮南鸿烈集解》，中华书局，1989年5月第1版，第2页。
② 同上，第79页。
③ 同上，第79页。

天受日月星辰，地受水潦尘埃。”[①]《天文训》以“气”贯穿整个宇宙生成过程，清阳之气为天，重浊之气为地，天地间聚合的精气为阴阳，阴阳聚合的精气为四时，四时的精气散去形成万物，阳气之中的热气集为火，火之精气为日，阴气中寒气集为水，水之精气为月，日月过甚之气散发为星辰。

由“气”论替代“道”论来描述万物形成使得《天文训》的宇宙生成论含有以下特点：“道”由于其无形无名而虚无飘渺，但万物却是有名有形的实在之物，因此二者之间如何化生的问题在原始道家那里并没有答案。但《天文训》中所谈到的“道—宇宙—气”这个过程对“道”如何化生万物这个问题有所弥补。从“道”到“气”，其本质是没有变化的。同样是万物生成的根源，但其形态却发生变化，“道”不具有物质性，而“气”具有物质性。用具有物质性的“气”去论述万物生成更为确切详实。据《天文训》的描述，万物都是由气构成，也就是都由“道”构成，这对“道”生成万物之后的归宿也有了令人信服的解释。它使《淮南子》的自然审美意识有了坚实的自然哲学的基础。

《精神训》同样也是用“气”论来描述宇宙生成过程，并把“气”分为阴阳二气：

> 古未有天地之时，惟像无形，窈窈冥冥，芒芠漠闵，澒濛鸿洞，莫知其门。有二神混生，经天营地，孔乎莫知其所终极，滔乎莫知其所止息，于是乃别为阴阳，离为八极，刚柔相成，万物

① 刘文典：《淮南鸿烈集解》，中华书局，1989年5月第1版，第80页。

乃形，烦气为虫，精气为人。[①]

阴阳二气本来是相混生的，经营着天地，深远广大得没有极限，因此阴阳二气混合时就是"道"。"道"分离为阴阳二气，离散为八极，万物由此成形，其中杂乱之气成为动物，精微之气成为人类。

《淮南子》中关于宇宙生成论的推演是其自然审美意识产生的前提。从宇宙生成论得知自然万物的生成过程，自然万物秉道之规律独自生成，拥有自已的规律，这个规律是其生成过程中所赋有的。自然和人具有同样的地位，都由"道"产生，由"气"构成。自然和人天生就具有联系性，出自同一基点，拥有同样的规则，具有同样的本质，因此在一定意义上来说，自然和人由"道"而相通。《淮南子》所阐释的天、地、人三位一体的自然观成为中古时期自然审美观的思想基础，一直到刘勰的《文心雕龙·原道》篇那里，我们依然能够看到这种思想的影响。

根据黄老学的宇宙生成论，万物都是由"道"而生。但是"无为"是"道"的核心特征，因此道家宣称虽然"道"是万物起源，但是"道"在化生过程中是无所作为的，万物其实是自己生成的，而自生的原因及目的就在于万物自身的规律。

这也是《淮南子》一直强调万物有其自身规律，不能违反的根本原因。"夫萍树根于水，木树根于土，鸟排虚而飞，兽蹠实而走，蛟龙水居，虎豹山处，天地之性也。两木相摩而然，金火相守而流，员者常转，窾者主浮，自然之势也。"[②]浮萍、树木根植的范围，鸟兽

① 刘文典：《淮南鸿烈集解》，中华书局，1989 年 5 月第 1 版，第 218 页。

② 同上，第 17 页。

所行走的方式，蛟龙、虎豹所居住的处所都是取决于它们的自然本性。而木材摩擦生火，金能被火融化，圆的东西能够一直旋转，中空的东西可以浮于水面，这些也都取决于它们的自然规律。“是故春风至则甘雨降，生育万物，羽者妪伏，毛者孕育，草木荣华，鸟兽卵胎，莫见其为者，而功既成矣。秋风下霜，倒生挫伤，鹰雕搏鸷，昆虫蛰藏，草木注根，鱼鳖凑渊，莫见其为者，灭而无形。”[①]春风到来之时万物生长，秋风到来的时候万物凋零，这些都是万物根据自身规律所发生的变化，从某种角度讲，《淮南子》在这里阐发的思想已经非常接近西方哲学史上关于自然律（Nature Law）的内容了。

《淮南子》总结而成的自然万物规律的论述，具有高度的统一性和抽象性。它通过穷尽万物的种类、遍寻万物的本质、探究万物自然规律来表明了自己对自然界的看法。大自山川，小至昆虫，无一不纳入著者的视野。

除了肯定万物拥有其自身规律并依其自身规律而生存外，《淮南子》还十分强调环境对于万物的影响：“木处榛巢，水居窟穴，禽兽有艽，人民有室，陆处宜牛马，舟行宜多水，匈奴出秽裘，于、越生葛絺，各生所急以备燥湿，各因所处以御寒暑，竝得其宜，物便其所。”[②]“故橘树之江北则化而为枳，鸲鹆不过济，貈渡汶而死，形性不可易，势居不可移也。”[③]这实际上已经涉及到地域审美观的问题。万物都有其所处的环境，而这个环境必须和万物的自然属性相符，如果居于树木之上则必须会筑巢，因此，只有鸟类才能安家

① 刘文典：《淮南鸿烈集解》，中华书局，1989 年 5 月第 1 版，第 17 页。
② 同上，第 17-19 页。
③ 同上，第 20 页。

于树木之上，居住于水中的必须会找洞穴，要为自己寻找一个可以保存自己的场所，因此螃蟹之类则隐匿于水中的洞穴，禽兽会做草垫保护皮毛干燥以御寒，人自身没有御寒工具便会修房子来遮风避雨。如果不尊重万物规律而随意改变其所处的环境，轻则万物丧失本性，重则失去生命。橘树移植到江北，就成为又苦又涩的枳树，鸲鹆渡过济水、貉渡过汶水就会死去，因为它们失去了赖以生存的环境，这一切都全来自于“势居不可移”。

“势居不可移”实际上概括了《淮南子》对万事万物依循自然规律的特点，这种论述《吕氏春秋》更为详尽、全面。它不仅道出万物种类繁多的特点，还观察到了其周围生存环境的多样性、复杂性，将自然环境与自然万物结合为一体，这是《淮南子》自然审美意识的基础所在。

《淮南子》的自然审美意识集中体现在“物类相应”说之上。从《淮南子》中的宇宙生成论可知，世界万物都拥有一样的成分——气。“天地之袭精为阴阳，阴阳之专精为四时，四时之散精为万物。积阳之热气生火，火气之精者为日；积阴之寒气为水，水气之精者为月。日月之淫为精者为星辰。”[①]天地、阴阳、四季、日月、星辰全部由气组成：

> 天之偏气，怒者为风；地之含气，和者为雨。阴阳相薄，感而为雷，激而为霆，乱而为雾。阳气胜则散而为雨露，阴气胜则凝而为霜雪。[②]

① 刘文典：《淮南鸿烈集解》，中华书局，1989 年 5 月第 1 版，第 80 页。

② 同上，第 81 页。

风、雨、雷霆、雾、雨露、霜雪也由气组成，气是万物的根基。由于万物的组成相同，《淮南子》认为万物之间存在着感应。“毛羽者，飞行之类也，故属于阳。介鳞者，蛰伏之类也，故属于阴。日者，阳之主也，是故春夏则群兽除，日至而麋鹿解。月者，阴之宗也，是以月虚而鱼脑减，月死而蠃蛖膲。火上荨，水下流，故鸟飞而高，鱼动而下。物类相动，本标相应。”[①]鸟类飞于天空，因此属阳，龟蛇类长鳞甲的动物蛰伏于洞穴中，因此属阴；太阳主宰阳气，因此春夏两季群兽换毛，夏至则麋鹿额角脱落；月亮主宰阴气，因此月缺鱼脑重量减少，月满蚌蛤肉不能长满；火气向上蔓延而水往低处流动，因此鸟儿高飞，鱼儿潜水。“故山云草莽，水云鱼鳞，旱云烟火，涔云波水，各象其形类，所以感之。”[②]山上所生云气象草莽，水中所生云气像鱼鳞，旱地所生云气像烟火，湿润地所生云气像水波。此现象的原因为云气的形状与所处环境相感应。“夫阳燧取火于日，方诸取露于月，天地之间，巧历不能举其数，手征忽怳，不能览其光。然以掌握之中，引类于太极之上，而水火可立致者，阴阳同气相动也。”[③]阳燧能取火于日，方诸能取水于月，这也是物类之间的“气”互相感应而造成的。

总结以上《淮南子》中关于物类感应的论述，得到以下三个特点：一是《淮南子》关于物类感应的论述基于对万物规律的观察，通过这些观察对其它物类进行推衍，来形成“万物相应”的理论。二是万物相应的基础虽然为“气”论，但核心却是依据阴阳二气的特点，这将物类分为阴阳二类。三是环境因素是万物感应的重要因

---

① 刘文典：《淮南鸿烈集解》，中华书局，1989 年 5 月第 1 版，第 81 页。

② 同上，第 196 页。

③ 同上，第 196-197 页。

素之一，除了物类相应，环境因素也能影响物类之间的感应。《淮南子》的“物类相应”说与《乐记》的“感应说”有异曲同工之妙，代表着中古时期在佛教传入之前的自然审美观的精髓，并且对汉大赋的“中和感发”①的审美特性产生了积极的影响。

① 《文选》卷四王褒《四子讲德论》云：“于是皇泽丰沛，主恩满溢，百姓欢欣，中和感发。《传》曰：‘诗人感而后思，思而后积，积而后满，满而后作。’”李善的注说这段“《传》曰”的话来自纬书《乐动声仪》。《乐动声仪》的这一段话把诗人的创作过程非常简洁地说了出来，是我们研究传统“感物”说的非常有用的补充。

# 第三章 董仲舒的神学自然观

董仲舒的神学自然观及其对汉代自然审美观念的影响是我们这一章将要讨论的重点。“中古制是古代制的否定，但同时又从氏族制的残余中保存了有利于统治阶级的公社制度。因此，天人感应的宗教思想，在两周是国民阶级思想发展的之桎梏，而在秦汉则是神学思想建设的源泉”。[①] 董仲舒发展了先秦时期“崇高”的自然崇拜观念，将自然灾异现象和自然界的变化规律以经术的形式推演至汉代的政治和文化。《汉书·五行志》说：“汉兴，承秦灭学之后，景、武之世，董仲舒治《公羊春秋》，始推阴阳为儒者宗。”由于董仲舒以阴阳学说诠释儒家《春秋》的微言大义，将先秦时期“维岳降神”的神话生长成“天人感应”的神学，抽调了“天”的自然色彩而涂抹上宗教光环，并成为至上皇权和国家意志。在这样一种社会思潮的涌动下，汉代的自然审美观念浸透着神学的雨露，自然事物的色彩、形状、结构之美在以“润色鸿业”为能事的赋家手下变异成充斥天地之间的神圣之美，成为顶礼膜拜的对象，而一代之文学样式也几乎成了神学的附庸。换句话说，董仲舒的神学思想是为解释大一统帝国政治的合法性、确立君权神圣而建立的政治哲学，也

① 侯外庐、赵纪彬、杜国庠、邱汉生：《中国思想通史》第二卷两汉思想，人民出版社，1957年4月第1版，第85页。

是在新的社会历史、科学技术发展条件下的自然哲学。自然思想不是董仲舒学说的核心，董仲舒建立天的哲学的目的不是认识自然、解释自然，而是希望回答政治领域内“什么是正确的”以及现实社会中人“应该如何生活”的问题，但是他确立政治秩序和人伦原则的依据都是自然。董仲舒以自然为体察天意、知晓天道的途径，将抽象的天具体化、外在化、物质化为客观的自然，自然成为抽象神学意志的象征，日月星辰、寒温暑雨等感性实在事物也具有了本体论的意义，因此以“天”的意志为统摄，将天文、地理、气象、季候、草木鸟兽、人事制度、法令政治以及形体精神纳入一个统一的、相互联系彼此影响的系统化宇宙图式的神学自然观其实是董仲舒新儒教神学的基础。

## 第一节　董仲舒天之观念的神学意义

### 一、殷周“天”的观念

“天”在中国文化中一开始就指向一个不同于感官实在、与日常生活相别的超越性存在。最初“天”常与帝相联系出现，称天帝、上帝或天、帝。《尚书·洪范》记箕子说：“我在昔闻，鲧湮洪水，汩陈其五行，帝乃震怒，不畀洪范九畴，彝伦攸叙；鲧则殛死，禹乃嗣兴，天乃锡洪范九畴，彝伦攸叙。”[①]夏禹是一个虔诚祀“天”的人，因此获“天”的特别眷顾，得洪范九畴以使五行相生、万事谐合。[②]

① 阮元：《十三经注疏》，中华书局，1980年影印版，第187页。

② 顾颉刚先生认为没有禹这个人，禹是九鼎上的一个虫，人是无法完成治水这个巨大的工程的，真正完成治水工程的是天。参见顾颉刚：《古史辨》第一册“讨论古史答刘胡二先生”，上海古籍出版社，1982年版，第105-134页。

《尚书》、《国语》关于“绝地天通”的记载，也表明中华民族的先民认为“天”是一个与客观世界相对的高高在上的鬼神世界，“天”意味着神圣与世俗的分别。观射父向楚昭王描述道：

> 古者民神不杂，民之精爽不携贰者，而又能齐肃衷正，其智能上下比义，其圣能光远宣朗，其明能光照之，其聪能听彻之，如是，则神明降之，在男曰觋，在女曰巫。

太平盛世秩序井然重要的原因在于神圣与世俗的泾渭分明。智圣明聪的巫觋沟通神人之间，感召天神，世界就万物嘉祥、各得其所。后来，“及少昊之衰也，九黎乱德，民神杂糅，不可方物。夫人作享，家为巫史，无有要质。民匮于祀，而不知其福。烝享无度，民神同位。民渎齐盟，无有严威。神狎民则，不蠲其为。嘉生不降，无物以享。祸灾荐臻，莫尽其气。”[①]超现实的鬼神世界与现实世俗的混淆，“民神杂糅”、“家为巫史”、“民神同位”导致天下大乱，田事荒废财物耗失，颛顼重申民与神、天与地的界限整顿秩序，这就是《尚书·吕刑》记载的“绝地天通”：“乃命重、黎‘绝地天通’，罔有降格。”孔颖达曰：“使绝天地相通，令民神不杂，于是天神无有下至地，地民无有上至天，言天神地民不相杂也。”[②]天与地不再相通，民和鬼神不相混杂，世界才会烝享有度、礼法有序、万物以享了。可见，在古史时代人们不仅相信“天”代表着超越现实的鬼神世界，还具有既能支配自然现象以影响人间祸福，同时也能支配社

---

① 《国语·楚语》，上海古籍出版社，1978年版，第559-562页。

② 阮元：《十三经注疏》，中华书局，1980年影印版，第248页。

会现象和统治者的神秘力量。

殷商时期的“天”还明显地保留有原始巫术痕迹，并不是后世抽象化的一神论宗教中的至上神。《史记·殷本纪》记载：“帝武乙无道，为偶人，谓之天神，与之博，令人为行，天神不胜，乃缪辱之。为革囊盛血，仰而射之，命曰‘射天’。”王充《论衡·恢国》篇记：“书传或称武王伐纣，太谷阴谋，食小儿以丹，令身纯赤长大，教言殷亡。殷见民儿赤身，以为天神。乃言殷亡，皆谓商灭。”武乙射天、民儿赤身都是典型的巫术活动，殷人观念中“天”的神秘意味更多来自于原始宗教的自然崇拜，是认识能力与理性意识相对低下的人对于外在的强大异己力量的崇拜。郭沫若在“先秦天道观之进展”中，列举了了八条卜辞为依据，认为殷末虽有“天”字，但还不是神称：“卜辞称至上神为帝，为上帝，但决不曾称之为天。”成熟的人为宗教中的至上神来自于人类对自身的渺小、无力和有限的深切体验从而寻求一种绝对的超现实的拯救力量，是相对于不完满的现实而建立的绝对的完满，是人的追求伸向的极高极远之处，这种终极寻求的出现是巫术与宗教的分野，从人的自我意识和对世界的认识的角度来说，彼岸的至上神观念也是人的理性极度发展的产物。

具有人为宗教至上神意味的，是周人观念中的“天”。在周代青铜铭文中，上帝、皇上帝、皇天帝、皇天王、天等名称最初是混杂使用的，后来单称“天”的越来越多，“天”逐渐发展为人为宗教的至上神：“当时所承认的天，与犹太教所承认的上帝，原无两样。”[①]周人认为“天”是赏善罚恶的主宰，是自然界和人事法则的依据，易朝

① 王治心：《中国宗教思想史大纲》，东方出版社，1996年版，第49页。

更姓的政治变迁是天意的体现。武王伐纣时牧野誓师曰："今予发惟恭行天之罚！"周公自称"天之元子"，以周代殷是承"天"之命："呜呼！皇天上帝，改厥元子，兹大国殷之命。"[①]同时，相对于现世人间的混乱和多变，"天"是绝对真实永恒的："天命不僭，卜陈惟若兹。"[②]《诗·大雅·大明》这样说周文王："维此文王，小心翼翼。昭事上帝，聿怀多福。"《礼记·表记》引用了这段话，郑玄注为："昭，明也。上帝，天也。"[③]因此，昭事上帝就是事"天"，事"天"就是昭事上帝；"小心翼翼"去"昭示上帝"、"敬天之怒"、"畏天之威"是周人对待天的基本态度，这是典型的对待宗教至上神的态度："宗教的一个主要因素是对超越和慈爱的上帝的敬畏和恭顺以及由此带来的安乐。"[④]"天"作为至上神取代殷人的上帝、天帝，是宗教取代了原始巫术，也是人的认识能力和思维水平发展到更高阶段的成果："首先，从上帝到天的转化反映了人对宇宙统一性认识的提高。殷人还不能从日、月、风、雨等具体天象中概括出一个抽象的天，而周人随着对具体天象运行规律观察的深入，发现一切天体、气象都包含在一个统一体中。他们推测，天不仅蕴含日月星辰，风雨云雷，而且在暗中指挥着自然及社会一切事物的运动，所以他们直接把至上神称为天。由于天是茫茫太空的神化，它在被赋予了至上神性以后，仍然保留了其本来的浩渺性和概括性，显得宽容无边，有更高的抽象性和概括性。其次，至上神由上帝变成了

---

① 《尚书·召诰》，阮元：《十三经注疏》，中华书局，1980年影印版，第212页。

② 同上，第200页。

③ 同上，第1641页。

④ 〔英〕麦克阿盖尔：《宗教心理学导论》，陈彪译，高师宁校，中国人民大学出版社，2005年版，第100页。

天，人格性减少了，理论性增强了。”[①]

作为抽象的宗教至上神只是周人“天”之观念中的一面，另一面是强调“以德配天”，把道德属性也赋予了“天”。“天”是人间善恶的判官：

> 皇天无亲，惟德是辅，民心无常，惟惠之怀。为善不同，同归于治。为恶不同，同归于乱。[②]

周人相信，人只要“有德”，“天”就会降福于他，并能受“天”之大命：

> 帝迁明德，串夷载路，天立厥配，受命既固。[③]
>
> 天不可信，我道惟宁王德延，天不庸释于文王受命。[④]

因此，周人强调要“格知天命”，“有德”才能“格知天命”，周公说：“弗造哲，迪民康，矧曰其有能格天命？”[⑤]“耇造德不降我则鸣鸟不闻，矧曰其有能格（天命）？”[⑥]以德配天是殷与周“天”之观念的一个重要区别。侯外庐《中国思想通史》指出：“我们翻遍卜辞没有发现一个抽象的词，更没有一个关于道德智慧的术语。”[⑦]郭沫若也证明：“在卜辞和殷人的彝铭中没有德字，而在周代的彝铭中

① 牟宗鉴、张践：《中国宗教通史》，社会科学文献出版社，2003 年版，第 114 页。

② 《尚书・蔡仲之命》，阮元：《十三经注疏》，中华书局，1980 年影印版，第 227 页。

③ 《诗・大雅・皇矣》，阮元：《十三经注疏》，中华书局，1980 年影印版，第 519 页。

④ 《尚书・君奭》，阮元：《十三经注疏》，中华书局，1980 年影印版，第 223 页。

⑤ 《尚书・大诰》，阮元：《十三经注疏》，中华书局，1980 年影印版，第 198 页。

⑥ 《尚书・君奭》，阮元：《十三经注疏》，中华书局，1980 年影印版，第 225 页。

⑦ 侯外庐：《中国思想通史》（第一卷），人民出版社，1957 年版，第 23 页。

如成王‘班簋’和康王时的‘大盂鼎’都明白地有德字表现着。”[①]殷人的天帝、上帝主要是一位自然神，威严肃穆，喜怒无常，令风令雨，人在它面前无所适从，只有奉上丰厚的祭品匍匐在它面前虔诚地祈祷，周人认为“有德”就可知“天”，人可以通过自己道德的完善达到与“天”相通，只要“克俊有德”、“德裕乃身”、“聿修厥德”、“其德克明”和“克明俊德”就可“天赐民彝”。

与人间的道德伦理相联系，是“天”从外在的神秘不可知的世界向人的存在下降，“天”是至上、绝对、神圣的，但它是人的理性可以把握的对象。在“天”面前，人的自我也不是完全丧失，而是有部分的自由意志和完善能力，人可以通过自我约束道德完善来与“天”相通，从而获得掌握世界的巨大力量，周人推崇的圣王就是这样的德之大者，圣王因为道德的崇高而获知天命，拥有支配天下的至上权力。这种具有二重性的“天”之观念，是人抽象思维能力的进步，也是重视自我、探究自我的人文精神与理性意识的体现，人们一方面希望天赐福，但当天不能赐福从而遭遇动荡困厄时，就不再坐待天的保佑，而是期望通过自己的努力来自我拯救，周人后期的疑天、怨天、骂天正是这种理性力量和人文精神的增长，它作为一种潜在力量，引导后来的诸子哲学与周人建立的宗教世界渐行渐远、走向世俗哲学。

## 二、先秦儒学的天道观

孔子也讲天，周人天之观念中的人文精神与理性力量在孔子

---

① 郭沫若：“先秦天道观之进展”，《郭沫若全集·历史编》，人民出版社，1980年版，第336页。

的思想得到了强化。对待天这一传统观念，孔子的态度是含混模糊和依违两可。从《论语》来看，孔子并不否认周人观念中天的至上性主宰性，当他谈到至上的力量、命运、善恶赏罚时，都以天为标准：

> 巍巍乎！唯天为大，唯尧则之[①]
>
> 获罪于天，无所祷也[②]
>
> 予所否者，天厌之[③]
>
> 吾谁欺，欺天乎？[④]
>
> 天之未丧斯文也，匡人其如予何？[⑤]
>
> 知我者，其天乎。[⑥]

因为有天这个超越的存在，孔子还对现实发出了无可奈何的感慨："死生有命，富贵在天。"[⑦]显然，孔子认为"天"具有赏善罚恶，主宰人类命运的力量。但是孔子在很多时候又对超越的"天"、非现实的鬼神世界表现出怀疑，认为"天"与人是两个不同的世界，而且"天"非人力所及，因此人们应该关注现实的人道。当季路问事鬼神时，孔子说："未能事人，焉能事鬼？"同时又说："未知生，焉

① 《论语·泰伯》，朱熹：《四书章句集注》，中华书局，1983年版，第107页。

② 《论语·八佾》，朱熹：《四书章句集注》，中华书局，1983年版，第65页。

③ 《论语·雍也》，朱熹：《四书章句集注》，中华书局，1983年版，第91页。

④ 《论语·子罕》，朱熹：《四书章句集注》，中华书局，1983年版，第112页。

⑤ 同上，第110页。

⑥ 《论语·宪问》，朱熹：《四书章句集注》，中华书局，1983年版，第157页。

⑦ 《论语·颜渊》，朱熹：《四书章句集注》，中华书局，1983年版，第134页。

知死?”[①]据刘向《说苑》记:

> 子贡问孔子:“死人有知无知也?”孔子曰:“吾欲言死者有知也,恐孝子顺孙妨生以送死也;欲言无知,恐不孝子孙弃不葬也。赐欲知死人有知将无知也,死徐自知之,犹未晚也。”[②]

可见,孔子关心的不是死人到底有知无知,而是从现实的实用秩序来考虑这个问题,如冯友兰所说:“这一类的问题,不是一个理论问题,而是一个现实问题。”[③]

宗教理论问题转化为了现实问题,很自然地,孔子思想世界中最重要的概念不是超越的“天”和无形的鬼神,而是仁。虽然孔子不否认“天”的宇宙主宰地位,“天”能够决定人的成功或失败,但有的事情如修身、为政等则是取决于人自身的努力,与“天”无关,他说:“为仁由己,而由人乎哉?”[④]“仁远乎哉?我欲仁,斯仁至矣。”[⑤]而且仁来源于人自身:“夫仁者,己欲立而立人,己欲达而达人。能近取譬,可谓仁之方也已。”[⑥]人才是道德伦理的源头,而不是外在的“天”、天命,以仁为核心的思想将关注重心从不可知神秘力量拉回到现实社会,用对现世伦理准则的探究、自我意志的反思、心性境界的建构来支撑起人的意识和情感世界。

---

① 《论语·先进》,朱熹:《四书章句集注》,中华书局,1983年版,第125页。

② 刘向:《说苑》卷十八《辨物》,《四库全书》第696册,上海古籍出版社,第166页。

③ 冯友兰:《中国哲学史新编》(中),人民出版社,1998年,第176页。

④ 《论语·颜渊》,朱熹:《四书章句集注》,中华书局,1983年,第131页。

⑤ 《论语·述而》,朱熹:《四书章句集注》,中华书局,1983年,第100页。

⑥ 《论语·雍也》,朱熹:《四书章句集注》,中华书局,1983年,第92页。

孟子的"天"就完全没有宗教的神秘，是理性的义理之"天"：

> 诚者，天之道也；思诚者，人之道也。[①]
>
> 莫之为而为者，天也；莫之致而至者，命也。[②]

义理之"天"将宗教的"天"彻底内化为人的一种内在力量。孟子说："恻隐之心，仁之端也；羞恶之心，义之端也；辞让之心，礼之端也；是非之心，智之端也。人之有是四端也，犹其有四体也。"[③]又说："君子所性，仁义礼智根于心。"[④]还说："尽其心者，知其性也。知其性，则知天矣。存其心，养其性，所以事天也。夭寿不贰，修身以俟之，所以立命也。"[⑤]孟子认为，人性具备仁义礼智四端，而仁义礼智植根于心，故心性相通为一，故尽其心而可知其性。又人性所具之四端，乃"天"所赋予，故知其性而可知"天"。所以，通过"存心养性"的功夫，就可以"知天事天"，通过"养性""修身"的道德实践就可完成原本属于宗教追求的"奉天""立命"，将先前"天"的观念中的理性精神发挥到极致，作为宗教至上神之"天"至此几乎完全消亡。

到了荀子，"天"完全成了自然物质之"天"："列星随旋，日月递

---

① 《孟子·离娄章句上》，焦循：《孟子正义》，《诸子集成》（第一册），中华书局，第299页。

② 《孟子·万章章句上》，焦循：《孟子正义》，《诸子集成》（第一册），中华书局，第383页。

③ 《孟子注疏·公孙丑章句上》，阮元：《十三经注疏》，中华书局，1980年影印，第2691页。

④ 《孟子注疏·尽心章句上》，阮元：《十三经注疏》，中华书局，1980年影印，第2766页。

⑤ 同上，第2764页。

炤，四时代御，阴阳大化，风雨博施，万物各得其和以生，各得其养以成，不见其事而见其功，夫是之谓神。皆知其所以成，莫知其无形，夫是之谓天。”[①]先前神秘超现实的“天”为宇宙大化自然运行的规律法则代替，它是所有的人事与物质共同遵守的总规则：“天行有常，不为尧存，不为桀亡。应之以治则吉，应之以乱则凶。……受时与治世同，而殃祸与治世异，不可以怨天，其道然也。”既然“天”不是某种超越的神秘力量，而只是自然的物质存在，那么人的最高境界就不是与天相通，也不是靠道德心性的内在修炼来知“天”事天，而是能深刻地区分自然与人事：“故明于天人之分，则可谓至人矣。”[②]荀子还不只是要静态地认识自然观察认识自然，还要积极勇敢地改造自然：“大天而思之，孰与物畜而制之？从天而颂之，孰与制天命而用之？”[③]这是新的科学技术进步条件下人的理性认知能力的提高，也是儒家关注现实、以建设人伦秩序来追求理想社会的人文精神的极致发挥。

殷人欲“绝地天通，罔有降格”以区分超越世界与世俗生活，周人“小心翼翼”“昭事上帝”，以“天”为赏善罚恶的主宰，自然界和人事法则的终极依据，孔子“罕言性与天道”，孟子主张以“存心养性”来“知天事天”，荀子要“制天命而用之”，这是一条人的理性力量自我意志不断提高的发展之路，也是一条现实的建设之路，它的变化轨迹是人的关注重心从天上降到了地上，从混沌虚无的“天”落到了感性实在的自然之物和现实的人伦原则，从匍匐于外在神秘力量到客观理性地认识并积极努力地改造世界，按照儒家的思路，只

① 王先谦：《荀子集解·天论》，中华书局，1988年版，第308-309页。
② 同上，第308页。
③ 同上，第317页。

要坚持不懈地建设世俗生活，施行教化将外在的礼转化为内在的仁，一定可以达于社会的理想之境，形成充实光辉之人格。

孔子、孟子正面提出了政治伦理的内容，但儒家的仁义礼治是立足现实的当下关怀，缺乏本体论的根据，未达人之探究的终极之境，这源自于人的内心的仁与礼不具备客观性必然性和普遍性，不能最彻底地保障人的行为的合法性与神圣性，也就不能真正给人以心灵的慰藉。只有当儒学走向宗教化的终极关怀，哲学形态与宗教形态相结合后，它的仁与礼才会成为与终极存在相联系的至上秩序，以信念的方式为现实的行为原则提供情感上的依据，儒学也才会成为凌驾于诸子之学之上的至尊国家意识形态。宗教学家说："宗教经验会给拥有它的人带来一种与某种强力联系在一起的感觉，这通常是一种与整个创造过程融为一体，并且与一种超然存在相关联的感觉。有此经历的人会有一种喜悦感，觉得更加完整，或被宽恕，有一种超越时间的感觉，并且，确信自己与某种真实的东西联在一起；这种经验对他们来说自带其合法性。"① 从这个意义上说，董仲舒重建一度丧失的天道信仰，用"天"对先秦原始儒学进行神学化改造，在开启一个新时代的理论思维的同时，也将儒学提升到一个新的理论层面。

## 三、董仲舒"天"之观念

董仲舒的哲学是"天"的哲学，"天"是宇宙间最高主宰、宗教的至上神：

① 〔英〕麦克阿盖尔：《宗教心理学导论》，陈彪译，高师宁校，中国人民大学出版社，2005年版，第81页。

天者，百神之大君也。事天不备，虽百神犹无益也。何以言其然也？祭而地神者，《春秋》讥之。孔子曰："获罪于天，无所祷也。"是其法也。故未见秦国致天福如周国也。①

他将秦国灭亡的原因归结为不尊"天"敬"天"。在武帝向他提出"三代受命，其符安在?"等一系列有关天命的问题时，他回答说："臣闻天者，群物之祖也，故遍覆包涵而无所殊，建日月风雨以和之，经阴阳寒暑以成之。"②又说：

天地者，万物之本，先祖之所出也，广大无极，其德昭明，历年众多，永永无疆。③

天覆盖万物，既化而生之，有养而成之，事功无已，终而复始。④

天之道，有序而时，有度而节，变而有常，反而有相奉。⑤

"天"是宇宙的主宰，是宇宙间的最高神，也是万物的创造者和万物衍生的源泉、运动变化的规则，从日月星辰到宇宙万物、风雨雷电、冰霜雪花，都是"天"的有意安排。"天"还是现实王权合法性的依据："唯天子受命于天，天下受命于天子。"⑥"受命之君，天意

① 苏舆：《春秋繁露义证·郊语》，中华书局，1992年版，第398页。
② 班固：《汉书·董仲舒传》，中华书局，1960年版，第2512页。
③ 苏舆：《春秋繁露义证·观德》，中华书局，1992年版，第56页。
④ 苏舆：《春秋繁露义证·王道》，中华书局，1992年版，第67页。
⑤ 苏舆：《春秋繁露义证·天容》，中华书局，1992年版，第69页。
⑥ 苏舆：《春秋繁露义证·为人者天》，中华书局，1992年版，第319页。

之所予也。”[①]

虽然有的时候董仲舒的“天”也是作为宇宙的物质构成因素而存在，如他说：“天有十端，十端而止已。天为一端，地为一端，阴为一端，阳为一端。火为一端，金为一端，木为一端，水为一端，土为一端，人为一端，凡十端，而毕天之数也。”[②]十端之天指的是宇宙的整个构成，一端之天指的是宇宙间与地相对的一个构成因素，这两个天都是自然物质的天，但他又把宇宙内的一切，从自然、社会以至人类，都视为“天”的目的和意志的显现，这在自然物质之“天”外又抽象出一个有目的有意志的人格神之“天”，这个“天”是高于感官实在的终极真实，是具有超越意味的绝对价值，也是相对现实世界的不完满的至上彼岸。金春峰先生认为：“在董仲舒的体系中，‘天’既是神学的，又是自然的，又是道德的。”[③]冯友兰也提出董仲舒“天”的二重性：“在大多数地方，董仲舒所讲的‘天’，就其主宰万物的作用说，类似人格神的‘上帝’，但没有与人一样的形体。他是把物质的天神秘化了，把它看成为一种有意志、有意识、有目的的超越的实体；或者说，他把物质的天人格化了，看成为有人的意识和情感的实体。”[④]董仲舒用“天”完成了对先秦原始儒学的神学化改造：“天的自然性一旦被赋予目的性，就必然在神学家手里成为神圣的外射。”[⑤]

“天”是董仲舒的哲学的最高范畴，也是他探究世界所达的极

① 苏舆：《春秋繁露义证・深察名号》，中华书局，1992 年版，第 386 页。

② 苏舆：《春秋繁露义证・官制天象行》，中华书局，1992 年版，第 216-217 页。

③ 金春峰：《汉代思想史》，中国社会科学出版社，2006 年版，第 129 页。

④ 冯友兰：《中国哲学史新编》（中），人民出版社，1998 年版，第 61 页。

⑤ 侯外庐：《中国思想通史》第二卷，人民出版社，1957 年版，第 99-100 页。

致，他以对“天”与元的规定、对天人关系的追究，阐释现实世界的秩序和法度，并且将这秩序和法度的根源推到最深最高处，从而建构起一个既有本体论依据又有深茂广大的现实力量的宇宙图式，这使得董仲舒哲学具有了不同于原始儒学的彻底性。

董学中另有一与天同样重要的概念“元”。他说：“天者万物之祖”，又说：“元者为万物之本”，[①]元和天都具有终极和起始意义，在现实秩序的构建上，应该“《春秋》之法，以人随君，以君随天。”[②]原因在于“君者元也，君者原也，……是故君意不比于元，则动而失本。”[③]可见，在董仲舒看来，在宇宙探究的意义上，元与“天”都是世界的本质和终极，在现实秩序的建构上，元与“天”同是根本性的法则。有时他将二者合用：“故人虽生天气及奉天气者，不得与天元本、天元命而共违其所为也。”[④]《史记·历书》也有“天元”的说法：“王者易姓受命，必慎始初。改正朔，易服色，推本天元，顺承厥意。”冯友兰先生认为：“董仲舒所说的‘元’可能就是他所说的‘天’。”[⑤]对于“天”，董仲舒着重描述的是天与人相互感应、相类比及“天”如何授命于君和化生万物，对于元则有更多内在本体意义的规定。《春秋繁露·玉英》：

唯圣人能属万物于一而系之元也。终不及本所从来而承之，不能遂其功，是以《春秋》变一谓之元。元犹原也。其义以

① 苏舆：《春秋繁露义证·玉英》，中华书局，1992年版，第69页。
② 苏舆：《春秋繁露义证·玉杯》，中华书局，1992年版，第121页。
③ 苏舆：《春秋繁露义证·深察名号》，中华书局，1992年版，第290页。
④ 苏舆：《春秋繁露义证·玉杯》，中华书局，1992年版，第70页。
⑤ 冯友兰：《中国哲学史新编》（中），人民出版社，1998年版，第74页。

> 随天地始终也。故人唯有始终也而生，不必应四时之变。故元者为万物之本，而人之元安在焉，安在乎？乃在乎天地之前。[①]

在董仲舒看来，世间万物无论怎样情状万千形态各异，但在根本上都指向“元”，元是起始、本源，而且只有圣人才能发现觉解这个显示着人生和世界的根本意义的元，一旦获得元，就能超越春夏秋冬时序的交替，摆脱生死寂灭的变化，进入“其义与天地始终”的恒常不变的本体境界。毫无疑问，董仲舒所谓元是一种人的生命的终极关怀的归宿，是一种摆脱世相的纷扰和多变趋向无限的努力挣扎，那么，元就是最大最广的情状：“一者，万物之所从始也；元者，辞之所谓大也。谓一为元者，视大始而欲正本也。”[②]元就是决断的终极依据：“谓之一元，大始也。知元年志者，大人之所重，小人之所轻。”[③]

在著名的《天人三策》中董仲舒对汉武帝说：“谨案《春秋》谓一元之意，一者万物之所从始也，元者辞之所谓大也。谓一为元者，视大始而欲正本也。”《春秋繁露·立元神》：“君人者，国之元，发言动作，万物之枢机。枢机之发，荣辱之端也。失之毫厘，驷不及追。故为人君者，谨本祥始，敬小慎微。”贵元、祥始、崇本，是董仲舒“天”之探究的主要内容，也是其根本目的。董仲舒的思考一开始就体现出摆脱世相寻求本体的意图。汉武帝策问天下不过是解答现象的疑惑寻求充实王权的措施：“三代受命，其符安在？灾异之

---

① 苏舆：《春秋繁露义证·玉英》，中华书局，1992年版，第69页。

② 班固：《汉书·董仲舒传》，中华书局，1962年版，第2502页。

③ 苏舆：《春秋繁露义证·玉英》，中华书局，1992年版，第67页。

变，何缘而起？性命之情，或夭或寿，或仁或鄙，习闻其号，未烛厥理。伊欲风流而令行，刑轻而奸改，百姓和乐，政事宣昭，何修何饬而膏露降，百谷登，德润四海，泽臻草木，三光全，寒暑平，受天之祜，享鬼神之灵，德泽洋溢，施乎方外，延及群生？"而董仲舒则认为这是有关世界根本的问题："陛下发德音，下明诏，求天命与情性，皆非愚臣之所能及也。"并将思考的终极直接指向超越的神灵："臣闻天之所大奉使之王者，必有非人力所能致而自至者，此受命之符也。"天命与情性是关于世界之根本与人之根本的问题，董仲舒将汉武帝的治国方略问题转化为了形而上的终极依据寻找，重申儒学的信仰维度，以"天"这一人格神的形象确立了探究世界最高最远的向度，发出了"道之大原出于天，天不变，道亦不变"的形而上感喟。[①] 永恒的"天"是万物之统帅百神之大君，与"天"同位的元是世界的本体，对世界的建设与认识自然就离不开"天"与元了，这就是董仲舒所谓的"正本"：

> 是故《春秋》之道，以元之深正天之端，以天之端正王之政，以王之政正诸侯之即位，以诸侯之即位正竟内之治。五者俱正而化大行。……吾所以贵微重始是也。[②]

> 《春秋》深探其本，而反自贵者始。故为人君者，正心以正朝廷，正朝廷以正百官，正百官以正万民，正万民以正四方。四方正，远近莫敢不壹于正，而亡有邪气奸其间者。是以阴阳

---

① 班固：《汉书·董仲舒传》，中华书局，1962年版，第2518页。

② 苏舆：《春秋繁露义证·二端》，中华书局，1992年版，第155-156页。

调而风雨时，群生和而万民殖，五谷孰而草木茂，天地之间被润泽而大丰美，四海之内闻盛德而皆来臣，诸福之物，可致之祥，莫不毕至，而王道终矣。[①]

“化大行”、“天下一”是董仲舒的现实理想，也是一个封建士人的最高人生目的，他认为实现这一理想的途径只能是对万物万事的本体探究，四方的依据在万民，万民的依据在百官，百官的依据在朝廷，朝廷的依据在人君，而人君的依据在“天”；“天”是最终依据，也是最高存在，以此为出发点，以本原本真的天逐级导引、规范人君、百官以至万物四方，使之不至于淫邪和混乱，这样的世界就是秩序井然、法度可明的，与之相应，一个美好理想的社会也一定是顺承天道，能够以自身的万千情态显现超越之天的本质，正如他所说：

故春正月者，承天之所为也，继天之所为而终之也。其道相与共功持业，安容言乃天地之元？天地之元奚为于此、恶施于人？大其贯承意之理矣。[②]

董仲舒是一个醇儒，他所有学问思想的目的都在于现实人生的建设，都在于为专制王权寻找依据，他最大的贡献在于以超越的人格神力量提升了儒学的社会人伦思考，为现实层面的仁义礼制提供了本体论依据，赋予其神圣的合法性，同时也将儒学从诸子百

① 班固：《汉书·董仲舒传》，中华书局，1962年版，第2502-2503页。

② 苏舆：《春秋繁露义证·重政》，中华书局，1992年版，第147页。

家中的一家之学上升为唯我独尊的国家意识形态。司马迁对儒学的现实力量与思考深度有清醒的认识:“儒者则不然,以为人主天下之仪表也,主唱而臣和,主先而臣随。如此则主劳而臣逸。至于大道之要,去健羡,黜聪明,释此而任术。夫神大用则竭,形大劳则敝;神形骚动,欲与天地长久,非所闻也。”①,可以说,董仲舒重建天道信仰正是为了弥补儒学的缺陷而“欲与天地长久”的努力。十九世纪丹麦宗教哲学家索伦·克尔凯郭尔说:“一个人的伟大与渺小完完全全取决于他自身与上帝的交往程度。”在当世及后世,儒者对董仲舒天的哲学的意义都推崇备至:“仲舒遭汉承秦灭学之后,《六经》离析,下帷发愤,潜心大业,令后学者有所统一,为群儒首。”②“董仲舒治公羊春秋,始推阴阳,为儒者宗。”③儒学自孔子创始经过孟子的发展之后,对现实的人的建设问题进行了充分的论述,董仲舒则借先秦天道观重申儒学的信仰维度,以绝对神圣的“天”的观念将现实的人的建设推进到终极存在的层面,用源自于信仰的光辉照耀感性存在,以人格神的力量提升现实的人。

西方学者认为寻求上帝的动力在于人类要为解释世界的理性寻求一个终极的答案:“人们之所以想到上帝,是因为人们对你和我到底生活在一个什么样的现实世界里这一问题感兴趣,而不是对一个纯逻辑或纯数学的概念定义感兴趣,如果在哲学论坛上也值得提到上帝,那是因为人们希望在某种程度上,用明白的语言来来解释我们的存在这个谜中之谜,并且稍微了解一点世界的中心

① 司马迁:《史记·太史公自序》,中华书局,1999年版,第3289页。

② 《汉书·董仲舒传》班固“赞”引刘歆语。中华书局,1962年版,第2526页。

③ 班固:《汉书·五行志》,中华书局,1962年版,第1317页。

的奥秘。”[①]董仲舒继承先秦原始儒学的人本精神，又赋予现实建设以绝对神圣的意义，这一由人向天的提升轨迹和将自然法则转化为王权法则的过程，正是人类探究世界和自我认知的理性追求，是人不断完善不断提高的向上力量。

## 第二节　董仲舒自然观之特征

### 一、本体的自然

董仲舒以“天”为自然的统帅，万事万物莫不是在天意的支配下生成生长和变化，同时董仲舒的“天”又不是孤悬于万事万物之外的抽象观念法则，“天”的意志体现于时序的更替与万物的相生相克，感性实在的自然之物又是体察天意的途径。董仲舒在提出了一个自然万物的最高原则终极依据“天”之后，又将“天”置放到自然万物之中，这种抽象之“天”与实在自然奇妙的一体化关系，虽然妨碍了董仲舒神学化提升的彻底性，使得他的“天”最终未能成为真正的宗教至上神，却让先前被轻忽的自然与最高原则的“天”相联系，在作为感性实在存在的同时具有了本体论的色彩，密切了与人的精神观念的联系，焕发出人的思想和意志的力量，构成了一个更大的阐释空间。

在先秦原始儒学那里，对自然的认识和看法是一个只需轻描淡写一笔带过甚至忽略的问题，孔子将认识自然排在“事君”、“事父”等人伦道德之后，且只是限制在经验领域的“多识于鸟兽虫鱼

① 〔美〕罗伊斯：“上帝的概念”，刘小枫主编：《20 世纪西方宗教哲学文选》，上海三联书店，2000 年版，第 706 页。

之名”，要挽救沉沦的世道、平息纷争、追求人世社会的理想境界，则主要靠单向度地建设仁义礼智等人伦秩序。因此，孔子对有兴趣学习技术的学生樊迟颇不以为然：“小人哉，樊须也！上好礼则民莫敢不敬；上好义，则民莫敢不服；上好信，则民莫敢不用情。无如是，则四方之民襁负其子而至矣，焉用稼？”[①]孟子认为，人性具备仁义礼智四端，而仁义礼智植根于心，故心性相通为一，故尽其心而可知其性。又人性所具之四端，乃天所赋予，故知其性而可知天。所以，通过“存心养性”的功夫，就可以“知天事天”。荀子主张“明于天人之分”，明辨“天”（自然）与人的不同职分，由此他正确而深刻地解释了一些自然现象：《天论》中的这些论述都显示出荀子理性朴素的认识：“星队、木鸣，国人皆恐。曰：是何也？曰：无何也，是天地之变，阴阳之化，物之罕至者也。怪之，可也；而畏之，非也。夫日月之有蚀，风雨之不时，怪星之党见，是无世而不常有之。上明而政平，则是虽并世起，无伤也；上暗而政险，则是虽无一至者，无益也。夫星之队、木之鸣，是天地之变，阴阳之化，物之罕至者也。怪之，可也；而畏之，非也。”“雩而雨，何也？曰：无何也，犹不雩而雨也。日月食而救之，天旱而雩，卜筮然后决大事，非以为得求也，以文之也。故君子以为文，而百姓以为神，以为文则吉，以为神则凶也。”荀子的思想反映了科学技术进步条件下人的理性认知能力的提高。但荀子又说：“不为而成，不求而得，夫是之谓天职。如是者，虽深，其人不加虑焉；虽大，不加能焉；虽精，不加察焉。夫是之谓不与天争职。”[②]强调“天职”精深博大，不必去探索、

① 《论语·子路》，朱熹：《四书章句集注》，中华书局，1983 年版，第 142 页。

② 王先谦：《荀子集解·天论》，中华书局，1988 年版，第 308 页。

深究，应该“不求知天”。在荀子看来，只要对自然现象及其规律能够加以利用就行了，而不必认真深究，所谓“其之于天地万物也，不务说其所以然而致善用其材。”[①]儒家这种对待自然的态度促成了伦理哲学的高度发达，建构了一套精致实用的社会伦常秩序，自然则始终不具有合法的地位。

董仲舒用先秦天道观念对原始儒学进行神学改造，以“天”的名义确立了世界的最高原则和终极依据，同时也以“天”的名义赋予自然以合法的地位。董仲舒眼中的自然首先是瑟缩在天意之下的自然，这时候自然处于虚位，只是天意显现的结果：“臣闻天者，群物之祖也，故遍覆包涵而无所殊，建日月风雨以和之，经阴阳寒暑以成之。”[②]“天之道，有序而时，有度而节，变而有常，反而有相奉。”[③]日月风雨的存在、阴阳寒暑的变化目的在于体现的天的性格和秩序，董仲舒从天出发来解释存在的一切：“天高其位而下其施，藏其形而见其光。高其位，所以为尊也；下其施，所以为仁也；藏其形，所以为神；见其光，所以为明。故位尊而施仁，藏神而见光者，天之行也。故为人主者，法天之行，是故内深藏，所以为神；外博观，所以为明也；任群贤，所以为受成；乃不自劳于事，所以为尊也；泛爱群生，不以喜怒赏罚，所以为仁也。”[④]在董仲舒的天之哲学中，万物的养成、形态，乃至于贤愚仁孝，无不是天一手安排主宰之结果，是“天之行也”，是“天执其道为万物生”。[⑤] 另一方面，董

① 王先谦：《荀子集解·君道》，中华书局，1988年版，第233页。
② 班固：《汉书·董仲舒传》，中华书局，1962年版，第2515页。
③ 苏舆：《春秋繁露义证·天容》，中华书局，1992年版，第69页。
④ 苏舆：《春秋繁露义证·离合根》，中华书局，1992年版，第165页。
⑤ 苏舆：《春秋繁露义证·天地之行》，中华书局，1992年版，第69页。

仲舒对“天”的性格又有自己的规定，它不同于殷商具有原始意味的天道观念，也不同于早期儒学的道德义理之天，是立足于现实世界指向超越的至上神，故而董仲舒的“天”与现实世界紧密相联并体现于自然万物的周流不壅：

> 天意难见也，其道难理。是故明阴阳入出、实虚之处，所以观天之志。辨五行之本末、逆顺、小大、广狭，所以观天道也。[①]
>
> 天无所言，而意以物。物不与群物同时而生死者，必深察之，是天之所告人也。[②]

“天”是至上的存在终极的意义，对“天”的探究是所有活动的根本价值。因此，天意是不可不察的，而天又是至暗至深的存在，对无形的天意的体察只能通过类推的方法来推隐至显、从无形到有形：“是故陈其有形以著其无形者，拘其可数以著其不可数者。”[③]“推物之类，以易见难者，其情可得。”[④]如天与人就是同类相通的，《春秋繁露·为人者天》：“为生不能为人，为人者天也。人之为人本于天，天亦人之曾祖父也。此人之所以乃上类天也。人之形体，化天数而成；人之血气，化天志而仁；人之德行，化天理而义；人之好恶，化天之暖清；人之喜怒，化天之寒暑；人之受命，化天之四时。”因此，“求天数之微，莫若于人。”[⑤]“察身以知天。”[⑥]自然万

① 苏舆：《春秋繁露义证·天地阴阳》，中华书局，1992 年版，第 467 页。

② 苏舆：《春秋繁露义证·循天之道》，中华书局，1992 年版，第 455 页。

③ 苏舆：《春秋繁露义证·人副天数》，中华书局，1992 年版，第 357 页。

④ 苏舆：《春秋繁露义证·天地阴阳》，中华书局，1992 年版，第 467 页。

⑤ 苏舆：《春秋繁露义证·官制天象》，中华书局，1992 年版，第 218 页。

⑥ 苏舆：《春秋繁露义证·郊语》，中华书局，1992 年版，第 399 页。

物成为体察天意的途径。这样,“董仲舒把天之道德外在化、物质化、具体化,即通过自然之天以证知天之道德性。自然之天具有实在性,因而使人感到具体、真实、可信。”①徐复观先生说:“董氏的基本立足点,依然是人而不是天,因为他的基本立足点依然是人而不是天,人是具体而真实的;所以在他的哲学系统中,依然是具体而真实的事物作基础。”②

自然是天的显现,是体察天意的途径,在工具论和方法论的意义上,自然具有了与天同等重要的位置;有了与至上的天的关联,在殷商时期因为理性认识水平的不足处于蒙昧混沌状态中的自然,在孔子孟子眼中因为与仁义道德无直接关系而被轻忽的自然,在董仲舒天之哲学中具有了敞显本真的本体论的色彩。董仲舒认为,自然万物除了它本身现象的形状声响之外,还具有丰富的内在本质,对事物的把握重在从本质上认识,而不是现象的认知,天子受命于天,因而天子能够超越事物的现象抵达其本质,《春秋繁露·立元神》曰:

> 为人君者,其要贵神。神者,不可得而视也,不可得而听也,是故视而不见其形,听而不闻其声。声之不闻,故莫得其响,不见其形,故莫得其彰。莫得其形则无以曲直也,莫得其响则无以清浊也。无以曲直则其功不可得而败,无以其清浊则其名不可得而度也。所谓不见其形者,非不见其进止之形也,言其所以进止不可得而见也。所谓不闻其声者,非不闻其

① 刘国民:《董仲舒的经学诠释及天的哲学》,中国社会科学出版社,2007年版,第293页。

② 徐复观:《两汉思想史》第二卷,华东师范大学出版社,2001年版,第242页。

号令之声也，言其所以号令不可得而闻也。不见不闻，是谓冥昏。能冥则明，能昏则彰。能冥能昏，是谓神人。[①]

显然，董仲舒眼中的事物有两个层次，一是显现为声响形貌曲直清浊的可命名可计量的现象，一是幽昧深邃的内在神明，一般的人只能见到外在的法度和形状，只有受命于天的天子因为与天相通，才能把握到事物的真正本质，进入澄澈透亮的境界，而这才是对事物的真正认识。董仲舒故意提出不见不闻的冥昏状态，意谓现象上的黑暗与混沌就是本质上的透明与澄澈，现象是虚妄，应该超越现象追求本质。董仲舒又说：

《春秋》之道，奉天而法古。是故虽有巧手，弗修规矩，不能正方员。虽有察耳，不吹六律，不能定五音。虽有知心，不览先王，不能平天下。[②]

董仲舒治《春秋》的现实目的，在于建立一个义理化系统化的思想体系，为现实王权政治的合法性提供神圣的依据，当然这个依据是至上的天，《春秋繁露·玉杯》曰："屈民而伸君，屈君而伸天"，这样建立的是一个由天、天子、百官、万民、四方、阴阳、风雨、草木构成的逐级下降的等级秩序，天最高，是所有事物的本体，也是所有事物的意义，其它事物不过是以不同的情状顺应或显现天意罢了。自然是天的外在化、物质化存在，于是处于最高位的天又奇妙

① 苏舆：《春秋繁露义证·立元神》，中华书局，1992 年版，第 171 页。
② 苏舆：《春秋繁露义证·楚庄王》，中华书局，1992 年版，第 14 页。

地与最基础的自然万物等同，形成一个首尾相连的环形图式，天显现于自然，自然是察知天意的途径，天——自然的这个环形图式，是一切君之道、臣之道、人之道生成的基本语境。难怪董仲舒要煞费苦心地阐释阴阳、五行、十端，构建自己的宇宙图式，其根本目的在于回答政治领域内“什么是正确的”以及现实社会中人“应该如何生活”的问题。

当人不能清楚地回答自然是什么的问题时，自然是外在于人的强大的异己力量，孔子说“仁者乐山，智者乐水”，将自然与人的道德相比拟，是想建立起人与自然的亲密关系，这种外在形貌上的比附，努力使人的道德属性寄寓于自然，即使是在现象上也难以让人完全信服，荀子“天人相分”的主张，体现出人意欲战胜自然超越自然的豪迈和自信，但仅限于物质层面上的把握，并未作本体的探究。儒家为了使自己的政治伦理具有规范性和客观必然性，试图从自然界寻找依据。《礼记·礼运》：“故人者，其天地之德，阴阳之交，鬼神之会，五行之秀气也。”“故人者，天地之心也，五行之端也。”“食味、别声、被色而生者也。”人是自然界产物，并且是自然界之精华。《中庸》说：“天命之谓性，率性之谓道，修道之谓教。”这三句话阐明了礼乐与人的自然之性的关系：人的自然本质体现为道性，性要践行就必然要求道，礼乐教化用以修道，因此，礼乐是自然秩序的体现，人类的准则的依据在于自然，这就是所谓的“圣人作则，必以天地为本”，“大乐与天地同和”，“大礼与天地同节”，“乐者，天地之和也。礼者，天地之序也。”借自然赋予了儒家政治伦理以客观性必然性和普遍性。然而，以现象之自然为人伦道德之依据，而不对自然之本质作探究，终究不能真正回答自然的为什么和礼乐的为什么的问题。当董仲舒确立天为自然的主宰，至上的天又体现外化于有形的自然时，就将对自然的认识提升到一个形而上的层面上，以具有本体意义的自然赋予王权政治、人伦道德以神圣的合法性。胡适说："这一时期的学派，无论如何不同，都还是以古代诸子的哲学作起点。"[①]董仲舒的天的哲学中的自然观念，正是借用先秦道家本体探究的形而上学的思维方式，膨胀孔子儒学中保留的宗教性因素，对孔孟儒学中仁义道德的意义和荀子思想中人的主体性的极致的高扬。

## 二、观念的自然

冯友兰先生认为董仲舒的自然观是目的论自然观，[②]的确，董仲舒眼中的自然绝非客观真实的物质自然，他关心自然论说自然的目的也不是认识把握自然。季节、时间、阴阳、灾害等等这些能为人们的感官所掌握，在人的心中具有客观确定性的自然事物，董仲舒以神学的思维对其进行解释，从而赋予抽象虚无的神学概念天以实在的意义，同时也借天的内涵来解释自然，自然事物既是客观外在的对象，也是神学意志的体现。

秦汉以来，随着大一统帝国的建立，以方国文化为基础适应氏族社会结构的诸子思想越来越不能适应时代发展的需要，高度统一的强权政治需要具有唯一合法性的意识形态，需要变多样的诸子文化为强力的国家意志，并将这种意志落实于包括政权政治在内的日常生活事物，各家学说相互融合渗透形成了新的时代思潮，在新的思想背景下重新解释宇宙万物和天人关系成了必然的时代

① 姜义化:《胡适学术文集》,《中国哲学史》上，中华书局，1992 年版，第 40 页。
② 冯友兰:《中国哲学史新编》中，人民出版社，1998 年版，第 69-71 页。

呼唤。我们在前面提到,《吕氏春秋》流露出明显的综合百家统一思想的企图,《吕氏春秋·不二》篇曰:

> 听群众人议以治国,国危无日矣。何以知其然也?老聃贵柔,孔子贵仁,墨翟贵廉,关尹贵清……有金鼓,所以一耳也。必同法令,所以一心也。智者不得巧,愚者不得拙,所以一众也,勇者不得先,惧者不得后,所以为一也。故一则治,异则乱。一则安,异则危。

这里的"一"指就是思想文化的统一,以兼融百家的统一思想为社会治理的先决条件,统一思想也是皇帝统治大一统帝国的方针:"天下必有天子,所以一之也,天子必执一,所以抟之也。一则治,两则乱。"这里,"一"所统领的不仅是天子政权、道德法令、典章制度,还包括天文、地理、气象、季候、草木、鸟兽和形体精神。建立一个具有神圣合法依据的,包揽从精神到物质、从人事到自然的统一的相互联系的和彼此影响的遵循普遍规律的大一统的宇宙图式是秦汉时代思潮的核心。《吕氏春秋·序意》表达的就是这种愿望:"上揆之天,下验之地,中审之人。若此,则是非,可不可,无所遁矣。"它的纲领性内容是以《礼记·月令》为构架写作的"十二纪",这一内容依照"天人感应"的原则,将道德、兵法、养生等各种内容分配到春夏秋冬四季中论述。《淮南鸿烈》也详尽地描绘了宇宙时空的起始和变化,叙述了现实事务的形态和变异,展示了客观世界的丰富性和各样性,构建了中国哲学中较为完整的宇宙论。董仲舒以天为世界的主宰,依据中国传统的天人感应的思维方式,吸取战国以来的阴阳五行思想,视宇宙为一个有机的结构,天与地是其轮廓，五行为其间架，阴阳是运行于这个结构中的两种力量，将自然事物、社会政治原则、人的情感心理等等万事万物统统归于这个结构之中，各个要素既服从于最高的意志，又相互密切联系有机统一，这种神学目的论的自然观无疑是《吕氏春秋》以来构建大一统的系统化的宇宙图式的时代思潮的自然结果。

董仲舒的神学目的论宇宙图式是由天——阴阳——四时——五行分级构成的，天是世界的主宰宇宙构成的最高层次，是自然万物的存在依据，但天不是抽象存在的概念，而是体现为阴阳、五行、四时、灾异等自然事物的存在状态，《春秋繁露·五行相生》："天地之气，合而为一，分为阴阳，判为四时，列为五行"，这样，季节、时间、阴阳、灾害等等自然事物就成为以天为最终目的的和谐运动物。阴阳观念来源于早期对万事万物内部要素具有的相反属性的认识。庄子说"《易》以道阴阳"，说明写成于商末周初的《易经》就有了阴阳观念，而实际上阴阳观念的形成却远在《易经》成书之前，带有原始思维认识事物方式的痕迹。司马迁在《史记·孟子荀卿列传》中对邹衍的理论如此评说："邹衍睹有国者益淫侈，不能尚德若大雅，整之于身，施及黎庶矣。乃深观阴阳消息，而作怪迂之变，《终始》、《大圣》之篇十余万言。其语宏大不经，必先验小物，推而大之，至于无垠。"原始思维的基本特征就是把在一定条件下发生的现象或形成的经验无条件地扩大和推广，从而导致得出独特的认识，邹衍的推理方式"先验小物，推而大之，至于无垠"，也就是从对光明与黑暗交替出现、男女两性交感化生等诸多对立统一现象的直接观察，得出抽象的阴阳观念，用以表示对事物的属性和类别的认识，是用抽象概念对感性经验的提升。《老子》所说"万物负阴而抱阳，冲气以为和"，《易经·系辞》所说"一阴一阳之谓道"、"太极生两仪，两仪生四象，四象生八卦”，都是将阴阳视为世界本原“道”的分化和推动世界万物不断衍生、发展的两种根本力量，是人们用以解释事物生成变化的基本概念。

因此，这时的阴阳观念只是对事物中对立力量的辩证关系及事物形成和发展动力的朴素认识。梁启超考证《诗》、《书》、《仪礼》、《易》关于“阴阳”的文句，认为其中“所谓阴阳者，不过自然界中一种粗浅微末之现象，绝不含何等深邃之意义。”[①]庞朴先生说阴阳源于楚人的枚占，后被周人发挥，但是在西周早期，阴阳只是一种感性的现象。[②]《诗·大雅·公刘》曰：“相其阴阳，观其流泉”，阴阳即指具体的感性观察现象。

阴阳是董仲舒自然观念中的核心元素，他的阴阳观有对战国阴阳思想的继承：“天之常道，相反之物也，不得两起，故谓之一。一而不二者，天之行也。阴与阳，相反之物也，故或出或入，或右或左。春俱南，秋俱北，夏交于前，冬交于后，并行而不同路，交会而各代理，此其文与！天之道，有一出一入，一休一伏，其度一也。然而不同意。阳之出，常县于前而任岁事；阴之出，常县于后而守空虚。阳之休也，功已成于上而伏于下；阴之伏也，不得近义而远其处也。”[③]又有与前人不一样的地方：“仲舒赋予阴阳的性格，与战国中期以后，以《易传》为中心的阴阳思想，有了很大的出入。”[④]董仲舒的阴阳，除了是万事万物中相反相成的两种力量、事物内部因素对立统一的属性，还具有政治伦理意义，除了是自然哲学观念，

① 顾颉刚：《古史辨》第五卷，上海古籍出版社，1982 年版，第 349 页。
② 庞朴：“阴阳五行探源”，《中国社会科学》，1984 年第 3 期。
③ 苏舆：《春秋繁露义证·天道不二》，中华书局，1992 年版，第 345 页。
④ 徐复观：《两汉思想史》第二卷，华东师范大学出版社，2001 年版，第 232 页。

还是社会政治观念："恶之属尽为阴，善之属尽为阳；阳为德，阴为刑，刑反德而顺于德，亦权之类也"，"是故天以阴为权，以阳为经。阳出而南，阴出而北；经用于盛，权用于末。以此见天之显经隐权，前德而后刑也。""阳气暖，而阴气寒；阳气予而阴气夺；阳气仁而阴气戾；阳气宽而阴气急；阳气爱而阴气恶；阳气生而阴气杀。"[①]很明显，董仲舒阴阳观与前人最大区别在于其具有伦理道德意义，即所谓"阳尊阴卑"、"贵阳贱阴"，尊卑贵贱区别的依据当然不在于其自然性，而是因为阴阳乃天意的体现。细研董仲舒的思想世界，可以发现，天虽然为现象的本体、终极的依据，但其内涵并非如其它宗教中的绝对之理想，而实为王权政治社会伦理的形而上学化：

仁，天心；故次以天心。[②]

仁之美者在于天，天，仁也。天覆育万物，既化而生之，有养而成之；事功无已。疑为终而复始；凡举归之以奉人。察于天之意，无穷极之仁也。人之受命于天也，取仁于天而仁也。[③]

中者，天地之所始终也，而和者，天地之所生成也。夫德莫大于和，而道莫于正于中。中者，天地之美达理也。[④]

举天地之道，而美于和[⑤]。

① 苏舆：《春秋繁露义证·王道通》，中华书局，1992年版，第329页。
② 苏舆：《春秋繁露义证·俞序》，中华书局，1992年版，第161页。
③ 苏舆：《春秋繁露义证·王道通》，中华书局，1992年版，第329页。
④ 苏舆：《春秋繁露义证·循天之道》，中华书局，1992年版，第444页。
⑤ 同上，第447页。

所谓天的真正内涵，就是儒家用以教化天下陶铸民彝的伦理秩序，“天道”即王道。王永祥在《董仲舒评传》中谈到：“董仲舒之成为汉代名儒，除了他熟读经书，善解《春秋》，首倡独尊孔氏之外，重要的一条，就是他‘首推阴阳’，把阴阳五行说纳入了儒家学说，这可以说是董氏新儒学区别于孔氏儒学的重要特色之一，也是他赋予天的重要性质之一，甚至是天的核心性质。”宗教化儒学或者新儒学仍然是儒学，孔孟儒学中修炼圣人境界、以仁义礼治化成天下，秉持中庸之道建设和谐社会的要义仍然是董子之学的追求，只是将其归于天的启示之下而更具有神圣性。余英时先生也是立足于现实秩序来看待古代知识分子的理想追求：“中国古代知识分子所持的‘道’是人间的性格，他们所面临的问题是政治社会秩序的重建。这就使得他们既有别于以色列先知的直接诉诸普遍性、超越性的上帝，也不同于希腊哲人对自然秩序的探索。因此之故，中国知识分子一开始就和政治权威发生了面对面的关系。”[①]董仲舒说“道之大原出于天，天不变，道亦不变”从语义上讲，道和以道为内涵的天都是永恒不变的，但它们却不是超越现实的绝对理念，而是现实世界建设的基本原则。

那么“阳尊阴卑”、“阳贵阴贱”，就可用以“阳”喻“德”，以“阴”附“刑”的思维，为汉代王权政治的“德主刑辅”、“厚德轻刑”找到形而上的依据：“是故人主近天之所近，远之天之所远，大天之所大，小天之所小。是故天数右阳而不右阴，务德而不务刑，刑之不可以成世也，犹阴之不可以成岁也。为政而任刑，谓之逆天，非王道。”“天之任阳不任阴，好德不好刑，如是。故阳出而前，阴出而后，尊

① 余英时：《士与中国文化》，上海人民出版社，1987年版，第119页。

德而卑刑之心见矣。阳出而积于夏，任德以岁事也；阴出而积于冬，错刑于空处也。必以此察之。天无常于物，而一于时。时之所宜，而一为之。故开一塞一、起一废一，至毕时而止，终有复始于一。一者，一也。是于天凡在阴位者，皆恶乱善，不得主名，天之道也。故常一而不灭，天之道。事无大小，物无难易，反天之道，无成者。”①

董仲舒还将“阳尊阴卑”、“阳贵阴贱”推及日常的社会等级家庭关系，由阴阳确定了日常生活中的君臣之道、父子之道、夫妇之道，他说：

> 阴者阳之合，妻者夫之合，子者父之合，臣者君之合，物莫无合，而使各有阴阳，阳兼于阴，阴兼于阳，夫兼于妻，妻兼于夫。父兼于子，子兼于父，君兼于臣，臣兼于君，君臣、父子、夫妇之义，皆取诸阴阳之道，君为阳，臣为阴，父为阳，子为阴；夫为阳，妻为阴，阴道无所独行，其始也不得专起，其终也不得分功，有所兼之义。是故臣兼功于君，子兼功于父，妻兼功于夫，阴兼功于阳，地兼功于天。……天为君而覆露之，地为臣而持载之，阳为夫而生之，阴为妇而助之，春为父而生之，夏为子而养之。②

君臣是政治生活中的等级关系，夫妇、父子是家庭生活中的人情伦理，在儒家看来，它们的和谐有序是实现理想社会“致中和”的保

① 苏舆：《春秋繁露义证·天道不二》，中华书局，1992年版，第346页。

② 苏舆：《春秋繁露义证·基义》，中华书局，1992年版，第350-351页。

障，具有十分重要的地位，《中庸》中云："君子之道，造端乎夫妇；及其至也，察乎天地。""男女有别而后夫妇有义；夫妇有义而后父子有亲；父子有亲而后君臣有正。故曰：昏礼者，礼之本也。"[①]夫妇关系不仅是男女之别，更是"礼"之根本，"礼始于谨夫妇"。但在原始儒学那里，君臣、父子、夫妇的重要性仅限于现实生活的"礼"，不具有本体论的依据，缺乏必然性与普遍性，而董仲舒由天论阴阳，由阴阳定君臣、父子、夫妇，阈于现实的纲常伦理上达于终极之天，从而永恒化、神秘化，董仲舒将对"礼"的认识推到了前人未及的深度：

> 礼者，继天地，体阴阳，而慎主客，序尊卑、贵贱、大小之位，而差内外、远近、新故之级者也[②]。

对"孝"的论述也是坚定而气魄宏大。河间献王问董仲舒，你说孝是天经地义的，有何依据？根据什么道理？董仲舒回答说："天有五行，木火土金水是也。木生火，火生土，土生金，金生水，水生木，此其父子也？父之所生，其子长之，父之所长，其子养之……由此观之，父授之，子受之，乃天之道也，故曰：夫孝者，天之经也。"[③]而且在"天道阴阳"这一系统结构中，董仲舒"移孝于忠"，把"孝"这一家庭伦理观念移植进了政治领域，君臣关系不仅是天地之道体现，还是血缘人情之所在，孝从此成为加强中央集权统治的有力思想

---

① 孔颖达：《礼记正义·昏义》，阮元：《十三经注疏》，中华书局，1980 年影印版，第 1681 页。

② 苏舆：《春秋繁露义证·奉本》，中华书局，1992 年版，第 275-276 页。

③ 苏舆：《春秋繁露义证·五行对》，中华书局，1992 年版，第 315 页。

武器和儒教的显著标志。

同样地，董仲舒的五行观念也是伦理化、人情化的。“五行的观念，就其本身看，是自然家性与科学性的”，[①]是对自然物质的基本形态所作的分类认识。《尚书·洪范》中说：“五行：一曰水，二曰火，三曰木，四曰金，五曰土。水曰润下，火曰炎上，木曰曲直，金曰从革，土爰稼穑。润下作咸，炎上作苦，曲直作酸从革作辛，稼穑作甘。”从中可以看出，五行即五种物质元素。孔颖达曰：“《书传》曰：‘水火者百姓之所饮食也，金木者百姓之所兴作也，土者万物之所资生也。是为人用。’五行即五材也，襄(公)二十七年《左传》云‘天生五材，民并用之’，言五者各有材干也。谓之‘行’者，若在天则五气流行，在地世所行用也。”“又万物之本，有生于无，者生于微，及其成形，亦以微著为渐。五行先后，亦以微著为次。五行之体，水最微，为一。火渐著，为二。木形实，为三。金体固，为四。土质大，为五。……水火木金得土数而成，故水成数六，火成数七，木成数八，金成数九，土成数十。”把五行看作为“五材”，实即自然界中物质的五种形态：“水最微”，是指物质尚未成形时最初的原始形态；“火渐著”，是指物质已储备有热量和能量的形态；“木形实”，是固定的形体；“金体固”，是成形的物质质地坚固；最后，无所不在的广大土壤是生长孕育万物最基本的因子，即“土质大”，故“水火木金得土数而成”。《国语·郑语》说：“先王以土与金木水火杂，以成百物”，也是同样的观念。《洪范》中还有“五事”、“五纪”、“五福”及“庶征”之“雨、阳、燠、寒、风”五种证验，表达了对天时星辰及人的

① 〔英〕李约瑟：《中国古代科学思想史》，陈立夫主译，江西人民出版社，2006 年版，第 300 页。

社会现象和精神现象的认识，都是对具体事物的分类概括。

战国时期，人们不满足于只是经验现象的认知，希望对宇宙的浩渺与无穷作出更深层次的探索，据《盐铁论·论邹》记："邹子疾晚世之儒墨不知天地之弘，昭旷之道，将一曲而欲道九折，守一隅而欲知万方，犹无准平而欲知高下，无规矩而欲知方圆也。"要知天地之宏大丰富，经验层面上的"五行"、"五事"、"五纪"、"五福"显然不足，邹衍将本属于地之所有的具体之物的五行上升为与天之五气："及禹之时，天先见秋冬草木不杀，禹曰木气胜。木气胜，故其色尚青，其事则木。及汤之时，天先见金，刃生于水……"气是无形无象的，可以生无穷变化，能够很好地适应邹衍"必先验小物，推而大之，至于无垠"思维的需要，这时，作为表征具体之物的"五行"概念开始趋向抽象神秘。

至董仲舒，在天人感应的神学体系中，五行概念膨胀了发端于邹衍的形而上概念色彩，基本褪去了感性具体之物质的本色，成为以"天"命名的神学意志实则现实王道的载体。董仲舒将上升为五气的五行与天相联系：

> 天地之气，合而为一，分为阴阳，判为四时，列为五行。

五行之气与阴阳之气、四时之气并列，皆天地之气的分化，这样五行直接与天相联系，成为具有本体之真的抽象概念。董仲舒五行概念中所谓的天意其内涵是儒家的仁义礼智，五行就不是自然物质的五种形态，也不是客观真实的物质结构，而是建构社会仁义道德秩序的基本框架。邹衍以五行配四时，五行的顺序是"木、火、土、金、水"，认为五行之间有相胜的关系，这主要是基于经验事实的结论，董仲舒的五行理论也极为重视五行之序、五行之位，认为五行之间有相生与相胜的关系[①]："行者，行也；其行不同，故谓之五行。五行者，五官也，比相生而间相胜也。"[②]相生，即按照木——火——土——金——水的排列，五行之间顺序而成，渐次相生；相胜，是指五行之间隔位相尅，间隔相胜。但这种相生相胜的关系并非是对感性物质关系的认识，而是立足于王权政治与现实伦理人为的强行论说："天有五行：一曰木，二曰火，三曰土，四曰金，五曰水。木，五行之始也；水，五行之终也；土，五行之中也。此其天次之序也。木生火，火生土，土生金，金生水，水生木，此其父子也。木居左，金居右，火居前，水居后，土居中央，此其父子之序。相受而布。……诸授之者，皆其父也；受之者，皆其子也。常因其父以使其子，天之道也。是故木已生而火养之，金已死而水藏之，火乐木而养以阳，水克金而丧以阴，土之事火竭其忠。故五行者，乃孝子忠臣之行也。"忠与孝是维持封建社会秩序的核心要义，董仲舒以绝对神圣的天的名义，轻而易举地将这一对形而下的现实伦理范畴，提升到超越的永恒的形而上的本体地位，五行之序是"天次之序"、"天之数"，忠与孝由五行之序规定，忠与孝即"天次之序"、"天之数"，借五行这一桥梁，董仲舒言之凿凿地肯定了儒家现实伦理的天经地义：

是故父之所生，其子长之；父之所长，其子养之；父之所

① 周桂钿先生说："五行相生的说法不见于先秦的典籍。崔述认为是刘向刘歆父子首先提出来的，实际上应该是董仲舒发明的。"周桂钿："董仲舒天人感应论的真理性"，《河北学刊》，2001年第3期。

② 苏舆：《春秋繁露义证·五行之义》，中华书局，1992年版，第321页。

养，其子成之。诸父所为，其子皆奉承而续行之，不敢不致如父之意，尽为人之道也。故五行者，五对也。由此观之，父授之，子受之，乃天之道也，故曰：夫孝者，天之经也。

土者，火之子也，五行莫贵于土著人，土之于四时，无所命者，不与火分功名。……土者，五行最贵者也，其义不可以加矣。五声莫贵于宫，五味莫美于甘，五色莫盛于黄，此谓孝者地之义也。①

与五行相配合的，还有"五常"、"五官"、"五貌"。"五常"是指体现了儒家社会政治理想人情伦理的道德原则，孟子说"仁义礼智根于心"，荀子认为有思孟之五行，汉初贾谊称仁义礼智圣乐为六行，董仲舒为了与"五行"相配合将新的儒家伦理道原则约为"五常"："夫仁谊礼知信五常之道，王者所当修饬也；五者修饬，故受天之祐，而享鬼神之灵，德施于方外，延及群生也。"②"五官"是董仲舒设想的封建官僚行政体系中的官职，《左传》昭公十九年云："有五行之官，是为五官"，五官为木正、火正、金正、水正、土正，《管子·五行》："五官以正人位"，"具五官于六府也"，"是故春者土师也，夏者司徒也，秋者司马也，冬者李也。"董仲舒按同类相应的原则将五官与五行相配："东方者木，农之本，司农尚仁。……南方者火也，本朝，司马尚智。……中央者土，君官也，司营尚信。……西方者金，大理司徒也，司徒尚义……北方者水，执法司寇也，司寇尚礼。"③。"五事"则是指君王貌言视听思，五行亦规定了君王五事，

① 苏舆：《春秋繁露义证·五行对》，中华书局，1992年版，第315页。

② 《汉书·董仲舒传》，中华书局，1962年版，第2505页。

③ 苏舆：《春秋繁露义证·五行相生》，中华书局，1992年版，第362-365页。

"五事,一曰貌,一曰言,三曰视,四曰听,五曰思。何谓?夫五事者,人之所受命于天也。而王者所修而治民也。故王者为民,治则不可以不明,准绳不可以不正。"[①]从"五行"到"五常"、"五官"、"五事",这个起源于朴素的物质观察分类的概念,已经蛮横地越过了自然概念的边界,成为建构一个具有神圣合法依据的,包揽从精神到物质、从人事到自然的统一的相互联系的和彼此影响的遵循"天"意的一体化世界的纲领性概念。"五行"只是一个基本原则,由此出发,建立起政治体制、人情伦常,甚至四时、方位及物质消长的秩序,这个秩序是大一统帝国的国家机器运行、封建政体有效、日常生活开展的保证,即董仲舒所说:"天地之行美也。……凡天地之物,乘以其泰而生,厌于其胜而死,四时之变是也。"[②]

毫无疑问,董仲舒在政治、人伦、自然事物之间建立的比附、类推与配合相当地牵强附会,有很多是无法验证经不起推敲的:"董氏及两汉思想家所说的天人关系,都是通过想象所建立起来的。这种想象,不是具体与具体的连结,而一端是'有',另一端是'无',通过想象把有形与无形,把人与天在客观上连结起来,这中间便没有知识的意义。"[③]是的,董仲舒这套形而上学体系的目的不在于解释客观事物,而在于建立一个系统化的宇宙图式,其意义在于"最明确地把儒家的基本理论(孔孟的仁义心性等)与战国以来风行不衰的阴阳家的五行宇宙论具体地配置起来,从而使儒家的伦理政治纲常有了一个系统论的宇宙图式作为基石,使《易传》《中庸》以来儒家所向往的'人与天地参'的世界得到具体的落实,完成

---

① 苏舆:《春秋繁露义证·五行五事》,中华书局,1992年版,第389-390页。

② 苏舆:《春秋繁露义证·天地之行》,中华书局,1992年版,第458页。

③ 徐复观:《两汉思想史》第二卷,华东师范大学版社,2001年版,第241页。

任务了《吕氏春秋·十二纪》起始的以儒家为主融合各家以建构体系的时代要求。”[①]这个神学目的论以天的名义统帅、配合高度统一的现实王权的宇宙图式，精细地梳理了人与社会、人与人、人与自然的关系，厘定了现实世界的君臣、夫妇、父子、长幼、尊卑秩序，让张扬道德理想的先秦原始儒学成为了可践履的政治哲学。

## 三、阐释的自然

“天辨在人”、“以身察天”，将神秘无形的天外在化、实在化为客观的自然物质，这是董仲舒知晓天意的方法；而自然物质就其形态来讲是无法与天意相联系的，天的哲学另一方面的工作则是要对自然物质进行阐释，董仲舒依据天人感应的原则，通过见辞求指、深察名号、伍偶物类的方法阐释自然，使自然物不仅仅是客观物质的存在，而且是人的情感意志的体现，象征王道政治的祥瑞与灾异，天道秩序的浓缩，形成一个有形与无形结合、想象与实在交融、理念与客体混杂、心灵与对象汇通的广大空间，阐释的自然达成其“体天之微”的目的。

天的哲学的构建通过诠释《春秋》、《公羊传》而完成。《春秋》文本简约而深晦，给后世留下极大的阐释空间。孟子有一段名言：“王者之迹熄而《诗》亡，《诗》亡然后《春秋》作。……其事则齐恒、晋文，其文则史。孔子曰：‘其义则丘窃取之矣。’”[②]《春秋》包含三个层次：“史事”、“史文”、“史义”。第一层“史事”是对事实的记录，第二层“史文”是记录事实的手法，第三层“史义”是以文字抒写的

① 李泽厚：《中国古代思想史论》，天津社会科学出版社，2004年版，第145页。

② 《孟子注疏·离娄章句下》，阮元：《十三经注疏》，中华书局，1980年影印版，第2727-2728页。

事实所具有的深刻含义。“史事”是最基础的层面，“史文”是连接“史事”呈现“史义”的方式，“史义”隐含在“史事”与“史文”之中。《左传》对《春秋》的文本特征作了辩证的定义：“《春秋》之称，微而显，志而晦，婉而成章，尽而不污，惩恶而劝善。非圣人谁能修之？”①微与显、志与晦、婉而章的矛盾对立，也表明了《春秋》的笔法简约凝练，抒发的道理深刻隐微，文字的字面义背后包含深刻的“微言大义”。董仲舒阐释经传时，将《春秋》分为“文辞”与“文指”，强调理解经传时要不拘泥于文字，努力突破文字的表面含义去追求背后的深层含义，《春秋繁露·竹林》云：

> 辞不能及，皆在于指，非精心达思者，其孰能知之。《诗》云：“棠棣之华，偏其反而。岂不尔思？室是远而。”孔子曰：“未之思也，夫何远之有！”由是观之，见其指者，不任其辞。不任其辞，然后可与适道矣。

董仲舒首先指出深刻思想在表面的文字之外，即所谓“文指”，要精心思量努力钻研才能得获得“文指”，因此，要读懂经典，一定要超越表层的字句，去追求文字背后的深层含义，只有获得了深层的含义，“见其指”了，才能理解经典，从中得到应世为人的真谛。这里的“指”，主要不是与文字相关的意义，而是与天相联系的终极意义；“见其指”所达到的境界，是洞悉了儒学的精义、确知了为君为人为事为物的原则的“适道”状态。董仲舒总结的十条“指”之原

① 《左传·成公十四年》，阮元：《十三经注疏》，中华书局，1980年影印版，第1913页，

则清楚地表明了这点：

> 《春秋》二百四十二年之文，天下之大，事变之博，无不有也。虽然，大略之要有十指。十指者，事之所系也，王化之所由得流也。举事变见有重焉，一指也。见事变之所至者，一指也。因其所以至者而治之，一指也。强干弱枝，大本小末，一指也。别嫌疑，异同类，一指也。论贤才之义，别所长之能，一指也。亲近来远，同民所欲，一指也。承周文而反之质，一指也。木生火，火为夏，天之端，一指也。切刺讥之所罚，考变异之所加，天之端，一指也。举事变见有重焉，则百姓安矣。见事变之所至者，则得失审矣。因其所以至而治之，则事之本正矣。强干弱枝，大本小末，则君臣之分明矣。别嫌疑，异同类，则是非著矣。论贤才之义，别所长之能，则百官序矣。承周文而反之质，则化所务立矣。亲近来远，同民所欲，则仁恩达矣。木生火，火为夏，则阴阳四时之理相受而次矣。切刺讥之所罚，考变异之所加，则天所欲为行矣。统此而举之，德泽广大，衍溢于四海，阴阳和调，万物靡不得其理矣。说《春秋》者凡用是矣，此其法也。①

“十指”所涉范围极广，政治社会、自然人生无不在其中，可见，“指”并非因文字衍生的相关或相近意义，而是有关整个世界的根本性原则和道理；“指”可以是从文字表面推导牵引出来，更是解释者将自己头脑中预设的观念原则附会于“辞”。因此，“辞”与“指”不仅

① 苏舆：《春秋繁露义证·十指》，中华书局，1992年版，第145-147页。

有表层与深层的“间距”，更可以超越现实意义上因果逻辑关联，或者说，“不任其辞”之后所见何“指”全系于解释者的胸襟与识见，“指”是在“辞”的基础上生成的新的空间，是一种新的意义建构。董仲舒解经抛开原有的顺序，以专题的方式对《春秋》经传的大义和史事任意选择、组合、嫁接，正是充分发挥解释者的主观性，阐发其天道信念。“辞”与“指”的划分，赋予他极大的自由空间，成为驰骋思想阐发义理的工具。

“见其指者，不任其辞”是董仲舒解经的工具，也是他认识事物思考世界的思想方法，当他用这种穿越文辞求“其指”的目光打量世界时，万事万物顺理成章地成为知晓天意的途径，从而“体天之微”，从客观实在的形象，转换成焕发出神性光彩的对象。如董仲舒眼中的人，乃“天”之神学体系中的特殊概念。他依据中国传统的同类相应原则，发展了《吕氏春秋》与《淮南子》的中天人感应思想，从体现天意的角度重新认识人，从生成根源、生命原理、形貌结构立说，阐释出一个全新的人。从生成上说，人的生成根源在于天而非父母：

> 人之所由受于天也。①
>
> 为生不能为人，为人者天也。人之为人本于天，天亦人之曾祖父也。②

从生命原理上说，人的生成是因为天与人有着“相数”与“相副”

① 苏舆：《春秋繁露义证·循天之道》，中华书局，1992 年版，第 456 页。

② 苏舆：《春秋繁露义证·为人者天》，中华书局，1992 年版，第 318 页。

关系：

> 天亦有喜怒之气、哀乐之心，与人相副。以类合之，天人一也。[①]
>
> 于其可数也，副数；不可数者，副类。皆当同而副天，一也。[②]
>
> 求天数之微，莫若于人。人之身有四肢，每肢有三节，三四十二，十二节相持而形体立矣。天有四时，每时有三月，三四十二，十二月相受而岁终矣。[③]

从形貌上说，人组织结构决定于天：

> 天地之符，阴阳之副，常设于身。身犹天也，数与之相参，故命与之相连也。天以终岁之数成人之身，故小节三百六十六，副日数也；大节十二分，副月数也；内有五藏，副五行数也；外有四肢，副四时数。
>
> 是故人之身，首坌而员，象天容也；发，象星辰也；耳目戾戾，象日月也；鼻口呼吸，象风气也；胸中达知，象神明也；腹饱实虚，象百物也；百物者最近地，故要以下，地也。天地之象，以要为带。颈以上者，精神尊严，明天类之状也；颈以下者，丰厚卑辱，土壤之比也。足布而方，地形之象也。[④]

---

① 苏舆：《春秋繁露义证·阴阳义》，中华书局，1992年版，第341页。

② 苏舆：《春秋繁露义证·人副天数》，中华书局，1992年版，第357页。

③ 苏舆：《春秋繁露义证·官制天象》，中华书局，1992年版，第218页。

④ 苏舆：《春秋繁露义证·人副天数》，中华书局，1992年版，第355-356页。

经过这样的阐释，人的生成根源、生成原则包括生理构造都是由天决定，是天意的体现，这样的人当然就不仅仅是存在于大千世界万事万物中的一客观对象，它是深广幽远的神明与人的实在形体的结合，是董仲舒匡时救世的儒者情怀的现实寄寓，是人对于客观之物深刻体验"精心达思"的结果，这样的人虽然偏离了可见的客观真实，却达到了更深层的真实，它是人之存在根本的追问。

董仲舒解释世界，除了深切地"见其指"，还努力地追求旨意广博弘富，不仅指向深度高度的终极，也彰显出事物存在的复杂性与系统性；他用"深察名号"、"伍偶物类"的方法，细致地辨析出整体事物中所包含的丰富意味。名号之辨是他认识世界的根本性方法：

> 治天下之端，在审辨大。辨大之理，在深察名号。

苏舆注曰："审事物之所以别异与其大纲，故曰'辨大'。"[①]可见，对名号意义的辨别和深层内涵的挖掘决定着人认识世界的清晰与深刻程度。名是称谓事物的言词，先秦形名家对名有各种分类，墨家将名分为"达名"、"类名"、"私名"三种，荀子分名为"单名"、"兼名"、"共名"、"别名"四类，《尹文子·大道上》说：名有三科，"一曰命物之名，方圆白黑是也。二曰毁誉之名，善恶贵贱是也。三曰况谓之名，贤愚爱憎是也。"可见，名显示出人们对事物的认识，对名的探析是对人的认识方式及对象的丰富内涵的探究。董仲舒认为名号的根本含义在于天："名者，大理之首章也。录其首章之意，以

① 苏舆：《春秋繁露义证·深察名号》，中华书局，1992年版，第284页。

窥其中之事，则是非可知，逆顺自著，其几通于天地矣。是非之正，取之逆顺，逆顺之正，取之名号，名号之正，取之天地，天地为名号之大义也。”在天的哲学体系中，一切事物的意义都由天赋予，名号的重要性在于它是体现天意的是非顺逆，名号之正确与否，决定着事物是否合根本的规则，是否具有充分的正当性与合理性，即所谓名正然后言顺然后事成的思路。因此名号不仅仅是称谓的言词，而且事物之所以为此物的依据、是对来自于天的根本意义的体现："名生于真，非其真，弗以为名。名者，圣人之所以真物也。名之为言真也。"①

对于名号，董仲舒主张要“深察”，所谓“察”，是一种具有深刻含义的认知方式：

> 祭者，察也，以善逮鬼神之谓也。善乃逮不可见闻者，故谓之察。吾以名之所享，故祭之不虚，安所可察哉！

“察”的对象乃“不可见闻者”，“察”是一种超越感官形体现象的、带有极强的主观精神性认知。“深察名号”就是要以天为依据对事物进行多角度多层次的阐释，尽可能地呈现事物的丰富复杂，使对象不囿于客观形体的限制彰显其深刻多样的内涵。在董仲舒看来，世间万物种种要能够辨别区分，就要有号，然而在统一的号之下，事物会有不同情状的差别，名就是对号之下的不同形态的描述：

> 名众于号，号其大全。名也者，名其别离分散也。号凡而

① 苏舆：《春秋繁露义证·深察名号》，中华书局，1992年版，第290页。

略，名详而目。目者，遍辨其事也；凡者，独举其大也。[①]

“深察名号”就是要仔细辨别事物的不同情状不同特征不同状态，这是一个深入揭示事物内涵的过程，也是一个不断呈现事物本真的过程，虽然董仲舒的本意不过是将儒家的仁义礼治充塞进各个名号之下，但这种对一个事物多角度多层次的解析客观上却显示出汉人的思维的精致与创造，在彰显事物的丰富内涵的同时，将人对世界的理解推进到更深更细的层次。如对“祭”与“猎”名号的解释：“享鬼神者号，一曰祭。祭之散名，春曰祠，夏曰礿，秋曰尝，冬曰烝。猎禽兽者号，一曰田。田之散名，春苗，秋蒐，冬狩，夏狝。”[②]“祭”与“猎”是笼统的总称，将其按春夏秋冬的时序以不同字来命名辨析，显示出在不同的季节里祭祀与狩猎各别的仪礼和方式，较之抽象的“祭”与“猎”则显得更具体而有情状，能够曲尽物之精细：“五号自赞，各有分。分中委曲，曲有名。”[③]

当然，董仲舒最重要的意图并不是揭示世间万物的丰富内涵，而是要在这全方位的观照中阐释自己的道德理想，他对“王”的阐释清楚地表明了这一点：“深察名号之大意，其中有五科：皇科、方科、匡科、黄科、往科。合此五科，以一言谓之王。王者皇也，王者方也，王者匡也，王者黄也，王者往也。是故王意不普大而皇，则道不能正直而方；道不能正直而方，则德不能匡运周遍；德不能匡运周遍，则美不能黄；美不能黄，则四方不能往；四方不能往，则不全于王。故曰：天覆无外，地载兼爱，风行令而一其威，雨布施而均其

① 苏舆：《春秋繁露义证·深察名号》，中华书局，1992 年版，第 287 页。

② 同上。

③ 同上，第 286 页。

德。王术之谓也。"[1]他以五个字为"王"的"散名",这五个字实际上是他理想中的君王要求。

"深察""不可见闻者"直至"逮鬼神",并不能改变物的客观形状,但能大大深化人对物的体验,在"精心达思"中将主观心灵对象化到眼见的客观之物上,形成一个主观与客观融合、想象与现实交织、思想与对象互渗的境界,《春秋繁露》中对很多事物的描述与解释牵强附会,从感性经验与现代科学的角度来看荒诞无稽,但强大的信念力量和积极宏大的主观精神却使得董仲舒描绘的图景另有一派动人的气质:

> 春爱志也,夏乐志也,秋严志也,冬哀志也。故爱而有严,乐而有哀,四时之则也。喜怒之祸,哀乐之义,不独在人,亦在于天,而春夏之阳,秋冬之阴,不独在天,亦在于人。人无春气,何以博爱而容众?人无秋气,何以立严而成功?人无夏气,何以盛养而乐生?人无冬气,何心哀死而恤丧?天无喜气,何以暖而春生育?天无怒气,亦何以清而冬杀就?天无乐气,亦何以疏阳而夏养长?天无哀气,亦何以激阴而冬闭藏?故曰:天乃有喜怒哀乐之行,人春秋冬夏之气者,合类之谓也。[2]

这是一个大气流贯其中,人与自然相交融融,万事万物生命同节共感的境界,自然的四季与人的爱乐严哀志意相符,影响着社会生活

① 苏舆:《春秋繁露义证·深察名号》,中华书局,1992年版,第289页。

② 苏舆:《春秋繁露义证·天辨在人》,中华书局,1992年版,第335页。

与自然界的生长、养育、肃杀和闭藏，自然事实、主观情志与社会生活的法则亲密无间地相依相存，传统儒家的“人与天地参”、道家的“与物有宜”“与物为春”都在形而下的层面上得到体现。

建立自然事物的系统性、发现事物与事物之间的特殊联系的另一个方法是伍偶物类。先秦时候就有同类相应的思想，《周易》的《乾卦·文言》曰：“同声相应，同气相求。”认为具有相同性质的事物之间有相应与相求的关系，并举例说明：“水流湿，火就燥，云从龙，风从虎，圣人作而万物睹，本乎天者亲上，本乎地者亲下，则各从其类也。”《吕氏春秋·应同》中明确提出了“类”的概念，以“类”来建立事物与事物之间的联系：“类故相召，气同则合，生比相应。”董仲舒继承了前人同类相应的思想，认为事物与事物建立关系的依据在类别，事物运动的原因在于同类物之间的相似、类比、推阐与应合缘求：

> 天道各以其类动，非圣人孰能明之？①
>
> 同者相益，异者相损。②

与前人相比，董仲舒的感应理论似更深刻一些，他并不满足于《吕氏春秋》那样从现象上将自然事物、社会政治内容硬归于四时或五行的框架，而是希望对类之关系的原理及建立关系的方式作出解释：

> 今平地注水，去燥就湿；均薪施火，去湿就燥。百物去其

---

① 苏舆：《春秋繁露义证·三代改制质文》，中华书局，1992 年版，第 213 页。

② 苏舆：《春秋繁露义证·天地阴阳》，中华书局，1992 年版，第 465 页。

所与异，而从其所与同。故气同则会，声比则应，其验皦然也。试调王琴瑟而错之，鼓其宫，则他宫应之；鼓其商，则他商应之。五音比而自鸣，非有神，其数然也。

他认为“去所异”“从所同”是事物的根本特点，是事物运动的普遍规律，因此“以类相召”的应会就不只是现象上的相似与相象，而是一种本质的必然；尤其是董仲舒将阴阳的对立转化视为事物相召与应会运动的推动力，而“天地之常，一阴一阳”，就更是使感应具有神圣的合法性。在《春秋繁露·阴阳终始》中，他以春夏秋冬四季和东南西北四方为框架，不厌其烦地描绘了阴阳转化的过程和万物运动“各就其类”的态势：“天之道，终而复始，故北方者，天之所终始也，阴阳之所合别也。冬至之后，阴俛而西入，阳仰而东出，出入之处，常相反也，多少调和之适，常相顺也，有多而无溢，有少而无绝，春夏、阳多而阴少，秋冬、阳少而阴多，多少无常，未尝不分而相散也，以出入相损益，以多少相溉济也，多胜少者倍入，入者损一，而出者益二。天所起，一动而再倍，常乘反衡再登之势，以就同类，与之相报，故其气相侠，而以变化相输也。春秋之中，阴阳之气俱相并也，中春以生，中秋以杀，由此见之，天之所起，其气积，天之所废，其气随。故至春，少阳东出就木，与之俱生；至夏，太阳南出就火，与之俱暖；此非各就其类，而与之相起与！少阳就木，太阳就火，火木相称，各就其正，此非正其伦与！至于秋时，少阴兴，而不得以秋从金，从金而伤火功，虽不得以从金，亦以秋出于东方，俛其处而适其事，以成岁功，此非权与！阴之行，固常居虚，而不得居实，至于冬，而止空虚，太阳乃得北就其类，而与水起寒，是故天之道，有伦、有经、有权。”这是一个充满运动与变化的世界图景，在阴阳对立与转化的推动中，季节、方位、日月、物性这些原本不相干的物事，纷纷“去所异”“从所同”，“以类相召”，同类相推，同类相比，建立起丰富而深刻的联系。

李约瑟将这种思考世界的方式称为关联式思考：“在中国思想里的关键字是‘秩序’和‘图样’。符号间之关联或对应，都是一个大‘图样’中的一部分。万物之活动皆以一特殊的方式进行。它们不必是因为前此的行为如何、或由于他物之影响；而是由于其在循环不已之宇宙中的地位，被赋予某种内在的性质，使它们的行为身不由己。如果它们不按这些特殊的方式进行，便会失去其在整体中之相关地位（此种地位乃是使它们所以成为它们的要素），而变成另外一种东西。所以万物之存在，皆须依赖于整个‘宇宙有机体’而为其构成之一部分。”“它的宇宙，是一个极其严整有序的宇宙，在那里，万物‘间不容发’地应合着。”①在关联式思维方式中，事物的存在方式与存在意义具有他律性，它首先是环环相扣密切关联的整体世界中的部分，其次才是独立的自我，因而对事物的认识就是对物与物之间关系的认识，通过对关系的梳理，在“宇宙有机体”的整体坐标中，对事物的确定与分析才是正确与深刻的。

作为被李约瑟称为“最完美地体现了关联式思维”的人，董仲舒将事物“去所异”“从所同”的运动变化视为本质的必然，在认识与分析对象时将其类别属性视为其基本属性，不是以孤立的静态的眼光来认识对象，而是力图在一个广阔的背景下辩证地把握事

① 〔英〕李约瑟：《中国古代科学思想史》，陈立夫主译，江西人民出版社，2006 年版，第 347-354 页。

物的根本性质、内涵意义和运动态势，这相对于《吕氏春秋》中通过现象的比附构建的囊括自然事物、社会政治内容的世界图景，不仅更细微全面，也更具认识的深度，他说："天之道，有伦、有经、有权"，意即对世界的体认既要以永恒绝对之天为统帅，也要悉心察知抽象之天落实于形而下世界的各种权变行迹，把握天——阴阳——四时——四季——方位——万物这个关联一体又复杂玄奥的整体世界。

在经学诠释中，董仲舒有意识地使用类比类推的方法来阐释《春秋》《公羊传》的微言大义：

> 《春秋》论十二世之事，人道浃而王道备。法布二百四十二年之中，相为左右，以成文采。其居参错，非袭古也。是故论《春秋》者，合而通之，缘而求之，伍其比，偶其类，览其绪，屠其赘，是以人道浃而王法立。[①]

"伍其比，偶其类"就是将《春秋》中零散的书法、事、义加以整理归类，"合而通之"，运用类比的方法进行推阐，由此及彼，从一至多，推见至隐，察终原始，这样，不仅能澄清《春秋》、《公羊传》中因为"有避也""有讳也"而形成的"诡其实"的混乱，揭示历史的真相，同时也能更加深刻精微地阐释历史事件，使得史实的意义更丰富，实现"以经术润饰吏事"[②]的根本意义："是故为《春秋》者，得一端而多连之，见一空（孔）而博贯之，则天下尽矣。"[③]

---

① 苏舆：《春秋繁露义证·玉杯》，中华书局，1992年版，第32-33页。

② 班固：《汉书·儒林传序》。

③ 苏舆：《春秋繁露义证·精华》，中华书局，1992年版，第97页。

董仲舒以类建立的不仅是具体事物之间的联系，类别更是沟通理念与实体、精神与物质、政治观念与自然事物、社会群体与个人性情的桥梁。《春秋繁露·同类相动》非常清晰地表达了这种沟通一切的愿望：

> 美事召美类，恶事召恶类，类之相应而起也。如马鸣则马应之，牛鸣则牛应之。帝王之将兴也，其美祥亦先见，其将亡也，妖孽亦先见，物故以类相召也，故以龙致雨，以扇逐暑，军之所处，以棘楚，美恶皆有从来以为命，莫知其处所。天将阴雨，人之病故为之先动，是阴相应而起也；天将欲阴雨，又使人欲睡卧者，阴气也；有忧，亦使人卧者，是阴相求也；有喜者，使人不欲卧者，是阳相索也；水得夜，益长数分，东风而酒湛溢；病者至夜，而疾益甚；鸡至几明，皆鸣而相薄，其气益精；故阳益阳，而阴益阴，阴阳之气因可以类相益损也。天有阴阳，人亦有阴阳，天地之阴气起，而人之阴气应之而起，人之阴气起，天地之阴气亦宜应之而起，其道一也。明于此者，欲致雨，则动阴以起阴，欲止雨，则动阳以起阳，故致雨，非神也，而疑于神者，其理微妙也。非独阴阳之气可以类进退也，虽不祥祸福所从生，亦由是也，无非已先起之，而物以类应之而动者也，故聪明圣神，内视反听，言为明圣，内视反听，故独明圣者知其本心皆在此耳。故琴瑟报，弹其宫，他宫自鸣而应之，此物之以类动者也，其动以声而无形，人不见其动之形，则谓之自鸣也，又相动无形，则谓之自然，其实非自然也，有使之然者矣，物固有实使之，其使之无形，《尚书》传言："周将兴之时，有大赤鸟衔谷之种，而集王屋之上者，武王喜，诸大夫皆喜。周公曰：茂

哉！茂哉！天之见此以劝之也。”恐恃之。[①]

这段论述表明，同类的事物不仅是现象形貌上的类似，美丑、阴阳、祥妖、性情等精神品质相似的事物也有感通应合，这种感通应合还是自然而然无形无迹的：“相动无形，则谓之自然。”那么，如何由具体有形的物质通达抽象的精神品质，则是靠人的心灵去感悟与忖度，董仲舒称深刻地把握了感应的人为“明圣”。“明圣”的关键是要“内视反听”，即在一种将现象世界虚无化的心境中回归自我本性，董仲舒称之为“知其本心”，这一“本心”当然不是老庄的“同于婴儿”，而是借用类推类比感通应合的工具，将现实的物质实在自然现象阐释为天之常道的象征，顺理成章地让风雨晦明、星移斗转、四季阴阳具有神启的意义，这成为其政治神学中“祥瑞说”、“灾异说”的理论支撑。

董仲舒是言说祥瑞灾异的大师，《汉书》本传记他“以《春秋》灾异之变推阴阳所以错行，故求雨……”虽然后来他因言灾异致祸差点被诛，遂不敢复言灾异，但这种阐释自然事物的方式却在历史上影响深远。从“美事召美类，恶事召恶类”的同类相召感通出发，董仲舒提出自然事物具有超越其物质界限的象征意义：

臣闻天之所大奉使之王者，必有非人力所能致自至者，此受命之符也。天下之人同心归之，若归真父母，故天瑞应诚而至。《书》曰：“白鱼入于王舟，有火复于王室，流为乌”，此盖受

① 苏舆：《春秋繁露义证·同类相动》，中华书局，1992年版，第357-361页。

命之符也。[①]

故为人君者，正心以正朝廷，正朝廷以正百官，正百官以正万民，正万民以正四方。四方正，远近莫敢不壹于正，而亡有邪气奸其间者。是以阴阳调而风雨时，群生和而万民殖，五谷孰而草木茂，天地之间被润泽而大丰美，四海之内闻盛德而皆来臣，诸福之物，可致之祥，莫不毕至，而王道终矣。[②]

天地之物有不常之变者，谓之异，小者谓之灾；灾常先至而异乃随之。灾者，天之谴也，异者，天之威也，谴之而不知，乃畏之以威。《诗》云："畏天之威。"殆此谓也。凡灾异之本，尽生于国家之失，国家之失乃始萌芽，而天出灾害以谴告之，谴告之而不知变，乃见怪异以惊骇之，惊骇之尚不知畏恐，其殃咎乃至，以此见天意之仁而不欲陷人也；谨按灾异以见天意，天意有欲也，有不欲也，所欲所不欲者，人内以自省，宜有惩于心，外以观其事，宜有验于国。[③]

在充满感通应合的有机整体世界中，万物除了是它自身，还是某种神秘联系运动的结果，因而除了有自身的物质意义，还有深远的精神内涵。孔子在说"仁者乐山，智者乐水"时就表达了将自然事物与人的道德精神相比拟的意图，但缺乏理论思维的支撑及比附方式的具体阐述，人与天仍然是邈然相隔的，在董仲舒的神学体系中，以天人感应为理论基础，"美事召美类，恶事召恶类"为感通渠道，自然事物与人间社会的精神品质才具体地联系起来了，尽管董

① 班固：《汉书·董仲舒传》，中华书局，1962年版，第2500页。

② 同上，第2502-2503页。

③ 苏舆：《春秋繁露义证·必仁且智》，中华书局，1992年版，第259-260页。

仲舒的祥瑞与灾异解释也是穿凿附会，但它毕竟建立了一个自成体系的天与人相互沟通相互影响的系统，徐复观先生说它“客观上拉近了人与天的距离”。

西方学者认为，一种信仰系统对社会生活产生影响一般有两个步骤：先形成一套“头脑中假想的宇宙秩序”，再“把宇宙秩序的镜像投射到人类经验的层面上”，达成“特定的形而上学”与“具体的生活方式”之间的一致，“使得双方各自借助对方的权威而得到支持”，这时信仰体系就会“塑造出一个民族的精神意识”。[①] 董仲舒的天人相与的系统化宇宙图式并非事实上的真实，而是他为了整顿世界提升精神而塑造的“假想的宇宙秩序”，并且他努力将这种秩序体现于感官事物，成为具体的生活方式，克服了先秦儒学缺乏形上的终极追问和道家抽象空疏的弊病，焕发出巨大的精神力量，成为时代的最强音。

## 第三节 汉赋自然意象的儒教神学模式

### 一、汉赋自然意象的情感态度

尽管大一统自然观目的在建立政治神学而非审美，但经董仲舒阐释的自然和人有了更为丰富和深刻的联系，自然是“体天之微”的途径，天是最高的政治理想、社会理想、人生理想，也必然是情感倾注的对象，自然与人由此开始了深层次的情感交往。董仲舒自己就由衷地感叹道：“天地之行美也。”[②]一般认为，中国古代

① 〔美〕吉尔兹：“作为文化体现的宗教”，载《文化的解释》，日碧力戈等译，上海人民出版社，1999 年版，第 104、129 页。

② 苏舆：《春秋繁露义证 · 天地之行》，中华书局，1992 年版，第 458 页。

自觉的自然审美观念兴起于魏晋，大规模的自然审美活动也出现于魏晋，但是历史的发展是连续地渐次推进，魏晋自然审美观念的生成也不是割断历史连续性地横空出世，从先秦儒学中自然为道德观念的世界到魏晋艺术中自然为审美感性的世界，汉代的儒教神学观是重要的一个环节。董仲舒赋予自然以本体存在论意义，自然获得与终极存在相联系的崇高地位，为自然成为独立的表现对象提供了哲学基础，自然作为神学观念外化客观化的同时，也摆脱了仅仅作为客观事物存在的价值，成为具有深广的精神内涵的存在，见辞求指、深察名号、伍偶物类的方法阐释出自然丰富的意味，建立起人与自然的精神联系，具有审美方法论的意义。

汉武帝第三次招贤良文学之士时，董仲舒对策中言："臣愚以为诸不在六艺之科孔子之术者，皆绝其道，勿使并进。邪辟之说灭息，然后统纪可一而法度可明，民知所从矣。"这即是后人所谓的"罢黜百家，独尊儒术"。自此之后，神学化的儒家经学从一家之学上升为国家意识形态，成为大汉帝国思想界的主流意识，汉代文化精神的底蕴。汉赋是汉代文学创作的主流，赋家与经学家的紧密结合互相渗透使得汉赋具有明显的意识形态生产特征，①以董仲舒为代表的儒教神学自然观，也相当完整地转化为汉赋中自然意象创作原则，决定了汉赋中自然意象的内容、结构方式、语言风格，是政治神学向审美领域的延伸。

自然一直是中国文学的表现对象。《诗经》中就有大量的自然描写，《周南·桃夭》："桃之夭夭，灼灼其华。"《召南·草虫》："喓喓草虫，耀耀阜螽。"屈原以香草美人喻志，他的笔下有橘、兰、蕙、若、

① 参见冯良方：《汉赋与经学》，中国社会科学出版社，2004年版，第62-63页。

芷、蘅等丰富的南方植物，在宋玉的作品中，已经出现了较为细腻的带有情感性的景物描写，《九辩》就被视为中国文学中“悲秋”母题的发轫之作：“悲哉，秋之为气也。萧瑟兮，草木摇落而变衰。憭怵兮，若在远行。登山临水兮送将归。泬寥兮天高而气清；寂漻兮收潦而水清，憯凄增欷兮薄寒之中人。怆怳圹悢兮去故而就新；坎廪兮贫士失职而志不平。廓落兮羁旅而无友生；惆怅兮而私自怜。燕翩翩其辞归兮蝉寂寞而无声；雁廱廱而南游兮，鹍鸡啁哳非悲鸣。独申旦而不寐兮，哀蟋蟀之宵征。时亹亹而过中兮，蹇淹留而无成。”萧瑟寂寞的秋天景物很好地渲染了贫士失职的愁苦心境，其中还出现了较具体的自然物形象。

然而无论是《诗经》还是楚辞，都不是自觉地将自然视为独立的表现对象，《诗经》中的鸟兽虫鱼多是诗人起兴的凭借，屈原宋玉笔下的香草香木的作用在于辩明高洁与奸、君子与小人，自觉地抒写自然、刻画自然，以自然为独立的表现对象的文学创作是汉赋。

汉初贾谊写作《鹏鸟赋》《旱云赋》《虡赋》，此后各种各样专咏物事的赋广泛出现，题材包括草木鸟兽、季节物候、山川河海、人物器物、宫馆苑囿自然界及日常生活的一切事物。作咏物赋的赋家也数量庞大，几乎是每一个赋家都写有专咏物事的赋作。赋家写物或是单纯地专咏一物，或是逐一仔细铺陈宏阔的宫馆苑囿都邑一景一物，不管是哪种方式，物都是主要的表现对象，单纯的咏物小赋中赋家往往直入主题通篇写物，曲尽情态描摹入微，《子虚赋》、《上林赋》、《两都赋》、《两京赋》等散体大赋以主客问答、天子行游畋猎为总体框架，铺陈景色物事也占其中的绝大部分，《上林赋》中四分之三的篇幅是描写园林山水，自然不再处于写作手法的辅助地位，直接走向前台成为独立的表现对象。挚虞《文章流别论》认为这正是汉魏赋与先秦之赋的区别："古诗之赋，以情义为主，以事类为佐。今之赋，以事形为本，以义正为助。"

朱光潜先生论述赋的起源时说："诗所以必流于赋者，由于人类对于自然的观察，渐由粗要以至于精微，对于文字的驾驭，渐由敛肃以至于放肆。"[①]汉赋"以事形为本"的特征，乃人的思维理性探求的结果，以董仲舒为代表的儒教神学自然观，将自然与至上之天相联系，山川江海、草木虫鱼、日月星辰、季候风雨都是天的客观化、外在化，赋予自然以本体意义，这成为赋家大力描绘自然、赞美自然的心理基础。他们描绘草木虫鱼时，会认为自己是在赞美神明的光辉，在夸饰园林都邑时，会将其当作体现上天的威仪，在展玩器物时，会自觉地洞察幽微，自然在他们那里，成为与神圣世界相联系的纽带。汉赋中的自然意象，以客观实在世界为形貌，以神圣天意国家意识形态为内涵，一方面是细若纤毫的细节呈现，一方面是抽象空洞的神学政治道德，在情感态度上具有政治化、道德化、神秘化的取向。

汉赋自然意象政治化情感态度有赋家的自觉追求，更是儒教神学自然观之下对待自然的必然方式。董仲舒以自然为天的体现，他所谓的天，实则王权政治社会伦理的形而上学化："天，仁也。天覆育万物，既化而生之，有养而成之；事功无已。疑为终而复始；凡举归之以奉人。察于天之意，无穷极之仁也。人之受命于天也，取仁于天 而仁也。"[②]因此，天意必须落实于现实的王权政治："唯

① 朱光潜：《朱光潜美学文集》第二卷，上海文艺出版社，1982年版，第184页。

② 苏舆：《春秋繁露义证·王道通》，中华书局，1992年版，第329页。

天子受命于天，天下受命于天子。”[1]“受命之君，天意之所予也。”[2]这样，以自然来“体天之微”也就现实地转换为以描绘园林山水来歌颂天子王权，在孔子、《诗经》和屈原宋玉笔下处于辅助地位的自然世界顺理成章地成为主角。司马相如的《子虚赋》、《上林赋》，园林、山水、虫鱼、动物、美人是绝对主角，自然描写的广阔程度与细致程度，都远远超过了《诗经》和楚辞，写上林苑的水：“丹水更其南，紫渊径其北。终始灞浐，出入泾渭；酆镐潦潏，纡馀委蛇，经营乎其内。荡荡乎八川分流，相背而异态。东西南北，驰骛往来，出乎椒丘之阙，行乎洲淤之浦，经乎桂林之中，过乎泱漭之野。汩乎混流，顺阿而下，赴隘之口，触穹石，激堆崎，沸乎暴怒，汹涌澎湃。”对河流的起源、走向、形状、响声无不穷形尽相，写山：“于是乎崇山巃嵸，崔巍嵯峨，深林巨木，崭岩参嵯，九嵕、巀嶭，南山峨峨，岩陁甗锜，摧崣崛崎。振溪通谷，蹇产沟渎，谽呀豁閜。”连续使用有高大巍峨意义的叠韵词，更加突出了山的险峻雄伟。但是，司马相如的写山写水却不是为山水之美感动，而是利用自然物来渲染帝国天子的威仪。《史记·司马相如列传》曰：

上读《子虚赋》而善之，曰：“朕独不是与此人同时哉！”得意曰：“臣邑人司马相如自言为此赋。”上惊，乃召问相如。相如曰：“有是。然此乃诸侯之事，未足观也。请为天子游猎赋，赋成奏之。”上许，令尚书给笔札。相如以“子虚”，虚言也，为楚称；“乌有先生”者，乌有此事也，为齐难；“无是公”者，无是

① 苏舆：《春秋繁露义证·为人者天》，中华书局，1992年版，第319页。

② 苏舆：《春秋繁露义证·深察名号》，中华书局，1992年版，第386页。

人也，明天子义。[1]

可见，司马相如写山写水写林写木写虫写鱼的目的都不是自然，而是“明天子义”，当子虚和乌有在攀比楚国与齐国的物产时，司马相如借无是公的口语重心长地发了一通议论：

> 且二君之论，不务明君臣之义，正诸侯之礼，徒事争于游戏之乐，苑囿之大，欲以奢侈相胜，荒淫相越，此不可以扬名发誉，而适足以贬君自损也。[2]

可见，游戏之乐苑囿之大不是目的，明君臣之义、正诸侯之礼才是要道，写自然物也只是借其形貌来“光扬大汉，轶声前代”。[3] 宫殿都邑、皇家园林是汉赋的重要题材，以抒写宫殿园林为主的散体大赋也代表着汉赋的最高成就，司马相如、扬雄、班固、张衡等赋家都是以写都邑苑囿著名。在他们看来，体制壮阔巨丽、荟萃天下奇珍异宝的宫殿园林最形象地体现了当时高度统一气象宏大的中央集权，是赫赫汉家威仪的象征，将萧何当年为刘邦营造未央宫的思想用艺术的手段予以再现。[4] 班固认为西汉都城长安就是一个体现

---

① 司马迁：《史记·司马相如列传》，中华书局，1982 年版，第 3002 页。

② 同上，第 3016 页。

③ 班固：《典引序》，严可均：《全上古三代秦汉三国六朝文》，中华书局，1958 年版，第 614 页。

④ 当年楚汉相争，刘邦“至长安。萧何治未央宫，立东阙、北阙、前殿、武库、大仓。上见其壮丽，甚怒，谓何曰：‘天下匈匈，劳苦数岁，成败未可知，是何治宫室过度也！’何曰：‘天下方为定，故可因以就宫室。且夫天子以四海为家，非令壮丽亡以重威，且亡令后世有以加也。’上说。自栎阳（故城在今陕西临潼县西北七十里）徙都长安。”参《汉书·高祖本纪》。

天意的人间杰作：

> 及大汉受命而都之也，仰寤东井之精，俯协《河图》之灵。奉春建策，留侯演成。天人应合，以发皇明，乃眷西顾，寔惟作京。于是晞秦岭，睋北阜，挟酆霸，据龙首。图皇基于亿载，度宏规而大起。肇自高而终平，世增饰以崇丽。[①]

赋家对都邑宫殿之壮丽和草木之嘉茂的欣赏与自豪不仅仅来自于首都，来自于大汉的政治经济文化中心，更来自于绝对神秘之天。它的伟大不在于自身而是上天赋予，是"天人应合"的结果，因此这里的一切莫不"体象乎天地，经纬乎阴阳，据坤灵之正位，仿太紫之圆方。"[②]班固《两都赋序》对汉赋的社会作用的创作状况有准确的总结：

> （赋）以兴废继绝，润色鸿业。是以众庶悦豫，福应尤盛。白麟、赤雁、芝房、宝鼎之歌，荐于郊庙。神雀、五凤、甘露、黄龙之瑞，以为年纪。故言语侍从之臣，若司马相如、虞丘寿王、东方朔、枚皋、王褒、刘向之属，朝夕论思，日月献纳。而公卿大臣：御史大夫倪宽、太常孔臧、太中大夫董仲舒、宗正刘德、太子太傅萧望之等，时时间作。或以抒下情而通讽喻，或以宣上德而尽忠孝。

---

① 班固：《西都赋》，费振刚、仇仲谦、刘南平校释：《全汉赋》，广东教育出版社，2006 年版，第 357 页。

② 班固：《西都赋》，费振刚、仇仲谦、刘南平校释：《全汉赋》，广东教育出版社，2006 年版，第 358 页。

赋的社会功能为“润色鸿业”，赋中吟咏之物，无论是山是水是宫殿是园林，所包含的情感都只能是“讽喻”与“忠孝”了。

赋家刻画都市城邑、宫殿园囿、草木山林、河川江海，不是抒写自我，而是渲染大汉帝国的威仪、受命天子的圣明，自觉地用帝国意志代替了个人体验，散体大赋主要抒写的宫殿园苑囿，实际上也只是皇权中央的象征符号：“汉赋中的自然既不是农业的自然，也不是带有宗教色彩的自然，而是统治思想范围内的自然。这时不仅有作为‘包围圈’的苑囿及被围在其中的荒野自然和野生动物，而且还有异国情调的风物描写，即以在中国根本不存在的自然而勾画一个广阔、完美世界的映象，这个世界的主人就是中国的皇帝。”①

道德化是汉赋中自然意象的另一个情感内涵。在董仲舒天人感应的世界里，阴阳四时五行等自然物质现象都是天的体现：“天地之气，合而为一，分为阴阳，判为四时，列为五行”，自然就不只是物质的自然，而是伦理化道德化的自然，通过见辞求旨、深察名号的阐释，可以任意地将人情化、伦理化的内涵附会于自然之上，形成一个物质与精神、现象与本质、想象与真实、体验与实在相统一的自然世界，这是汉人认识自然的另一个思维向度，也是汉赋中自然意象道德化情感的理论基础。将自然与道德相比拟是中国文学的传统，《诗经》中就有不少“比德”的诗句，《卫风·淇奥》：“君子，温其如玉”，以贵重金属和美玉相比君子的高尚德行，《橘颂》全篇皆以自然物比德，荀子阐释了孔子的比德观，用玉比拟君子的仁、知、行、勇：“子贡问于孔子曰：‘君子之所以贵玉而贱珉者，何也？为夫玉之少而珉之多邪？’孔子曰：‘恶！赐，是何言也？君子岂多

① 〔德〕顾彬：《中国文人的自然观》，上海人民出版社，1990年版，第54页。

而贱之，少而贵之哉？夫玉者，君子比德焉。温润而泽，仁也；栗而理，知也；坚刚而不屈，义也；廉而刿，行也；折而不桡，勇也；瑕适并见，情也；扣之，其声清扬而远闻，其止辍然，辞也。虽有珉之雕雕，不若玉之章章。《诗》曰：言念君子，温其如玉，此之谓也。"[①]

与先前以自然比德的文学相比，汉赋中的自然描写细致，形象清晰，不再是道德的附庸。董仲舒说："天执其道为万物生。"[②]至高无上的天为自然的存在依据，"天无所言，而意以物。观天之志，辨五行之本末、逆顺、小大、广狭，所以观天道也。"[③]观物乃是窥天，以物达天，物本身也不可不深察。赋家写自然物，多遵循自然描写加道德情感的生硬结合模式，写自然是为了颂德，所有自然物的美妍情态最后必然归结为符合天意之德，"菟园"文士的赋作是汉代最早集中出现的咏物赋，枚乘《梁王菟园赋》《柳赋》、公孙乘《月赋》、公孙诡《文鹿赋》、邹阳《酒赋》和《几赋》、刘胜《文木赋》和刘安《屏风赋》都有对自然的细致刻画，枚乘描写的柳树其细腻生动远远超过前人："枝逶迟而含紫，叶萋萋而吐绿。出入风云，去来羽族。既上下而好音，亦黄衣而绛足。蜩螗厉响，蜘蛛吐丝，阶草漠漠，白日迟迟。"路乔如写鹤动态宛转："白鸟朱冠，鼓翼池干。举修距而跃跃，奋皓翅 。宛修颈而顾步，啄沙碛而相欢。"但柳树、月亮、木几、屏风的刻画最后都会归于君子之德或君王之惠：

> 赖吾王之广爱，虽禽鸟兮报恩。（路乔如《鹤赋》）
>
> 叹丘山之比岁，逢梁王于一时。（公孙诡《文鹿赋》）

---

① 王先谦：《荀子集解·法行》，中华书局，1988年版，第535-536页。

② 苏舆：《春秋繁露义证·天地之行》，中华书局，1992年版，第69页。

③ 苏舆：《春秋繁露义证·循天之道》，中华书局，1992年版，第455页。

猗欤君子，其乐只且。（刘胜《文木赋》）

君王凭之，圣德日跻。（邹阳《几赋》）

《西京杂记》载："梁孝王游于忘忧之馆，集诸游士，各使为赋。"说明"菟园"文士咏物的目的并非为自然之美感动，而是为了歌颂梁王的浩荡恩典与圣德贤明，是以自然的物象盛道德的内容，但文士们不约而同地选择真实之自然物来称德颂道，客观上表明了他们内心对"天意以物"、"天赋物德"的认同，他们抒写的自然不是客观实存的自然，而是天笼罩之下的自然、神学道德观念的自然。

随着中央集权的加强，原先散布诸侯的文士逐渐集中于京城天子周围，抒写都邑宫殿园林行猎为主的散体大赋逐渐成为汉赋主流，赋作中自然意象的题材也更加广泛，但道德伦理仍然是其不变的情感取向，即使是在一些已经开始出现个人情感体验、情景有所交融的赋作中，道德仍是重要内容。孔臧的《杨柳赋》结构已经不是自然物加道德的生硬拼接，全文写一棵大柳树，从它的栽种、灌溉、生长，一直写到高大茂密的形态，语言在同期的赋作中算得上平易清新，柳树的形象也生动，作者个人的快乐欣悦之情依稀可见，而这种快乐仍然是从道德的角度来判断：

于是朋友同好，几筵列行，论道饮燕，流川浛觞。殽核纷杂，赋诗断章。合陈厥志，考以先王。赏恭罚慢，事有纪纲。洗觯酌樽，兕觥并扬。饮不至醉，乐不及荒。威仪抑抑，动合典章。退坐分别，其乐难忘。①

① 孔臧：《杨柳赋》，费振刚、仇仲谦、刘南平校释：《全汉赋》，广东教育出版社，2006年版，第118页。

柳树带给人的快乐是因为它能为人们符合“纪纲”有声有势的活动提供方便。王褒赞美箫声是因为它有“感阴阳之和，而化风俗之伦”的教化功能，并且从伦理人情的角度为箫声分类：

故听其巨音，则周流泛滥，并包吐含，若慈父之畜子也。其妙声则清静，顺叙卑达，若孝子之事父也。科条譬类，诚应义理，澎濞慷慨，一何壮士！优柔温润，又似君子。枚故其武声则或雷霆輘輷，佚豫以沸渭；其仁声则若颽风纷披，容与而施惠。[①]

箫声的清越沉浊高昂婉转本是其物理属性，它与人的心理情感有着对应的联系，在王褒笔下只剩下伦理道德的区分，就像董仲舒依据五行的生克关系而将忠孝仁义确立为“天之道”、“天之序”：“天有五行：一曰木，二曰火，三曰土，四曰金，五曰水。木，五行之始也；水，五行之终也；土，五行之中也。此其天次之序也。木生火，火生土，土生金，金生水，水生木，此其父子也。木居左，金居右，火居前，水居后，土居中央，此其父子之序。相受而布。……诸授之者，皆其父也；受之者，皆其子也。常因其父以使其子，天之道也。是故木已生而火养之，金已死而水藏之，火乐木而养以阳，水克金而丧以阴，土之事火竭其忠。故五行者，乃孝子忠臣之行也。”[②]赋家笔下的自然也是一个伦理化、人情化的世界。

左思曰：“然相如赋上林而引‘卢橘夏熟’，扬雄赋甘泉而陈‘玉树青葱’，班固赋西都而叹以出比目，张衡赋西京而述以游海若。

① 王褒：《洞箫赋》，费振刚、仇仲谦、刘南平校释：《全汉赋》，广东教育出版社，2006年版，第150页。

② 苏舆：《春秋繁露义证·五行之义》，中华书局，1992年版，第321页。

假称珍怪，以为润色，若斯之类，匪啻于兹。考之果木，则生非其壤；校之神物，则出非其所。于辞则易为藻饰，于义则虚而无徵。”①赋家除了摹写自然以颂扬帝王明君、抒发仁义道德之思外，还努力虚构自然物、增益自然物的灵异色彩以夸饰天子作为授命之君的神圣合法性与汉家神秘弘大的威仪，赋中的自然还是一个诡谲神异的世界。赋中自然的神秘色彩，仍可找与董仲舒自然观的勾联。董仲舒认为自然具有灾异或祥瑞的象征意义：

> 臣闻天之所大奉使之王者，必有非人力所能致自至者，此受命之符也。天下之人同心归之，若归真父母，故天瑞应诚而至。《书》曰："白鱼入于王舟，有火复于王室，流为乌"，此盖受命之符也。②

天意幽昧难见，人们只能从可见之物来推知，于是自然现象就具有了天启的功能："天地之物有不常之变者，谓之异，小者谓之灾；灾常先至而异乃随之。灾者，天之谴也，异者，天之威也，谴之而不知，乃畏之以威。"③

在赋中，自然物祥瑞或灾异的神异色彩得到放大，赋家们为了"润色鸿业"，有意识地使用虚构与夸张手法，大量堆砌祥瑞之物于京都城邑皇家园囿，用一连串闻所未闻见所未见的珍奇灵异的嘉祥之物装点出刘汉帝业的富丽堂皇。司马相如明言《子虚赋》、《上

① 左思：《三都赋序》，严可均：《全上古三代秦汉三国六朝文》，中华书局，1958年版，第1882页。

② 《汉书·董仲舒传》，中华书局，1962年版，第2500页。

③ 苏舆：《春秋繁露义证·必仁且智》，中华书局，1992年版，第259-260页。

林赋》的虚构手法："以'子虚'，虚言也，为楚称；'乌有先生'者，乌有此事也，为齐难；'无是公'者，无是人也，明天子义。故空藉此三人为辞，以推天子诸侯之苑囿。"[①]正因为是"空籍为辞"，作者的虚构和夸张能力被发挥到极致，上林园的面积"视之无涯，察之无端"，其中的祥鸟、嘉草、宝器不可胜数，有各种香草：

> 布结缕，攒戾莎，揭车衡兰，槀本射干，茈姜蘘荷，葴持若荪，鲜支黄砾，蒋苎青薠，布濩闳泽，延曼太原。离靡广衍，应风披靡，吐芳扬烈，郁郁菲菲，众香发越，肸蚃布写，晻薆咇茀。

各种各样的珍禽怪兽"娱游往来"于其中：

> 其南则隆冬生长，涌水跃波。其兽则㺎旄貘犛，沈牛麈麋，赤首圜题，穷奇象犀。其北则盛夏含冻裂地，涉冰揭河。其兽则麒麟角端，騊駼橐驼，蛩蛩驒騱，駃騠驴骡。[②]

衡兰、射干、麘麋、麒麟都是祥瑞之物，它们密集地出现于上林园，不是实写，只不过是借其声势来装点受命天子的威风，那里有想象中的嘉草、祥鸟、瑞兽，而威猛大力的受命天子，在其中"轶赤电，遗光耀。追怪物，出宇宙"，俨然是无所不能的超人，汉人征服宇宙的雄心和探索自然奥秘的豪迈气魄也在灵异鬼怪的氛围中得到夸耀的表达，祥瑞化的自然物转变为粉饰太平赞颂圣君的政治工具。

---

① 司马迁：《史记·司马相如列传》，中华书局，1982年版，第3002页。

② 《上林赋》，费振刚、仇仲谦、刘南平校释：《全汉赋》，广东教育出版社，2006年版，第73页。

因此赋家在铺陈京都苑囿时，往往堆砌有祥瑞意义的自然物：班固写西都长安的“离宫别馆”，称其有“神池灵沼，往往而在，其中乃有九真之麟，大宛之马，黄支之犀，条支之鸟。”[①]大宛、黄支、条支表示帝国版图广大，“九真之麟”则表示皇帝承天受命以至天现祥瑞。《东都赋》末尾，班固引用《灵台诗》、《宝鼎诗》、《白雉诗》，直接将符瑞祯祥与天子圣德联系起来：“启灵兮篇披瑞图，获白雉兮效素乌。发皓羽兮奋翘英，容洁朗兮于淳精。章皇德兮伴周成，永延长兮膺天庆。”[②]王褒幻想圣主优游也是吉云祥鸟环绕：“窃想圣主之优游，时娱神而款纵。坐凤凰之堂，听和鸾之弄。临麒麟之域，验符瑞之贡。咏中和之歌，读太平之颂。”[③]

除了以祥瑞之物堆砌都邑宫殿粉饰太平，赋家铺写普通自然物也常常阐发神秘意蕴。汉初贾谊《旱云赋》对夏天云朵的形状、动态描写细入纤毫，“农夫垂拱而无聊兮，释其鉏耨而下泪”对旱灾中农夫的悲哀无助表现传神，但作者所写之云非自然物之云，而是所谓的灾异：

> 独不闻唐虞之积烈兮，与三代之风气。时俗殊而不还兮，恐功久而坏败。何操行之不得，政治失中而违节。阴气辟而留滞兮，猷暴至而沉没。[④]

① 《西都赋》，同上，第358页。

② 班固：《东都赋》，费振刚、仇仲谦、刘南平校释：《全汉赋》，广东教育出版社，2006年版，第380页。

③ 王褒：《甘泉宫诵》，严可均：《全上古三代秦汉三国六朝文》，中华书局，1958年版，第359页。

④ 贾谊：《旱云赋》，费振刚、仇仲谦、刘南平校释：《全汉赋》，广东教育出版社，2006年版，第13页。

天旱的原因归结为“政治失中而违节”，正是汉代流行的天人感应观念。汉赋中的自然意象，是典型的观念形态的产物，一方面是纤毫毕现的外部形态，一方面是固执的神秘天意君王政治，不管物的外部形态如何变化，其中的内涵是不变的，动物、植物、星宿都蕴涵一样的道理，如公孙乘视月亮的阴晴圆缺为阴阳和谐法度可明：“炎日匪明，皓壁非净，躔度运行，阴阳以正。”[①]孔臧由鸮鸟至家而悟仁义道德：“变怪生家，谓之天神。修德灭邪，化及其邻。祸福无门，唯人所求。听天任命，慎厥所修。”[②]观念形态的自然意象是赋家对客观世界精细观察与驰骋想象凌虚构架的结果，它清晰地显示出汉人以理性精神认识自然并努力将自然与自己的精神世界相联系的意向，也第一次在文学的世界里创造出虽还不够丰满却十分丰富的自然意象。刘熙载《艺概·赋概》评论说：“赋以象物，按实肖象易，凭虚构象难。能构象，象乃生生不穷矣。”自然意象的神秘内涵客观上也形成了汉赋怪异诡谲的审美特征。刘勰评曰：“白鱼赤乌之符，黄银紫玉之瑞，事丰奇伟，辞富膏腴，无益经典，而有助文章。”[③]

情与物是文学中的两个重要因素，情与物的关系彰显出人与世界的关系，早在《乐记》中就说：“凡音之起，人心生也。人心之动，物使之然也。”“乐者，音之所由生也；其本在人心之感于物也。……六者非性也，感于物而后动。”文学艺术的创作来源于外物对人的内心情感的触动，汉代诗学经典《毛诗序》也明确提出诗是情感激荡

① 公孙乘：《月赋》，同上，第45页。

② 孔臧：《杨柳赋》，同上，第120页。

③ 《文心雕龙·正纬》，范文澜：《文心雕龙注》，人民文学出版社，1958年版，第31页。

的产物："诗者，……情动于中而形于言。"汉赋自然意象的政治化、道德化、神秘化的情感，是赋家真实精神世界的反映，它是逐渐提升的认识能力，逐渐丰富的情感世界，还不是自觉的个体性灵，因此，汉赋中尽管有丰富生动的"景语"，却少有感动人的"情语"，以后世成熟的自然审美意识"一切景语皆情语"看，它的"景语"与"情语"是分裂的，研究者将这样的人与自然的关系称为"非常冷冰冰的眺望"。①

## 二、汉赋自然意象的道德化倾向

恩格斯指出："每一个时代的理论思维，从而我们时代的理论思维，都是一种历史的产物。在不同的时代具有非常不同的形式，并因而具有非常不同的内容。"董仲舒的儒教神学自然观作为那个时代的理论思维，不仅为文学提供了题材内容思想情感，也转化为文学创作的思维，汉赋中自然意象的结构形态、语言文字包括赋作的整体架构都由天人感应思维所决定。

研究者都注意到了汉赋自然意象形态的系统性特征。② 汉赋写自然物总是努力拓宽疆域，把与其相关的事物尽可能多尽可能

① 〔日〕小尾郊一：《中国文学中所表现的自然与自然观》，上海古籍出版社，1989年版，第18页。

② 德国学者顾彬认为枚乘《七发》对自然的详尽描写让"读者不难看到一种从单一现象转向风景整体的倾向"（〔德〕顾彬：《中国文人的自然观》，上海人民出版社，1990年版，第56页）。日本学者小尾郊一提出司马相如对云梦泽和上林苑的描写虽说是罗列式的，"象这种从《诗经》、《楚辞》中经常可见的对具体自然物的描写到对整个自然描写的转变，是非常值得注意的"（〔日〕小尾郊一：《中国文学中所表现出的自然和自然观》，第19页）。万光治先生认为汉赋描绘事物具有整体性，司马相如"赋家之心，苞括宇宙，总揽人物"的创作认识就体现出整体意识（万光治：《汉赋通论》，巴蜀书社，1989年版，第233-234页）。

细地囊括进来,宏观铺陈与细节刻画结合,在展示对象本身形态的同时定位其在宇宙空间中的位置。王褒的《洞箫赋》系统写了洞箫的生材、制器、发声、声之妙、声之感,《笙赋》、《琴赋》、《长笛赋》、《筝赋》等汉代乐器赋几乎都以这个结构形态写作,即先描绘乐器原材料的生长环境,接着写乐器的制作过程,然后表现音乐的内容,最后刻画音乐的感人程度,其它一些咏物赋如刘胜的《文木赋》、刘安的《屏风赋》和班固的《竹扇赋》也有着类似的结构形态。班固的《竹扇赋》就是先写竹子的生长环境和形态,再述竹扇形状的圆方合度和去暑纳凉的功效,最后说竹扇愉悦情感、延年益寿的功用。在扬雄的《甘泉赋》、李尤的《函谷关赋》、班固的《两都赋》、张衡的《西京赋》和王延寿的《鲁灵光殿赋》等描写都邑宫殿的散体大赋中,作者往往以一种立体的空间视角将上下四方、天地万物尽收眼底。扬雄的《蜀都赋》开篇简笔勾画蜀都四周的自然环境,鸟瞰东南西北四方,再由外而内逐个铺陈蜀都里面的风物,写山写水写物产,最后写市都的繁荣兴盛和蜀地人生活的怡然自乐。赋文纵横古今错综四方结构宏括。班固的《西都赋》也是从长安城四周高山险关、江河大川写起,接着从南、北、东、西四方描绘长安郊区,再将外向内聚焦,精雕细刻长安城中的宫殿建筑。班固自诩:"抒意乎宇宙之外,锐意乎毫芒之内"①,说明系统展示物的宇宙空间位置和细节形态是赋家的自觉追求,晋人皇甫谧对此也总结道:"大者罩天地之表,细者入毫纤之内。"②

---

① 班固:《答宾戏》,严可均:《全上古三代秦汉三国六朝文》,中华书局,1958 年版,第 609 页。

② 皇甫谧:《三都赋序》,严可均:《全上古三代秦汉三国六朝文》,中华书局,1958 年版,第 1873 页。

从单个的自然物描绘到系统整体地呈现，这一文学表达方式的演化是天人感应的神学思维向审美领域的转化。在天人感应的世界里，每个事物都不仅仅是独立的个别存在，而是环环相扣层层相因的整体世界中的一个点，一个与其它事物有着密切关联的点，是上下左右四方八面的力量运动关联的结果，因而对事物的认识就是对物与物之间关系的认识，通过对关系的梳理，在“宇宙有机体”的整体坐标中，对事物的确定与分析才是正确与深刻的。董仲舒主张在一个广阔的背景下辩证地把握事物的根本性质、内涵意义和运动态势，认为孤立的静态的眼光是不能真正认识事物的：“人不见其动之形，则谓之自鸣也。又相动无形，则谓之自然，其实非自然也，有使之然者矣。物固有实使之，其使之无形。”①

世界观指导审美观，当汉人寻找事物“使之然者”的追求进入到赋的创作时，就形成了这种囊括上下左右四面八方小大内外的系统化物貌，赋家以全面系统的展示来表达对自然认识所达到的深度，如乐器赋对生材、制器、发声、声之妙、声之感的描写，系统地表现了与乐器相关的自然环境、制作工艺、音质音调和由此带来的情感情绪，反映出汉人对音乐给人带来的“悲”的认识：“悲”是音乐带给人的一种心理感受，“悲”的情感来自于乐器本身具有的“悲”的特质，而乐器本身所具有的“悲”的特质又源于自然环境的悲凉；乐器赋的结构模式即是以融合自然、人情、人工的宇宙图式为基石。《西京杂记》载：“司马相如为《上林》、《子虚》赋，意思萧散，不复与外事相关，控引天地，错综古今，忽然如睡，焕然而兴。”系统化的物象正是汉人对自然、社会、伦理、人情的错综与控引。

① 苏舆：《春秋繁露义证·同类相动》，中华书局，1992年版，第360-361页。

汉赋自然意象的结构形态的另一特征是程序化，这也来自董仲舒的阴阳五行思维模式。董仲舒认为，天与地、阴与阳、金木土火水五行、春夏秋冬四季是结构整个世界的框架，这中间包含了董仲舒对时间和空间的认识："董仲舒吸取了战国以来的阴阳五行的思想，虚构出一个世界图式，以说明他所认为的自然界和人类社会的秩序及其变化的规律。照这个图式，宇宙是一个有机的结构，天与地是这个结构的轮廓；五行是这个结构的间架；阴阳是运行于这个间架中的两种势力。从空间方面想象，木居东方，火居南方，金居西方，水居北方，土居中央。这五种势力，好像是一种'天柱地维'，支持着整个宇宙。从时间方面想象，五行中的四行，各主一年四时中的一时之气：木主春气，火主夏气，金主秋气，水主冬气。"① 这个虚构的宇宙框架构成了汉赋自然意象的结构程序，无论是自然山水还是人工园林，赋家在描写时全都遵循上下对举、阴阳并列、五行铺排、四季迭显、四方展开的程序，以此来结构文字，在程序化的展开中显示对象。和董仲舒的宇宙图式一样，汉赋中的自然意象都是以上下、东南中西北、高低、阴阳等字眼为框架结构。《子虚赋》中描写的云梦泽象是一个居高临下的观察者在高空俯瞰得到的视觉印象，他先概述"云梦者，方九百里，其中有山焉"；然后用韵语一一罗列"其山"、"其土"、"其石"；又按方位和属性铺叙：

其东则有蕙圃：蘅兰芷若，芎菖浦，江蓠蘼芜，诸柘巴苴。其南侧有平原广泽：登降靡，案衍坛曼，缘以大江，限以巫山；其高燥则生葴菥苞荔，薛莎青薠；其埤湿则生藏莨蒹葭，东蘠

① 冯友兰：《中国哲学史新编》中，人民出版社，1998年版，第65页。

> 彫胡。莲藕觚卢，菴闾轩于。众物居之，不可胜图。其西则有涌泉清池：激水推移，外发芙蓉菱华，内隐钜石白沙；其中则有神色蛟鼍，瑇瑁鳖鼋。其北则有阴林：其树楩柟豫章，桂椒木兰，樝梨梬栗，橘柚芬芬；其上则有鹓鸰孔鸾，腾远射干；其下则有白虎玄豹，曼蜒貙犴。

云梦泽的东南西北中、高低、上下一一尽收眼底。其它如《上林赋》中的上林苑、扬雄《羽猎赋》中写的天子羽猎，都是使用同一模板填充不同具体内容的程序化产品。

班固《西都赋》描写的西京长安，也是以阴阳、上下、东西中南北为结构框架：

> 封畿之内，厥土千里。逴跞诸夏，兼其所有。其阳则崇山隐天，幽林穹谷。陆海珍藏，蓝田美玉。商洛缘其隈，鄠杜滨其足。源泉灌注，陂池交属。竹林果园，芳草甘木。郊野之富，号为近蜀。其阴则冠以九嵕，陪以甘泉，乃有灵宫起乎其中。秦汉之所极观，渊云之所颂叹，于是乎存焉。下有郑白之沃，衣食之源。提封五万，疆埸绮分。沟塍刻镂，原隰龙鳞。决渠降雨，荷插成云。五谷垂颖，桑麻铺棻。东郊则有通沟大漕，溃渭洞河。泛舟山东，控引淮湖，与海通波。西郊则有上囿禁苑，林麓薮泽，陂池连乎蜀汉。

即使是较为单纯描写一物的小赋，无法铺排如此恢弘的结构，也很难一一罗列琳琳琅琅之物，赋家还是努力在具体的描绘中体现这一模式：

龙门之桐，高百尺面无枝；中郁结之轮菌，根扶疏以分离。上有千仞之峰，下临百丈之溪；湍流溯波，又澹淡之。其根半死半生。冬则烈风、漂霰、飞雪之所激也，夏则雷霆、霹雳之所感也。[①]

（杨柳）南垂大阳，北被宏阴，西奄梓园，东覆果林。[②]

这种自然描写的呆板模式，并非汉人真实的观察自然之思维，而是观念中大一统宇宙图式的形象符号，赋中东、南、中、西、北或东、西、中、南、北的方位顺序，恰如董仲舒的“天次之序”：“木，五行之始也；水，五行之终也；土，五行之中也。此其天次之序也。”[③]故日本学者青木正儿认为汉赋中的自然是坐在书案前编造出来的自然，不过，它恰恰体现出儒教神学自然观向审美表现的转化。这个虚构的宇宙图式囊括自然事物、政治社会、人情伦理，向上承接神圣绝对之天，向下显现于可观可感的自然事物与社会现象，是有汉一代士人“究天人之际，通古今之变”的精神追求的符号象征，汉赋中完整的程序化的自然事物则成为其精神的整体意象。

汉赋自然意象的语言思维中同样可见董仲舒神学观念的痕迹。刘勰对赋的解释是：“赋者，铺也，铺采摛文，体物写志也。”[④]以铺陈为赋的基本表现方式，挚虞《文章流别论》亦曰：“赋者，铺陈之称。”汉赋铺陈又不同于先秦的铺叙，是堆砌构形相同或字义相

① 枚乘：《七发》，费振刚、仇仲谦、刘南平校释：《全汉赋》，广东教育出版社，2006年版，第25页。

② 孔臧：《杨柳赋》，同上，第118页。

③ 苏舆：《春秋繁露义证·五行之义》，中华书局，1992年版，第321页。

④ 《文心雕龙·诠赋》，范文澜：《文心雕龙注》，人民文学出版社，1958年版，第134页。

近的字，组织繁复呆板的对仗句式，以期尽可能细致的穷尽事物形貌，完整反映事物的整体类别，形成了以“同辞重句”“肥字积文”为特征的“字林”：

> 是以缀字属篇，必须练择：一避诡异，二省联边，三权重出，四调单复。诡异者，字体瑰怪者也。曹摅诗称“岂不愿斯游，褊心恶讻呶”。两字诡异，大疵美篇，况乃过此，其可观乎！联边者，半字同文者也。状貌山河，古今咸用，施于常文，则龃龉为瑕，如不获免，可至三接，三接之外，其字林乎！重出者，同字相犯者也。诗骚适会，而近世忌同，若两字俱要，则宁在相犯。故善为文者，富于万篇，贫于一字，一字非少，相避为难也。单复者，字形肥瘠者也。瘠字累句，则纤疏而行劣；肥字积文，则黯黕而篇暗。①

刘勰批评的四大文病并不专指汉赋，却是对大量文学实践的总结，其中也包含对汉赋的体认：“及离骚代兴，触类而长，物貌难尽，故重沓舒状，于是嵯峨之类聚，葳蕤之群积矣。及长卿之徒，诡势瑰声，模山范水，字必鱼贯，所谓诗人丽则而约言，辞人丽淫而繁句也。”②

以“字林”模山范水确为汉赋自然描写的典型特征，如司马相如写上林苑中的野兽：

① 《文心雕龙·练字》，范文澜：《文心雕龙注》，人民文学出版社，1958 年版，第 624-625 页。

② 《文心雕龙·物色》，范文澜：《文心雕龙注》，人民文学出版社，1958 年版，第 694 页。

> 生貔豹，搏豺狼，手熊罴，足壄羊，蒙鹖苏，绔白虎，被班文，跨壄马，凌三嵕之危，下碛历之坻。径峻赴险，越壑厉水。椎蜚廉，弄獬豸，格虾蛤，铤猛氏，羂騕褭，射封豕。

为了夸耀天子校猎的声势和上林苑物产的丰富，司马相如可能用上了所有他知道的珍禽猛兽的名字，有实的，也有传说想象中的，有南方的，也有北方的，构成一个关于猛兽的"字林"。张衡为了描绘后宫的华丽，用尽了美石的各种称谓：

> 后宫则昭阳飞翔，增成合欢，兰林披香，凤凰鸳鸾。群窈窕之华丽，嗟内顾之所观。故其馆室次舍，采饰纤缛。裛以藻绣，文以朱绿，翡翠火齐，络以美玉。流悬黎之夜光，缀随珠以为烛。金戺玉阶，彤庭辉辉。珊瑚林碧，瑠珉磷彬。珍物罗生，焕若昆仑。①

一连串带"玉"偏旁的字重叠在一起，渲染出后宫流光溢彩的华美。这样的文学形象宏壮有余而生动不足，当然说不上真切感人，却也真实地透露出汉人对世界的认知思维。《汉书·扬雄传》记扬雄"以为赋者，将以风也，必推类而言，极丽靡之辞，闳侈巨衍。"推动汉赋巨丽审美追求的动力在于对自然类别种属关系的认知。

董仲舒认为"天道各以其类动"，物物之间同类感应、同类相动、同类相召、同类相推。类就是物与物之间的关系，对事物的认

---

① 张衡：《西京赋》，费振刚、仇仲谦、刘南平校释：《全汉赋》，广东教育出版社，2006年版，第477页。

识就是对类别的把握，汉赋中“字林”，多由构形相似、部类相同或同类的形容词堆积而成，如枚乘写江涛，连接使用“淋淋”、“浩浩溰溰”、“沌沌浑浑”、“混混庉庉”、“纷纷冀冀”、“险险戏戏”、“沇沇湲湲”，以一系列描绘形貌的语词把江涛刻画得穷形尽相。班固形容上林苑中的勇士狩猎也是“挟师豹，拖熊螭。顿犀牦，曳豪罴”，穷尽天下猛禽。为了构建“字林”，赋家都是用尽所有同类的语词，写声音，会写出高低疾徐轻重柔刚的全部声音；写植物，会囊括南方北方的全部植物；写动物，则是实有的、想象的全部出场。壮阔巨丽的审美效应一方面体现出夸饰大汉帝国的急切心理，同时也是汉人对事物类别种属关系的体认。研究者将汉赋的思维方式总结为“弥散类推”[①]，就是在同类的范围内不断地漫延。从文学创作的角度看，“字林”、“字窟”是一种缺少生气的繁复模式，从思维的角度看，却显示出理性力量的生长，卡西尔认为同类词语的汇聚“打破个别观察材料的孤立封闭状态，用力把它从其实际发生的‘此时此地’中拔拽出来，使它与其它事物联系起来，并将它和其它事物一道归集到一个涵盖一切的秩序之中，归集到一个‘体系’的同一性之中去。”[②]董仲舒正是借助同类事物的汇聚应合才建立起天人之间的联系，形成 一个自然、人情、社会、伦理一体化的世界，汉赋正是依靠同类别事物的汇聚，才形成丰富多样的自然意象和壮阔巨丽的审美形态。

西方学者将审美活动的本质视为“移情”，真正的自然审美意

---

① 参阅霍松林、尚永亮：“司马相如赋的主体特性模式作用”，《陕西师范大学学报》，1992 年第 1 期。

② 〔德〕恩斯特・卡西尔：《语言与神话》，于晓等译，三联书店，1988 年版，第 52-53 页。

识应该是消泯了人与自然的界限，自然与人的生命底蕴一体化的圆融状态。魏晋南北朝时期山水诗、山水画大量出现，欣赏自然成为士人的普遍生活方式，人们在自然中发现了自己内心的全部情感，陆机感叹："遵四时以叹逝，瞻万物而思纷。悲落叶于劲秋，喜柔条于芳春"；刘勰《文心雕龙》专设"物色"篇，将自然作为文学的一个重要因素来论述，并且认为自然与人情相与往还："春秋代序，阴阳惨舒，物色之动，心亦摇焉。"文学是人与自然情感往来的结果："情往似赠，兴来如答"；宗白华先生说魏晋人向外发现了自然，向内发现了自己的深情，这种内与外的双向建构标志着中国审美移情理论的成熟，也标志着自然审美意识的自觉。

从历史发展的延续性来看，正是董仲舒的神学自然观为魏晋自然审美意识导乎先路。首先，神学自然观为自然审美意识提供了思想基础。董仲舒视自然为天意的体现，自然从道德比附、生存环境、物质资料的地位上升到绝对神圣的高度，作为客观化、物质化的天，自然理所当然地是应该独立歌咏绘饰的对象，这成为汉人文艺作品中将自然作为独立的表现对象的心理基础，而自然成为独立的表现对象是自然审美意识自觉的前提。

其次，天人相与的世界是一个人与自然建立起系统关系密切关联的世界，这是自然审美意识自觉的情感基础。董仲舒以至上之天为依据，从事物的运动变化特性出发，将传统的天人感应理论系统化、精致化，建立起一个从天开始，包括阴阳、五行、四季、伦理、人情、万物的逐层分类精致对应的系统世界，阐释出事物与事物之间的深层联系："喜怒之祸，哀乐之义，不独在人，亦在于天，而春夏之阳，秋冬之阴，不独在天，亦在于人。人无春气，何以博爱而容众？人无秋气，何以立严而成功？人无夏气，何以盛养而乐生？

人无冬气，何以哀死而恤丧？天无喜气，亦何以暖而春生育？天无怒气，亦何以清而秋杀就？天无乐气，亦何以疏阳而夏养长？天无哀气，亦何以激阴而冬闭藏？故曰：天乃有喜怒哀乐之行，人亦有春秋冬夏之气者，合类之谓也。”①四季不只是自然现象，也是人的情感体现。因此，神学自然观中的自然不独是政治化的自然，伦理化的自然，也是情感化的自然。神学自然观在认识论上也许并无意义，却极大的促进了人与自然深层次的情感交往。

第三，神学自然观也奠定了后世自然审美的思维模式。董仲舒的天人相与世界是系统化的世界，它要求人们更加全面地观察自然，把握世界，汉赋中阴阳天地对举、四方五行涵盖的整体性自然意象便是这种系统性的反映。汉赋中僵化的自然意象当然称不上自觉的自然审美，但这种体验描绘自然的模式却为后世所继承，魏晋诗歌中俯拾皆是的“仰观”、“俯察”，刘勰的“献岁发春，悦豫之情畅；滔滔孟夏，郁陶之心凝；天高气清，阴沉之志远；霰雪无垠，矜肃之虑深”，王微的“临春风思浩荡，望秋云神飞扬”无不体现出同样的思维轨迹。

---

① 苏舆：《春秋繁露义证·天辨在人》，中华书局，1992年版，第335-336页。

# 第四章　六家七宗与魏晋自然审美观

魏晋是中国历史上社会异常动荡的时期，也是思想大解放的时期。拥有400年历史的汉王朝一朝崩溃，传统儒学名不符实，文人朝不保夕，出现了空前的精神危机，玄学趁兴而起，占据时代主流。此时，佛学尤其是大乘般若学说的传入及蔓延给思想动荡的中国社会吹来了一阵新风。作为一种外来文化，植根于印度传统思想的般若学要在中国社会立足并取得发展，必须借中国本土文化之势，而一旦形成势力，又必将对本土文化产生某种程度上的反作用。

宗白华先生说："晋人向外发现了自然，向内发现了自己的深情。"①这将自然和人同时从两汉谶纬迷信中解放出来，促进了魏晋自然审美意识的形成。魏晋时期，由于社会动荡，民不聊生，人们更自觉地关注社会之外的自然世界。受此影响，谈"四大皆空"的佛教因其彻底的怀疑精神和强烈的思辨精神受到时代的追捧。本章试图从中国初传佛教对自然的认识，来讨论佛教自然观对魏晋自然审美意识形成的影响。

般若学传入中国，产生了般若中国化的早期思想流派——六

---

① 宗白华："论《世说新语》和晋人的美"，《美学散步》，上海人民出版社，1981年6月版，第215页。

家七宗。本章从六家七宗对自然万物的不同理解入手，综合考察自然观念的时代特征，解释由于般若学的理解，哲学意义上的自然怎样成为审美意义上的自然，并追问般若学在中国的发展进程中对魏晋时代自然美意识形成的作用，注重把般若学作为相对独立的学术思想进行研究，以促进魏晋审美意识的研究。

## 第一节　般若学与中国

### 一、般若学的传入

佛教的传入，无疑是中国社会的一件大事，荷兰学者许理和描述佛教在中国的传播，用了一个词：征服。

探寻佛教最初传入的确切时间，是一件非常困难的事。作为一种实质迥异的外来文化，佛教进入中国并开始产生影响，是一个悄悄的渐进的过程，直到引起整个社会的广泛关注，人们才发现，它原来隐藏得多么巧妙。当我们回过头去寻找典籍中可能留下的线索时，所有的典籍却要么过于零散，要么荒诞不经。中国的正史偶然闪现的早期佛教的踪影，往往集中在某些兴奋点上一笔带过，甚至就连这些只言片语离真正的佛教到底有多么远，都还值得推敲；或者这些只言片语作为一种主观臆测，具有更多的传说性质，缺乏严谨的科学精神，而各种佛教典籍相互翻抄，或自相矛盾，更由于后世佛教徒的过分宣传而变得面目全非。这些现象说明了一点：佛教在中国的初传，是何等的艰难！

但至少还有一些事情为人们所确知：佛教传入的时间段在西汉至东汉末约200多年间，这时西域的交通使各种外来文化经由丝绸之路进入中国成为可能。早在文献提起之前，佛教就“相当早地存在于散居在中国的外来家庭群体和聚居区中”。[①] 在相当长一段时间里，佛教的宗教内容领先于哲学内容，以一种谶纬方术的形式，引起了上层社会的注意并进而在一定范围内扩大了影响，佛学教义开始得以显现，尽管仍然被迫披着各种神学的外衣，却在那样一个动乱的时代努力籍合着中国思想发展的主潮，并最终形成独立的体系。

除去各种显而易见的荒谬传说，一般将“伊存授经”[②]或“永平求法”[③]作为佛教传入中国的标志。在东汉末期以前，佛教的全部内容主要依附于儒学方士，从而在上层社会开始合法地出入。永平八年，楚王英以缣帛赎罪，“诏报曰：楚王诵黄老之微言，尚浮屠之仁祠，洁斋三月，与神为誓，何嫌何疑，当有悔吝？其还赎，以助伊蒲塞、桑门之盛馔”[④]这段话是见于典籍的佛教传入上层社会的最早记录。

楚王英后为人告发谋逆，被迫自杀，株连数千人，此后的早期佛教沉寂了很长时间，到东汉末年重新出现时，它已经披上道教方术的外衣，作为祭祀祈福的一种手段进入宫廷，桓帝“宫中立黄老、浮屠之祠”，[⑤]此时的佛教被认为与道教有相同之处，“此道清虚，

① 〔荷〕许理和：《佛教征服中国》，李四龙、裴勇等译，江苏人民出版社，2003 年 8 月版，第 26 页。

② 《三国志·魏书·乌丸鲜卑东夷传》注引鱼豢《魏略·西戎传》：“昔汉哀帝元寿元年，博士弟子景卢受大月氏王使伊存口受《浮屠经》。”

③ 《后汉书·西域传》：“世传明帝梦见金人，长大，顶有光明，以问群臣。或曰：‘西方有神，名曰佛，其形长丈六尺而黄金色。’帝于是遣使天竺问佛道法，遂于中国图画形像焉。”

④ 《后汉书·楚王英传》。

⑤ 《后汉书·郎𫖮襄楷列传》。

贵尚无为，好生恶杀，省欲去奢”，[①]然而“浮屠不三宿桑下，不欲久生恩爱，精之至也”[②]则表明此时的佛教已经有了义理方面的内容，只是“襄楷提倡佛教教义是为了谏诫桓帝的胡作非为，而吸引桓帝的却不是佛教的伦理方面，他是始终把佛教和祈愿长生不老的黄老信仰同等看待。桓帝受炽热的成仙欲望所驱使，在祭祀黄老的同时而祭佛陀。佛陀被当作有禳灾招福，长生不老之灵力的神来信仰。前来传道的西域沙门被当作扮演巫祝角色的修仙者而受到尊敬。就这样，佛教竟完全被后汉社会当作追求现世功利的道教信仰来接受了。”[③]据传为东汉末年的牟子在其护教著作《理惑论》（然而也有人指出牟子是伪书，以吕瀓先生为代表）中，开始抨击仙术，表明佛学开始挣脱迷信的外衣，有了独立的倾向。紧接着，中国历史进入战乱的年代，伴随社会政治制度土崩瓦解，大一统的儒家学说被抛离，社会上出现空前的精神危机，宣扬“众生皆苦”的佛教义理，尤其是播撒“一切皆空”并积极入世的大乘般若学引起人们的普遍关注。

佛教产生于公元前六到前五世纪的古印度，是印度特定历史时期社会的产物，随着时代的不断发展，先后出现小乘佛教和大乘佛教，小乘佛教强调自我解脱、消极出世，而大乘佛教强调解脱众生、积极入世。印度佛教本是在反对婆罗门教的神学思想中逐渐发展起来的，倡导正知正见，然而佛教徒中有不少婆罗门弟子，在传法过程中不断抬高佛教的地位，以号召和影响四众，于是神和迷信开始广泛流传。佛陀的神格化和佛教的巫术化是佛教走向民间

① 《后汉书·郎𫖮襄楷列传》。

② 同上。

③ 〔日〕镰田茂雄：《简明中国佛教史》，上海译文出版社，1986年版，第19-20页。

的重要标志，也是佛教向大乘过渡的重要环节，公元前后大乘思潮遍及古印度全境并朝多元化发展，最主要的《般若经》类，涉及面广，理论思想浓，影响也最大，迅速影响到中亚西域各国，形成与先前早已存在的小乘思想并存的繁荣局面。西域是中国佛教传入的重要来源，大小乘的传入并没有按照印度的发展顺序，而是“经流秦土，有自来矣，随天竺沙门所持来经，遇而便出”，[①]大乘般若思想在中土广泛传播并在魏晋时期盛极一时，乃是时代的必然。

佛教的传入，以译经为基础，僧人的传法，也以佛经为依据，正是在译经过程中发现的问题，才出现了各种不同于印度佛教教义的内容，以及包括西行求法以探求真实教义的种种努力。最先的一批译者，不是中国本土人士，而是西域来华僧人。在中国佛经翻译史上，出现两位伟大的先驱：安世高和支娄迦谶，据《高僧传》记载，二人均为东汉桓帝（公元 147—167）时期来到中国，此时佛教在中国的传播正处于由教义转向义理的重要历史时期。

安世高来自安息国，“汉桓之初，始到中夏”，[②]是中国佛教史上第一位著名的法师，也是佛经汉译的第一人，所译经几乎全部为小乘经典著作，尤其是说一切有部的禅数之学。安译经典，偏重于直译，尚质，而且译中带注释，这种治学严谨的学风一直影响到后世的道安。安世高在华三十多年，四处游历（主观为弘法，客观为避战乱），在他身上有许多的神异故事，这一方面可能出于后人对他的景仰而作的神化，另一方面则出于为宣传“报应不爽”的努力。各种神异手段正可使“眼见为实”的中国民众信服。跟随安世高受

① 道安：《鼻奈耶序》，《大正藏》卷二十四，第 851 页。

② 慧皎：《高僧传》，汤用彤校注，中华书局，1992 年 10 月版，第 4 页。

学的中国门徒很多，影响极为深远，就连在般若学盛行的晋世，都仍有毗昙学派的复兴，在南北朝时的北方，禅学更成为当时佛教的正统。

然而，对中国社会产生更为深远影响的却还是自支娄迦谶首译的般若学。如果说安世高借神异弘法，带有鲜明的时代印记，那么支娄迦谶则是更近于学者型的高僧。支娄迦谶来自月支，那里是早期大乘经典的主要产地，一般认为支娄迦谶是翻译大乘佛教经典的第一人。道安著述经录，提到支谶所译十二种佛经，其中年代可考的有三种：汉灵帝光和二年（公元179年）译《般若道行经》十卷、《般若三昧经》二卷和中平二年（公元185年）译《首楞严经》二卷。《般若道行经》是中国最重要的早期大乘般若学经典，是研习般若学的入门之籍。这一时期的译经，因为有安世高的先导，遣词造句都已取得一些经验，且支谶通晓汉语，因此译文整体上比较流畅，只是般若学的思想原本就很难为中国人所理解，为尽量保存佛经的本来面目，《般若道行经》偏向于质朴，很少文辞的修饰，因此读来难免晦涩拗口。随着般若学的发展，《般若道行经》渐渐不能满足人们的学术热情，于是同本异译、西行求法、讲经论道便成为必然的趋势。

支娄迦谶之后，对般若学的发展起到重要推动作用的有三个人：支谦、朱士行和竺法护。支谦的祖父法度"以汉灵帝世，率国人数百归化"，[①]这些入了中国籍的月支侨民坚持原有的佛教信仰，并形成独特的佛学氛围，直接影响了支谦。支谦出生于中土，"十

① 僧祐：《出三藏记集》卷十三《支谦传》，《大正藏》卷五十五。

三学胡书，备通六国语”，[1]可能接受了良好的正统教育。他的老师支亮受业于支谶，则支谦是支谶的再传弟子，因此支谦的佛学思想既有本民族的历史传统，又体现了支谶以来般若学在中国的正统血脉。支谦的主要活动范围为三国时的吴国，这是一位“内外备通”[2]的般若学者，已经有意识地将般若学融会到中国传统文化当中，“盖已为佛教玄学化之开端”，[3]实为自觉运用“格义”方法阐释般若学的第一人。在译经上，支谦“得法意而为证”，掌握“不坏假名而说实相”的基本般若精神，[4]译经偏向藻丽，应视为对支谶翻译风格的大胆创新。一直到东晋，支谦所译《慧印三昧经》都是江南义学所参照的经典。

与此同时，在北方的魏国，朱士行开始讲说《道行经》。朱士行是土生土长的中国人，讲经的开始，一方面说明了般若学在中国的影响扩大，另一方面也表明了中国人研习般若学的努力，“讲经和听经，实际上是中国文化思想与印度佛教教义的比较对照，融合会通的过程，中国僧俗讲习经文对于中国佛教哲学的形成具有直接的影响。”[5]正是在讲习《道行经》的过程当中，朱士行深感“此经大乘之要，而译理不尽”，[6]或出于真挚的宗教热情，或出于求真的学术精神，终于发愿西行，成为中国西行求法第一人。自此而后，古丝绸之路上，从天竺、西域而来的传道的队伍和从中国出发的求道

① 僧祐：《出三藏记集》卷十三《支谦传》，《大正藏》卷五十五。

② 汤用彤：《汉魏两晋南北朝佛教史》，北京大学出版社，1997 年 9 月版，第 94 页。

③ 同上。

④ 吕澂：《中国佛学源流略讲》，中华书局，1979 年 8 月版，第 293 页。

⑤ 方立天：《中国佛教哲学要义》上卷，中国人民大学出版社，2005 年 1 月版，第 14 页。

⑥ 慧皎：《高僧传》，汤用彤校注，中华书局，1992 年 10 月版，第 145 页。

的两支队伍相互交织，络绎不绝。

朱士行于魏甘露五年（公元260年）到了同样盛行大乘佛法的于阗，得《般若》九十章，凡六十万余言，于西晋太康三年（公元282年）使弟子弗如檀（法饶）送至洛阳，西晋元康元年（公元291年）才在陈留仓垣由无罗叉和竺叔兰译出，是为《放光般若经》，与支谶所译的《道行般若经》相比，二者在结构上和性质上都不同，时人却认为前者是后者更广的译本，因而名为大品《般若》和小品《般若》。

在朱士行活动的同时，世居敦煌的月支人竺法护也进行了一次西行求法。“晋武之世，寺庙图像虽崇高邑，《方等》深经蕴在西域，法护慨然发愤，志弘大道，护公于佛教入中华以来，译经最多，位在佛教玄学之首。”[①]竺法护的译经很多，主要是般若类，其中于阗沙门祇多罗的胡本《般若》被译为《光赞般若》，与朱士行的《放光般若》是同一个本子。可以看出，西晋初年，佛教虽然已经广为传播，但般若学的影响仍然有限，其中最重要的原因就是般若学经典的匮乏，此时的西域各国已经普遍流行大乘经典，般若经典源源不断的流入，使般若学者对比参照的机会大大增多，从而扩大了无限阐释的空间，直接刺激了各家般若学说的形成，译经最多的竺法护也被人们尊称为“敦煌菩萨”。

从东汉末年到西晋初年七八十年间，是般若学在中国的初传时期，通过自支娄迦谶以来的外来高僧的译经传法，中国僧众的讲经求法，以及会通中西的中外学者的努力比附，促进了般若学全面中国化的进程，中国佛教义学高僧开始涌现，早期中国般若学派逐渐形成，六家七宗便是其中的代表。

① 汤用彤：《汉魏两晋南北朝佛教史》，北京大学出版社，1997年9月版，第111页。

## 二、六家七宗产生的历史成因

桓、灵之世，两汉大一统局面已经维持了四百多年，种种国家机构已经磨损不堪，外戚宦官轮流把持中央，剥削地方，水灾、旱灾、地震、蝗虫、瘟疫此起彼伏，民不聊生，农民起义层出不穷，豪强混战，天下大乱。三国相争，连年征战，大小规模军事冲突此起彼伏，血腥屠城接连不断：曹操屠徐州数城；孙权屠夏口、皖城；司马懿屠上庸、辽东襄平。郊原遍流血，尸骨横荒野。

两汉时期，最多的人口记录是五千多万，[1]至汉献帝建安年间，人口只有战乱前的十分之一；[2]而曹魏统一北方后的总人口则不超过三百万。[3] 人口的锐减固然有灾荒的原因，但战乱无疑是最大的因素。

以“狐媚取天下”的晋王朝的建立，采取的是“禅让”的形式，没有经历战争的洗礼，更没有改变承魏而来的政治、经济体制，即便是晋武帝时期的相对有序繁荣，充其量也只是三国混战与即将到来的更大黑暗时期之间的短暂间歇。平吴胜利后，自以为天下一统的晋武帝司马炎志得意满，迅速沉迷于酒色享乐之中，再也无暇顾问政事。其后即位的晋惠帝司马衷是一个白痴，朝政为皇后贾南风把持，心狠手辣的贾后借楚王司马玮之力灭皇太后杨氏集团数千人，拉开了长达十六年之久的“八王之乱”的序幕，贯穿晋惠帝在位的始终，旷日持久的厮杀，使数十万人死于战乱，与此同时，各

① 《晋书·地理志》卷十四：“至桓帝永寿三年，户千六十七万七千九百六十，口五千六百四十八万六千八百五十六。”

② 《三国志·魏书·张绣传》：“是时天下户口减耗，十裁一在。”

③ 《后汉书·郡国志》刘昭注引《帝王世纪》：“文帝受禅，人众之损，万有一存。”

种自然灾害频发：

> 元康五年(公元295)，荆、扬六州洪水；
>
> 元康六中(公元296)，关中饥荒，瘟疫流行；
>
> 元康七年(公元297)，雍、秦二州大旱，瘟疫流行，致鬻儿卖女；
>
> 元康八年(公元298)，荆、扬五州再次大水，饿殍遍野。

永嘉之乱后，晋室南渡，琅邪王司马睿得到过江世族和当地的江东大族支持，于长安失守后，改元建武，是为东晋。东晋建立后的十年间，便相继经历王导之乱和苏峻之乱，王、庾、桓、谢各势力相继专权，斗争从未停歇，至晋安帝司马德宗时期，晋室早已陷入崩溃的边缘：隆安二年(公元398年)桓玄、殷仲堪讨司马道子及其子元显；隆安三年(公元399年)桓玄攻杀殷仲堪；元兴元年(公元402年)司马元显诏伐桓玄，玄攻建康杀元显；元兴三年(公元404年)刘裕、何无忌杀桓玄；义熙元年(公元410年)卢循攻杀何无忌，刘裕回杀卢循。之后，刘裕攻杀与之共同讨伐桓玄的刘毅、诸葛长民，于义熙十三年(公元417年)攻灭后秦，于次年缢杀晋安帝，令继位的晋恭帝司马德文禅位，是为刘宋，开始了另一段混乱不堪的历史。

“魏、晋之世，是两汉之后的一个大动乱的时代。”[①]纵观汉末至晋末二百年历史，唯“天灾人祸”四字而已。这是一个极度动乱的年代，人的生命如野草般被践踏，人的尊严和斯文在马蹄下荡然

---

① 郭朋：《汉魏两晋南北朝佛教》，齐鲁书社，1986年6月版，第139页。

无存。在这样的社会背景下，人惶惶不可终日，末世论调笼罩，佛教主张来世轮回，给予人们精神寄托，般若学"目空一切"又正好籍合时代特征，以悲天悯人的宗教情怀，给人们以麻醉和安慰。般若学告诉人们：世界就是这样空无一切，但这些都只不过是过眼烟云，只要看破了这一切，就是一个智慧的人，就能得到现世或来世的超脱。

朝不保夕的不仅仅是处于社会底层的劳苦大众，同样还有数量众多的文人。[①] 中国传统儒家文人秉承修齐治平的治世传统，既是思想家又是政治家，一直走在社会的最前沿，然而在这样的乱世，就连至高无上的皇帝都可以被随意更换，传统儒家伦理道德那一套早已不能适应这样的变化节奏，朝野上下出现空前的精神危机。然而越是在社会混乱的时期，时代的思想却愈发自由，大一统思想的约束力消失，"身处这种大动荡社会的人们又更加迫切需要精神支柱和心灵慰藉"，[②]文人开始自觉寻求精神上的解放。魏晋时期，最能体现时代精神的便是被称为"魏晋风度"重要内容之一的玄学，而般若学的兴盛与之紧密相联。

如前所说，中国文人既是思想家又是政治家，在玄学上，前者体现为对宇宙本体的不断追问，实践上既难以有所建树，便只能转向观念上的成就，远离世俗社会，进而关注超越现实的世界；后者体现为对名教合理性的反复论证，实际上也就是思考社会洪流中个体生命的价值与人生态度，人怎样才能适意地生存，这两者既冲突又融合。

---

① 《晋书·阮籍传》："属魏晋之际，天下多故，名士少有全者。"

② 许抗生、赵建功、田永胜：《六朝宗教·前言》，南京出版社，2004 年 7 月版，第 1 页。

在宇宙本体的追问上，以王弼为代表。这位天才先是注了《老子》，论证“有生于无”，无即道，道即玄，实为玄学开山之论，继而在名教上用《老子》解释了儒家经典《易经》，论证“名教本于自然”，开始为名教寻找内在依据；竹林时期的阮籍和嵇康，提出宇宙本原为一团自然的元气，在名教上，嵇康提出“越名教而任自然”，从而建立一个“至德之世”；西晋元康年间，玄学的集大成者郭象调和“有无”之争，提出“独化说”，认为万事万物皆不依赖外物自然而生，在名教上，进一步论证“名教即自然”，提出各适本性而达“逍遥”的自然本体观念。

在玄学成为魏晋时代学术主潮的同时，般若学也趁势而起。相同的社会背景下，般若学与玄学有共同关注的对象：在哲学意义上，玄学超越社会现实去关注宇宙自然的本原，般若学还宇宙自然本来面目；在世俗意义上，玄学探讨在异化的名教面前的人的自然本性，般若学以普度众生的济世精神积极深入人世间。般若学与玄学的相互影响为东晋后期玄佛合流提供了思想上的保证。

其次是传统儒学的式微。“失望沮丧的士大夫开始寻求其他的方式和途径”，[①]本土道家思想便首先试图承担重构社会秩序的历史重任，玄学以道释儒，是一种入世哲学，般若学以佛解玄，是一种出世哲学，玄学沉思的超脱在异化的现实名教中只能是一种幻想，而般若学则以消解一切的哲学智慧指明了超脱的终极方向。玄学发展至“物物自然”已再无新义可出，而般若学则以彻底的否定精神征服了时代的清谈者们。更为重要的是，玄学家们“口谈浮

① 〔荷〕许理和：《佛教征服中国》，李四龙、裴勇等译，江苏人民出版社，2003 年 8 月版，第 47 页。

虚，不遵礼法，尸禄耽宠，仕不事事”，[①]故弄玄虚，生活放荡，装疯卖傻，为正统文人所不齿，尤其是西晋于玄风炽盛之际而亡，玄学领袖王衍背负“清谈误国”的骂名，晋室南渡之后，东晋名士对玄学的信仰开始动摇，并进行深刻的反思，从此玄学再也没有得到更大的发展，并为般若学所取代，走上玄佛合流的道路。

即使是在乱世，传道者们也从未放弃对佛教经典的追求。然而，中国的佛教从一开始就是一个完全自生的独立的系统，正如玄学家借道家经典来论证儒家名教，《老》、《庄》只不过是醉翁之酒一样，佛教经典也仅仅成为中国佛教徒“借以自由地沉思的原始材料”。[②] 当时“讲般若是相当自由的”，[③]被称为“空”的万法之自性不可名状，无法定义，从而不断得到阐释，为歧义的解释留下空间，而沿用中国传统术语则引发各种错误联想，在正确理解“空”之真谛的龙树、提婆的中观学说尚未被鸠摩罗什传来中国之前，般若学派的众说纷纭的确是不断靠近真理却永远不可企及的努力。

有道是“外来的和尚好念经”，这一方面是由于人们对外来文化的一无所知，另一方面可能是对外来文化的理想化倾向，出家这一种惊世骇俗的行为在这一特定的历史时期得到人们略带诧异的默许。佛教在中国并不是一种思想模式或哲学体系，而首先是一种全新的行为方式：在战火纷飞的年代，寺院无疑是一片避世的净土，拥有相对独立的经济体系，不受世俗社会约束，并拥有大量藏书（这些藏书当然不止是佛经），这些都对出身寒微而有教养的人

① 《晋书·裴頠传》。

② 〔荷〕许理和：《佛教征服中国》，李四龙、裴勇等译，江苏人民出版社，2003年8月版，第2页。

③ 吕澂：《中国佛学源流略讲》，中华书局，1979年8月版，第47页。

们产生了巨大吸引力。一方面作为“方外之人”，言行可以不受世俗束缚，另一方面又怀揣为众生修行的远大理想，生存与发展问题同时得以解决，具有传统文化底蕴的儒玄兼修的中国僧人便得以大量出现。中央政府和大小割据政权都未能采取行之有效的措施来约束他们的剃度出家和自由流通，道安至襄阳，“四方学士，竞往师之”，[①]竺僧朗在泰山立精舍，“闻风而造者百有余人”，[②]这无疑是一个中国僧人四处串联的年代。

随着对般若学研究的不断深入，一批义学高僧相继出现，在他们的周围，逐渐聚集了大群拥有盲目热情的求学者，形成著名的僧团，其中最有名的是道安僧团。道安于新野分张徒众，自己来到襄阳时，身边仍有四百余人，习凿齿致谢安书说：

> 来此见释道安，故是远胜，非常道士，师徒数百，斋讲不倦。无变化技术可以惑常人之耳目，无重威大势可以整群小之参差；而师徒肃肃，自相尊敬，洋洋济济，乃是吾由来所未见。[③]

“师徒数百”正说明当时僧团之兴盛；“吾由来所未见”也反映了当时其它僧团之混乱。道安之时，“《般若》研究乃大盛”，[④]正由于道安在中国佛教史上的独特地位，六家七宗的时代，又被称为道安的时代。

---

① 慧皎：《高僧传》，汤用彤校注，中华书局，1992 年 10 月版，第 179 页。

② 同上，第 190 页。

③ 同上，第 180 页。

④ 汤用彤：《汉魏两晋南北朝佛教史》，北京大学出版社，1997 年 9 月，第 163 页。

社会的混乱伴随着精神的危机,般若学的发展借助时代的玄学思想主潮,般若经典被中国僧人自由阐释,六家七宗的出现,乃是历史的使然。

## 三、六家七宗略考

六家七宗代表的是对般若"空"的不同解释,而并非独立的佛教团体,甚至不能说是几种流派。在六家七宗的代表人物中,聚集了那个时代主要的义学高僧。首先需要明确的是,除了道安之外,没有证据表明这些高僧对修行的兴趣大于对真理的追求,与其说他们是僧人,不如说他们是学者。实际上,在这些人当中,有些既是名僧又是名士,他们融会内外,对般若学的中国化并进而影响中国社会起到了重要作用。最早提出"六家"这个概念的是僧叡:

> 自慧风东扇,法言流咏以来,虽曰讲肄,格义迂而乖本,六家偏而不即。[①]

"格义"二句曾被隋代三论宗大师吉藏在《中观论疏》中加以引用。僧叡是道安的弟子,后来又跟随鸠摩罗什,所处应是"道安之时代"。"六家"不知具体所指,当为与"格义"佛教有所区别的般若学思想。

僧肇作为龙树、提婆正统般若学思想的集大成者,在《不真空论》中,以批判的眼光,集中评价了心无、即色和本无三家般若学说,虽然没有提及它们的代表人物,但正可以看出此三家学说在当

① 僧祐:《出三藏记集》卷八《毗摩罗诘提经义疏序》,《大正藏》卷五十五。

时影响之深广。据唐元康《肇论疏》：

> 梁朝释宝唱作《续法论》一百六十卷云，宋庄严寺释昙济作《六家七宗论》。论有六家，分成七宗。第一本无宗，第二本无异宗，第三即色宗，第四识含宗，第五幻化宗，第六心无宗，第七缘会宗。本有六家，第一家分为二宗，故成七宗也。[①]

据此转述，昙济最早论及"六家七宗"，"六家七宗"之说遂成定式，代表早期般若学的最高研究成果，为后世重复引用。

而据南朝陈慧达《肇论序》"详汰名贤所作诸论，六家七宗，爰及十二"[②]和日僧安澄《中论疏记》卷三云"《二谛搜玄论》十三宗中本无异宗"[③]所说，两晋时期的般若学思想流派众多，而六家七宗，尤其是各本均重点提到的心无、即色和本无三家确为其中之优秀代表。根据汤用彤先生的考证，六家七宗及其代表人物分别是：

| 六家 | 七 宗 | 主张之人 |
|---|---|---|
| 本无 | 本无 | 道 安(性空宗义) |
| | 本无异 | 竺法深 竺法汰（竺僧敷） |
| 即色 | 即色 | 支道林(郗 超) |
| 识含 | 识含 | 于法开(于法威 何 默) |
| 幻化 | 幻化 | 道 壹 |
| 心无 | 心无 | 支愍度 竺法蕴 道 恒（桓 玄 刘遗民） |

① 唐元康：《肇论疏》卷上，《大正藏》卷四十五。

② 同上。

③ 《大正藏》卷六十五。

缘会　　缘会　　于道邃[1]

郗超、何默、桓玄、刘遗民等人均不是正式的佛教徒，由于资料的缺乏，无法断定他们的宗教信仰大于他们的政治热情，因此还不能简单地断定他们是在家的居士，《世说新语》中的相关记载也只能说明他们是一些醉心于佛学的社会名流，如此而已。六家七宗的代表人物自然以僧人为主，僧人的自由流通及僧团的存在，使这些著名僧人之间存在各种错综复杂的联系：

道安与竺法汰同为佛图澄弟子；
竺法蕴为竺法深弟子；
道恒为鸠摩罗什弟子；
于法开与于道邃同为于法兰弟子；
于法威为于法开弟子；
道壹为竺法汰弟子。

此外，从他们的姓名中，还能发现另一个现象，这些著名的僧人，姓名的第二个字均为“道”或“法”。这两个汉字意思和用法相似，具有两重意义：一为“道理”或“法则”，一为“道路”或“方法”，或兼而有之，表明为求得某种道理而进行的努力。然而有一个问题：这个“道”和道教之“道”以及道家之“道”是否存在某种联系？如前所论，中国本土化的佛教显然是借用了道家的名号来武装自己，中

① 汤用彤：《汉魏两晋南北朝佛教史》，北京大学出版社，1997 年 9 月版，第 192 页。

国早期的佛教徒一直被称为“道人”，道教徒则被称为“道士”，而向道家之“道”的主动靠拢一则表明中国般若学的玄学化倾向，一则说明外来宗教借助本土宗教而生根的规律。

僧肇之前的般若学时代，受到极大推崇的，首推道安。自汉以来，佛法有小乘禅数和大乘般若二系，道安实为集二者之大成者。道安为中国佛教所作出的贡献主要有：搜集和整理佛教经典，总结前代译经的经验教训；首著经录，为研究中国译经史提供第一手可信的资料；确立戒规，作为僧尼规范；注解经书，讲说般若不倦，扩大般若学的影响；求生兜率净土，经由慧远创新发扬，在后世影响了更多的佛教信徒。在名僧与高僧之间，道安“盖几可与于特出高僧之数”。[①] 在佛图澄、道安及慧远这些中国早期佛教的伟人中，道安“在奠定中国佛教基础上具有最巨大的功绩”、“确实是最先奠定中国佛教基础的人”。[②]

竺法深一作竺法琛，又名竺道潜，《高僧传》作竺法潜，俗姓王，“琅邪人，晋丞相武昌郡公敦之弟。”[③]年十八出家，师从中州名士刘元真，曾与桓彝之父桓颖为至交，于元嘉初避乱过江，先后受到元、明、哀、简文等帝的友敬和丞相王导、太尉庾亮等人的敬重。竺法汰是道安的同学，也是道安僧团中的著名人物，道安于新野分张徒众，法汰来到荆州，得到桓温的特别礼遇，及至建康瓦棺寺，受简文帝之请讲《放光经》，“黑白观听，士女成群”，[④]名重一时。

---

① 汤用彤：《汉魏两晋南北朝佛教史》，北京大学出版社，1997 年 9 月版，第 132 页。

② 〔日〕镰田茂雄：《简明中国佛教史》，上海译文出版社，1986 年版，第 46 页。

③ 慧皎：《高僧传》，汤用彤校注，中华书局，1992 年 10 月版，第 156 页。

④ 同上，第 193 页。

支道林即支遁，与东晋名士交往密切，被视为名士之流，在《世说新语》中有很多关于他的言行，是玄学化气质最浓厚的名僧。支遁"家世事佛，早悟非常之理"，[①]似乎受家庭影响很深。他在东晋上层社会地位很高，一个很重要的原因就是借佛释玄，阐述了《逍遥》新义，"卓然标新理于二家之表，立异义于众贤之外，皆是诸名贤寻味之所不得。后遂用支理"，甚至使具有萧散气质的王羲之"披襟解带，留连不能已"。[②]

于法开是高僧于法兰的弟子，"善《放光》及《法华》"，[③]是一位般若学者，并且"祖述耆婆，妙通医法"，曾于升平五年（公元361年）为褚太后征召入宫为晋穆帝司马聃治病。而《世说新语·文学》注引《高逸沙门传》称："法开初以义学著名，后与支遁有竞，故遁居剡县，更学医术。"于法开曾与支遁争名，后"情渐归支，意甚不分，遂遁迹剡下"，[④]"以数术弘教"，[⑤]冀以医术闻名。"于法开的胸怀、意境，确乎是并不豁达的。"[⑥]哀帝时应诏入京讲《放光经》，"旧学抱疑，莫不因之披释"，东山谚语"深量，开思，林谈，识记"，[⑦]谓于法开慎思明辨，确实是很中肯的。

道壹既为竺法汰弟子，自应姓竺，"少出家，贞正有学业，而晦迹隐智，人莫能知。"[⑧]晋废帝司马奕太和年间（公元366—371年）

---

① 慧皎:《高僧传》，汤用彤校注，中华书局，1992年10月版，第159页。

② 《世说新语·文学》，上海古籍出版社1982年版，第128-131页。

③ 慧皎:《高僧传》，汤用彤校注，中华书局，1992年10月版，第167页。

④ 《世说新语·文学》，上海古籍出版社，1982年版，第134页。

⑤ 慧皎:《高僧传》，汤用彤校注，中华书局，1992年10月版，第168页。

⑥ 郭朋:《汉魏两晋南北朝佛教》，齐鲁书社，1986年6月版，第366页。

⑦ 慧皎:《高僧传》，汤用彤校注，中华书局，1992年10月，第168页。

⑧ 同上，第206页。

出都至瓦官寺，当时的瓦官寺以法汰为中心形成了一个小的佛教团体，道壹便从之受学，“数年之中，思徹渊深，讲倾都邑”。[①] 法汰死后，道壹俨然成为团体的领袖，欲隐居虎丘时为学徒苦留不止，甚至请丹阳尹刘惔出面来劝说留都，道壹在说了一段宏论之后，仍然“闲居缨阜，晦影穷谷”。[②]

支愍度又作支敏度，身世不详，典籍中记载多具传奇性质。大概在晋成帝司马衍之时与康僧渊、康法畅一起过江，“聪哲有誉，著《译经录》”，[③]慨叹诸家所译经论未尽精详，遂合糅异译，以明文义，在追求真理与治学严谨方面，不逊于道安。对佛教重要文献不同译本进行对比糅合，具有那个时代的鲜明特色，“在早期中国佛教中起了特殊而又重要的作用”，[④]《出三藏记集》中较完整地保存了支的《合首楞严经记》、《合维摩诘经序》及《经论都录》一卷，对于研究早期佛教具有重要意义。

于道邃十六岁出家，“学业高明，内外该览”，并且“善方药，美书札，洞谙殊俗，尤巧谈论”，[⑤]博学多才，曾受到竺法护的高度评价。为人洒脱，不屑臧否人物的时习，不以尘世挂怀，唯好山泽，跟随其师于法兰多游履名山，后遇疾与师同卒于交趾，郗超、孙绰、支遁都以不同方式对这位英年早逝的高僧表示了极大的尊崇。

以上高僧人物中，道安是“作风踏实，为着寻求他心中的真理

---

① 慧皎：《高僧传》，汤用彤校注，中华书局，1992 年 10 月，第 206 页。

② 同上，第 207 页。

③ 同上，第 151 页。

④ 〔荷〕许理和：《佛教征服中国》李四龙、裴勇等译，江苏人民出版社，2003 年 8 月版，第 100 页。

⑤ 慧皎：《高僧传》，汤用彤校注，中华书局，1992 年 10 月版，第 169 页。

而孜孜不倦的学者”，[1]而支道林“与名士们混在一起，走清谈的路子”（同上），竺法汰“逢迎权臣贵族，奔走于权贵之门”，[2]支愍度则“把学问当儿戏，随便立宗”，[3]都是有特殊的时代背景，然均可看出当时般若学之兴盛，以及般若学与玄学之紧密联系。

佛教中国化所历经的三个阶段——译经、形成学说和创立宗派——中，魏晋处于前两个阶段。六家七宗般若学说的出现，是中国佛教史上的一件大事。般若学是佛教以纯理论形式进入上层社会的开端，名僧与名士的交游，也往往以般若学为藉机，是佛教在中夏之始盛。六家七宗是佛学在中国最初的争鸣，中国佛教有了六家七宗，才会形成南北朝的学派分流，进而有隋唐的宗派林立。

## 第二节　“得意”的六家七宗

### 一、格义的时代意义

佛教是印度社会与其传统思辨精神结合的产物，自有一套严密的思想体系，不论在逻辑、哲学范畴还是语言、宗教思想上，均与中国本土的传统思想文化迥异。在译经的时代，为使中国人接受这种外来文化，外国僧人只能借助中国原有的一些概念来解释佛教义理，这种借助固然出于佛教向中国文化的主动妥协，同时也是势之所然，及至中国僧人讲经，也通常“以本国之义理，拟配外来之思想”，[4]这种“拟配”的方法便是所谓的“格义”。“格义”一词最早

① 吕澂：《中国佛学源流略讲》，中华书局，1979 年 8 月，第 55 页。
② 同上。
③ 同上。
④ 汤用彤：《汉魏两晋南北朝佛教史》，北京大学出版社，1997 年 9 月版，第 167 页。

见于僧叡《喻疑论》中的一段文字：

> 西域名人安侯之徒，相继而至，大化文言，渐得渊照，边俗陶其鄙倍。汉末魏初，广陵彭城二相出家，并能任持大照，寻味之贤，始有讲次。而恢之以格义，迂之以配说。[①]

由此观之，自安世高译经和广陵、彭城相出家说经始，格义便一直是中外僧人自觉采用的方法。

这种方法做得最好的，一是康僧会，一是支谦。康僧会“为人弘雅，有识量，笃至好学，明解三藏，博览六典”，[②]既精佛典内学，又通儒学外道。他坚持“儒典之格言，即佛教之明训”的方法，[③]借用儒家经典理论来解释佛教教义，将佛教的颓废出世改造为可以容纳儒家治世安民的精神，并以此获得孙皓政权的支持，在修行上，康僧会承安世高小乘禅法，安系禅法更接近于道教的导引术，可以说康僧会是最早兼有佛、儒、道三家思想的人。而支谦则力图将佛学信仰描述为唯一的真正哲学，用玄学的哲学概念解释、翻译佛教名词，如把“般若”解释为“明”，把“摩诃般若波罗密”译为“大明度无极”，将《大明度无极经》中的“真如”译为玄学的“本无”等。康僧会和支谦，一为小乘禅数，一弘大乘般若，正如汤用彤先生所言，“安世高、康僧会之学说主养生成神。支谶与支谦之学说主神与道合。前者与道教相近，上承汉代之佛教。而后者与玄学同

① 《大正藏》卷五十五。

② 慧皎：《高僧传》，汤用彤校注，中华书局，1992 年 10 月版，第 15 页。

③ 同上，第 17 页。

流"[①],又"僧会终主养神,故重禅法。支谦主明本,故重智慧(般若),禅法所以息意去欲。智慧乃能证体达本。"[②]二人同处孙吴时代,东晋政权建立后,大批渡江的般若学者所携北方般若思想与东吴本土的佛学交融,康、支影响自不待言,而支谦之影响则更为深远。

支谦之后,东晋名僧竺法雅和康法朗等人在教授门徒时使用格义,形成一套固定而系统的方法:

> 法雅,河间人,凝正有器度,少善外学,长通佛义,衣冠士子,咸附谘禀,时依门徒,并世典有功,未善佛理。雅乃与康法朗等,以经中事数,拟配外书,为生解之例,谓之格义。及毗浮、昙相等,亦辩格义,以训门徒。雅风采洒落,善于枢机。外典佛经,递互讲说。[③]

所谓的"事数","谓五阴、十二入、四谛、十二因缘、五根、五九、七觉之属",[④]也即佛经中的各类基本概念,又称"名相",它们是构成佛学大厦的理论基石。对于"以经中事数,拟配外书,为生解之例",吕澂先生作出了具体的解释:"即把佛书的名相同中国书籍内的概念进行比较,把相同的固定下来,以后就作为理解佛学名相的规范。换句话说,就是把佛学的概念规定成为中国固有的类似的概念。因此,这一方法不同于以前对于名相所作的说明,而是经过

① 汤用彤:《汉魏两晋南北朝佛教史》,北京大学出版社,1997年9月版,第97页。
② 汤用彤:《汉魏两晋南北朝佛教史》,北京大学出版社,1997年9月版,第104页。
③ 慧皎:《高僧传》,汤用彤校注,中华书局,1992年10月,第152页。
④ 《世说新语·文学》,上海古籍出版社,1982年版,第130页。

刊定的统一格式。”[①]

法雅在中国佛教徒中很具代表性，“少善外学”是“长通佛义”的基础，从外学到佛义的转变，当为般若学超越玄学之故，衣冠士子都前来咨询学问，正说明般若学能出新义。“并世典有功，未善佛理”的门徒显见并非一般意义上的佛教徒，僧人岂有不闻三宝之佛法的？由是观之，法雅实为以玄释佛，和高僧的名义相比，更接近于名士，其佛学功底到底如何颇值得考证，只是“善于枢机”，似乎有会通内外，一语中的之本领，又不止是单纯的观念比配了。

不可避免地，道安诸人深受格义之影响，乃至在弘法中不自觉地使用了这种方法。道安和法汰既与法雅“披释凑疑，共尽经要”，[②]对这种“为生解之例”的格义方法自是非常熟悉。道安后来与少年时的友人僧先有过一段著名的讨论：

> 安曰：先旧格义，于理多违。先曰：且当分折逍遥，何容是非先达。安曰：弘赞理教，宜令允惬，法鼓竞鸣，何先何后。先乃与汰等南游晋平，讲道弘化。[③]

道安已认识到格义多有违背佛理之处，而法先却认为格义是“先达”流传下来的方法，只需照行，正说明了格义的方法在当时仍然占有相当的地位。道安提出的“宜令允惬”即弘法说教更应该使义理公允、身心愉惬，这不能不说是般若学者自我反思的结果。在这种反思下，道安进行了一系列的努力，首先是总结译经传统的经

---

① 吕澂：《中国佛学源流略讲》，中华书局，1979 年 8 月，第 45 页。

② 慧皎：《高僧传》，汤用彤校注，中华书局，1992 年 10 月版，第 153 页。

③ 汤用彤：《汉魏两晋南北朝佛教史》，北京大学出版社，1997 年 9 月版，第 195 页。

验和教训，指出此前的译经的“五失本”、“三不易”，其中，“五失本”指的是：

> 胡语尽倒而使从秦，一失本也；
>
> 胡经尚质，秦人好文，传可众心，非文不合，二失本也；
>
> 胡经委悉，至于叹咏，叮咛反复，或三或四，不嫌其烦，而今裁斥，三失本也；
>
> 胡有义记，正似乱辞，寻说向语，文无以异，或千五百，刈而不存，四失本也；
>
> 事已全成，将更傍及，反腾前辞已乃后说而悉除，五失本也。①

对传统译经中的种种弊端提出了极其中肯的批评：失其本义，这与僧叡“格义迂而乖本”见解相同。然而，即使认识到了问题的存在，道安却仍然只能从佛经本身入手：

> 初经出已久，而旧译时谬，致使深藏隐没未通；每至讲说，唯叙大意转读而已。安穷览经典，钩深致远，其所注《般若道行》、《密迹》、《安般》诸经，并寻文比句，为起尽之义，乃析疑甄解，凡二十二卷。序致渊富，妙尽深旨；条贯既叙，文理会通。经义克明，自安始也。②

---

① 《出三藏记集》卷八《摩诃钵罗若波罗蜜经抄序第一》，《大正藏》卷五十五。

② 慧皎：《高僧传》，汤用彤校注，中华书局，1992 年 10 月版，第 179 页。

他采取的方法是“寻文比句”、“析疑甄解”，即对比各家译本，一一甄别分析，合成较为通达的解释，似乎这样就能“妙尽深旨”，做到“经义克明”，道安的般若学思想在《合放光光赞略解序》中得到集中体现，于此可见一斑。

继道安之后，支遁也意识到并自觉地改进讲经的方法。“（支）每至讲肆，善标宗会，而章句或有所遗，时为守文者所陋”，[①]善于抓住佛经的宗旨，对文章词句却有所遗漏，而“为守文者所陋”同样也说明了当时格义影响之深远。在对格义的批判上，支遁似乎走得更远：

> 徒知至圣之为教，而莫知所以教。是以圣人标域三才，玄定万品，教非一途，应物万方。或损教违无，寄通适会；或抱一御有，系文明宗。崇圣典为世轨则，夫体道尽神者，不可诘之以言教；游无蹈虚者，不可求之于形器。是以至人于物，遂通而已。[②]

在适合般若学的认识方法——中观学说——还未传入中国之时，道安、支遁这样的有识高僧，虽然已经充分认识到格义的不足，并试图通过自己的努力超越文字本身去寻求佛理的真义，但这种努力仍然落入文字本身，实际上并没有取得应有的成果，且抛弃在他们看来“于理多违”的格义，往往又容易陷入主观臆测，或沦为玄学的变种。作为佛教徒，他们内心无疑是极端苦闷和焦虑的，达到

① 慧皎：《高僧传》，汤用彤校注，中华书局 1992 年 10 月版，第 159 页。

② 《出三藏记集》卷八《大小品对比要抄序第五》，《大正藏》卷五十五。

一定的理论高度却再难有所突破，不断超越的精神与现实的认识能力形成矛盾，无法再打开“柳暗花明”的另一重境界。从道安特许慧远“不废俗书”[①]观之，他们仍然不得不在一定程度上依靠格义来传经布道，不管是出于自觉还是不自觉。

格义最初伴随译经而来，由于翻译者的兴趣方向不同，以及佛经本身的缺漏错讹，所以最初的译经总是部分章节（如《四十二章经》），使原本博大精深的体系支离破碎。加之译者的水平有限，难免出现种种谬误，为人们的研习带来了理解上的困难，也为人们的阐释提供了无限的空间，所以才出现了《放光》与《光赞》这样的同本异译，也才会有中国般若学派的众说纷纭，这些，都成为一代又一代般若学者西行求法，探寻完整、真实佛法的重要原因。竺法雅等人“经过刊定的统一格式”的格义，无疑是对旧有格义方法的自觉纠正，然而这种阐释仍然是纯粹的中国式的思维，在具体操作中，势必难免因过于细致而产生的繁琐和生硬，尤其是过于注重基本“事数”而对于整体逻辑的忽视，造成了“于理多违”、“迂而乖本”的局面，从而阻碍了般若学前进的脚步。在这种情况下，道安等人进行了种种努力，并取得了一些成就，然而却仍不得不依靠格义弘法。就连六家七宗时代的终结者僧肇，其论著《不真空论》中都屡见玄学语言之身影，只是，僧肇的“格义”是彻悟后的运用随心，其目的是为方便开示，这与之前的格义自是不同。

作为一种必要的过渡，在初传佛教这一特殊历史时期，格义在中印文化间寻求一致，努力使外来思想适应中国的文化环境，有力地促进了般若学的传播，是一种重要的解释方法，“佛教经典的翻

① 慧皎：《高僧传》，汤用彤校注，中华书局，1992年10月版，第212页。

译过程，也是佛教中某些思想中国化的过程”。[①] 这是一个以玄解佛的阶段，是佛教教义与中国文化、中国社会深入融合的过程，具有鲜明的中国特色。努力通过文字本身去攫取“事数”的实在意义，为最终把握般若学的原旨，并以佛释玄从而影响整个中国社会，做好了充足的准备。在中国这样一个传统观念根深蒂固的社会，正统的外来文化绝无可能进行自我复制和延续。经过若干努力，走上独立之路，得真意后，再以此中真意反哺中国文化，便成为外来文化无法跨越的历史责任，或许，这也是另一种格义。

随着般若学的纵深发展，以及般若学者对真理的不断追问，从格义转向得意，便成为一种必然，其直接后果便是六家七宗学说的产生。般若学从格义到得意的转变，藉机却是玄学的“言意之辩”。

## 二、言意之辨

“玄之又玄，众妙之门”，[②]玄是什么，如何认识并表达至高无上的玄，是玄学家们的基本分歧所在，“言意之辨”便是玄学关于认识论和方法论的重要命题。

魏晋玄学关于言意关系的讨论，主要有“言尽意”和“言不尽意”两种观点：

“言尽意”的代表人物是主要活动于西晋太康至元康年间的欧阳建，在《言尽意论》一书中，他反对当时已经普遍流行的言不尽意说，从反映论的角度肯定了作为认识形式的名、言对客观事物的反映作用，指出名、言根据人们认识事物和表达思想的需要而确立，

① 方立天：《中国佛教哲学要义》上卷，中国人民大学出版社，2005 年 1 月版，第 10 页。

② 陈鼓应：《老子注释及评价》，中华书局，1984 年版，第 53 页。

并且总是根据事物及其变化规律而变化，因此名、言与事物完全一致，从而得出“苟其不二，则言无不尽”[①]的结论。实际上，欧阳建只论及了名与物的关系，而名与物之后的“实”是否存在对应关系，以及在何种程度上对应则没有充分论证。“言不尽意”的代表人物是荀粲和王弼。

荀粲是三国时魏人，崇尚道家学说，他提出“盖理之微者，非物象之所举也。今称立象以尽意，此非通于意外者也；系辞焉以尽言，此非言乎系表者也。斯则象外之意，系表之言，固蕴而不出矣。”[②]微妙的道理，并不是卦象所能表达的，卦象之外的道理实际上都蕴含着而没有表现出来，《易传》说“言不尽意，立象以尽意”，然而“象外之意无穷”，因而“然则六籍虽存，固圣人之糠秕”，[③]表达了儒家经典的批判。

王弼一方面肯定言、象表达意义的作用，另一方面又强调言、象只是表达的手段，为了不妨碍表达的目的（得意），应该“得意忘象”、“得意忘言”，言是明象的手段，象是尽意的工具，言、象、意三者之间具有一致的关系，忘言的目的是得象，忘象的目的是得意，如果执著于言、象就会妨碍达到最终的认识目的。王弼的“得意忘言”说实际上调和并超越了荀粲和后来的欧阳建的观点，从而在社会上产生了深远的影响，然而，他把言与象、象与意看成手段与目的的关系，并认为把握意义在于抛开言、象，从而割裂了认识的内容与形式之间的关系。

实际上，有关言与意的探讨由来已久。老子的《道德经》开篇

① 严可均：《全上古三代秦汉三国六朝文·全晋文》卷一百九。

② 《三国志·魏书·荀彧传》注引何劭《荀粲传》。

③ 同上。

即是“道可道，非常道；名可名，非常名”，[①]持“言不尽意”的观点。而先秦儒家则充分肯定了语言的表情达意的功能，《易传·系辞上》“子曰：书不尽言，言不尽意。然则圣人之意其不可见乎？子曰：圣人立象以尽意”，在言与意之间设立了一个过渡性质的“象”，认为通过这个“象”即可尽“圣人之意”。“立象以尽意”的说法直接影响了汉代经学，经学家的职责是通过对儒家经典的研究来解释古代圣人的思想，既然《易经》中的卦象完全体现了圣人之意，那么儒家经典中的文字章句自然也就完全代表了圣人的意思，于是他们把注意力集中在表层的卦象和文字章句上，背离意的内在精神而流于牵强附会，造成了繁琐考据的学风盛行，甚至走上谶纬迷信之路。汉魏之际，繁琐的经学随“大一统”的汉王朝的覆灭而衰败，思想的解放促使人们突破教条主义去把握经典的言外之意，儒家经典中言与意的关系成为讨论的热点，与此同时，汉末盛行品评人物的清议之风，在人的言谈举止与内在精神间构建一种名实关系，成为魏晋玄学“言意之辨”的先声。

王弼的“扫象”是对繁琐经学的自觉纠正，其方法论意义在于鼓励人们超越事物的表面现象去把握其根本实质，因而成为魏晋玄学最主流的认识方法。般若学者在这场辩论中获益匪浅，试图“言尽意”的格义方法已经不能适应般若学的发展，“言不尽意”说正藉合了义学高僧们对真理不断追问的时代精神，“得意忘象”论的推出使他们异常兴奋，各家般若学者纷纷推出自己对般若之“意”的“得”。

般若学的“意”当然不是玄学热衷的“道”，而是般若的“空”，只

---

① 陈鼓应：《老子注释及评价》，中华书局，1984年版，第53页。

是在对自然本体的追问中，二者具有某种相似性。所谓“天道自然”，玄学的“道”是世界万物存在的“自然”状态和根本依据，客观自然是这样，纲常名教也是如此，凌驾于万物之上的“道”的自然状态不依赖言或象而独立存在。那么，“空”又该作何解释呢？

般若学有一套严密的逻辑体系，在中观学者看来，般若的本质可概括为“缘起性空”：世界的本质是空，即“性空”，这是本体论；其产生和发生作用是“缘起”，这是生成论；认识“性空”依靠般若智慧，这是认识论；采用“中观”的方法，这是方法论。

“空”是佛教对世界的基本认识，原始佛教就提出构成世界的基本要素地、水、火、风“四大皆空”，大乘佛教则进一步指出“一切皆空”，就连“空”这一说法本身都是空，真正做到“空无一物”。一切事物都是空，反过来，空也是一切事物的本来面目，空不是“无”，“无”是什么都没有，空当然更不是“无无”，“无无”就是有，空非有，非无，非有非无，非非有非非无。这种彻底的否定和超越，往往令中国人大惑不解，“空”之本性不可捉摸无以言表，是造成歧义的重要原因。从中观学派演化而来的三论宗破而不立，不留执著再为外人所破，可谓尽得空旨，然而，一切之上的这个“空”的本质却是真实的存在，是“不空”，否则势必堕入单纯的诡辩而导致彻底的虚无主义。

“言哲学、创宗教者，无不建立一物以为本体”，①如果再追问一句，本体又如何形成？玄学本体的“道”，郭象认为是从自然而生的“独化”，也就是自然而然便产生了，这确实很难令人信服。而佛学则“在否定本体实在性的同时，确立了一个能体现万物‘性空’的

① 章太炎：《章太炎全集》第四卷，上海人民出版社，1985年版，第404页。

抽象本体，即非本体的本体。”[①]极具思辨色彩的中观理论高明地提出“缘起性空”的概念，“空”的形成是因为“缘起”，佛教的“缘”类似于一种因果的关联，正如身体有病，便需用药来医，病的存在便成为药出现的缘，及至药到病除，病和药便都没有了，如果没有病，便不会有药的存在，世间万物，莫不如此。原始佛教十二因缘中，第一是无明，正是因为“无明”，才导致了五蕴盛、生老病死诸般若，也才促使般若智慧的产生用以消除无明，无明是病，般若便是药，无明是真正的原罪，是最初的缘起，“一切由原因条件构成的存在都是无自性的，无主体的，其实质是性空”，[②]缘起缘灭，般若“自性空”、“本来空”，最终仍归于空。

“空”之本义超言绝象，不可把握，体认“空”是一个艰难的过程。“空”是一种内在的精神体验，理性认识（言说、概念）是不可靠的，“空”必须也只能通过般若智慧去把握，般若不是普通智慧，是无差别的直观智慧，是洞察一切的大智慧。然而，“佛法不是思辨玄想的，它是经验主义的：佛陀着重拒绝一切玄学意见，他自己不提出那种意见，只提出因缘缘起的经验主义的根据和灭苦之道。”[③]从一开始，佛法便是一种直接的心灵体验过程，佛陀于菩提树下开悟，思考的不是玄言哲理，是人世间。“般若波罗密者，无上正真道之根也”，[④]般若智慧观照一切前因后果，摒弃种种不切实际的空想，不离世间而出世间。

---

① 麻天祥：“中国佛学非本体的本体诠释”，《中国社会科学》，2001年第6期，第34页。

② 方立天：《中国佛教哲学要义》上卷，中国人民大学出版社，2005年1月版，第2页。

③ 〔英〕渥德尔：《印度佛教史》，王世安译，商务印书馆，1987年版，第348页。

④ 僧祐：《出三藏记集》卷七《合放光光赞略解第四》，《大正藏》卷五十五。

“中观”当然不是不偏不倚的中庸之道或有无相生的老子式的辩证法，它破除我法二执，不落两边，取中道义。“众因缘生法，我说即是空，亦为是假名，亦是中道义。”[①]万物皆因缘起，无自性地相对存在，“不生亦不灭，不常亦不断，不一亦不异，不来亦不去”，“生灭”、“常断”、“一异”、“来去”四对相反的命题可以同时存在，就是一种矛盾，而矛盾便是虚妄，是不真实，中道是超越矛盾的合法存在，真谛不可把握，主客对立是认识不能获得客观真理的基本原因。

通过中观的不断否定，俗谛的存在便成为一种合理，真谛超言绝象，俗谛方便善巧。面对务实的中国信众，般若学并没有否定客观世界的真实存在，客观世界是“有”，只是，这种“有”是一种假有，是不真实的，真实的是隐藏在“有”之后的“空”，这种“有”是一种“妙有”，是“空”的显现。这样，就将“空”巧妙地置于“有”之上，并使人们相信，“空有不二”，“空”和“有”根本没有差别，从而将哲学的思辨和世俗的存在巧妙地结合起来，超然物外顺利转化为置身事中，“真俗不二”增强了般若学的适应性，使之影响中国社会成为顺理成章。

中国古代社会以儒学为主干，兼容各家，注重治国安民，而对难以把握的东西，从来缄口不谈。孔子“未知生焉知死”，[②]庄子“六合之外，圣人存而不论”，[③]玄学则改变了这种状况，谈玄论虚，把“有”、“无”作为宇宙的本体，开始涉及形而上的内容；然而，如果“有”和“无”都是一种实体，则势必无法达到真正的本体论，“空”消

① 龙树：《中论》卷一，见《大正藏》卷三十，第1页下。

② 朱熹：《论语集注》，齐鲁书社，1992年版，第106页。

③ 陈鼓应：《庄子今注今译》，中华书局，1983年4月版，第74页。

解了“有”、“无”的实际意义，建立了一个完全“空”的观念世界，从这个意义上说，正是般若学刺激了中国社会对彼岸世界的探索。

然而在中国，纯粹的说空是不切实际的，般若中观的现实意义在于，通过对现实世界的分析，得到出世间的结论，以理性的思辨摒除了玄学的主观幻想。通过般若无差别的直觉观照，“空”取消了现实社会的一切现象和差别，人与人之间便不存在个体差异性，众生平等，这就打破了人处于各种社会关系中的枷锁，使人如释重负，获得自在解脱，从而真正去认识自己所处的世界，并由自己推广到天地万物，才有了天地自然同样不为种种人为的因果关系层层禁锢的真实存在。人同时具有社会性和自然性，玄学关于名教与自然的种种讨论，最终都将社会性凌驾于自然性之上，在人与自然之间设置了一道天然的屏障，般若学则以“目空一切”的精神，将主体的人和客体的自然同时解放出来，并教给人们般若直觉智慧，更深层次地挖掘人的认识本性，一种全新的心物关系或曰自然观念由此而生。和玄学所谓的“自然”相比，般若学的“空”更接近于一种“自由”，不仅表现在观念上，更表现在操作层面上：对真的追求，对伪善的反驳，还有对美的向往，或许这就是般若学的真意。

站在中观的角度，“言尽意”论过分强调了言说的作用，从而将事物的意义僵化，“言不尽意”论过分强调意义的独立性，从而陷入不可知论，而被六家七宗所广泛采用的“得意忘言”貌似调和以上两种绝对化的倾向，实则割裂了现象与本体的相互联系，六家七宗为得“空”意所付出的诸般努力，将不可避免地陷入色空分离的深渊。只是，对“空”的种种阐释或多或少藉合了般若原旨，而谈“空”本身就表明了一种现实的超越，这种超越，对于魏晋时期人与自然的解放，依然是最可宝贵的精神。

## 三、六家七宗的自然观

所谓自然观，指的是对自然界的总的认识，是人们对整个世界认识的基础，“它包含的主要问题是：(1)自然是如何产生的？(2)何为自然？即自然的本质、本性是什么？第一个问题涉及到宇宙论；第二个问题涉及到本体论、知识论。”[①]自然观念古已有之，只是在魏晋时期，社会动荡，思想解放，人们才更自觉地去关注社会之外的自然世界。

魏晋自然观的核心是人与自然的关系，人怎样才能“自然”地生活，前一个自然是客观自然，后一个自然是一种“自其然也”的生存状态。在玄学那里，主观为名教，客观为自然，虽然客观讲天道自然与人性自然，然而提及名教，实践活动要顺应天道，人不能自由地活着，即使有，也是有限度的自由，对现实人生的过分关注，最终仍难逃脱异化的社会现实。在般若学这里，主观为大智，客观为性空，是为空观，在空观的映照下，人和自然才能自由地生存，自由是人和客观世界“自其然也”的本来面目。正是“空”深入心灵的荡涤，才使魏晋哲学上的自然具有审美意义，玄学家所追求的“逍遥”才能成为一种现实的可能。

六家七宗讨论的核心问题是色与空的关系，也即各种现象(包括自然界和社会)与本质的关系，表明了对现象世界的充分关注。

**1. 本无。**“本无”之说，最早见于支娄迦谶译《摩诃般若波罗蜜道行经》卷一《本无品第十四》：

---

① 章启群：《论魏晋自然观——中国艺术自觉的哲学考察》，北京大学出版社，2000年8月版，第9页。

> 如法无所从生，……一切皆本无，亦复无本无。[1]

支谦译《大明度经》卷四继承了这一说法：

> 何谓随教？如法无所从生，为随教。是为本无，无来原，亦无去迹。诸法本无，如来亦本无无异。随本无，是为随如来本无。如来本无，立为随如来教，与诸法不异，无异本无，无作者。一切皆本无，亦复无本无等无异。于真法中本无，诸法本无，无过去、当来、今现在。如来亦尔，是为真本无。[2]

支谦用"本无"来解释"空"，且将"本无"与"本无无异"结合，论证"一切皆本无"，具有鲜明的否定意义，因而是恰当的，只是"本无"这一说法类似于玄学有无之辩的"以无为本"，给理解般若实相带来了不小的阻碍。对于般若，道安的理解是：

> 般若波罗蜜者，成无上正，真道之根也。正者，等也，不二入也。等道有三义焉：法身也，如也，真际也。故其为经也，以如为首，以法身为宗也。如者，尔也，本末等尔，无能令不尔也。佛之兴灭，绵绵常存，悠然无寄，故曰如也。法身者，一也，常净也。有无均净，未始有名，故于戒则无戒无犯，在定则无定无乱，处智则无智无愚，泯尔都忘，二三尽息，皎然不缁，故曰净也，常道也。真际者，无所著也，泊然不动，湛尔玄齐，

---

① 《大正藏》卷八，第 453 页。
② 《大正藏》卷八，第 493-494 页。

无为也，无不为也。[①]

其中的“本末”、“有无”、“无为无不为”等均为玄学术语，道安所想表达的“真际”看上去和《老子》的“无为”很相似，只是还没有明确表示他的学说就是“本无”。昙济《七宗论》中较早提出以本无立宗：

第一本无宗曰：如来兴世，以本无佛（慧达《肇论疏》中“佛”为“弘”）教，故《方等》深经，皆备明五阴本无。本无之论，由来尚矣。何者？夫冥造之前，廓然而已，至于元气陶化，则群像禀形。形虽资化，权化之本，则出于自然。自然，自尔，岂有造之者哉！由此而言，无在元化之先，空为众形之始，故称本无，非谓虚豁之中，能生万有也。夫人之所滞，滞在末有，苟宅心本无，则斯累豁矣。夫崇本可以息末者，盖此之谓也。[②]

这里的本无宗将“无”和“空”等同，处于“元化之先”，然而又明确表示“无”并不能生出“万有”，似乎是一种“自然，自尔”的独立状态。明此“无”便可“崇本息末”，带有明显的玄学色彩，实际是不符合色空不二的般若空观，与僧肇《不真空论》中所批判的“本无”接近。

慧达在《肇论注》中明确将“本无”归为道安，在重复“如来兴世，……由来尚矣”以论证“本无”的正统地位后说：

① 僧祐：《出三藏记集》卷七《合放光光赞略解序》，《大正藏》卷五十五。

② 宝唱：《名僧传抄》第十七《昙济传》，《续藏》卷四，第 9 页，台北新文丰出版公司。

须得彼义，为是本无，明如来兴世，只以本无化物。若能苟解无本，即思异息矣。但不能悟诸法本来是无，所以名本无为真，末有为俗耳。[①]

引用真俗二谛，指出诸法同样为空，破除了法执，倘若这是道安《本无论》中的观点，则与般若空义几无区别，但从语气上看，更像是慧达的评论，则道安之"本无"实陷入法执。按吉藏《中观论疏》卷四《因缘品之余》：

一者释道安明本无义，谓无在万化之前，空为众形之始。夫人之所滞，滞在末有。若宅心本无，则异想便息。睿法师云，格义迂而乖本，六家偏而未即。师云，安和上凿荒途以开辙，标玄旨于性空，以炉冶之功验之，唯性空之宗，最得其实。详此意，安公明本无者，一切诸法本性空寂，故云本无。此与《方等》经论，什、肇山门义无异也。[②]

则道安明"本无"义，立"性空"宗，明"一切诸法本性空寂"，是超出"六家"之外的正宗。但是，道安所明本无，似乎是为断除"末有"，有夸大"无"的嫌疑，由是观之，如此"性空"实为凭空说空，落入顽空了，自有异于"什、肇山门义"。

综述之，道安并没有从事物本身来认识万物的本性，而是直接规定了本体"无"的存在，并将"无"等同于"空"，实际上使本体成了

① 慧达：《肇论注》卷上，《续藏经》卷一百五十。

② 《大正藏》卷四十二。

无现象的本体，现象成了无本体的现象，最终也就必然要将本体“无”视为绝对的虚空，僧肇《不真空论》所指出的“情尚于无多，触言以宾无”可谓一针见血。

**2. 本无异**。吉藏认为僧肇所破的“本无”并非道安，而是竺法深：

> 次，琛法师云：本无者，未有色法，先有于无，故从无出有，即无在有先，有在无后，故称本无。此释为肇公《不真空论》之所破，亦经论之所未明也。若无在有前，则非有本性是无，即前无后有，从有还无。①

则竺法深的“本无”主张从无生有，以无为本，这与玄学的“本无”毫无二致，自然是“经论之所未明”。据日僧安澄《中论疏记》卷三：

> 《二谛搜玄论》十三宗中本无异宗，其制论云：本无者何也？壑然无形，而万物由之而生者也。有虽可生，而无能生万物。故佛答梵志，四大从空生也。《山门玄义》第五卷《二谛章》下云：复有竺法深即云：诸法本无，壑然无形，为第一义谛；所生万物，名为世谛。
>
> 所有诸法非有非无，从因缘故，假名有无。若如深法师作定执，言无在有前者，此无即是非为有，本性是无，即前无后有。若尔者，诸佛菩萨有先无后，有过罪也。②

① 《中观论疏》卷二，《大正藏》卷四十二。

② 《大正藏》卷六十五。

虽托名"第一义谛"与"世谛"，然后者由前者所生，同样是典型的玄学式的"无中生有"论，因而与吉藏记述相同。

元康则认为僧肇所破为法汰本无义，并根据《不真空论》进行了详细解释：

> 第三破晋朝竺法汰本无义也。"情尚于无多，触言而宾无"者，情多贵尚此无也，触言皆向无也。宾者客也，客皆向主，今本无宗，言皆向无也。……"故非有，有即无；非无，无即无"者，谓经中言非有者，无有此有也；言非无者，无有彼无也。"寻夫立文之本旨"者，有本作文，有本作无，今用文也，谓寻经文本意也。"直以非有非真有，非无非真无"者，真实也，非实定是有，故言非有；非实定是无，故言非无耳。"何必非有无此有，非无无彼无"者，不言非有无却此有，非无无却彼无也。"此直好无之谈"者，直是好尚于无，故触言向无耳。"岂所谓顺通事实，即物之情哉"者，不顺万事之实性，不得即物之实性也。①

吉藏深受僧肇之影响，同时又影响到其后的元康，若僧肇所破为法汰本无义，则和吉藏载法深之本无一样，是从道安本无义分化出来的"本无异"的思想。根据《高僧传》中相关记载，法汰本为道安同学，并共与法雅"披释凑疑，共尽经要"，是道安僧团中很重要的人物，道安于新野路上分张徒众，法汰至荆州，因而二人思想有异是可能的。法汰曾与郗超论本无义，辩论的焦点可能是有无相生的

① 元康：《肇论疏·不真空论》，《大正藏》卷四十五。

问题，法汰后深受简文帝的敬重，同时受名士钦敬，在法汰身上，应该有自觉向玄学靠拢的痕迹。

竺法深、竺法汰都与东晋上层社会交往密切，可视为玄学中人，"本无异"宗所持学说，假托般若实说玄义。而此时玄学早已发展到郭象的从自然而生，从无生有之说已过时很久，"本无异"宗假托真俗二谛，试图论证支谦"本无无异"式的真俗不二，然而毕竟是从本无宗分化而来，过于贵"无"贱有致使有无分离，同样不是真正的般若空观。

**3. 即色**。由于本无宗"以无为本"，割裂了色空关系，道安同代的支遁比较充分地认识到了这一点：

> 若存无以求寂，希智以忘心，智不足以尽无，寂不足以冥神。何则？故有存于所存，有无于所无。存乎存者，非其存也；希乎无者，非其无也。何则？徒知无之为无，莫知所以无；知存之为存，莫知所以存。希无以忘无；知存之为存，莫知所以存。希无以忘无，故非无之所无；寄存以忘存，故非存之所存。
>
> 莫若无其所以无，忘其所以存。忘其所以存，则无存于所存；遗其所以无，则忘于所无。忘无故妙存，妙存故尽无。尽无则忘玄，忘玄则无心。然后二迹无寄无有冥尽。是以诸佛因般若之无始，明万物之自然；众生之丧道，溺精神乎欲渊。悟群俗以妙道，渐积损至无；设玄德以广教，守谷神以存虚；齐众首于玄同，还群灵乎本无。①

① 僧祐：《出三藏记集》卷八《大小品对比要抄序》，《大正藏》卷五十五。

支遁批评了本无宗直接就本体去认识本体的错误，主张本体与现象互为依据，应该将二者结合起来，就现象去认识本体。对比慧达《肇论注》：

> 第二种即色者，支道林法师《即色论》云：吾以为即色是空，非色灭空，此斯言至矣。何者？夫色之性，色不自色，虽色而空。如知不自知，虽知恒寂也。彼明一切诸法，无有自性，所以故空，不无空此不自之色，可以为有，只已色不自，所以空为真耳。[①]

和吉藏《中观论疏》：

> 第二即色义。但即色有二家，一者，关内即色义，明即色是空者，此明色无自性，故言即色是空，不言即色是本性空也。此义为肇公所呵。肇公云：此乃悟色而不自色，未领色非色也。次，支道林著《即色游玄论》，明即色是空，故言"即色游玄论"。此犹是不坏假名而说实相，与安师本性空故无异也。[②]

可知，支遁之即色义明即色是空，且不坏假名而说实相，似乎是般若真义，所受评价很高。吉藏更将僧肇所破即色义定为"关内即色义"，而支遁与道安一样，所宣扬的都是正确的般若理论，这恐怕有点过于为名僧辩护了。《世说新语·文学》载支遁在白马寺与冯怀

---

① 慧达：《肇论注》，见《续藏》卷一百五。

② 吉藏：《中观论疏》，《大正藏》卷四十二。

等共谈《逍遥游》，刘孝标注引支遁《妙观章》云：

> 夫色之性也，不自有色。色不自有，虽色而空。故曰："色即为空，色复异空。"[①]

一般认为这段话最能代表支遁的般若思想。"色不自有"，事物不能自己产生，没有自性。"虽色而空"，即使存在，本质上是空，因此"色即是空"，这是完全合理的推论。问题出在后一句上，按般若中观，"色即为空"之后应是"空即是色"方为完整，而这里却用了一句非常含混的"色复异空"来承接，又在色与空之间划分了一条明确的界线。支遁理解到色无自性，是由因缘和合而成的无规定性，因此结果是空，而没有把握到使色无自性的"空"本身也是"空"，支遁之空由分析即色而来，便堕入了"分析空"。

《世说新语・文学》载"支道林、许掾诸人共在会稽王斋头"，刘孝标注引《高逸沙门传》说："道林时讲《维摩诘经》。"《即色论》中的"即色是空，非色灭空"便引自《维摩诘经》，该经是般若和方便结合的典型，支遁引用该经说即色，已经掌握了真俗二谛，从这个意义上看，自是比道安进步了许多，只是掌握得还不彻底。同时，作为名士的支遁又深受玄学影响，深具世俗风尘之味。

据《高僧传》载，"（法开）每与支道林争即色空义，庐江何默申明开难，高平郗超宣述林解，并传于世"，[②]则持即色空义"并传于世"的还有郗超。《奉法要》代表了郗超对佛学的理解，其中：

① 《世说新语・文学》，上海古籍出版社，1982 年版，第 130 页。

② 慧皎：《高僧传》，汤用彤校注，中华书局，1992 年 10 月版，第 168 页。

夫空者，忘怀之称，非府宅之谓也。无诚无矣，存无则滞封。有诚有矣，两忘则玄解。然则有无由乎方寸，而无系乎外物。器象虽陈于事用，感绝则理冥。岂灭有而后无，偕损以至尽哉！[①]

与支遁《大小品对比要钞序》指出本无之缺失的道理是一致的：没有认识无与所以无，有与所以有的原因。郗超事佛甚至，其中多为支遁影响，因此，郗超的即色义可视为支遁即色义的世俗版。

**4. 心无**。支愍度立心无义的过程充满传奇色彩：

愍度道人始欲过江，与一伧道人为侣。谋曰："用旧义往江东，恐不办得食。"便共立心无义。既而此道人不成渡。愍度果讲义积年。后有伧人来，先道人寄语云："为我致意愍度，无义那可立？治此计，权救饥尔，无为遂负如来也！"[②]

则心无义为支愍度与伧道人共立，只是"救饥"的权宜之计，支愍度传此义多年后，伧道人仍然坚持"无义那可立"的观点。刘孝标注解释了旧义与心无义的区别：

旧义者曰："种智有是而能圆照。然则万累斯尽，谓之空无；常住不变，谓之妙有。"而无义者曰："种智之体，豁如太虚。

---

① 严可均：《全上古三代秦汉三国六朝文·全晋文》卷一百十。

② 《世说新语·假谲》，上海古籍出版社，1982年版，第447页。

虚而能知，无而能应，居宗至极，其唯无乎？”①

旧义主张心识实有，因而能“圆照”，观想“万累斯尽”，从而达到空无。心无义主张心识虚无，并以此虚无去知应万物，从而万物亦无。二义同样是从心识出发去观照“空无”，旧义空物不空心，当然不是真正的空，心无义以空心去空物，无异于掩耳盗铃。僧肇对心无义的评价是：

> 心无者，无心于万物，万物未尝无。此得在于神静，失在于物虚。②

元康对此作出了进一步解释：

> 心无者，破晋代支愍度心无义也。……“无心万物，万物未尝无”，谓经中言空者，但于物上不起执心，故言其空。然物是有，不曾无也。“此得在于神静，失在于物虚”者，正破也。能于法上无执，故名得；不知物性是空，故名为失也。③

可见支愍度之心无义在否定心体实有的同时肯定了外物的实有，实空心不空物，与郭象“无心而顺有”极为相似。正如陈寅恪先生所说：“旧义者犹略能依据西来原意，以解释般若‘色空’之旨。新

① 《世说新语·假谲》，上海古籍出版社，1982年版，第447页。
② 僧肇：《不真空论》，《大正藏》卷四十五。
③ 元康：《肇论疏》，《大正藏》卷四十五。

义者则采用周易老庄之义，以助成其说而已。”[1]慧达和吉藏均认为竺法温著《心无论》，持心无义：

第一解心无者，竺法温法师《心无论》云：夫有，有形者也；无，无象者也。有像不可言无，无形不可言有。而经称色无者，但内正其心，不空外色。但内停其心，令不想外色，即色想废矣。[2]

第三温法师用心无义。“心无者，无心于万物，万物未尝无。”此释意云：经中说诸法空者，欲令心体虚妄不执，故言无耳；不空外物，即万物之境不空。肇师详云：“此得在于神静，而失在于物虚。”破意云：乃知心空而犹存物有，此计有得有失也。[3]

则竺法温“内正其心，不空外色”，与支愍度义一致，且为僧肇所破。竺法温，或以为竺法深弟子法蕴，[4]《高僧传》载法深弟子法蕴，“悟解入玄，尤善放光般若。”[5]支愍度、竺法蕴之心无义“不空外色”，正与本无义“本性空寂”相左，自为后者视为“邪说”：

时沙门道恒，颇有才力，常执心无义，大行荆土。汰曰：“此是邪说，应须破之。”乃大集名僧，令弟子昙壹难之。据经

① 陈寅恪：“支愍度学说考”，《金明馆丛稿初编》，三联书店，2001年版，第161页。
② 慧达：《肇论注》卷上，《续藏》卷一百五十。
③ 吉藏：《中观论疏》卷二，《大正藏》卷四十二。
④ 汤用彤：《汉魏两晋南北朝佛教史》，北京大学出版社，1997年9月版，第187页。
⑤ 慧皎：《高僧传》，汤用彤校注，中华书局，1992年10月版，第157页。

引理，析驳纷纭，恒仗其口辩，不肯受屈。日色既暮，明旦更集。慧远就席，攻难数番，关责锋起。恒自觉义途差异，神色微动，麈尾扣案，未即有答。远曰："不疾而速，杼轴何为？"座者皆笑矣。心无之义，于此而息。[①]

这一段文字对于研究东晋般若学有非常重要的意义。先来看竺法汰的活动年代：

以晋太元十二年卒，春秋六十有八。[②]

太元是晋孝武帝司马曜的年号，太元十二年即公元 387 年，推之法汰生于公元 320 年即晋元帝太兴三年。法汰为东莞（今山东莒县）人，早期活动范围为跟随道安在河北、河南一块，"与道安避难行至新野。安分张徒众，命汰下京。"[③]"避难"当为前燕慕容恪进逼河南陆浑之时，[④]道安应东晋名士习凿齿之请南下襄阳，至河南新野分张徒众，法汰便是这个时候因病滞留桓温占据的荆州，时间当为晋哀帝司马丕兴宁（公元 363—365 年）年间。支愍度于东晋初来到江东，讲心无义多年，法汰滞荆州时，东晋建立已四十年，道恒执心无义，当受支愍度之影响，能大行荆土，正说明心无义在江东的影响日深。法汰令弟子难之，当是自恃辈分，而从道恒"不

① 慧皎：《高僧传》，汤用彤校注，中华书局，1992 年 10 月版，第 193 页。
② 同上，第 193 页。
③ 同上，第 192 页。
④ 钟仕伦："论南下高僧及其对美学、文学发展的影响"，《社会科学研究》，1995 年第 6 期。

肯受屈"来看，则不仅仅是思想上的交锋，更像是法汰一系以佛学正统自居，破"邪说"的党派之争了，慧远为道安所遣"下荆问疾"，未尝不是道安为开辟新的根据地而派来的援兵，道恒"神色微动"，并不是认为自己的理论有所差失，而是觉察到两家学说的"义途差异"。

在六家七宗的时代，"本无一义，既几为《般若》各家所通用"，[①]在向南传播的过程中遇到立论迥异的心无义，便成了般若学派一次大的交锋。另一次同样著名的交锋则是于法开与支遁辩即色义，于法开失败后隐居剡山，却能令弟子于法威复破支遁义，支遁理屈后又表现出非常的懊恼，双方都带有争强斗狠的意味，中国僧人从一开始就有自觉的宗派意识，这不能不说是一个中国特色。

**5. 识含**。为于法开所立。于法开曾与支遁争辩：

> 于法开与支公争名，后情渐归支，意甚不分，遂遁迹剡下。遣弟子出都，语使过会稽。于时支公正讲小品。开戒弟子："道林讲，比汝至，当在某品中。"因示语攻难数十番，云："旧此中不可复通。"弟子如言诣支公。正值讲，因谨述开意，往反多时，林公遂屈，厉声曰："君何足复受人寄载来！"[②]

于法开与支遁辩论的目的是为了"争名"则未必，二人争辩的结果是"情渐归支"，似乎是因为支遁在名流社会中的影响，才得到

---

① 汤用彤：《汉魏两晋南北朝佛教史》，北京大学出版社，1997 年 9 月版，第 171 页。

② 《世说新语·文学》，上海古籍出版社，1982 年版，第 134 页。

胜利，而于法开颇为不平。由“比汝至，当在某品中”及“旧此中不可复通”可见于法开对支遁非常了解，支遁旧日讲义中的“不可复通”，到于法开弟子来时仍旧如此，可见六家七宗各学说均存在缺陷，正如前文所述，没有正确的认识方法，难以突破自己达到另一重境界。于法开与支遁之即色存在重大分歧，当为事实。据吉藏《中观论疏》：

> 第五于法开立识含义。三界为长夜之宅，心识为大梦之主。今之所见群有，皆于梦中所见。其于大梦既觉，长夜获晓，即倒惑识灭，三界都空。是时无所从生，而靡所不生。难曰：若尔，大觉之时，便不见万物，即失世谛，如来五眼，何所见耶？[①]

和安澄《中论疏记》：

> 第四于法开著《惑识二谛论》，云：三界为长夜之宅，心识为大梦之主。若觉三界本空，惑识斯尽，位登十地。今谓其以惑所睹为俗，觉时都空为真。准之可悉。[②]

可知，世间万物的存在是因为如梦中所见，一旦作为“大梦之主”的心识“倒惑识灭”，便觉“三界都（本）空”，从反驳即色义“分析空”的角度来看，确是“准之可悉”。然而于法开的真俗却都是对空、有的

---

① 吉藏：《中观论疏》，《大正藏》卷四十二。

② 〔日〕安澄：《中论疏记》，《大正藏》卷六十五。

主观认识，实际上并不是真正的真俗二谛，吉藏的责难同样从般若中观出发，指出其于梦中空万物而无法从万物假有得出空之真谛的“失世谛”，割裂了真俗二谛的统一。

因此，于法开的识含义同样突出了色空的对立，并以惑识论空有，肯定心识的存在，是为空法不法我，并不符合般若“我法二空”义，其“倒惑灭识”之说则更接近于大乘有宗唯识学的“转智成识”。

于法威是于法开的弟子，“清悟有枢辩”，[①]于法开遣过会稽使“林公遂屈”的弟子即此人。据“如言诣林公”和“谨述开意”来看，法威之成就实难超出乃师，所以支遁在理屈的情况下仍然敢厉声喝斥。于法开与支遁争即色空义，“庐江何默申明开难，高平郗超宣述林解，并传于世”，[②]则何默与郗超之争当为般若学说在士人当中的反映。

**6. 幻化**。道壹立幻化义，据吉藏《中观论疏》云：

> 第六壹法师云：世谛之法，皆如幻化。是故经云：“从本已来，未始有也。”难曰：“经称幻化，所作无有罪福。若一切法全同幻化者，实人化人，竟何异耶？”又经借虚以破实，实去而封虚，未得经意也。[③]

同样提到世谛，但将世谛“未始有也”的原因归为“幻化”，与识含宗三界都空的原因为“大梦”颇有异曲同工之妙。吉藏以中观的方法，责难此说“一切法全同幻化”，以空说空，不可能得到对真谛的

① 慧皎：《高僧传》，汤用彤校注，中华书局，1992年10月版，第168页。

② 同上。

③ 吉藏：《中观论疏》，《大正藏》卷四十二。

认识。另据安澄《中论疏记》:

> 《玄义》云,第一释道壹,著《神二谛论》云:一切诸法皆同幻化,同幻化故,名为世谛。心神犹真不空,是第一义。若神复空,教何所施?谁修道,隔凡成圣,故知神不空。[①]

道壹著有《神二谛论》,有世谛和第一义的区别,只是仍将世谛归为虚幻所化,就空说空,而第一义竟然是"心神不空",则更是谬之千里了,从"神二谛"三字来看,道壹假托真俗二谛,原来是为说明"神不空",与般若实相"我法二空"根本不是一回事。

《高僧传》载道壹于太和年间来到京城瓦官寺,跟竺法汰学习,道壹卒于晋隆安年间,寿七十一,则随法汰学习时已四十岁左右。道壹少年出家,深有学识,早受王珣兄弟敬重,其幻化义实"心有色无",而法汰本无异义主"一切本无,从无生有",二者看不出有何联系,由之则法汰与道壹或只是名义上的师徒,出于对法汰的敬重而已。

**7. 缘会**。缘会义为于道邃所立。于道邃与于法开一样,都是于法兰的弟子,只是道邃与其师更为亲近:十六岁便事师受学,并从之西行求法,因病同卒于交趾,可谓生死不离。于法兰是与"敦煌菩萨"竺法护同隐的名僧,竺法护常说道邃"高简雅素,有古人之风。若不无,方为大法梁栋",[②]评价很高,然又似乎暗含惋惜。

孙绰将于道邃比做"竹林七贤"中的阮咸,其卒后,郗超以图写

① 〔日〕安澄:《中论疏记》,《大正藏》卷六十五。

② 慧皎:《高僧传》,汤用彤校注,中华书局,1992年10月版,第170页。

其形，支遁著铭，则于道邃似与名士相通。可惜其寿不永，病卒交趾，年方三十一岁，若不如此，真为“大法栋梁”或未可知。于道邃之缘会义，据吉藏《中观论疏》卷二：

> 于道邃明缘会故有，名为世谛；缘散故即无，称第一义谛。……经不坏假名而说实相，岂待推散方是真无？推散方无，盖是俗中之事无耳。[①]

同样提出真俗二谛，真谛为无，俗谛为有，缘散则无，缘会则有，比于法开的“识含二谛”与道壹的“神二谛”胜出许多，似乎更接近般若空观。只是般若空观“缘起性空”，仅认识到“缘起”是不够的，“性空”为自性空、本来空，体现于幻有之中，而不会受“缘会”、“缘散”的影响。正是从这个意义上，吉藏认为“待推散方是真无”是不正确的。又据安澄《中论疏记》：

> 《玄义》云，第七于法邃著《缘会二谛论》云：“缘会故有，是俗；推拆无，是真。譬如土木合为舍，舍无前体，有名无实。故佛告罗陀，坏灭名相，无所见。”[②]

这里所引用“土木合为舍”的比喻从名实对立的角度，肯定了“缘起”理论，然而同样割裂色空关系，与吉藏所记一致，离真正的般若空观尚有一定距离。

---

① 吉藏：《中观论疏》，《大正藏》卷四十二。

② 〔日〕安澄：《中论疏记》，《大正藏》卷六十五。

从以上论述可知，七家学说各有得失：本无义在否认自然存在之真实的同时，将“无”设置成万物的实体，并不是真正的“空”。本无异义以过时的玄学解释般若，视“有”、“无”为实体，主张“无中生有”，是在本无义基础上更大的错讹。即色义从色推出空，却未能认识“空”也是空。心无义在空心的同时，实际上肯定了外物的存在。识含义空物的基础是承认“心识”的存在。幻化义就空说空，旨在论证“神有”。缘会认识到万物因缘故无自性，却未能当体即空。因此，七家均未能对“空”作出正确的解释，主要原因在于，龙树、提婆之中观学说尚未传入，般若学者没有先进的思想方法，同时深受玄学影响，尤其是采用玄学“得意忘言”方法，致使色空分离。

就“空”本身来说，支遁之即色义与于道邃之缘会义较为接近“空”义，而心无、识含、缘会各家均不同程度地带有“有”的痕迹。道安之本无义则是个特殊，如果“本无”是在否认色之真实的同时建立玄学式的“以无为本”，则“把破除本体实有的般若学改造为本体是根本，本体是实有的本无说，从而极大地改变了印度佛教哲学的方向，改造了印度佛教哲学的内容，构成了具有中国特色的佛教本体论。”[①]道安僧团活动范围主要在五胡十六国时期的中国北方，受玄学影响并不十分明显，所修习的是直接传自西域的佛教最新经典，这些经典更接近佛教大乘般若学的真谛，倘如吕澂先生所说“‘本无’也就是‘自性空’(自性是‘本’，空是‘无’)”，[②]本无义则为正统的般若学说，正如僧叡所言：“性空之旨，以今验之，最得

① 方立天：《中国佛教哲学要义》上卷，中国人民大学出版社，2005 年 1 月版，第 16 页。

② 吕澂：《中国佛学源流略讲》，中华书局，1979 年 8 月版，第 57 页。

其实。”[①]

虽然六家七宗学说都未能从“空色不二”的角度对般若学做出完整的解释,然而,“炉冶之功,微恨不尽。当是无法可寻,非寻之不得也”,[②]僧叡用来评价道安的“亹亹之功,思过其半,迈之远矣”[③]同样适用于所有为般若学发展做出贡献的人们。六家七宗的思想史意义在于,“以纯学术的形式展开对现象与本质关系的哲学思辨,从而达到对宇宙人生的彻底认识;在这种哲学思辨过程中,摆脱了哲学思想对意识形态的依赖,淡化了对社会政治学说和伦理道德观念的关注,实际上进行着对现实社会政治的自觉批判。”[④]义学高僧们以勇于探索的精神促进了佛教中国化的发展进程,改变了中国固有的文化形态和思维方式,通过对色与空的不同阐释,张扬了理性的自由精神,在影响整个中国社会传统文化范式的同时影响着中古自然观和自然审美观念的改变。

## 第三节　“空”观下的玄学自然审美观

### 一、士僧交往

佛教对中国社会的影响,首先体现于僧人与上层社会的交往。“自佛教入中国后,由汉至前魏,名士罕有推重佛教者,尊敬僧人,更未之闻。”[⑤]本质上是出世的佛教能引起世俗社会的极大兴趣,

---

① 僧叡:《毗摩罗诘提经义疏序》,《出三藏记集》卷八,《大正藏》卷五十五。

② 同上。

③ 同上。

④ 潘桂明:“六家七宗述论”,《佛学研究》,2003 年第 3 期。

⑤ 汤用彤:《汉魏两晋南北朝佛教史》,北京大学出版社,1997 年 9 月版,第 127-128 页。

固然是由于其深邃的哲学思想吸引了中国士人，同时也与佛教积极争取上流社会的支持有关。

中国佛教从一开始就是上层佛教。早在佛教巫术化的东汉，楚王刘英首先在其封国彭城招聚西域沙门祭神求福。其后不久，明帝遣使西行求法，并于洛阳城外立白马寺，供月支沙门摄摩腾和竺法兰住译《四十二章经》，被认为是中国佛教传播之始，桓帝更于宫中立佛寺，灵帝时掌管广陵、下邳、彭城三郡粮运的笮融在广陵大建佛寺、兴造铜像，招徕信徒并举行盛大法会，如此种种，均可作为佛教得到上层社会支持的明证。

及至魏晋时代，“魏武好法术，而天下贵刑名；魏文慕通达，而天下贱守节。其后纲维不摄，而虚无放诞之论盈于朝野。”[①]魏文帝曹丕甚好佛法，魏明帝曹叡为僧侣立舍建寺一百间，东吴孙权曾在武昌建昌乐院、宝宁院，又在建业为康僧会建建初寺，支谦还被孙权封为博士。三国时期，平民剃度出家的很多，未尝不与上层社会对待佛教的宽松政策有关。东晋诸帝如元帝、明帝、哀帝均信佛甚至，元帝诏僧侣入内殿讲经为后世君主模仿，明帝在当太子时更“手画如来之容，口味三昧之旨”。[②] 佛教的过度膨胀曾引起东晋官吏的忧虑，沙门与王权之争最终以“沙门不敬王者”结束，则是由于高僧慧远对佛教教义的进一步改造，相对解决了尊亲忠孝与事佛修道的矛盾，为后世佛教的发展扫清了障碍。东晋后期司马氏天下名存实丧，简文、孝武、恭诸帝都信奉佛教，间接导致了南朝佛教在皇室的盛行。

---

① 《晋书·傅玄传》，中华书局，1974 年版，第 1317-1318 页。

② 习凿齿：《与释道安书》，严可均：《全上古三代秦汉三国六朝文·全晋文》卷一百三十四。

此时的中国北方正处于“五胡十六国”的乱世纷争，越是混乱的年代，佛教对社会的影响越是深入，以佛图澄和道安师徒的经历最为典型。佛图澄于东晋怀帝永嘉四年（公元310年）来到洛阳，随后依附石勒后赵政权，并得到石氏父子的极大敬服。民间竞相奉佛，各州郡无不建造佛寺，平民出家成风，有官员请求禁止信奉佛教，而石虎却颁布诏书“佛是戎神，正所应奉。夫制由上行，永世作则，敬事无亏，何拘前代。其夷赵百蛮有舍其淫祀，乐事佛者，悉听为道。”[①]可见此时的佛教已与“淫祀”一类的迷信活动对立，沙门皆为“高洁贞正，行能精进”[②]之士。

佛图澄死后，后赵内乱，道安到山西的濩泽（今临汾县境）避乱，不久又和同学法汰至飞龙山（今河北省涿鹿县境），应石遵之请返回后赵都城邺（今河北漳丘西南），半年后避乱至山西弘法，武邑太守卢歆曾请他去讲经，前燕慕容恪攻略河南后，道安应习凿齿之请来到襄阳，并在那里居住了十几年，东晋名流桓朗子、朱序、杨弘忠、郄超等都非常敬重他，有的请他去开示，有的供养食米千斛，有的送铜万斤。他创立檀溪寺，“建塔五层，起房四百”，[③]可以想见工程之浩大。前秦苻坚也遣使送来几尊贵重的佛像，东晋孝武帝更诏令当地政府“俸给一同王公”。[④] 东晋孝武帝太元四年（公元379年），苻氏攻占襄阳，道安和习凿齿被掳，苻坚认为此役的意义只在一个半人，一人指道安，半人为习凿齿，受尊崇如此。道安在长安的七年间，领导几千人的大道场，译经说法，为佛教在中国北

① 慧皎：《高僧传》，汤用彤校注，中华书局，1992年10月版，第352页。

② 同上。

③ 同上，第179页。

④ 同上，第181页。

方的延续做出了重大贡献，而在避乱河南新野路上的那句“今遇凶年，不依国主，法事难成”[①]的名言则是整个魏晋时期佛教徒深自肺腑的喟叹，更成为东晋时期僧人的行动指南。

与此相应的是早期佛教的城市现象。为译经和说法的方便，洛阳和长安都是中国北方的佛教中心，后赵邺城也曾一度繁荣，南方的建康是六朝时期最大的佛教中心，东晋桓氏占据的荆州也盛行佛法。城市中(尤其是都城)寺院林立，僧众聚集，正说明了这些出家人对世俗政治和经济的依附。中外僧众涌入城市的现象直到东晋方有所改变，剡山成为僧人逃避争斗(这争斗来自世俗以及佛教团体内部)的最大的聚集地，庐山则成为慧远一众静修的憩息地。

中国的佛教徒绝不满足于斋戒度日，在“普度众生”口号的指引下，他们积极深入俗世。早期的外国僧人如佛图澄带给人们的全部印象是一个披着袈裟的术士加谋士，道安积极谏阻苻坚南下攻晋当然也不是纯粹的爱国主义，支遁甚至劝笃信佛教的晋哀帝司马丕把佛教作为巩固统治的工具，从而建立一个完美政府。“魏晋南北朝的高僧在传播佛教和以佛入玄或以玄入佛之时，又常常肩任拯世济时的重担，因而使他们成为南北文化交流的先锋”，[②]由此也就不难理解众多高僧同时也是名士的现象。正如余英时先生所说，“魏晋南北朝的中国是儒教中衰，‘济俗’的高僧承担起传统‘士’的重任，体现了‘士’的精神。”[③]然而在孔孟之道深入人心

① 慧皎:《高僧传》，汤用彤校注，中华书局，1992年10月版，第178页。

② 钟仕伦:“论南下高僧及其对美学、文学发展的影响”，《社会科学研究》，1995年第6期。

③ 余英时:《士与中国文化》，上海人民出版社，2003年1月版。

的中国封建社会，不可能建立起政教合一的政权，佛教的全部理论也没有哪一条能成为封建统治的施政纲领，统治者对高深的佛理不见得有多少兴趣。然而佛教的部分教义却客观上沦为统治的工具，“儒在济俗，佛在治心，二者亦同归而殊途”。[①] 高僧们讲经说法，劝人消灭妄心、积极向善，固然可以净化社会空气，“来生”之说则既可培养出忍气吞声的顺民，又可为统治阶级的奢侈享乐提供理由，因而受到统治者的热烈追捧，南朝宋文帝刘义隆之语“若使率土之滨，皆纯此化，则吾坐致太平，夫复何事”[②]可谓道破天机。

中国佛教可以成为太平盛世的帝王之学，与儒、道一争短长，出于统治者的追捧，士人难免有所保留地相与攀附。然而，出于佛教入世间而超越世间的根本特点，我们宁愿相信，魏晋时期般若学者与名士的交往，更多的是出于心灵的相藉，以及共同的对自由的向往。六家七宗诸代表人物中，与名士交往最为密切的，首推支遁。据许理和考证，有文献记载的与支遁有交往的上层文人多达35人，[③]其中，往来频繁且影响力较大的有郗超、孙绰、王羲之、谢安、许珣、王濛、殷浩、何充、王恭等人。

> 郗超后与亲友书云：“林法师神理所通，玄拔独悟，实数百年来，绍明大法，令真理不绝，一人而已。”[④]

---

① 汤用彤：《汉魏两晋南北朝佛教史》，北京大学出版社，1997年9月版，第295页。

② 何尚之：《列叙元嘉赞扬佛教事》，严可均：《全上古三代秦汉三国六朝文·全宋文》卷二十八。

③ 〔荷〕许理和：《佛教征服中国》，李四龙、裴勇等译，江苏人民出版社，2003年8月版，第150页。

④ 慧皎：《高僧传》，汤用彤校注，中华书局，1992年10月版，第161页。

郗超笃信佛教，受支遁影响极深，曾著《奉法要》支持支遁即色义，“数百年来……一人而已”，所推崇如此。著名玄言诗人孙绰早年即与支遁交好，曾执弟子礼，并给予支遁极高的评价：

> 支道林者，识清体顺，而不对于物。玄道冲济，与神情同任，此远流之所以归宗，悠悠者所以未悟也。①

孙绰《喻道论》与郗超《奉法要》被认为是中国文人所写的最早的论佛的著作，带有融合儒释两家的鲜明印记。孙绰还积极向出身望族的名士王羲之引荐：

> 王逸少作会稽，初至，支道林在焉。孙兴公谓王曰：“支道林拔新领异，胸怀所及乃自佳，卿欲见不？”②

实际上，早在王羲之担任会稽内史之前，支遁就已经以“文义”之名与之交往了：

> 会稽有佳山水，名士多居之，谢安未仕时亦居焉。孙绰、李充、许询、支遁等皆以文义冠世，并筑室东土，与羲之同好。③

并在晋穆帝永和九年（公元 353 年）著名的兰亭集会中，与一众名

---

① 慧皎：《高僧传》，汤用彤校注，中华书局，1992 年 10 月版，第 163 页。
② 《世说新语 · 文学》，上海古籍出版社，1982 年版，第 130 页。
③ 《晋书 · 王羲之传》，中华书局，1974 年版，第 2098-2099 页。

流同游。东晋一代名相谢安，早年隐居会稽东山时：

> 与王羲之及高阳许询、桑门支遁游处，出则渔弋山水，入则言咏属文，无处世意。[①]

升平四年（公元 360 年）支遁欲入剡，时任吴兴太守的谢安修书云：

> 思君日积，计辰倾迟，知欲还剡自治，甚以怅然。人生如寄耳，倾风流得意之事，殆为都尽。终日戚戚，触事惆怅，唯迟君来，以晤言消之，一日当千载耳。[②]

思慕之情跃然纸上。

公元 362 年，敬崇佛法的晋哀帝司马丕即位，"频烦两使"征请支遁，"止东安寺讲道行般若。白黑钦崇，朝野悦服。"[③]社会名望达到顶点，两年后支遁东返剡山，一时名士送于征虏亭，[④]支遁死后，仍受到名士的追思。[⑤]

西晋王衍以浮名获取高位，终致误国，落下口实，也为东晋玄学带来了沉重的反思。这一时期玄学的代表人物张湛作《列子注》，便带有明显玄佛融合的痕迹，玄学无法再出新义，僧人支遁之所以能在东晋社会获得如此推崇，实出于以佛释玄之故：

---

① 《晋书·谢安传》，中华书局，1974 年版，第 2072 页。

② 慧皎：《高僧传》，汤用彤校注，中华书局，1992 年 10 月版，第 160 页。

③ 同上，第 161 页。

④ 《世说新语·雅量》载："支道林还东，时贤并送于征虏亭。"

⑤ 《世说新语·伤逝》载："戴公见林法师墓，曰：'德音未远，而拱木已积。冀神理绵绵，不与气运俱尽耳！'"

> 庄子《逍遥》篇，旧是难处，诸名贤所共钻味，而不能拔理于郭、向之外。支道林在白马寺中，将冯太常共语，因及《逍遥》，支卓然标新理于二家之表，立异义于众贤之外，皆是诸名贤寻味之所不得，后遂用支理。①

则支遁立"逍遥"新义，竟占据玄学正统地位。正因如此，王濛评价支遁：

> 王、刘听林公讲，王语刘曰："向高座者，故是凶物。"复东听，王又曰："自是钵盂后王，何人也。"②

孙绰《道贤论》将支遁与"竹林七贤"中的向秀并称：

> 支遁向秀，雅尚庄老，二子异时，风好玄同矣。③

支遁受到名士的追捧，甚至被认为是玄学中人。然而支遁毕竟是一个般若学者，他用逍遥"至足"取代向、郭"得其所待"，不仅破除对外界的依赖，还要解除自我身心的束缚，实现彻底的超越，才能达到真正的"逍遥"，都带有明显的般若学"空无一切"的印记。可以这样说，支理战胜旧义，实是般若学超越玄学的结果。

除了支遁，与东晋上层社会交往密切的，不能不提竺法深。法

① 《世说新语·文学》，上海古籍出版社，1982年版，第128-129页。
② 《世说新语·赏誉》，上海古籍出版社，1982年版，第262-263页。
③ 孙绰：《道贤论》，严可均：《全上古三代秦汉三国六朝文·全晋文》卷六十二。

深出身名门：琅邪王氏。这个家族的声名显赫由来已久，在西晋时就出了王戎、王祥、王衍诸高官名士，更是东晋政权的实际缔造者，王导和王敦左右东晋政局十数年，王羲之更是会稽名士领袖。法深年轻时师从“中州名士”刘元真求学，二十四岁时便独自登坛讲学。永嘉之乱后，和其他士人一样，南渡至建康，显赫的身世加之渊博的学识，使之很快便誉满朝野，时常穿木屐出入宫廷豪门之间，被称为“方外之士”，甚受推崇。《世说新语・方正》云：

> 后来年少多有道深公者，深公谓曰：黄吻年少，勿为评论宿士。昔尝与元、明二帝，王、庾二公周旋。

支持佛教的元、明二帝及宰辅王导、庾亮相继去世后，掌控朝政的庾冰不能容忍佛教的日渐膨胀，采取了摧抑佛教的措施，引起了沙门是否应跪拜帝王的激烈争论，并影响到康、穆二朝。当时名僧多隐居剡山，法深俨然其中领袖。直到哀帝即位，重佛之风重又盛行，法深应诏入京，在宫中开讲大品般若，与时任会稽王的简文帝司马昱过往甚密。《世说新语・言语》篇中记载了这一时期他与丹阳尹刘惔的一段对话：

> 竺法深在简文坐，刘尹问：“道士何以游朱门？”答曰：“君自见其朱门，贫道如游蓬户。”

这一回答，明显受郭象“圣人虽处庙堂之上，其心无异于山林之间”影响，调和了出世修道与入世交游的矛盾，被时人誉为名答。孙绰《道贤论》将法深比作“竹林七贤”中的刘伶：

> 潜公道素渊重，有远大之量，刘伶肆意放荡，以宇宙为小，虽高栖之业，刘所不及，而旷达之体同焉。[①]

同为名士色彩浓厚的法深和支遁，然超身世外，法深似乎颇胜一筹：

> 支遁遣使求买仰山之侧沃洲小岭，欲为幽栖之处，潜答云："欲来辄给，岂闻巢、由买山而隐。"[②]

从支遁与高丽道人的书中"（法深）往在京邑，维持法网，内外具瞻，弘道之匠也"来看，法深不论是在世俗社会，还是在佛教界，都是举足轻重的人物。六家七宗其余诸人，多受名士推崇，不再赘述。

在这种社会风气下，名士竞相与僧人交往成为一种时尚，并在交往的过程中深受佛教影响。"度江以来，王导、周顗、庾亮、王濛、谢尚、郗超、王坦、王恭、王谧、郭文、谢敷、戴逵、许询，及亡高祖兄弟、王元琳昆季、范汪、孙绰、张玄、殷顗"[③]等人都莫不与佛教徒往来。"王洽、刘恢、殷浩、许询、郗超、孙绰、桓彦表、王敬仁、何次道、王文度、谢长遐、袁彦伯等，并一代名流，皆著尘外之狎。"[④]佛教开始对中国哲学、美学产生深远影响，正是通过僧与士的相互品评和偕游山水得以显现。

---

① 孙绰：《道贤论》，严可均：《全上古三代秦汉三国六朝文·全晋文》卷六十二。

② 慧皎：《高僧传》，汤用彤校注，中华书局，1992 年 10 月版，第 157 页。

③ 同上，第 261 页。

④ 同上，第 159-160 页。

## 二、人物品评

东汉后期，士人与宦官之间的斗争愈演愈烈，一些士人退居山野，批评朝政，臧否人物，清议之风盛行。在此基础上，形成品评人物的社会风气。清议品评的内容主要是从官员或士人的言表容止判断才能之大小、品位之高低，注重将人的外在风度与内在德行相联系，实际是在人物言表与内涵之间构建一种名实对应关系。品评人物有一定的名目和准则，即所谓的“名理”，名理的确立是依据可以言表的外在容止还是不可言表的内在精神，直接促进了魏晋玄学“言意之辨”的兴起。

三国时人物品题之风更甚。汉末征求人才的察举制度已经全然走向腐败，出于对乱世人才的渴求，曹魏实行由若干有威望的士大夫对优秀人物作出评价从而授予职位的“公议”，陈群在此基础上创立“九品中正制”并据此授官。在民间，则多由名士充当权威对天下人物进行品题，三国时许多重要人物都曾被品题过，评价愈高，其社会影响越大。在这种情况下，作为玄学分支的人才学成为新兴学科，出现了刘劭《人物志》这样的分析人物的专著，钟会作《四本论》对人物才性的同、异、离、合进行讨论，论证有才能的人一般也有好的气质和品行，充分体现了魏晋时人对“风度”的追寻。

西晋承魏制，在世家大族的把持下，门第高低是进入仕途的唯一依据，“是以上品无寒门，下品无势族。”[①]“九品中正制”已经沦为世族巩固政权特权的工具，然而名士之间相互品评依附玄学清谈之风依然有增无减。汉末魏初的内在“德行为先”至此时已转至

① 《晋书·刘毅传》。

注重人物外在面容的整丽和闲雅的风度：

> 王夷甫容貌整丽，妙于谈玄，恒捉白玉柄麈尾，与手都无分别。[①]

容貌整丽的可以得到人们欣赏，容貌丑陋的则会受到唾弃：

> 潘岳妙有姿容，好神情。少时挟弹出洛阳道，妇人遇者，莫不连手共萦之。左太冲绝丑，亦复效岳游遨，于是群妪齐共乱唾之，委顿而返。[②]

当时整个社会风气之放达，由此可见。

南渡后，名士品评由欣赏人物外在容貌的美色及神态的洒脱逐渐转向注重人物内在的"神韵"，追求一种宁静、闲适的风神，更为推崇风姿与神明相统一的人格美："时人目王右军：'飘如游云，矫若惊龙。'"[③]作为不受世俗约束的方外之人，高僧们的洒脱尤其为名士所称道："谢公云：'见林公双眼黯黯明黑。'孙兴公见林公：'棱棱露其爽。'"[④]"王右军叹林公：'器朗神隽。'"[⑤]眼睛是一个人精气凝结所在，从眼睛可以看见心灵，谢安从支遁"黯黯明黑"的双眼中看见其内在神清气朗，这种内在的风神隐而不发，所以为王羲

① 《世说新语·容止》，中华书局，1984 年 4 月版，第 335 页。
② 同上。
③ 同上，第 341 页。
④ 同上，第 342 页。
⑤ 《世说新语·赏誉》，中华书局，第 257 页。

之所叹服。僧人品评名士也很普遍：

> 沙门支道林尝言："会稽有远体而无远神。"①

简文帝司马昱做会稽王时，注重结交名士，并与竺法深、支遁等往来甚密。心怀异志的桓温废司马奕后立相貌堂堂的司马昱为帝，然而司马昱整日惶恐不安，即位不到一年就在郁闷中死去，支遁对他"有远体而无远神"的评价被证明是正确的。

魏晋人物品评注重"风度"，追求"神韵"，与魏晋士人追求自在逍遥的生活方式和精神享受紧密相关，而"经世济民"的才能和符合儒家道德观念的品行逐渐退而其次。玄学鼓吹老庄、崇尚自然，名士们以任放为达，带有普遍性的社会影响，是对束缚个性自由的伪名教的自觉反叛，当人异化的社会性被彻底否定之时，隐含的自然性觉醒，自身的人格魅力便受到普遍的尊重，两晋时期，人物品题中以自然物喻人的倾向尤其是这种转变的重要标志：

> 嵇康身长七尺八寸，风姿特秀。见者叹曰："萧萧肃肃，爽朗清举。"或云："肃肃如松下风，高而徐引。"山公曰："嵇叔夜之为人也，岩岩若孤松之独立；其醉也，傀俄若玉山之将崩。"②

> 有人叹王恭形茂者，云："濯濯如春月柳。"③

---

① 《晋书·简文帝纪》。

② 《世说新语·容止》，中华书局，1984 年版，第 335 页。

③ 同上，第 342 页。

康僧渊目深而鼻高，王丞相每调之。僧渊曰："鼻者，面之山；目者，面之渊。山不高则不灵，渊不深则不清。"①

自然物能够与人相通，有两个内在依据：其一，是将人看作天地万物的一种。根据玄学家的观点，天地万物存在的依据是"自然"，人作为一种特殊的自然物，同样要遵循"自然"之理。

其二，是人与自然物之间存在某种共通的东西，这与《诗经》中"肤如凝脂，手如柔荑"简单的相似不同，而更注重于内在的互通。康僧渊的鼻与山、目与渊并非"高"、"深"的外在相似，而是以山喻鼻之灵，以渊喻目之清。换言之，以自然之物喻人内在之神，自然物带有人的主观审美色彩，人也因自然物之喻更多地带上了"自然"之性。如此一来，客观世界的自然之理便与人主观的自然之性得以沟通，人的自然本性得以充分肯定，而这正是整个魏晋时期所追求的自然审美观的时代精神。

## 三、赏游自然

"游"可以成为魏晋时期一个重要的美学概念，这个字眼所代表的深层意蕴集中于一点，那就是"自由"。游发生于人与自然山水之间，是一种遁却红尘的轻松和愉悦。从来没有哪一个时代能如魏晋般如此自觉地关注和亲近自然，自然审美意识产生并最终确立于这一时期。

从魏至东晋末期，名士名僧们屡屡发起大型游会，从中能较清晰地观察到自然美发生发展的内在脉络，其中颇具代表性的是南

① 《世说新语·排调》，中华书局，1984年版，第428页。

皮之游、金谷诗会、兰亭雅集和石门之游。南皮是河北省一个偏僻的县境，本藉藉无闻，它的提起，乃是缘于一位名人：

> 每念昔日南皮之游，诚不可忘。既妙思六经，逍遥百氏。弹棋闲设，终以六博。高谈娱心，哀筝顺耳。驰骛北场，旅食南馆。浮甘瓜于清泉，沉朱李于寒水。白日既匿，继以朗月。同乘并载，以游后园。舆轮徐动，参从无声。清风夜起，悲笳微吟。乐往哀来，凄然伤怀。余顾而言：斯乐难常。足下之徒，诚以为然。①

有充分的证据表明这位三国时期的第一个皇帝对游猎有浓厚的兴趣，甚至因此而差点被曹操废了太子之位。汉献帝建安十六年（公元 211 年），曹丕官拜五官中郎将，作为丞相曹操的副手和实际继承人，南皮之游即发生于此时。曹丕时年二十四岁，是什么使这位前途光明、本该意气风发的年轻人发出“斯乐难常”的感叹？不妨暂借才华横溢的曹植作于同年的一首诗为注脚：

> 步登北邙阪，遥望洛阳山。洛阳何寂寞，宫室尽烧焚。垣墙皆顿擗，荆棘上参天。不见旧耆老，但睹新少年。侧足无行径，荒畴不复田。游子久不归，不识陌与阡。中野何萧条，千里无人烟。念我平常居，气结不能言。②

---

① 曹丕：《与吴质书》，严可均：《全上古三代秦汉三国六朝文》，中华书局，1958 年版，第 1089 页。

② 曹植：《送应氏》，《汉魏六朝诗六种》，黄节注，人民文学出版社，2008 年版，第 334 页。

战火纷乱，生灵涂炭，朝不保夕，世事沧桑，即使是贵族子弟也无法做到无动于衷，“人生苦短、及时行乐乃时代之集体无意识。”[①]然而酒兴阑珊，悲从中来，即便夜以继日，秉烛夜游，终难免曲终人散，物是人非。每个人的心中总有一个属于自己的桃源圣地，僻陋如南皮却是曹丕“诚不可忘”的心灵憩息地，本欲及时行乐，却一不小心道出了整整一个时代的凄凉。

西晋政权统治黑暗，却是思想极自由的时期，名士多率性而动，不拘礼法，人性得以充分张扬，就连世族大家的穷奢极欲都被认为是某种意义上的顺应自然本性。靠劫夺客商成为巨富并以斗富著称于世的石崇也属名士之流，他有一座位于黄河北岸的园林别墅，名为金谷园，晋惠帝元康六年(公元 296 年)，三十位名流在此赏游赋诗，是为金谷诗会：

> 有别庐在河南县界金谷涧中，去城十里。或高或下，有清泉茂林，众果竹柏药草之属。金田十顷，羊二百口，鸡猪鹅鸭之类，莫不毕备，又有水碓鱼池土窟，其为娱目欢心之物备矣。……王诩当还长安，余与众贤共送往涧中，昼夜游晏。屡迁其坐，或登高临下。或列坐水滨，时琴瑟笙筑，合载车中，道路并作。及往，令与鼓吹递奏，遂各赋诗，或叙中怀，或不能者，罚酒三斗。感性命之不永，惧凋落之无期，故具列时人官号姓名年纪又写诗著后，后之好事者其览之哉。凡三十人。[②]

---

① 薛富兴：“汉魏美学概观”，《思想战线》，2005 年第 2 期。

② 石崇：《金谷诗序》，严可均：《全上古三代秦汉三国六朝文・全晋文》卷三十三，中华书局，1958 年版，第 1651 页。

"去城十里"实在是一个不远不近的距离，远则与荒野无异，近则受喧嚣困扰，颇值得玩味。"娱目欢心之物备矣"则含蓄地表明了此园最初建造之目的。这是一次规模宏大的游园活动，热闹非凡，俨然有聚众呼啸山林之感，文尾"感性命之不永，惧凋落之无期"似乎又有与曹丕一般的忧叹。然而事实绝非仅仅如此，金谷之游与南皮之游有显著的不同：南皮的"清泉"与"寒水"为纯粹自然之物，金谷园中泉、林、池、窟则为明显人为；南皮为遣怀的暂借之地，金谷则为有准备、有目的的聚会场所；南皮之游为时代的悲怆，金谷之游则为纯粹个体生命意识的张扬。石崇的另一段话，似乎可为注脚：

> 余少有大志，夸迈流俗，弱冠登朝。历位二十五年，年五十以事去官。晚节更乐放逸，笃好林薮，遂肥遁于河阳别业。其制宅也。却阻长堤，前临清渠，百木几于万株，流水周于舍下，有观阁池沼，多养鱼鸟。家素习技，颇有秦赵之声。出则以游目弋钓为事，入则有琴书之娱。又好服食咽气。志在不朽，傲然有凌云之操。①

不妨先了解一下这位被东晋名流许为"清流巨子"②生命中的最后十年：晋惠帝元康元年（公元 291 年），专权的外戚杨骏被杀，贾后一系把持朝政。贾后的外甥贾谧权势倾天，石崇极尽奉承巴结，被贾谧引为至交，贾谧外出，石崇必停车路旁望尘而拜。

① 石崇：《思归叹》，严可均：《全上古三代秦汉三国六朝文·全晋文》卷三十三。

② 汤用彤：《汉魏两晋南北朝佛教史》，北京大学出版社，1997 年 9 月版，第 121 页。

永康元年(公元300年),贾谧为赵王司马伦所杀,石崇因而被罢官,赵王伦的亲信孙秀垂涎石崇宠妾绿珠之美貌,以谋反之名将石崇处死,临死前夕,家财悉数抄没,仅奴婢多达八百多人,珍宝不计其数。

此文即作于罢官之后不久,托思归为名,故作放旷,而一"叹"字将其内心表露无遗。"志在不朽,傲然有凌云之操"一语道出时人纵情山水的真实目的:以山水为写照,内省自由的人格精神,并隐约有希冀人与自然同处"不朽"、试图人天合一的凌云之志。金谷之游是对南皮之游的重大突破,与西晋名士倡导率性自然的生活方式紧密相关,是潇洒怡情对世俗权威的勇敢放纵,是园林生活对礼法生活的自觉反叛。然而,作为私家园林的金谷园,虽力图模仿自然,毕竟不是纯粹的自然,石崇固许风流,然而毕竟带有太多的市侩习气,自然与人都未能达到真正的"自然"的高度,再怎样"有凌云之操"的傲然,最终难免跌落红尘俗世之中,赏心悦目间掺杂了太多的矫揉造作,"志在不朽"也只能是一纸空文。

南渡之后,名士奢靡浮诞之风被自觉摒弃,而放达率性之情尤过之,名士多聚于风光秀丽的会稽,江南秀美的山水进一步培养了他们的审美情趣,游山玩水成为士人极为普遍的精神生活方式。晋穆帝永和九年(公元353年),王羲之、谢安、孙绰、支遁等四十余人[①]会于会稽山阴之兰亭,欣赏山水,饮酒赋诗,是为兰亭雅集:

此地有崇山峻岭,茂林修竹,又有清流激湍,映带左右,引

---

① 王羲之:《临河叙》:"孙丞公等二十六人赋诗如左。……谢胜等十五人不能赋诗。"则为四十一人(《世说新语·企羡》,上海古籍出版社,1982年版,第336-337页)。

以为流觞曲水，列坐其次。虽无丝竹管弦之盛，一觞一咏，亦足以畅叙幽情。是日也，天朗气清，惠风和畅，仰观宇宙之大，俯察品类之盛，所以游目骋怀，足以极视听之娱，信可乐也。夫人之相与，俯仰一世，或取诸怀抱，悟言一室之内，或因寄所托，放浪形骸之外。虽趣舍万殊，静躁不同，当其欣于所遇，暂得于己，快然自足，曾不知老之将至。及其所之既倦，情随事迁，感慨系之矣。①

南皮"以游后园"，金谷"制宅"，而兰亭则是会稽纯然的自然山水。"崇山峻岭、茂林修竹、清流修竹"自非南皮后园之简陋，亦非河阳别业之人为，更无"丝竹管弦"之世俗嘈杂，仅以觞咏"畅叙幽情"。此情既不同于曹丕之人事无常，也不同于石崇之志在不朽。此情之幽，既在于"游目骋怀"之可乐，又在于"情随事迁"之感慨，俯仰之间，乐与慨混而为一，人与自然化而为一，达到石崇时人所追求却无法企及的高度，兰亭的山水也因此而兼有哲学和审美上的双重意味，名士雅游的最高境界无过于此。

东晋后期，人们对自然的审美能力积累日深，佛学的影响也早已深入人心，在二者的相互作用下，自然进一步摆脱人为的束缚，并最终成为真正的审美客体。晋安帝隆安四年（公元400年），在高僧慧远的组织下，三十余人"因咏山水"，步游至离庐山东林寺南十余里的石门山，其《游石门诗序》反映出了佛学观照下独特的山水观，内容充实，浑然一体，兹录全文如下：

① 王羲之：《三月三日兰亭诗序》，严可均：《全上古三代秦汉三国六朝文·全晋文》卷二十六。

石门在精舍南十余里，一名障山。基连大岭，体绝众阜。辟三泉之会，并立而开流，倾岩玄映其上，蒙形表于自然，故因以为名。此虽庐山之一隅，实斯地之奇观，皆传之于旧俗，而未睹者众。将山悬濑险峻，人兽迹绝，迳回曲阜，路阻行难，故罕经焉。释法师以隆安四年仲春之月，因咏山水，遂杖锡而游。于时交徒同趣三十余人，咸拂衣晨征，怅然增兴。虽林壑幽邃，而开途竞进，虽乘危履石，并以所悦为安。既至，则援木寻葛，历险穷崖，猿臂相引，仅乃造极。于是拥胜倚岩，详观其下，始知七岭之美蕴奇于此。双阙对峙其前，重岩映带其后，峦阜周回以为障，崇岩四营而开宇。其中则有石台石池，宫馆之象，触类之形，致可乐也。清泉分流而合注，渌渊镜净于天池。文石发彩，焕若披面，柽松芳草，蔚然光目。其为神丽，亦已备矣。斯日也，众情奔悦，瞩览无厌。游观未久，而天气屡变。霄雾尘集，则万象隐形；流光回照，则众山倒影。开阖之际，状有灵焉，而不可测也。乃其将登，则翔禽拂翮，鸣猿厉响。归云回驾，想羽人之来仪；哀声相和，若玄音之有寄。虽仿佛犹闻，而神以之畅；虽乐不期欢，而欣以永日。当其冲豫自得，信有味焉，而未易言也。退而寻之，夫崖谷之间，会物无主，应不以情而开兴，引人致深若此。岂不以虚明朗其照，闲邃笃其情耶？并三复斯谈，犹昧然未尽。俄而太阳告夕，所存已往。乃悟幽人之玄览，达恒物之大情。其为神趣，岂山水而已哉！于是徘徊崇岭，流目四瞩。九江如带，丘阜成垤。因此而推，形有巨细，智亦宜然，乃喟然叹。宇宙虽遐，古今一契，灵鹫邈矣，荒途日隔，不有哲人，风迹谁存？应深悟远，慨焉长怀。各欣一遇之同欢，感良辰之难再，情发于中，遂共咏之云尔。[①]

石门山之美早已为人所知，"未睹者众"的原因是"人兽迹绝"、"路阻行难"，因此与南皮后园、金谷园、兰亭都不同。前三者均为抒一己之怀，斯园与彼园都没有太大的区别，"此地有崇山峻岭"的兰亭，也只因能"足以畅叙幽情"而被青睐，更非人迹罕至，至此时，自然都仍作为人的精神的附庸物，被"同化于人"。

石门之游实出于"因咏山水"的需要，山水确实已经拥有独立的地位，在"拂衣晨征"、"开途竞进"中增加了无穷的兴致，感受到无穷的愉悦，历尽艰险之后，方感知到"七岭之美蕴奇于此"。其美不仅有致可乐"触类之形"，更有已具备的"神丽"，"状有灵焉，而不可测也"一扫人对自然之亵玩之心，对自然怀有敬畏，自然正被人所"异化出去"。自得之味"未易言"，再三重复而意犹未尽的话是"会物无主，应不以情而开兴，引人致深若此"，自然万物不会因为人为的感情而媚俗引人，"虚明朗其照，闲邃笃其情"，而人却因为自然之虚明更加坚定了自己的感觉，并放眼于山水之外，万物莫不如此。则石门诸人的感情线索为：最初出于吟咏山水的需要，披荆斩棘后却发现自然妙不可言的独特之美，由此产生对天地万物的感叹。

自然美的独立有几个必不可少的条件：首先是作为审美主体的人和审美客体的自然必须同时独立，且保持一定的审美距离。其次是客体自然必须能引起主体的审美愉悦。第三是主体必须具

① 逯钦立辑校：《先秦汉魏晋南北朝诗》，中华书局，1983年版，第1085-1086页。

有高超的审美能力。南皮后园作为庭院的一处摆设，在空间上不自由，其功能是取悦于人，在精神上不独立，曹丕所感受到的类似于崇高的悲怆感，乃是由于“悲笳微吟”引起，山水清风只不过是一种陪衬。金谷园试图引自然入世俗生活，山水因人而设，刻意而为，带有浓重的媚俗色彩，石崇之“娱目欢心”实为自得其乐，与山水无关，何敢奢谈“志在不朽”。兰亭为自然山水，一方面能使人极耳目之娱，一方面又使人感生死兴亡之道。名士为遁却红尘之人，能仰观俯察，由眼前衍至无穷，当然也具有高超的审美能力。然而仔细推敲，兰亭既为游览胜地，自是人迹喧嚣，诸名士纵情山水，实为排遣心中块垒，借山水化其郁结。尤其以山水观“道”，抒发与俗世行迹相对的内在自由追求，使山水自然与精神世界籍合一体，自然便带有浓厚的主观色彩。

石门山“人兽迹绝”，自非人为景观所比，一行诸人既为方外之士，自无世俗尘劳可消。山水外在既有“神丽”可乐，尤想把握其内在“状有灵”，此山水之“神趣”浑然天成，不可言说，已纯粹是一种自然的审美体验。石门之游率性而至，更不带半分世俗观念，此游方是真正的自然审美。唯其如此，“宇宙虽遐，古今一契”之叹方为真性情，在此基础上的人与自然相与为一，便自然而然地发生。作为自然美独立过程中的代表事件，前三次游会的主要意义在于，它们不断积累和丰富了主体人的审美经验，并促使人们不断地进行对自然美的探索，在此基础上，石门之游最终以审美意义上的“自然物”代替了哲学意义上的“自然性”。

晋人与自然之间的相处方式，实际上有两种：游观和隐逸。游观所引发的结果有两种：骋耳目之娱和借山水以悟道。前者所带来的是简单的快感，后者则已具备深层的美感要素，后者或成为前者发展的必然结果，或包含前者，从而使前者也具备某种审美意义，然而在玄学自然观的观照下，二者共同指向同一旨归：遣逍遥之性，合自然之理。游迹山水最初作为士人放浪形骸、逃避世事的一种生活方式，正能使人流连忘返，陶醉其中，浑然有遗世之感：

顾长康从会稽还，人问山川之美。顾云："千岩竞秀，万壑奔流，草木蒙笼其上，若云兴霞蔚。"①

王子敬云："从山阴道上行，山川自相映发，使人应接不暇，若秋冬之际，尤难为怀。"②

郭景纯诗云：林无静树，川无停流。阮孚云：泓峥萧瑟，实不可言。每读此文，辄觉神超形越。③

山川之美使人"应接不暇"、"尤难为怀"，带给人"神超形越"的审美享受，自非简单的耳目之娱所比。而庾亮从自然山水中发现的是永恒的哲理：

孙绰《庾亮碑》文曰："公雅好所托，常在尘垢之外，虽柔心应世，蠖屈其迹，而方寸湛然，固以玄对山水。"④

① 《世说新语·言语》，中华书局，1984 年版，第 81 页。
② 同上，第 82 页。
③ 同上，第 140 页。
④ 《世说新语·容止》"庾太尉在武昌"条注引，中华书局，1984 年版，第 81 页。

玄学家重“自然”，山水的独立清韵，正能体现自然之纯净本性，从而作为“道”的显现，触发名士的自觉联想，山水便具有某种先验的象征意义。“以玄对山水”，借山水以悟道，山水之道复被人所同化，正是主客体之间的凝神观照，形成人与物合的齐物达观，从而沟通审美主体的自然之性与客观世界的自然之理，达到精神上的融合，产生高度的审美愉悦。山水自然便同时具有形而上和形而下的双重功能，这在现存的兰亭诗中均已表露无遗。

如果游观只是名士偶然为之的精神享受方式，那么隐逸就是士大夫不断追寻的理想生活状态，“文化、社会乃人之现实生存方式，回归自然又是人类深厚的恋母情结。”[①]比起走马观花的游山玩水，隐逸山野确实使人与自然的关系拉近了一大步。然而最初的隐逸总是伴随着抗争和妥协，对世俗而言，“隐”是退，“逸”是逃避，竹林名士不满社会现实异化的名教，啸咏山水，却心系真名教，山水之美只是他们遣怀的客观方式，这样的隐实在很不彻底。如石崇之流一面掘池造林，试图将自然美景引入庭院，一面却又将鸡鸭之物置养其中，不伦不类，实为自欺欺人。

真正的隐士还要数不贪慕红尘的方外之人，如“宴坐山门，游心禅苑，木食涧饮，浪志无生”[②]和“贫道野逸东山，与世异荣，菜蔬长阜，濑流清壑”[③]的支遁、“潜虽复运东西，而素怀不乐，乃启还剡之仰山，遂其先志，于是逍遥林阜，以毕余年”[④]和“顷以道业靖济，不耐尘俗，考室山泽，修德就闲。今在剡县之仰山，率合同游，论道

① 薛富兴：“魏晋自然审美概观”，《西北师大学报》，2005年第3期。

② 慧皎：《高僧传》，汤用彤校注，中华书局，1992年10月版，第161页。

③ 同上，第162页。

④ 同上，第157页。

说义，高栖浩然，遐尔有咏”[①]的竺法深、“至哀帝时，累被诏徵，乃出京讲《放光经》，凡旧学抱疑，莫不因之披释，讲竟，辞还东山”[②]的于法开、“闲居幽草，晦影穷谷”[③]和“壹既得书，有契心抱，乃东适耶溪，与道猷相会，定于林下。于是纵情尘外，以经书自娱”的[④]道壹、“性好山泽，在东多游履名山”[⑤]的于道邃。

中国僧人从城市开始回归山林，未尝不是自然意识的反映。僧人真正的山林生活兴许令人神往，尤其是对那些心慕出世间身却仍处世间之人：

> 康僧渊在豫章，去郭数十里立精舍。旁连岭，带长川，芳林列于轩庭，清流激于堂宇。乃闲居研讲，希心理味。庾公诸人多往看之。[⑥]

建轩庭于芳林之中，置堂宇于清流之上，庭宇竟是依自然而生，化为自然之一部分了，难怪庾亮诸人要“多往看之”了。玄学家孙绰居然也有一处宅院：

> 余少慕老庄之道，仰其风流久矣，却感于陵贤妻之言，怅然悟之。乃经始东山，建五亩之宅，带长阜，倚茂林，孰与坐华

① 慧皎：《高僧传》，汤用彤校注，中华书局，1992年10月版，第157页。
② 同上，第168页。
③ 同上，第207页。
④ 同上。
⑤ 同上，第170页。
⑥ 《世说新语·栖逸》。

幕击钟鼓者同年而语其乐哉！[①]

不知“于陵贤妻”说了些什么，使孙绰“怅然悟之”，其乐竟不可与“坐华幕击钟鼓者”同语，“倚茂林”而非“栽建茂林”，此时之乐自是顺应自然本性之审美愉悦，竟是对少慕之风流的反叛了。

以山水为居比以山水为游自是更进一步，比较名士之隐与高僧之隐，则高僧隐得更为彻底，与自然更贴近，人与自然的关系臻于和谐。回头再看上述四次游会的组织者中，曹丕尊崇佛法，石崇奉佛至甚，王羲之、谢安、孙绰诸人受佛学影响甚深，支遁更是兰亭四十名士之一，石门之游则直接由高僧慧远发起，这当然不能视为一个巧合。于是我们似乎可以得出一个结论：佛学引起并促使了自然审美的最终产生。

“晋人向外发现了自然，向内发现了自己的深情。”[②]自然之发现，或许可勉强归结为自然本身具有某种特质，包括形而下的耳目之娱和形而上的显现之道，魏晋士人多逃避现实争斗转而投入自然山水，借山水之游消胸中块垒，并进而发现了与己契合的“自然”之道，似乎不难理解。深情，则是对自然山水的一往情深，是主体人必须具备的审美能力，也是发现自然之美的前提条件，它当然不会自然而然地产生，当人作为特殊的自然物被欣赏时，人实际上就已经成为融合了主体自然与客体自然的统一体，从人去观察自然，也就是某种意义上的内观自省，作为拥有审美客体物质的审美主体，人能向外观照自然，向内也就具有了对自

① 孙绰：《遂初赋序》，严可均：《全上古三代秦汉三国六朝文·全晋文》卷六十一。

② 宗白华：“论《世说新语》和晋人的美”，《美学散步》，上海人民出版社，1981年6月，第215页。

然的“深情”。

在构成独立的自然美的基本要素中，人与自然必须同时独立，在玄学名士那里，自然仍然只是逃避遣怀、抒“自然”之性的工具。只有在般若空观下，人和自然才能消除世俗的影响，成为无分别的存在，在“空有相即”的指引下，主体人与客体自然保持若即若离的审美距离，并使人与自然的最终同一成为可能。

在玄学名士那里，山水可以成为道的显现，借山水悟道，实际是使山水自然之理依附于人之“自然”本性。在般若学“色空不二”的理论中，本质“空”蕴含于一切现象之中，借山水可以体空，所引起的审美愉悦正类似于“位登十地”的境界。主体人必须具备审美能力，玄学名士的“深情”是从自己出发，使物与人齐，因而只能是“自己的深情”。般若学运用般若大智观照山水万物，因而是“万物的深情”，万物包含自己，而自己不能包含万物。这就是般若学超越玄学的意义所在，正是在般若学的不断引导之下，晋人最终发现了自然美的存在，并直接宣告了另一个山水时代的到来。

般若学是魏晋佛学的主流思想，作为这一时期般若学说的代表，六家七宗对色与空的讨论本身不是自然审美，然而却的确引起了自然审美。如果没有六家七宗的讨论，人与自然便不可能获得真正的自由，玄学的自然审美便会仅仅停留在表面，而没有体悟和融入，也就更不会有后来在艺术上的自觉创造。佛学引导下的四次游会，人数众多，身份芜杂，规模宏大，对社会的影响自不待言，而六家七宗诸人向山林的自觉隐退，似乎隐含了一个道理：僧人已经不再需要四处奔波，是到了清静一下的时候了。自此之后，天下名山遂为寺僧占尽，南朝的四百八十寺，便渐渐隐没在“水村山郭”[①]迷蒙的烟雨之中。

## 第四节　艺术的自然觉醒

### 一、山水诗中的自然审美意识

魏晋士人的精神生活方式由讲经论道转向赏游山水是一个必然的过程，如果说前者是对“自然”观念的了解和阐发，那么后者便是在山水自然中的体悟和延伸。伴随着自然审美形态的逐步成熟，这种方式又必然转向自觉创造的阶段，魏晋同样也是自然审美意识在艺术中的觉醒时期，然而实际上，艺术创造并非处于这一过程的最后阶段，而是紧随其始终，并起到相当大的促进作用。关于自然审美与艺术审美之间的联系，刘勰做了这样的论断：

> 若乃山林皋壤，实文思之奥府，略语则阙，详说则繁。然则屈平所以能洞监《风》、《骚》之情者，抑亦江山之助乎？[②]

这是把自然界作为艺术创作的源泉，把自然审美经验作为艺术审美创造的基础。作为贯穿文学史始终的抒发感情的最古老艺术形式，诗在魏晋时期走向繁盛，最显著的特征便是山水诗的逐渐走向独立，这一现象在某种程度上证明了刘勰的论断。

在文学史上，魏晋文学是从汉末建安开始的，包括建安时期

---

① 杜牧：《江南春》：“千里莺啼绿映红，水村山郭酒旗风。南朝四百八十寺，多少楼台烟雨中。”

② 《文心雕龙·物色》。

(公元 196—220 年)和魏国文(公元 220—226 年)、明(公元 227—239 年)二帝时期的文学,以曹氏父子为中心,集中了王粲、刘桢等一批文学家,是为“三曹”、“七子”,他们共同构成了“建安风骨”的时代风格。建安是山水诗开始走向自觉的最初时代,曹操的《步出夏门行·观沧海》被认为是我国现存第一首完整的山水诗:

> 东临碣石,以观沧海。水何澹澹,山岛竦峙。树林丛生,百草丰茂。秋风萧瑟,洪波涌起。日月之行,若出其中。星汉灿烂,若出其里。幸甚至哉,歌以咏志。[①]

这首诗作于汉献帝建安十二年(公元 207 年),曹操北征乌桓以消灭袁绍的残余势力,于归途到达渤海边的碣石山。沧海吞吐日月的气魄成为诗人博大胸怀的象征,这里的自然物上承《诗经》传统,作为情感的衬托物,与主观意志联系,山水景物还没有成为直接的审美对象。《文选》将魏文帝曹丕的《芙蓉池作》置于“游览诗”类的开头:

> 乘辇夜行游,消遥步西园。汉渠相溉灌,嘉木绕通川。卑枝拂羽盖,修条摩苍天。惊风扶轮毂,飞鸟翔我前。丹霞夹明月,华星出云间。上天垂光采,五色一何鲜!寿命非松乔,谁能得神仙?遨游快心意,保己终百年。[②]

---

① 曹操:《步出夏门行·观沧海》,逯钦立辑校:《先秦汉魏晋南北朝诗》,中华书局,1983 年版,第 353 页。

② 曹丕:《芙蓉池作》,《文选》卷二十二,中华书局,1997 年 11 月版,第 232 页。

这首诗使用了嘉、卑、修、丹、明、华等形容词，对自然景物进行了冷静的客观描述，已经含有自然审美的意味。虽然诗末四句仍带有“及时行乐”的时代印记，但比起纯粹以景衬怀的《观沧海》已经有了明显的变化。曹操所抒之情大多与平定天下的历史使命相联，而曹丕更多地抒发了个人的情感表达，“丹霞蔽日，采虹垂天”的自然景物在他看来却具有了“月盈则冲，华不再繁”的感叹，“他对人生中凄凉情感的体验，是超出于同时代其他诗人的。”①在曹操的身上，我们感受到更多的是一代枭雄横扫天下的霸气，而在曹丕身上，我们却感受到乱世文人最鲜明的一缕忧伤。

在政治上屡受曹丕压制的曹植似乎对宴游也情有独钟，如《公宴》：

> 公子敬爱客，终宴不知疲。清夜游西园，飞盖相追随。明月澄清景，列宿正参差。秋兰披长坂，朱华冒绿池。潜鱼跃清波，好鸟鸣高枝。②

这是一首纯粹的游乐诗，以才华著称的曹植对自然做了更美丽浪漫的描绘，“公子”沉浸于夜游的美景之中，并对这种自然之中的氛围甚感快乐。除了宴游，曹植对山水诗的发展作出的独特贡献是创造了数量众多的以“游仙”为主题的作品，如《远游篇》：

> 远游临四海，俯仰观洪波。大鱼若曲陵，乘浪相经过。灵

① 袁行霈主编：《中国文学史》第二册，高等教育出版社，1999 年 8 月，第 31 页。

② 曹植：《公宴诗》，《文选》卷二十，中华书局，1997 年 11 月版，第 282 页。

鳌戴方丈，神岳俨嵯峨。仙人翔其隅，玉女戏其阿。琼蕊可疗饥，仰首吸朝霞。昆仑本吾宅，中州非我家。将归谒东父，一举超流沙。鼓翼舞时风，长啸激清歌。金石固易敝，日月同光华。齐年与天地，万乘安足多。[①]

曹植不信神仙之事，因而这一类的作品很明显具有理想化的倾向。诗中所描绘的明净、高远的神仙世界，无非是诗人理想境界的象征。游仙诗完全是想象当中的世界，没有对客观自然现象的描绘，然而，作为具有源于现实又高于现实的艺术性，这类作品所描绘的自然正是主体人的自觉创造，因此具有深远的意义。在稍后的嵇康的作品中也曾出现这类主题，并为西晋太康诗坛所继承，直接影响到张华、张协、郭璞等人的创作，尤其是张协的《游仙》：

峥嵘玄圃深，嵯峨天岭峭。亭馆笼云构，修梁流三曜。兰葩盖岭披，清风绿隟啸。[②]

将人与自然、宇宙混为一体，所描写的幻想中的自然界既似人间，又胜似人间，体现了极高的艺术成就。

建安文学出现了很多影响后世的重要因素，由征战及宴游引发的对自然的细致观察使人对自然的感受更为深刻。“哀伤与欢

① 曹植：《远游》，逯钦立辑校：《先秦汉魏晋南北朝诗》，中华书局，1983 年版，第 434 页。

② 张协：《游仙》，逯钦立辑校：《先秦汉魏晋南北朝诗》，中华书局，1983 年版，第 748 页。

乐在自然观中的同时出现，显然不是出于自然，而是出于观察自然的人：人赋予了自然以一种‘使命’。”[①]哀伤持久和人生短暂的意识引导人们及时行乐以排忧，遁世求仙以消愁，客观上刺激了自然审美意识在艺术中的自觉创造，从这个意义上说，“三曹”中曹丕显得尤为自觉，“七子”中文学成就最高的王粲、刘桢也有一些游乐、酬和之作涉及到自然，然而都没有超出建安文学的时代特征。

魏齐王曹芳正始年间（公元240—249年），司马氏掌握大权，大规模屠杀异己，政治异常黑暗。这一时期是玄学的开创期，身为玄学家的嵇康和阮籍又是正始文学的代表人物，他们“越名教而任自然”的玄学主张在文学上得到了反映：开始将自然山水作为蕴含“自然之道”的显现加以赞美，并显露出愿与自然山水合而为一的心迹。阮籍著有八十二首《咏怀》诗，对自然山水有大量比兴式的描写，这些诗绝大部分都是为述怀而将自然加以利用，如：

> 夜中不能寐，起坐弹鸣琴。薄帷鉴明月，清风吹我衿。孤鸿号外野，翔鸟鸣北林。徘徊将何见，忧思独伤心。[②]

然而有一首却对自然物进行了较为客观的描述：

> 登高望远，周览八隅。山川悠邈，长路乖殊。感彼墨子，怀此杨朱。抱影鹄立，企首踟蹰。仰瞻翔鸟，俯视游鱼。丹林云霏，绿叶风舒。造化细缊，万物纷敷。大则不足，约则有

① 〔德〕顾彬：《中国文人的自然观》，马树德译，上海人民出版社，1990年版，第88页。

② 逯钦立辑校：《先秦汉魏晋南北朝诗》，中华书局，1983年版，第496页。

余。何用养志，守以冲虚。犹愿异世，万载同符。[①]

从“登高远望，周览八隅”可以看出，阮籍已经不再将目光局限于单一的自然物，而是着眼于整个自然界，这对于《诗经》以来描写单独自然景物的传统是一个很大的进步。采用“仰观俯察”从自然万物体悟人生真谛的方法，是玄学家的自觉运用：“目送归鸿，手挥五弦。俯仰自得，游心太玄。”[②]这一方法到了兰亭文人那里得到了更熟稔的发挥：“仰观宇宙之大，俯察品类之盛。”[③]

因此，竹林名士的咏啸山水，只是因为山水是最具纯净本性，能体现本体精神的现象和自然。作为对世俗虚伪名教的反叛，从自然山水以“体道”，无疑是最洒脱的方式。“人们似乎只认为自然界的物质和现象是具有‘自然’性质的东西，而不认为物质和现象本身即是自然。”[④]于是，自然（客观意义上的自然界）便因为它的这种先验自然（自然性）的特质而被称为“自然”。阮籍等人投身“竹林”之中，使秀美的大自然正式成为文学艺术表现的对象，在客观上保留了一份对自然的赞美和欣悦之情，然而在主观上，却促使了山水诗中玄意的日渐浓厚。

西晋武帝太康年间（公元 280—289 年）是西晋文学的繁荣时

① 逯钦立辑校：《先秦汉魏晋南北朝诗》，中华书局，1983 年版，第 495 页。

② 嵇康：《赠秀才入军》第十四章，逯钦立辑校：《先秦汉魏南北朝诗》，中华书局，1983 年版，第 484 页。

③ 王羲之：《三月三日兰亭诗序》，严可均：《全上古三代秦汉三国六朝文·全晋文》卷二十六。

④ 〔日〕小尾郊一：《中国文学中所表现的自然与自然观》，上海古籍出版社，1989 年 11 月版，第 28 页。

期，出现了“三张、二陆、两潘、一左”[①]等著名文学家，他们多以才华自负，在艺术上追求形式技巧的新奇，表现出繁缛的诗风。这一时期描写自然山水的诗作很多，但多为抒发忧叹或借以说理的工具，正如陆机《文赋》所说，“诗缘情而绮靡，赋体物而浏亮。”[②]诗被认为是以情为主，自然便只是一种手段而远非目的。然而却有一类“招隐”诗与自然景物联系颇为紧密。

隐逸诗很显然受道家厌世的影响，而以“招隐”为主题的作品最早可以追溯到《楚辞》，那时的招隐诗多描写客观自然环境的可怖和不可久留，一隐一招，颇相映成趣。随着玄学对自然的歌颂，在西晋的招隐诗中，招隐最后居然成了寻隐并羡隐，这实在是一个令人惊异的现象。《文选》卷二十二设“招隐”与“反招隐”类，共有四首，而据小尾郊一统计，计有张华二首、张载一首、左思二首、陆机三首、闾丘冲一首、王康琚二首（其一为反招隐），[③]以左思的招隐诗为例。其一云：

> 杖策招隐士，荒涂横古今。岩穴无结构，丘中有鸣琴。白雪停阴冈，丹葩曜阳林。石泉漱琼瑶，纤鳞或浮沉。非必丝与竹，山水有清音。何事待啸歌，灌木自悲吟。秋菊兼糇粮，幽兰间重襟。踌躇足力烦，聊欲投吾簪。[④]

---

① 钟嵘：《诗品序》。

② 陆机：《文赋》。

③ 〔日〕小尾郊一：《中国文学中所表现的自然与自然观》，上海古籍出版社，1989年11月版，第74页。

④ 左思：《招隐诗》，《文选》卷二十二，中华书局，1977年11月版，第309页。

首句的“招”已不同于《楚辞·招隐士》的“召唤”，而是主动的寻访，自然也并非可怖和不可久留，而是带给人们欢乐和愉悦。尤其是“非必丝与竹，山水有清音。何事待啸歌，灌木自悲吟”四句，尤为传神地刻画了诗人“自得其乐”的自然审美情怀，已含有审美移情的意味。其二云：

> 经始东山庐，果下自成榛。前有寒泉井，聊可莹心神。峭蒨青葱间，竹柏得其真。弱叶栖霜雪，飞荣流余津。爵服无常玩，好恶有屈伸。结绶生缠牵，弹冠去埃尘。惠连非吾屈，首阳非吾仁。相与观所尚，消遥撰良辰。①

这一首近乎纯粹的写实，尤其前八句，山水意味更为浓厚，人处于这样的自然山水之中，所见到和感受到的便只能是大自然的神奇与美了。观察自然本身作出真实的描绘，并进行合理的想象，无疑在自然现象之美与对这种美的客观认识之间建立了一种理论上的关联。

西晋后期，诗作中玄理渐多，甚至全篇说理，以致“理过其辞，淡乎寡味”，②而郭璞上承曹植的游仙诗则以想象丰富、文辞华丽独树一帜。南渡之后，随着玄言诗的继续发展，出现了“诗必柱下之旨归，赋乃漆园之义疏”③的局面。“严格地说玄言诗不算诗，因为那只是在诗的躯壳中放入玄理而已，没有诗之所以成为诗的最重要的东西。可是玄言诗毕竟沉淀了至少一种可贵的东西，那就是理趣。有的玄言诗不止是抽象的说理，而是借助山水风景形成

---

① 左思：《招隐诗》，《文选》卷二十二，中华书局，1977 年 11 月版，第 310 页。
② 钟嵘：《诗品》。
③ 《文心雕龙·时序》。

象喻，或者借着参悟山水风景印证老庄的道理，这样就有了理趣。”[1]政局的动荡迫使士人避身于山水之中，会稽诸郡的秀丽风光又为士人体悟“理趣”提供了客观条件，山水诗作大量出现，虽然仍包含于玄言诗之内，但已经出现了趋于独立的倾向，其主要表现，便是著名的兰亭诗。

这些诗作内容各异，理趣纷呈。或“借山水，以化其郁结”，[2]如：“松竹挺岩崖，幽涧激清流。消散肆情志，酣畅豁滞忧。”[3]或及时行乐：“人亦有言，得意则欢，佳宾既臻，相与游盘。”[4]或强调精神与自然的协调一致：“散怀山水，萧然忘羁。秀薄粲颖，疏松笼崖。游羽扇霄，鳞跃清池。归目寄欢，心冥二奇。”[5]然而，由山水抒发玄理的仍占主流：

> 三春启群品，寄畅在所因。仰望碧天际，俯磐绿水滨。寥朗无厓观，寓目理自陈。大矣造化功，万殊莫不均。群籁虽参差，适我无非新。[6]

> 相与欣佳节，率尔同褰裳。薄云罗阳景，微风翼轻航。醇醪陶丹府，兀若游羲唐。万殊混一理，安复觉彭殇。[7]

---

① 袁行霈主编：《中国文学史》第二册，高等教育出版社，1999年8月版，第15页。

② 孙绰：《三月三日兰亭诗序》，严可均校辑：《全上古三代秦汉三国六朝文·全晋文》卷六十一。

③ 逯钦立辑校：《先秦汉魏晋南北朝诗》，中华书局，1983年版，第911页。

④ 同上。

⑤ 同上，第914页。

⑥ 同上，第895页。

⑦ 同上，第906页。

“自然观与道家思想的交错混杂直至一百年后在兰亭文人那里才趋于明朗，形成了一个公式：道在人的头脑中，自然在人的眼前。”[①]对应山水形而上和形而下的双重功能，三十七首兰亭诗实际分为借山水说玄理和借山水以遣怀两大类。“兰亭人士爱好作为散怀场所的山水，同时也开始爱好美丽的山水。强调散怀时，便表现为玄风诗，着眼于美丽的山水时，便表现为山水诗。这二者初看起来似乎是矛盾的，但实际上它们同是以山水为基础的。”[②]小尾郊一这里是将“散怀”与悟道相联，而将“着眼山水”等同于逞耳目之娱。兰亭诗之所以重要，是由于这两部分内容的作品逐渐分化，而不再如玄言诗中的混杂一体，尤其是：

肆眺崇阿，寓目高林。青萝翳岫，修竹冠岑。谷流清响，修鼓鸣音。玄崿吐润，霏雾成阴。[③]

在这首诗中，没有无端的感叹，也没有高深的玄理，自然成了唯一的描写对象，用堆砌的辞藻对自然加以描绘，很明显出于一种潜在的喜爱。自然最终与带有深刻社会性印记的人事相分离，才有可能成为真正意义上的审美对象。兰亭诗启发了之后诸多以“三月三”游会为中心的诗歌创作，如被小尾郊一看成是真正山水诗的萌芽的庾阐《三月三日临曲水诗》：

---

① 〔德〕顾彬：《中国文人的自然观》，马树德译，上海人民出版社，1990年版，第105页。

② 〔日〕小尾郊一：《中国文学中所表现的自然与自然观》，上海古籍出版社，1989年11月版，第123页。

③ 逯钦立辑校：《先秦汉魏晋南北朝诗》，中华书局，1983年版，第906页。

> 暮春濯清汜，游鳞泳一壑。高泉吐东岑，洄澜自净荥。临川圣曲流，丰林映绿薄。轻舟沉飞觞，鼓枻观鱼跃。[①]

从这个意义上说，兰亭诗并不仅仅包含兰亭集中三十七首，还包含了诸多“三月三”类山水游乐诗作，它们共同构成了一个时代的文学特征，标志着山水时代的即将到来。

尽管兰亭诗只是在一定程度上摆脱了道家思想的约束，并使之更趋向于山水诗，然而作为一种广泛的社会影响，玄言诗人开始走得更远。孙绰《秋日》：

> 萧瑟仲秋月，飂戾风云高。山居感时变，远客兴长谣。疏林积凉风，虚岫结凝霄。湛露洒庭林，密叶辞荣条。抚菌悲先落，攀松羡后凋。垂纶在林野，交情远市朝。澹然古怀心，濠上岂伊遥。[②]

描写了仲秋时节万木萧条的自然景色，虽然其中的道家思想依然很浓郁，然而在作为“平典似道德论”[③]的玄言诗中，能出现这样形象性极强的作品，本身就是一种突破，倘若除去其中“濠上之游”的道家思想，俨然一首很纯粹的山水诗。

“庄老告退，而山水方滋”，[④]只有诗中玄理悉数褪去，山水的

---

① 逯钦立辑校：《先秦汉魏晋南北朝诗》，中华书局，1983 年版，第 873 页。

② 同上，第 901-902 页。

③ 钟嵘《诗品序》云：“永嘉时，贵黄老，稍尚虚谈，于时篇什，理过其辞，淡乎寡味。爰及江表，微波尚传，孙绰、许询、桓、庾诸公诗，皆平典似道德论，建安风力尽矣。”曹旭集注：《诗品集注》，上海古籍出版社，1994 年版，第 24 页。

④ 刘勰：《文心雕龙·明诗》。

真实面貌方才显示出来。首先为玄言向山水转变作出最重要贡献的，是殷仲文和谢混。[①]《文选》游览诗中，曹丕的《芙蓉池作》之后便是殷仲文的《南州桓公九井作》：

四运虽鳞次，理化各有准。独有清秋日，能使高兴尽。景气多明远，风物自凄紧。爽籁警幽律，哀壑叩虚牝。岁寒无早秀，浮荣甘夙殒。何以标贞脆，薄言寄松菌。哲匠感萧晨，肃此尘外轸。广筵散泛爱，逸爵纡胜引。伊余乐好仁，惑祛吝亦泯。猥首阿衡朝，将贻匈奴哂。[②]

和谢混的《游西池》：

悟彼蟋蟀唱，信此劳者歌。有来岂不疾，良游常蹉跎。逍遥越城肆，愿言屡经过。回阡被陵阙，高台眺飞霞。惠风荡繁囿，白云屯曾阿。景昃鸣禽集，水木湛清华。褰裳顺兰沚，徒倚引芳柯。美人愆岁月，迟暮独如何。无为牵所思，南荣诚其多。[③]

这两首诗作描写景物各异，然而都是将自然物作为不依附于人及人类社会的独立存在来观察，并从观察及描绘的过程中体会到了两重美感：审美和创造。尤其是《游西池》写景清新鲜丽，被认

① 沈约：《宋书·谢灵运传论》："仲文始革孙、许之风，叔源大变太元之气。"中华书局，1974 年版，第 1778 页。

② 殷仲文：《南州桓公九井作》，《文选》卷二十二，中华书局，1997 年 11 月版，第 311 页。

③ 谢混：《游西池》，《文选》卷二十二，中华书局，1997 年 11 月版，第 312 页。

为是真正的山水诗的开端。

东晋是玄佛合流的时期，庐山诸人《游石门山序》中已经有明确的自然审美意识，与名士交游甚深的支遁及慧远也有一些阐发佛理兼写山水游乐之作。支遁现存诗十八首，其中不乏直抒老庄哲理的枯燥之作，但也有可视为早期禅林山水诗的作品，而以山水入禅趣的作品以《八关斋诗》为代表：

> 靖一潜蓬庐，愔愔咏初九。广漠排林筱，流飚洒隙牖。从容遐想逸，采药登祟阜。崎岖升千寻，萧条临万亩。望山乐荣松，瞻泽哀素柳。解带长陵岥，婆娑清川右。冷风解烦怀，寒泉濯温手。寥寥神气畅，钦若盘春薮。达度冥三才，怳惚丧神偶。游观同隐丘，愧无连化肘。①

与融山水入玄理的玄言诗比起来，支遁写景寓含佛理，具有一种清幽寂静的意境，因而要自然洒脱得多。慧远的《庐山东林杂诗》也是此类诗作的典范：

> 崇岩吐清气，幽岫栖神迹。希声奏群籁，响出山溜滴。有客独冥游，径然忘所适。挥手抚云门，灵关安足辟。流心叩玄扃，感至理弗隔。孰是腾九霄，不奋冲天翮。妙同趣自均，一悟超三益。②

其“交徒同趣”如刘程之、王乔之、张野各有一首《奉和慧远游庐山

① 逯钦立辑校：《先秦汉魏晋南北朝诗》，中华书局，1983年版，第1080页。
② 同上，第1085页。

诗》，则是明显受到了慧远的影响。康僧渊也是著名的诗僧，如《又答张君祖》：

> 遥望华阳岭，紫霄笼三辰。琼岩朗壁室，玉润洒灵津。丹谷挺樛树，季颖奋晖薪。融飚冲天籁，逸响互相因。鸾凤翔回仪，虬龙洒飞鳞。中有冲漠士，耽道玩妙均。[1]

而张翼（字君祖）的《赠沙门竺法頵》三首则是士人最早的禅林山水诗，其一云：

> 郁郁华阳岳，绝云抗飞峰。峭壁溜灵泉，秀岭森青松。悬崖廓峥嵘，幽谷正寥笼。丹崖栖奇逸，碧室禅六通。泊寂清神气，绵邈矫妙踪。止观著无无，还净滞空空。外物岂大悲，独往非玄同。不见舍利佛，受屈维摩公。[2]

禅林山水诗引佛理入诗，实际上与玄言诗异途而同归，只是禅林诗对自然山水的描绘更为客观真实，人与山水的关系也更自然和谐，因而仍可视为对玄言诗的一种进步。然而可惜的是，高僧们并没有更多的诗作流传下来，而六家七宗及慧远诸人对东晋士人的影响似乎更多地表现于思想和生活方式上，般若学在最初的文人山水诗中的影响一直要到笃信佛教的谢灵运的作品中才得以集中体现。

---

① 逯钦立辑校：《先秦汉魏晋南北朝诗》，中华书局，1983 年版，第 1076 页。
② 同上，第 893 页。

一般将谢灵运视为山水诗的鼻祖，他的杰出成就一方面是整个魏晋时期自然审美意识觉醒于文学艺术的沉淀，另一方面却源于他自身对山水的独特癖好（所以才会有《游名山志》这样的作品传世）。据《宋书·谢灵运传》载："出为永嘉太守，郡有名山水，灵运素所爱好，出守既不得志，遂肆意游遨，遍历诸县，动逾旬朔。民间听讼，不复关怀。所至辄为诗咏，以致其意焉。"[①]

这里将谢灵运喜好山水的原因归结为"素所爱好"和"既不得志"，后人多从晋宋之际士族没落的社会学角度分析山水诗的成因，也即与魏晋士人一样，出于政治的原因而纵情山水。不平与不满固然可以成为发现山水之美的客观藉机，然而，谢灵运与阮籍诸人的差别是非常明显的，因此仅从"不得志"来谈谢灵运的山水诗，是极其片面的。"素所爱好"似乎才是谢诗清新富丽的原因所在，《游名山志》中有这样的话：

> 夫衣食，人生之所资；山水，性分之所适。[②]

"性分"作为"人生"的对立面，山水便具有与衣食不同的特质。不可否认文学史上有一些杰出的天才，他们作为某一个时代特征的集大成者，又开创了另一个全新的时代。山水诗得以最终确立，与谢灵运喜好山水的"性分"密切相关。与其他天才一样，谢灵运的自负显而易见。谢灵运笔下的自然，已不再是抒发自身感叹的孤寂悲哀之物，而显得格外明朗清新，试举一例："初景革绪风，新

① 沈约：《宋书·谢灵运传》，中华书局，1974年版，第1753-1754页。

② 谢灵运：《游名山志》，严可均校辑：《全上古三代秦汉三国六朝文·全宋文》卷三十三。

阳改故阴。池塘生春草，园柳变鸣禽。”①

谢诗之所以是真正的山水诗，乃是由于诗中山水并非偶然间成为客观的审美对象，像兰亭诗那样，而是自觉地大量地创作，从而将自然的客观之美推到人们面前，并以此将“自然”确立为文艺创作的至高原则：“汤惠休曰：谢（灵运）诗如芙蓉出水，颜（延之）如错彩镂金。颜终身病之。”②

谢灵运的山水美学思想深受佛学影响，很多作品与僧人、隐逸直接相联，《登石屋饭僧诗》和《石壁精舍还湖中作》便是这一类的佳作。他还主张“去物累而顿悟”。③

佛学上的“顿悟”实际上是一种审美直观，类似于般若学中的“当体即空”，强调由现象本身直接抓住事物的本质特征，并不需要去过多分析。因此，谢诗中出现大量的写实，然而所描写的众多事物并非机械罗列，而是有着内在的联系，它们共同构成了明净清丽的整体风格。而在谢诗中大量出现的“空”很明显来自于佛学，从审美的角度来看，“空”是空境与空心的融合，空境是客观对象的特征，空心则是世俗的心境进入审美的心境，是主体人在对自然景物进行观照后产生的一种诗意体验，万物被化解之后的清辉便又洒落在人的身上。

和谢灵运大致处于同一时代而略早的陶渊明（公元365？—427年）被认为是魏晋时代“田园诗人”的代表。田园诗不是山水诗，但它也写山水。因为有质朴自然的农村生活作为背景，这些诗

① 谢灵运：《登池上楼》，《文选》卷二十二，中华书局，1977年版，第313页。

② 曹旭集注：《诗品集注》，上海古籍出版社，1994年版，第270页。

③ 谢灵运：《辨宗论》：严可均校辑：《全上古三代秦汉三国六朝文·全宋文》卷三十二。

作多呈现出率性真挚的特点，这些为数不多的自然山水描写中所体现出来的独特美学蕴味，可以作为纯粹的山水诗在审美情感上的重要佐证。

田园诗可能由化身为“寻隐”和“羡隐”的招隐诗发展而来，甚至在谢灵运的山水诗中也有一部分直接描写隐居生活的作品，它们之间的不同在于：之前的隐逸诗多集中于描写山林生活，而陶渊明则将隐逸的场所搬到了农村。自给自足的农村生活不同于艰苦修行的山林生活，然而毕竟与热闹喧嚣的城市生活不一样，在陶渊明看来，城市是世俗社会的“樊笼”，而农村则是“自然”的象征，或作为“小隐隐林薮，大隐隐朝市”①两种极端之间的缓冲地带而具有特殊的存在价值。隐逸本身便体现着回归自然山水和回归自然之性的双重含义，而隐逸的方式由山野之隐向田园之隐的转化，正体现出由“矫性”回归“自然”的生存方式，并不过分强调人的社会性与自然性的冲突，也并不刻意借山水自命清高，这样的田园生活无疑才是最“自然而然”的，也是最适宜人居的，于是人与自然长期以来的矛盾在这里似乎得到了一个近乎完美的解决：

结庐在人境，而无车马喧。问君何能尔？心远地自偏。采菊东篱下，悠然见南山。山气日夕佳，飞鸟相与还。此中有

① 王康琚：《反招隐诗》：“小隐隐陵薮，大隐隐朝市。伯夷窜首阳，老聃伏柱史。昔在太平时，亦有巢居子。今虽盛明世，能无中林士。放神青云外，绝迹穷山裹。鹍鸡先晨鸣，哀风迎夜起。凝霜凋朱颜，寒泉伤玉趾。周才信众人，偏智任诸己。推分得天和，矫性失至理。归来安所期，与物齐终始。”《文选》卷二十二，中华书局，1977年版，第313页。

真意，欲辨已忘言。[①]

隐逸最初受道家遁世影响，而般若学主张空与有的辩证统一，修行不离世间。如果“虎溪三笑”的传说能证明陶渊明与佛、道二家的浓厚渊源，那么，这首《饮酒诗》无疑是传统儒家文人对整个魏晋时期儒、道、释三家思想的自觉总结。以这样一份“心远”、“悠然”的心态观照自然万物，此中不可为外人道的“真意”便正是《庄子·知北游》所谓“天地有大美而不言”，[②]又正是一切之上的本质之空。因此，我更愿意把陶渊明而不是谢灵运(他是一个开创者)作为这一时期自然审美意识在诗歌领域的一段落。

起于自然，再终于自然。借用禅宗的话来说，建安诸人“看山是山，看水是水”，自然山水作为遣怀的对象与背景；从正始至兰亭，“看山不是山，看水不是水”，自然山水更增添了玄学的理趣；从殷仲文、谢混到陶渊明、谢灵运，“看山还是山，看水还是水”，经过玄学洗礼和般若观照的自然山水焕发出新的精神面貌。

自然山水在诗歌中的独立，标志着人对自然美的认识加深，“大自然已经从作为陪衬的生活环境或作为比兴的媒介物变成具有独立美学价值的欣赏对象。山水诗启发人们从一个新的角度，即美学的角度去亲近大自然，发现和理解大自然的美，这无论在文学史上或美学史上都是具有积极意义的。”[③]自然美变成了艺术美，自然美通过主体人的观察和想象转到艺术美的创作当中，从而

---

① 陶渊明：《饮酒诗》，逯钦立辑校：《先秦汉魏晋南北朝诗》，中华书局，1983年版，第998页。

② 陈鼓应：《庄子今注今译》，中华书局，1983年版，第563页。

③ 袁行霈：《中国诗歌艺术研究》，北京大学出版社，1987年版，第383页。

使自然山水也具有了浓郁的诗意。

## 二、园林建筑中的自然审美意识

严格来说，园林建筑不能算是一门艺术，而只能算是一项工艺。它与人类社会生活的关系如此紧密，以至于人们很难在熟悉的地方感觉到美的存在，再由于它的实用性，也大大降低了它的审美意味。然而，在魏晋这样一个“自然”的时代，“自然”也被引入到园林建筑中来，于是人居的环境便也具有了自然审美的因素。

建筑作为一个集合概念，主要指人所居住的自然环境，当然，这种自然是人为的自然。建筑最初作为人赖以生存、生活的基本条件，伴随人类社会的发展而发展，并逐渐成为人类文明的一个重要组成部分。原始人穴地或筑巢而居，是为了躲避自然灾害及野兽的袭击，这时的建筑作为早期形态，只具备最基本的实用功能。

建筑由实用向审美转移的确切时间已经无法考证，只是伴随着人类文明的渐进过程，这一转移的过程也必然是渐进的，而且在相当长一段时间里，建筑的实用功能仍然远远超出它的审美意义，或者说，建筑的审美意义在相当长时间内仍要依赖于实用性。随着阶级的出现，上层贵族和下层平民的建筑风格开始分化，从实用进而关注享乐，建筑便开始具有了审美上的意义，奴隶社会的王侯们已经开始修建相当规模的宫室，秦王朝庞大宫殿群的建造，更是战国以来建筑技术的集大成。盛极一时的大汉帝国更为建筑美学的发展提供了物质和精神上的双重支持，规模宏大的皇家园林已成为文人讴歌文治武功的对象，虽然这时的园林建筑还只是炫耀权力或奢侈享乐的背景，然而皇室贵族自觉将园林引入人居环境之中，并在这里体会到赏游之乐，无疑已开始具备自然审美的积极意义。

阶级社会的统治者们对自然山水有一种自觉的占有意识，如果享乐只是极少数人的专利，那么它势必成为更多人追求的目标。在社会动荡的魏晋时代，随着政治权力由皇室向世族转移，自然园林在高门大户也成为一种普遍的时尚。这是皇家园林与士大夫园林并存的历史时期，也是中国建筑史的重要发展阶段，对后世的建筑美学产生了极其深远的影响。

魏晋时期的皇家园林，较为著名的，在北方有邺城的铜雀园、洛阳的芳林园，南方有建康的华林园。魏国的曹氏父子尤其表现出对园林建筑的特殊兴趣：

> 魏武又以郡国之旧，引漳流自城西东入，迳铜雀台下，伏流入城东注，谓之长明沟也。渠水又南迳止车门下，魏武封于邺为北宫，宫有文昌殿。沟水南北夹道，枝流引灌，所在通溉，东出石窦堰下，注之湟水，故魏武《登台赋》曰：引长明，灌街里。谓此渠也。[①]

郦道元出于对水的特殊关注，注意到曹操引漳流入铜雀台注入湟水，因为有铜雀台和文昌殿，则引江水的复杂过程自然不会只是为了“灌街里”，灌溉只是此渠的附加功能，真实的目的或许是为了使台、殿更有生气。如果说曹操的引水入园仍具有实用功能，则曹丕的兴建园林则是为纯粹的游乐了：

---

① 郦道元：《水经注》卷十《浊漳水》。

> 千秋门内道北有西游园，园中有凌云台，即是魏文帝所筑者。①

在曹丕的《芙蓉池作》和曹植的《公宴》中都提到"西园"这个地方，除却它的象征意义，确有所指的应该是这里的"西游园"。与曹氏集团往来甚密的王粲、刘桢的诗作中也提到游园，应该是集体宴会的酬和之作：

> 日暮游西园，冀写忧思情。曲池扬素波，列树敷丹荣。②

> 月出照园中，珍木郁苍苍。清川过石渠，流波为鱼防。芙蓉散其华，菡萏溢金塘。灵鸟宿水裔，仁兽游飞梁。华馆寄流波，豁达来风凉。③

园中有葱郁的珍木，有曲折的池水和修整的石渠，活水中有鱼，池塘中有荷花，水旁有鸟，山边有兽，可以想见西园的规模之大和景色之奇。而从"西园"到"西游园"的变化，加入了一个"游"字，使人与自然的关系被提高到审美的角度。曹丕对游园的爱好，直接影响到其后的魏明帝曹叡：

> 景初元年……是岁，徙长安诸钟簴、骆驼、铜人、承露盘。……起土山于芳林园西北陬，使公卿群僚皆负土成山，树

① 杨衒之：《洛阳伽蓝记》。

② 王粲：《杂诗》，《文选》卷二十九，中华书局，1977年版，第415页。

③ 刘桢：《公宴》，《文选》卷二十，中华书局，1977年版，第283页。

松竹杂木善草于其上，捕山禽杂兽置其中。[1]

这段话较清楚地记述了当时皇家园林的修建方式：堆土成山，栽种各种林木，捕捉山禽野兽置于其中。山非自然，于是山的形状便依人的趣味而成，林木的栽种以及禽兽的捕捉同样有一个挑选的过程，剩下来进入园中的，便都是人所喜好的，这样的园林当然不是真正的自然，甚至连自然的缩影都算不上，只能是部分符合人之审美意愿的自然物的集合，在这样的园中赏游，触目之处均能赏心悦目，只是所得到的审美愉悦并非自然本身赐予，而纯粹是人自身或喜或悲的情感使然，园林因人而喜、因人而悲，带有严重的媚俗痕迹：

简文入华林园，顾谓左右曰：会心处不必在远，翳然林水，便自有濠濮间想也，不觉鸟兽禽鱼，自来亲人。[2]

司马昱还未成为简文帝之前，便与名士、名僧交往甚密，华林园中的山水美景能引起"濠濮间想"，很明显受玄学自然观"以玄对山水"的影响，而作为社会秩序的至高无上者，在人为的自然山水中，世俗皇帝所能体会到的自然美无疑是相当有限的。整个魏晋时期，皇室贵族竞相攀比，修建园林成为一种普遍现象：

于是帝族王侯、外戚公主，擅山海之富，居川林之饶。争

① 《三国志・魏书・明帝纪》注引《魏略》。
② 《世说新语・言语》。

修园宅，互相夸竞。崇门丰室，洞户连房，飞馆生风，重楼起雾。高台芳榭，家家而筑；花林曲池，园园而有。莫不桃李夏绿，竹柏冬青。[①]

不论是作为“互相夸竞”的手段还是成为“会心”的处所，皇家园林带给极少数欣赏者的远非真正的自然审美，曹丕等人以“游”为目的，似乎具有更多的审美意义。然而，曹丕以帝王的身份，在中国历史上的影响远不如身为文人的影响之大，文人的审美情怀与自然审美之间存在重要的关联，从这个意义上讲，世族园林中那些身兼数职（政治家、思想家、文学家）的文人所体会到的山水之美要自觉得多。

士大夫园林最初或许出于对皇家园林的模仿，然而不久便发生了新的变化，这种变化不直接体现于园林本身的景观，而在于其功能。和皇室一样，士人因为较高的社会地位而使他们的园林离平民建筑的实用性更远，因而也就具有更多潜在的审美性，随着这一时期自然审美意识的逐渐觉醒，人与自然的关系也愈加密切。自然山水同时具有形而上和形而下的双重功能，而自然又是不可携带的，人离不开社会，又向往自然，于是山水园林或多或少给人以心灵上的慰藉，自然也因而具有了部分的社会性。

两晋士人的山水园林比起曹丕的西园毫不逊色：

牙为道子开东第，筑山穿池，列树竹木。[②]

① 杨衒之：《洛阳伽蓝记》卷四，周祖谟校释，上海书店出版社，2000 年 4 月第 1 版，第 163 页。

② 《晋书·会稽王道子传》。

立宅于乌衣巷，馆宇崇丽，园池竹木，有足赏玩。[①]

又于土山营墅，楼馆竹林甚盛。[②]

这些园林同时具有双重功能，“一种情况下，园林是饮宴、游玩、赛诗和论辩聚会之所；另一种情况下，它又是道教和佛教真理的象征。两种情况都是避离社会：这里远离勾心斗角和权力之争，面对自然，精神是自主的、自由的。”[③]于是，园林便成了人们赖以栖息的心灵家园。

然而还有另一类建筑，并不以居住为目的，比如祭祀用的高台、刻满画像的石窟，它们因为带有远古神秘的宗教意味而具有了更多精神上的意义，洋溢着宗教意味的像窟具有纪念的功能，而后世的高台则从纯粹的纪念祖先演化到祈求福祉，进而发展到各种形而上的功能：

登高台以骋望，好灵雀之丽娴。飞阁崛其特起，层楼俨以承天。步逍遥以容与，聊游目于西山。溪谷纡以交错，草木郁其相连。风飘飘而吹衣，鸟飞鸣而过前。申踌躇以周览，临城隅之通川。[④]

据序“建安十七年春，游西园，登铜雀台，命余兄弟并作。”[⑤]铜

① 《晋书·纪瞻传》。
② 《晋书·谢安传》。
③ 〔德〕顾彬：《中国文人的自然观》，马树德译，上海人民出版社，1990年版，第91页。
④ 曹丕：《登台赋》，严可均：《全上古三代秦汉三国六朝文·全三国文》卷四。
⑤ 同上。

雀台始建于建安十五年(公元210年),本是曹操取得北伐和东征胜利后炫耀武功、表明心迹并用以操练水军的战略要地,同时也是曹氏父子饮酒赋诗之所。而在这里,却早已消褪了它的实际功能,而成为登高远眺以游目遣怀的场所。崇高之美一直是建筑孜孜以求的主要风格之一。人们幻想通过天地之间的高耸建筑能沟通人与上天之间的距离,从而获得某种上天的启示。高高在上的地理环境扩大了人与眼前事物的距离,使人看到更远处的美景,从而不由自主地发出或喜或悲的喟叹,于是,由高台到一切高耸的建筑都具有了这种审美的意义:

> 逍遥远望,乃欣以娱。平原博敞,中田辟除。嘉麦被垄,缘路带衢。流茎散叶,列倚相扶。水幡幡以长流,鱼裔裔而东驰。风飘摇而既臻,日掩薆而西移。[①]

描写了孟春之月从城上俯视时所看到的广阔的平原风景。

> 登高墉兮望四泽,临长流兮送远客。春风畅兮气通灵,草含干兮木交茎。丘陵窟兮松柏青,南园薆兮果载荣。乐时物之逸豫,悲予志之长违。叹东山以溯勤,歌式微以咏归。进无路以效公,退无隐以营私。俯无鳞以游遁,仰无翼以翻飞。[②]

叙述了从高墉之上凭眺时所看到的四泽风景。

---

① 曹丕:《登城赋》,严可均:《全上古三代秦汉三国六朝文·全三国文》卷四。

② 曹植:《临观赋》,严可均:《全上古三代秦汉三国六朝文·全三国文》卷十三。

> 王右军与谢太傅共登冶城，谢悠然远想，有高世之志。[①]

高又有出类拔萃之意，“高世”也就是超脱世俗，高耸的建筑物因而具有了自然的深刻含义。

寺院是一种比较独特的建筑，它首先具有宗教意义，同时又是僧人的居住之所，居住的意义包含于宗教意义之内，僧人的居住更接近于一种身体和心灵上的修行。中国的寺院较早可追溯到东汉明帝时洛阳的白马寺，它的主要功能是为西域高僧提供一个译经及歇息之所。汉末天下纷争，寺院的数量急剧增加：“正光以后，天下多虞，王役尤甚，于是所在编民，相与入道，假慕沙门，实避调役……僧尼大众二百万矣，其寺三万有余。”[②]

魏晋时期的佛寺分布于各地，北方以洛阳为中心、南方以建康、庐山为中心，此外尚有无数小中心。佛教中心的形成是高僧们努力弘法的结果，对世俗社会产生了深远的影响。东晋后期佛教中心由城市走向山林，寺院建筑也因而与自然山水结下了不解之缘：

> 沮水南迳临沮县西。……稠木傍生，凌空交合。危楼倾崖，恒有落势。风泉传响于青林之下，岩猿流声于白云之上。游者常若目不周玩，情不给赏，是以林徒栖托，云客宅心，泉侧多结道士精庐焉。[③]

① 《世说新语・言语》，中华书局，第5页。

② 《魏书・释老志》。

③ 郦道元：《水经注・沮水》。

前面已经提到康僧渊以人入自然，引起庾亮诸人的往观流连，则僧人的寺院风景又胜出士大夫园林许多。再看看慧远的住所：

> 远创造精舍，洞尽山美。却负香炉之峰，傍带瀑布之壑。仍石垒基，即松栽构。清泉环阶，白云满室。复于寺内别置禅林，森树烟凝，石筵苔合。凡在瞻履，皆神清而气肃焉。①

与皇家园林和士大夫园林“筑山穿池”不同，慧远“仍石垒基，即松栽构”，和康僧渊“芳林列于轩庭，清流激于堂宇”一样，一切顺其自然，不同于康僧渊的是，“复于寺内别置禅林”。如果说康僧渊以山水为庭院，体现了寺院建筑与自然的高度融合，则慧远置禅林于寺内，体现了寺院建筑的自觉创新，它与皇家、士大夫的人为园林不一样，不是将经过挑选的自然引入人居环境，而是将自然与自然进行艺术的整合，从而避免原始山水那种完全自发的状态，寺院建筑也因而具有了更多的艺术性。

寺院建筑不是将山水引入园林，而是依山傍水修建庭院，人与自然的关系达到前所未有的和谐。在这样自然的环境中体道修行不仅变得容易，更是一件赏心乐事了。僧人热爱自然，很难说完全出自道家隐逸思想的影响，或者说他们并不一定出于消极遁世的原因——山水和城市一样都是不离世间的修行，但由于他们的出世特征，禅林生活也因而被人们认为是隐逸文化的一部分。谢灵运归纳了居住的四种环境：

① 慧皎：《高僧传》，汤用彤校注，中华书局，1992年10月版，第212页。

古巢居穴处曰岩栖，栋宇居山曰山居，在林野曰丘园，在郊郭曰城傍，四者不同，可以理推。言心也，黄屋实不殊于汾阳。即事也，山居良有异乎市廛。……惟上托于岩壑，幸兼善而罔滞。啼非市朝而寒暑均也，虽是筑构而饰朴两逝。①

向往山居生活，并明确将“山居”置于四种生活环境之首，这里的“山居”既排斥人工修饰，又不同于古朴纯粹的自然，竟成了谢灵运理想中的乐土，很有可能受慧远的影响。

在皇家园林、士大夫园林、寺院禅林这三种建筑之中，寺院禅林无疑最贴近自然，并在东晋后期开始影响士人对建筑的自然审美眼光。前二者作为人工痕迹浓重的自然审美形态因为顾及到人类社会文化而显得更为现实，然而作为对赏游自然的重要补充，园林建筑“是对自然审美的一大拓展，也是其对中华自然审美的独特贡献。……典型地反映了时人的自然审美意识、自然审美理想。因此，普遍、精致的园林艺术作为人类自然审美的自觉创造形态，又是自然审美形态高度成熟之后的产物。”②

① 谢灵运：《山居赋序》，严可均：《全宋文》卷三十一。

② 薛富兴：“魏晋自然审美概观”，《西北师大学报》2005年第3期，第21页。

# 第五章　中古道教神仙思想与自然审美观

道教兴起于汉末民间，张角为首的太平道和张鲁为代表的五斗米道等民间道教团体以上章首过、符水治病等方式满足下层民众的需要，获得广大群众的支持，是典型的民间宗教。随着黄巾起义被镇压，太平道销声匿迹，张鲁归降了曹操，大批教民被强行迁到北方，民间道教的发展渐趋衰微。魏晋间，一大批神仙方术之士活跃于社会，形成一些师徒相承的神仙道团体。五斗米道传播到社会上层，不少门阀世族成为天师道（五斗米道），下层民间道教开始向士族神仙道教转化。道教进入上层世族，成为士人新的生活方式与精神追求的推动力量，他们热衷于与道士交往，服药养生，采药修道，在宗教信仰的感召下，士人与自然万物有了更为直接的接触，道教的一些修炼方式也让他们有了更为细致的内心体验，汉人儒教神学观念中的自然，转变为情感的寄托、心灵的归依。

## 第一节　中古道教神仙思想和自然观念

### 一、神仙思想的起源及理论化

神仙思想的历史十分久远，早在《山海经》中就有关于“不死之山”、“不死之国”、“不死之药”、“不死之民”、“不死之树”的叙述，其间所描述的神奇长寿的人物也反映了当时人们想要探求长生不老的美好愿望。人们幻想人世之外有一个神仙世界，这种神仙信仰源于自然的神秘。道家的代表作《老子》、《庄子》对后来神仙思想及道教的形成有着深刻的影响，特别是老子阐发的“长生久视之道”，它是道教神仙信仰的重要思想来源。这两部著作中都多次提到理想的仙人，仙人是“陆行不避兕虎，入军不被甲兵，兕无所投其角，虎无所措其爪，兵无所容其刃。夫何故？以其无死地。”懂得长生之术的人，身上是没有可以致死的地方。庄子描绘居住在“姑射之山”的神人：

> 肌肤若冰雪，绰约若处子，不食五谷，吸风饮露，乘云气，御飞龙而游乎四海之外。其神凝，使物不疵疠而年谷熟。[①]

> 乘云气，骑日月，而游乎四海之外，死生无变于己。[②]

庄子认为神仙可以超越物质而存在，达到绝对的自由。而道教的神仙也是那些超越生死、能够永远在天地之间逍遥遨游的人。

战国时期的屈原也表现出了对神仙的向往。他在《离骚》中想象自己升天，“前望舒使先驱兮，后飞廉使奔属，鸾皇为余先戒兮，雷师告余以未具，吾令凤凰飞腾兮，又继之以日夜。”对于神仙的生活他做了如此的描述：“驾青虬兮骖白螭，吾与重华游兮瑶之圃。登昆仑兮食玉英，与天地兮比寿，与日月兮齐光。”北方的燕齐一带

① 郭庆藩:《庄子集释·逍遥游》第一册，中华书局，1978年版，第29页。

② 同上，第96页。

有关于蓬莱、方丈、瀛洲三座神山及仙人和不死之药的传说,《史记·封禅书》中就记载了齐威王、齐宣王和燕昭王都曾使人入海求之。到了秦始皇统一天下之时,长生不死的思想符合了他想永远统一天下的愿望,所以他多次巡海,冀有所得,并遣徐市发童男女数千人入海求仙人仙药,后又使韩终、侯公、石生求之,结果一无所获。尽管秦始皇不得仙药而死,方士们的活动仍对统治者产生着影响,汉武帝就是个神仙迷。在汉武帝那种求仙不得,但又不停求仙的行为中,我们可以看出方士们正是抓住了统治者们企望长生不死的心理,因此他们不断编织出不死的神话。同时汉代皇帝想将成仙变为现实更是激发了人们成仙的欲望。此时的神仙由人们遥远的梦想变成了通过修炼可以达到的目标。到了魏晋时期,黄老之学被神仙家所吸收,加上对老子学说的神化由此演变成了具有宗教意味的黄老道,而这时的神仙思想则演变成为后来神仙思想的理论雏形。

英国学者李约瑟曾精辟地指出:"道教思想从一开始就迷恋于这样一种观念,即认为长生不死是可能的。我们不知道在世界上任何其它一个地方有与此近似的观念。"[①]到了东汉末年乱世年代,道教的产生和人们那种渴望摆脱人世束缚的愿望相联系,再加上诸子学说、阴阳五行及神仙思想的融合,道教便成为了一种以追求自由与长生为核心的宗教。东汉末年,随着早期道教著作《太平经》、《老子想尔注》的问世,人们对神仙的信仰又有了进一步的发展。

---

① 李约瑟:《中国科学技术史》第二卷,科学出版社、上海古籍出版社,1990 年版,第 154 页。

《太平经》中的神仙思想融合了阴阳五行、谶纬、鬼神及巫术等思想，形成了一个早期的较为庞杂的宗教神学理论体系。首先，它“最早将神、仙、人放在一起，并给他们分类定位，排出了一个简单的等级次序”，[①]“一为神人，二为真人，三为仙人，四为道人，五为圣人，六为贤人。”[②]其次，它“提出了‘学道积德’的升仙途径。”[③]“人无道之时，但人耳，得道则变易成神仙；而神上天，随天变化，即是其无为也。”[④]《太平经》中对神仙世界的描述融入了先秦以来方仙道和黄老道的仙境思想，其神仙世界更是现实与想象共同融合。仙境好似人间的翻版，“天上有官舍邮亭以候舍，……天上官舍，舍神仙人。地上官舍，舍贤圣人。”“积仙不死之药多少，比若太仓之积粟也；仙衣多少，比若太官之积布白也；众仙人之第舍多少，比若县官之室宅也。”[⑤]仙境如人间天堂一般，有着不尽的物资，有着人们所期望的美好事物。这是人们按照自我的意愿而想象构建出来的太平盛世，同时也表现了他们对自由的渴望。

两汉道教的另一部经典《老子想尔注》是对老子神化的产物，这部著作是直接用神仙思想来附会《老子》，并对神仙的存在作出了一番论述。《想尔注》对神仙思想的核心“长生不死”给予了理论的支持，一方面肯定了成仙是有路可寻的，另一方面否定了“仙有骨录”的定论：

---

① 姚圣良：《先秦两汉神仙思想与文学》，山东大学博士论文，2006年，第146页。
② 王明：《太平经合校》，中华书局，1960年版，第289页。
③ 姚圣良：《先秦两汉神仙思想与文学》，山东大学博士论文，2006年，第146页。
④ 王明：《太平经合校》，中华书局，1960年版，第222页。
⑤ 同上，第138页。

> 求长生者，不劳精思求财以养身，不以无功劫君取禄以荣身，……不与俗争，即为后其身也；而目此得仙寿获福，在俗人先，即在身先。[①]

> 今人无状，裁通经艺，未贯道真，便自称圣，……不劝民真道可得仙寿，修善自懃。反言仙自有骨录，非行所臻，云无生道，道书欺人。[②]

《想尔注》提出了一些修炼成仙的途径，如宝精爱气的修炼方法。其云："身为精车，精落故当载营之。"又云："古仙士实精以生，今人失精以死。"人只要能守住体内的精气，就能到达长生的境界。此外，《想尔注》把神仙思想宗教化，老子哲学中的"道"被引入到神仙观念中，神仙观念被提升到本体的高度，信仰的对象变得崇高与权威。成仙的途径都可以归结到道那里，人只有"畏道"、"信道"、"守道"、"法道"、"行道"，才能最终达到仙寿。《想尔注》中对道的神化是为大众神仙信仰所作的思想准备，其中的成仙思想成为五斗米道的宗教思想纲领。

在早期道教的这两部经典著作当中，神仙思想在保留原始宗教自然痕迹的同时，融入了人性化的神。这两部经典将各种文化养分融合，形成了自己的神仙信仰系统。而当人们把信仰与实践相结合，并将成仙当作生命之目标时，神学的思想体系便确立了，这一工作是由葛洪完成的。

---

① 饶宗颐：《老子想尔注校证》，上海古籍出版社，1991 年版，第 10 页。

② 同上，第 23 页。

魏晋时期统治者对道教组织采取镇压、限制和利用、感化的两面政策，道教开始了分化与演变，上层神仙道教逐步形成。曹操就把大批在山林中独自修炼的方士招进京，形成了研习道术的方士集团。而与方士们的接触引起了士族知识分子对长生修仙的兴趣，这为魏晋上层神仙道教的形成奠定了基础。因此上层神仙道教的形成少不了涌入道教中的士族阶层用其阶级意识对道教的改造。上层道教具有了社会政治属性，在南北朝时期成了统治者维护统治的工具。晋代以后，以长生成仙为教旨的上层神仙道教占了主导地位，社会上普遍建立起对神仙的信仰。

在道教发展的历史上，葛洪是一个承前启后的划时代人物。他对神仙的存在和凡人成仙的可能进行了系统证明，神仙学体系在他手中首次建立。他的《抱朴子内篇》被视为道教中第一部把神仙学建筑在理论之上的著作，而其《神仙传》更证明了仙道之不诬。葛洪在《内篇》中把长生成仙当作道士修炼的目标和自己的核心思想，为神仙道教确立了统一的教旨。道士以长生成仙为目标，这是道教由鬼道上升到仙道，从民间早期道教分化为士族神仙道教的标志。同时他认为长生术是一切方术的核心，为神仙道教奠定了宗教神学体系和构造了一个比较完整的理论框架。“长生不死”被明确为神仙道教的教旨，这是道教发展史上的一个重要阶段。

葛洪《抱朴子内篇·论仙》对神仙思想进行了论述，这是他整个思想体系的出发点，也是其最终的归宿，他以修仙术、炼仙丹、养生术为其成仙的最高目标作证，其主旨在教人如何成仙。他对神仙的存在做了辩护：

虽有至明，而有形者不可毕见焉。虽禀极聪，而有声者不可尽闻焉。虽有大章竖亥之足，而所常履者，未若不履之多……万物云云，何所不有，况列仙之人，盈乎竹素矣。不死之道，曷为无之？[①]

况乎神仙之远理，道德之幽玄，仗其短浅之耳目，以断其微妙之有无，岂不悲哉？[②]

故不见鬼神，不见仙人，不可谓世间无仙人也。[③]

刘向的《列仙传》也是他的重要证据：

刘向博学则究微极妙，……其所撰《列仙传》，仙人七十有余，诚无其事，妄造何为乎？[④]

在葛洪的眼中，神仙有等级之分，如天仙、地仙、尸解仙："上士举形升虚，谓之天仙。中士游于名山，谓之地仙。下士先死而后蜕，谓之尸解仙。"[⑤]在这里，神仙世界中对仙人不同等级的划分，本质上是中国传统的儒教尊卑观念在天上的投影。在论证神仙存在之后，葛洪阐述了为每一个修炼者敞开的通往不死仙界的途径，修道

① 王明：《抱朴子内篇校释》卷二《论仙》，中华书局，1985年版，第12页。
② 同上，第15页。
③ 同上，第21页。
④ 同上，第16页。
⑤ 同上，第20页。

者不分身份的高低贵贱："夫求长生，修至道，诀在于志，不在于富贵也。"[①]成仙需要借助内修和外养来达到，如积学修道、宝精行炁、服食仙丹等。

在这种求仙思想的背后，实际上是人们对彼岸世界的追求和对彼岸世界的富贵闲适生活的向往。当然，"葛洪的神仙道教理论，是和封建的纲常名教分紧密结合的，它强调要想长生成仙，不能只靠内修外养等方术还须积善立功，以忠孝和顺仁为本。"[②]这样一来，道教的长生思想揉入了儒家伦理，使其成为了维护封建秩序的工具。

总之，魏晋以来，道教的神仙思想发生了重大的变化，神仙不再是遥不可及的天外异类，而是经过学习和修炼可以得道的长生不死之人。正因为在葛洪的神仙世界里，有一类既可长生不死，又可以在世间恣情享乐的地仙，成仙便成为了修道的士族所追求的理想目标。魏晋士族名流的生活和文学创作中都透露着对这种神仙生活的渴望与追求。

## 二、魏晋文人的神仙信仰与自然观念的转变

先秦道家高标自然，他们的"自然"多指与人、人为相对的"天之自然"。《老子·第二十五章》："有物混成，先天地生。寂兮寥兮，独立而不改，周行而不殆，可以为天下母。吾不知其名，字之曰道，强为之名曰大。大曰逝，逝曰远，远曰反。故曰：道大，天大，地大，人亦大。域中有四大，而人居其一焉。人法地，地法天，天法

① 王明：《抱朴子内篇校释》卷二《论仙》，中华书局，1985 年版，第 15 页。

② 卿希泰：《中国道教史》第一卷，四川人民出版社，1996 年版，第 324 页。

道，道法自然。”王弼解释说：“法，谓法则也。人不违地，乃得全安，法地也。地不违天，乃得全载，法天也。天不违道，乃得全覆，法道也。道不违自然，乃得其性，[法自然也]。法自然者，在方而法方，在圆而法圆，与自然无所违也。自然者，无称之言，无极之辞也。用智不及无知，而形魄不及精象，精象不及无形，有仪不及无仪，故转相法也。道法自然，天故资焉。天法于道，地故则焉。地法于天，人故象焉。”①“自然”为形而上的“价值原则”。

道教的神仙信仰与自然有密切联系，以山林修道为成仙之必由路径。作为修道之人，只有摒弃尘世进入名山才能获得神仙之道，同时进入山林便可以采药炼丹，为修炼奠定基础。“若夫仙人，以药物养身，以术数延命，使内疾不至，外患不入，虽久视不死，而旧身不改，苟有其道，无以为难也。”②因此，葛洪提到的“为道者多在山林”③、“凡为道合药，及避乱隐居者，莫不入山”是当时一种很普遍的现象。④ 自然界清幽寂静之山林成为道教方士的修炼之处。随着道教方士对自然界的依赖，自然的本真性逐渐呈现在世人的眼前，并开始进入审美对象的范围。陈寅恪先生就曾提到：“东西晋南北朝之天师道为家世相传之宗教，其书法亦往往为家世相传之艺术，如北魏之崔、卢，东晋之王、郗，是其最著之例。旧史所载奉道世家与善书世家二者之符会，虽或为偶值之事，然艺术之发展多受宗教之影响。而宗教之传播，亦多倚艺术为资用。”⑤文

① 楼宇烈：《王弼集校释》，中华书局，1980 年 8 月版，第 65 页。
② 王明：《抱朴子内篇校释》卷二《论仙》，中华书局，1985 年版，第 14 页。
③ 王明：《抱朴子内篇校释》卷十七《登涉》，中华书局，1985 年版，第 313 页。
④ 同上，第 299 页。
⑤ 陈寅恪：《陈寅恪集·金明馆丛稿初编》，三联书店，2001 年版，第 39 页。

人的审美视角受到了宗教的影响，文人们热衷的自然山水审美与其宗教情结相纠葛。

首先，受道教神仙思想的影响，魏晋文人将自己的出世理想寄托在自然上，以自然为载体，想象自己为神人、仙人，自然成为神仙理想的象征。《世说新语·容止》载：

> 王右军见杜弘治，叹曰："面如凝脂，眼如点漆，此神仙中人。"

敬和表达对王洽神情气质的欣赏与爱慕，也叹道："此不复似世中人。"①

嵇康"非汤武而薄周孔"，向往自然界的自由生活，除了对现实世界的深刻体认外，神仙世界的召唤也是不可抗拒的诱惑。"嘉平中，汲县民共入山中，见一人，所居悬岩百仞，丛林郁茂，而神明甚察。自云'孙姓，登名，字公和。'康闻，乃从游三年。"②道士孙登在临别之际断言嵇康不得保全性命，应是针对嵇康刚肠嫉恶的性格和他对成仙的热烈渴望而言。

嵇康在诗中数次刻划飞鸟的形象，以寄托自己想飞离浊世，遨游仙界的梦想。《四言赠兄秀才入军诗》是典型之作：

> 双鸾匿景曜，戢翼太山崖。抗首漱朝露，晞阳振羽仪。长鸣戏云中，时下息兰池。自谓绝尘埃，始终永不亏。

① 余嘉锡：《世说新语笺疏》：上海古籍出版社，1993年版，第622页。

② 《世说新语笺疏》"嵇康游于汲郡山中"条注引《文士传》。

从诗中可以看到，嵇康的眼界与心胸都不局限于一般常识支配的世界，他要寻找的理想去所，是一片物外的天地。这些飞鸟都不是实景的写生，而完全是幻想的产物，显示出遨游仙界的超然者的姿态。同时，飞鸟又被赋予庄子大鹏的飞翔性格，代表着嵇康精神世界中的至上境界。嵇康所属意的并非葛洪所谓“食甘旨，服轻暖，通阴阳，处官秩”的世俗享受，而是精神世界的高蹈，因而临刑时仍然意态潇洒。日本学者兴膳宏称他为殉于思想的殉教者，在此意义上讲，嵇康之死的社会政治因素反而退居其次，《广陵散》成为先知先觉的思想者与时代抗争的挽歌。

嵇康不仅渴望神仙境界，还以游仙的憧憬为实现志向的途径。“思与王乔，乘云游八极，凌厉五岳，忽行万亿，援我神药，自生羽翼。呼吸太和，炼形易色，歌以言之，思行八极。”①“王乔弃我去，乘云驾六龙。飘飖戏玄圃，黄老路相逢。授我自然道，旷若发童蒙。”②嵇康不是道教徒，但他在确立自己的人生理想、寻求实现理想的路径时，援用了道教的神仙思想与行为方式。

以修道成仙为理想，是魏晋文人的一种普遍心态，何晏、阮籍、江淹也在诗中表达过对仙界的向往。魏晋文人珍惜生命，追求享乐，体现了道教重视个体生命、现世生活、注意修身养性的思想。当时文人之中服药风气盛行，据《世说新语·言语》载，何晏对服药尤有所悟：“服五石散，非唯治病，亦觉神明开朗。”名士们服药重在享受药物带来的精神愉悦，从而达到修身养性的目的。刘孝标注

① 嵇康：《代秋胡歌诗》，逯钦立：《先秦汉魏晋南北朝诗·魏诗》卷九，中华书局，1983年出版，第479-480页。

② 嵇康：《游仙诗》，同上，第488页。

引秦丞相《寒食散记》说:“寒食散之方虽出汉代,而用之者寡,靡有传焉。魏尚书何晏首获神效,由是大行于世,服者相寻也。”可见何晏是服药的倡导者。这类散药多有毒性,服后使人发烧,冬季亦须著单衣,而且要不停地行走,以散发热量,成为“行散”。“行散”是名士生活中常见的功课。“太傅绕东府城行散,僚属悉在南门要望候拜。”[①]《世说新语·文学》载:

> 王孝伯在京行散,至其弟王睹户前,问:“古诗中何句为最?”睹思未答。孝伯咏“‘所遇无故物,焉得不速老!’此句为佳。”

王恭在行散中与弟弟王爽讨论古诗。《世说新语·赏誉》又载:

> 王恭始与王建武甚有情,后遇袁悦之间,遂至疑隙。然每至兴会,故有相思。时恭尝行散至京口射堂,于时清露晨流,新桐初开,恭目之曰:“王大故自濯濯。”

行散之中,“清露晨流,新桐初开”更显其清丽圆满,使人怀念已经疏远的老友。

服药饵石本是道教徒的宗教行为,体现着道教哲学中重视生命、重生恶死的思想,在魏晋文人的生活中,则是触动心灵深处的

① 《世说新语·言语》,余嘉锡:《世说新语笺疏》,上海古籍出版社,1993年出版,第151页。

情弦、发现自然之美的契机。

为了寻求长生不老的仙药，秦始皇曾派方士入海，从此道士中逐渐形成一种观念，即在深山密林、大海绝域等人迹罕至之处生长着一些稀奇古怪的动植物和鲜为人知的矿物往往有长生的神效。于是道士们争相隐逸、嘉遁，指望在远离人群的山林、海域求得这些神秘的长生仙药。葛洪在《抱朴子·至理》中热情洋溢、绘声绘色地描绘了隐逸之士如何通过存思守一的修炼而达到"削斥浅务"的仙界：

> 故山林养性之家，遗俗得意之徒，比崇高于赘疣，方万物乎蝫翼，岂苟为大言，而强薄世事哉？诚其所见者了，故弃之如忘耳。是以遐栖幽遁，韬鳞掩藻，遏欲视之目，遣损明之色，杜思音之耳，远乱听之声，涤除玄览，守雌抱一，专气致柔，镇以恬素，遣欢戚之邪情，外得失之荣辱，割厚生之腊毒，谧多言於枢机，反听而后所闻彻，内视而后见无朕，养灵根於冥钧，除诱慕於接物，削斥浅务，御以愉慔，为乎无为，以全天理尔。

这段文字可称为一篇"隐逸修仙赋"。

文人对成仙的渴望同样强烈，因此对隐逸、嘉遁持赞赏的态度。《世说新语·楼逸》云：

> 孔车骑少有嘉遁意，年四十余，始应安东命。未仕官时，常独隐，歌吹自箴海，自称孔郎，游散名山。百姓谓有道术，为生立庙，今犹有孔郎庙。

孔车骑即孔愉。据陈寅恪先生考证，孔愉的家族为天师道世家。[①] 又：

> 有人问袁侍中曰："殷仲堪何如韩康伯？"答曰："义理所得，优劣乃复未辨；然门庭萧寂，居然有名士风流。殷不及韩。"故殷作《诔》云："荆门昼掩，闲亭宴然。"[②]

魏晋文人十分讲究义理超拔，言辞犀利，但义理的标准尚不及隐逸重要。殷仲堪亦是深受道教感染的人："少奉天师道，又精心事神，……每云三日不读《道德经》，便觉舌本间强。"崇向隐逸，实际上是在赞美飘逸的神仙生活："采薇山阿，散发岩岫，永啸长吟，颐性养寿。"[③]

《晋书·谢安传》说："有司奏安被召，历年不至，禁锢终身，遂栖迟东土。"谢安未仕时曾因不应征辟遭到禁锢。《谢安传》又说："安虽受朝寄，然东山之志始末不渝，每形于颜色。及镇新城，尽室而行，造汎海之装，欲须经略粗定，自江道还东。"这是说谢安后来虽然出仕，然始终不忘归隐，并为归隐留后路。谢安与王胡之甚相友爱，与王相约："司洲可与林泽游。"魏晋文人对神仙境界的渴望，具体化为对山涧林壑、芝草丹石的自然万物的牵挂。

向往仙界、崇尚隐逸影响着魏晋文人的审美观念。他们以神

① 陈寅恪："天师道与滨海地域之关系"，《陈寅恪集·金明馆丛稿初编》，三联书店，2001年版。

② 《晋书·殷仲堪传》。

③ 嵇康：《幽愤诗》，逯钦立：《先秦汉魏晋南北朝诗·魏诗》，中华书局，1983年出版，第481页。

仙境界为美，并竭力用艺术来表现通往仙界所必须的自然事物，自然的万事万物都因与神仙的联系而美丽动人。顾恺之的《画云台山记》创作主题是一段道教故事：道教祖师张道陵在云台山上考验他的弟子，敢不敢去摘涧之桃。尽管画作失传，但张彦远的《历代名画记》记录下顾恺之为画作设计而写的《画云台山记》，从中仍可看出顾恺之正是借山水云霞和动物等自然形象来渲染仙界之美的。

顾恺之认为表现云台山这样的“神明之居”，要有“庆云”在清澈的天空，“可令庆云西而吐于东方，清天中，凡天及水色尽用空青”，以衬托晴空的太阳。山因日照而有明暗，云因受日光而呈五色，并舒卷于向背分明的山间，山顶上是青色的天，山脚下流着青色的水，作者用灿烂、绚丽的色调，敷衍美丽的仙界劲舞。作者还强调山、石、水的险峻之势，“夹冈乘其间而上，使势如蜿蟺如龙，因抱峰直顿而上；下作积冈，使望之蓬蓬然凝而上。次复一峰，是石，东邻向之峙峭峰，西连西向之丹崖。下据绝涧，画丹崖临涧上，当使赫巘隆崇。”[①]“绝涧”、“赫巘”等雄伟、险峻的景物，突出到达仙境必须经历的艰难险阻。普洛丁说：“神才是美的来源，凡是和美同类的事物也都是从神那里来的。”[②]对仙界的向往使魏晋文人加深了对自然之美的体悟。

其次，道教的修炼让作为抽象观念的自然向实体的自然转化，使得文人对自然具有更切己的体验。道教哲学在天人关系上继承了荀子“制天命而用之”的唯物主义观点，否认天有意志，将天看作普通的自然物，提倡积极有为地干预物理之情。

① 所引《画云台山记》均出自唐张彦远《历代名画记》卷五，参照伍蠡甫先生《中国画论研究》中对《画云台山记》的整理。

② 《西方哲学家论美和美感》，商务印书馆，1982年出版，第57页。

《荀子·天论》说："大天而思之，孰与物畜而制之？从天而颂之，孰与制天命而用之？望时而待之，孰与应时而使之？因物而多之，孰与聘能而化之？思物而物之，孰与理物而勿失之也？愿于物之所以生，孰与有物之所以成？故错人而思天，则失万物之情。"葛洪则说："《龟甲文》曰我命在我不在天，还丹成金亿万年。"[①]道教长生不老、得道成仙的理想，其根据就在于用人力夺天地造化之功的思想。

干预物理之情、夺造化之功，首先要研究自然。"道家出世的一个原因，是去研究自然，领会自然。"[②]儒家哲学的中心是人不是自然，是人与人的关系不是人与自然的关系。而道教则一直关心自然，关注人与自然的关系。

在道教的典籍中，充满了对大自然的疑问。庄子曾假设老子与孔子的闲聊涉及到这样的问题。孔子问老聃："今日晏闲，敢问至道。"庄子就为老子设计了这样的回答："汝齐戒疏瀹而心，澡雪而精神，掊击而知。夫道窅然难言哉，将为汝言其崖略。夫昭昭生于冥冥，有伦生于无形，精神生于道，形本生于精，而万物以形相生。"此处庄子虽是言道，却透露出他对动植物生命过程的认识。[③]《列子·天瑞篇》中杞人忧天的故事也是对自然界的疑问。杞人"忧天地崩坠，身亡所寄"，以致"废寝忘食"。这种对人生存条件的忧虑，表现出探索自然的好奇心。历代道教的寺院叫做"觀"，不叫寺或庙，内含重视观察自然的特点。"觀"的原意是看，写法为"见"

① 李约瑟：《中国古代科学思想史》，江西人民出版社，1990年版，第19页。

② 同上。

③ 参见李约瑟：《中国古代科学思想史》，江西人民出版社，1990年版，第47页注③。

与“藋”的合成，“见”是看，“藋”是鸟的象征，“观”就是观察鸟的飞形。

道教认识自然、观察自然的活动有科学研究的因素，其最终目的却是修道成仙，因此道教观察自然的活动大多以方术面目出现。在葛洪的思想体系中，“玄”是人生快乐的源泉，“故玄之所在，其乐无穷。玄之所去，器弊神逝。夫五声八音，清商流徵，损聪者也。鲜华艳采，或丽炳烂，伤明者也。宴安逸豫，清醪芳醴，乱性者也。冶容媚姿，铅华素质，伐命者也。其知玄道，可与为永。”[①]葛洪的“玄”是自然万物的根源。“玄者，自然之始祖，万殊之大宗也。”[②]玄、自然，都是人生获得快乐所必需的。

对于道士而言，内修外炼是极其重要的功课，炼丹常常“宜入名山，绝人事”。[③]在直面自然之时，道士们感受到了自然的神秘与美感，这奠定了把自然作为审美对象的基础。道教中的登山涉水最初不是为了审美，而是“为道合药”和“远腥膻”得“清静”。道士们在山林中修道，山水的自然美与神仙的神秘美统一为一体。“道”是道教美学中最高的审美本体，通过山水自然，“道”这种形而上的美转化成了形象化的美。

道教哲学讲究寓道于术，丹可炼、金可坐、仙可学、世可度，虚无飘渺的道由可操作的方术体现，恬静无欲的思想转变为修仙证道的行为准则，清净无为、静观、玄览、抱一等抽象范畴化为长生方术。以方术的操作去认识自然，以行动和效验去理解自然，道教的自然观是实验的自然观：

① 王明：《抱朴子内篇校释》卷一《畅玄》，中华书局，1985年版，第1页。
② 同上。
③ 王明：《抱朴子内篇校释》卷四《金丹》，中华书局，1985年版，第84页。

> 凡天下事何者是也？何者非也？试而即应，事有成功，其有结疾者解除，悉是也。试其事而不应，行之无成功，其有结疾者不解除，悉非；非一人也……斯可解亿万事，……夫欲效是非，悉皆案此为法。[①]

以行动认识自然，以效验为检验是非的标准，在实验自然观的影响下，魏晋文人改变坐而论道的传统，在自己的实践活动中，把对世界的认识落实到自然万物上，而不只是在儒学的伦理政治秩序中兜圈子。

儒学传统鄙视手工业和技术，道士由于修道成仙需要认识自然，了解自然，则对手工技术活动抱欣赏态度。魏晋文人受这种探索自然风气的影响，开始亲自参加一些技术性工作。嵇康、向秀、吕安都是名士，他们为自己亲自劳动而自豪，《晋书·向秀传》云："康善锻，秀为之佐，相对欣然，傍若无人。又共吕安灌园于山阳。"王戎生性吝啬，贪财聚敛，却在水车的发明上花大把的金银。高高在上的文人对手工技术亲自操作，可见他们认识自然的浓厚兴趣。

亲自动手参与认识自然改造自然最彻底、最投入的文人是谢灵运。谢灵运本人的宗教信仰是佛教，与道教却颇有渊源。钟嵘《诗品》上《临川太守谢灵运》曰："钱塘杜明师夜梦东南有人来入其馆，是夕即灵运生于会稽。旬日而谢玄亡。其家以子孙难得，送灵运于杜治养之，十五方还都，故名客儿。"钱塘杜明师是天师道世家，谢灵运在道教氛围中生活了十五年，受其影响当不言而喻，其名字本身也显出道教影响的痕迹。《宋书·谢灵运传》云：

---

① 王明：《太平经合校》，中华书局，1960 年版，第 71 页。

> 灵运因祖父之资，生业甚厚，奴童既众，义故门生数百。凿山浚湖，功役无已。寻山涉岭，必选幽峻。岩峰千重，莫不备尽登蹑。常著木屐，上山则去其前齿，下山则去其后齿。尝自始宁南山伐木开巡，直至临海，从者数百人。临海太守王琇惊骇，谓为山贼，徐知是灵运，乃安。

带领数百人伐木开山而去，俨然是探险家的风范。谢灵运还请求皇帝将会稽东边的回踵湖赐给他，以改造为良田，未获允准，他又转而求始宁的岯崲湖，目的同样是平湖为田。谢灵运拥丰厚产业，开山伐木、平湖为田都不是为稻粱谋，衣轻暖，食甘肥的门阀士族甘愿作皮肉之苦，其原因在于继承道教亲近自然改造自然的传统。

道教的方术实践是融宗教与科学为一体的实践活动，带有浓厚的主观体验色彩。魏晋的道教医家，其医药疗效的发挥必须借助病人的宗教信仰力量，导引采芝饵芝的方法也带有神秘的宗教色彩。《抱朴子·仙药》曰："欲求芝草，必以三月九月，此山开出神药之月也，勿以山佷日，必以天辅时，三奇会尤佳。出三奇吉门到山，须六阴之日，明堂之时，带灵宝符，牵白犬，抱白鸡，以白盐一斗，及开山符檄，著大石上，执吴塘草一把入，山神喜，必得芝也。"此外，采芝与饵芝也要佩符、设醮、行禹步和择日，这样，采饵五芝本身便成为一套宗教仪式，普遍的自然物变为带有神圣光环的"圣物"。

虔诚的宗教行为要求全神贯注于自然对象，在自己的内心体验中去接近至高无上的道。因此，当谢灵运的开山凿岭、平湖为田带上宗教信仰的色彩后，认识自然的实践活动也就成为丰富的精神体验过程。谢灵运可能是那个时期对山水美体悟最深、描绘最多的一位诗人，他以书生的孱弱开山凿岭，又极尽修辞描绘自然美景。他登上江中孤岛，沉醉于浮光掠影，同时念念不忘长生之术："始信安期术，得尽养生年。"[①]伫立于冰天雪地之中，清新的晓月、辉煌的落日引起了人生感慨："颐阿竟何端，寂寂寄抱一。恬如既已交，缮性自此出。"[②]抱朴守一，是道教求道成仙的途径，谢灵运就是在这自然之美中体验那至高无上的道。《过白岸亭诗》反映了诗人精神活动的过程：

> 拂衣遵沙垣，缓步入蓬屋。近涧涓密石，远山映疏木。空翠难强名。渔钓易为曲。援萝聆青崖，春心自相属。交交止栩黄，呦呦食苹鹿。伤彼人百哀，嘉尔承筐乐。荣悴迭去来，穷通成休戚。未若长疏散，万事恒抱朴。

在明媚自然景色中，诗人恍然若有所失，人世间有荣辱盛衰，消息更替，只有"采薇山阿，散发岩岫"，与天地合而为一才可能恒远不泯。精神世界的丰满与细腻会导致审美眼光的转变。当人不仅仅为满足物质需要而关注自然时，亘古不变的天地、更替有序的日月、新陈代谢的鸟兽虫鱼，都焕发出灿烂的美感。

此外，宗教信仰中的自然物崇拜，也帮助他们发现自然之美，领略自然之美，魏晋文人对一些自然物质钟爱成痴，来源于宗教的崇敬目光。王徽之生长于道教世家，他对竹极其钟爱。《世说新

---

① 谢灵运：《登江中孤屿》，逯钦立：《先秦汉魏晋南北朝诗·宋诗》，中华书局，1983年版，第1162页。

② 谢灵运：《登永嘉绿嶂山诗》，同上，第1163页。

语·任诞》载：

> 王子猷尝暂寄人空宅住，便令种竹。或问："暂住何烦尔？"王啸咏良久，直指竹曰："何可一日无此君？"

在魏晋名士的生活中，酒与药是不可或缺的东西，服药使人神情开朗，饮酒帮助他们进入心旷神怡的境界，《世说新语·任诞》"酒，正使人人自远。""酒，正自引人箸胜地。"竹子，也是不能须臾离开的。甚至于为了赏竹，而完全不顾世俗之中的礼法，《世说新语·简傲》：

> 王子猷尝行过吴中，见一士大夫家，极有好竹。主已知子猷当往，乃洒埽施设，在听事坐相待。王肩舆径造竹下，讽啸良久。主已失望，犹冀还当通，遂直欲出门。主人大不堪，便令左右闭门不听出。王更以此赏主人，乃留坐，尽欢而去。

对竹子的喜爱到了痴迷境地，不仅仅是名士的高人逸致，也和宗教信仰有关。道教认为竹圆虚内鲜，盘根错节，有繁荣子嗣的功效，因而对竹极为推崇。梁简文帝求子心切时，就被告知应多多种竹。据陶弘景《真诰·甄命授》第四载：

> 我按《九合内志文》曰："竹者为北机上精，受气于玄轩之宿也，所以圆虚内鲜，重阴含素。亦皆植根敷实，结繁众多矣。公试可种竹于内北宇之外，使美者游其下焉。尔乃天感机神，大致继嗣，孕既保全，诞亦寿考。微著之兴，常守利贞。此玄人之秘规，行之者甚验。"

竹子有广继子嗣的功效，散发出神秘而耀眼的光辉，它的美是神秘的美，崇高的美。道教典籍《真诰·甄命授》这样描绘竹："灵草荫玄方，仰感旋曜精。洗洗繁茂荫，重德必克昌。"以崇敬的心情察觉的各种形式之美，这种美并未将精神与物质、人与自然隔开。寓道于术、重视行为操作的特点，使得本欲到达宗教的虚幻性的精神，落实到花灿映发、云兴霞蔚的自然物上，精神境界的超迈高旷与自然的灿烂英姿交汇、重合。

宗教崇拜与审美精神有着内在联系。在虔诚的宗教崇拜之中，人的思想、情感最大限度地投注到对象之中，摒弃一切杂念，全神贯注于自己的崇拜对象，在这种全神贯注之中消除物我界限，达到主客体的统一。心无旁骛，凝神静虑，也就是审美活动之中应具备的胸怀。黑格尔认为虔诚的态度是最内在最主体的形式。他在《美学》中论到："在这种崇拜里客体性相好像被吞食消化了，客体性相的内容脱离了客体性相而变成了心胸情绪所特有的东西。"当客体性相的内容转化成为主体心胸的情感情绪，人与自然就达成了无拘无碍的对流，自然成为心灵的表现，心灵也在美化自然。《世说新语·言语》载，王子敬从山阴道上行，山川草木充实着他的情感，旅途的寂寞与劳顿烟消云散，感叹道："山川自相映发，使人应接不暇。若秋冬之际，尤难忘怀。""尤难忘怀"，说明自然美景已经进入魏晋名士的日常生活，成为和酒、散药、清谈一样不可或缺的东西，真可谓一往情深。这样的满怀深情改变了魏晋文人的自然观念。在魏晋文人心目中，自然变得细腻与精致，富有生机。顾恺之描绘会稽山川时说："千岩竞秀，万壑争流，草木蒙笼其上，若云兴霞蔚。"支道林面对东阳长山直抒胸臆："何其坦迤！"山川林木、流云落日亘古长存。魏晋人以审美的眼光看自然，并不是自然变了，而是人的精神变了。道教的实验精神、医学实践和对长生不老的追求加强了人与自然的联系，自然在道教徒的活动中变得更加可感，本来自我意识的丧失的宗教活动在亲近自然的过程中转化成为对自我意识之肯定的审美活动。

## 第二节 道教修炼方式的审美内涵

### 一、清静：宗教修炼中的审美体验

宗教体验与审美体验具有统一性，二者通过艺术而汇通。大部分的艺术创造都需要创作者进入一种清静的环境获得灵感进行创作。艺术和宗教都“属于精神文化，都是人的精神生活和心灵活动，都有一个幻想、想象的世界，都有一种对现实功利的超越性质，都追求一种虚静或狂放的快乐，一种难以言说的情感体验，都含有某种非理性的东西，都有某种净化心灵、排遣痛苦、获得安慰的功能。宗教往往构成艺术的动力和内容，并渗透和融入艺术的审美层面之中；而艺术往往构成宗教的一种表现形式，成为宗教信仰与情感的载体。”①

宗教与艺术的统一使得宗教体验与审美体验具有密切的联系，因为审美体验与宗教崇拜体验具有相同的心理过程。“对美的体验和对上帝的体验，在过程、程序或是在这些体验的某些主要的成分上会有一种同一性。不论是艺术的还是崇拜的体验，本身就能给人以享受，它们本身就是自己的目的。”②由于这种联系，艺术

---

① 王苏君：《走向审美体验》，浙江大学博士学位论文，2003 年，第 57 页。

② 〔美〕保罗·韦斯、冯·沃格特：《宗教与艺术》，何其敏、金仲译，丘仲辉校，四川人民出版社，1999 年版，第 225 页。

家往往借宗教体验来表达审美体验。就审美体验和日常体验来说，日常体验具有直接性、实践性，审美体验则需要抛弃日常实用的和实践的态度，使其心灵达到纯粹的审美狂喜当中。审美体验还基于一种神秘感或狂迷感，这就是审美体验中常出现的“沉迷”状态。“欣赏自然美和艺术作品时常常出现这种‘沉迷’体验。特别是艺术体验要以相对地摆脱日常的忧虑，摆脱日常生活对基本需求被迫作出的直接反映为前提。”[①]道教修炼中所需要的清静，最初是为了达到修炼成仙的目的。在道教的影响下，士人在心灵和外在形体上都开始追求清静。这变成了他们的生存态度，也是他们把握艺术本质的方式。道教修炼所热衷的山林，能够切断与日常生活的联系，一方面符合审美的要求，另一方面可以达到清静之境，使士人的精神体验深入，获得艺术创作的灵感。

“清静”是一种超功利的审美境界，最初由老子提出，是对“涤除玄鉴”意义的发挥。“涤除玄鉴”所提倡的是排除主观的欲望和成见，达到内心的虚静。要达到“清静”境域往往需要借助道家所追求的自然而然、自然无为。“在中国传统文化中，‘清静’境域的构筑不仅是文艺审美创作的美学追求，而且展现了文艺审美创作主体的人生境界、人格修养的原初构成境域，……中国传统文艺审美创作原初的构成态势就是‘清静’。”[②]对于道教修炼而言，只有“得清静”才能“远腥膻”。清静是道教修炼的前提条件，但又使宗教修炼与审美体验达到了一种契合。

---

① 王苏君:《走向审美体验》，浙江大学博士学位论文，2003 年，第 47 页。

② 李天道:“‘清静’说及其审美构成态势与文化根源”，《宜宾学院学报》，2006 年第 4 期。

老子说："致虚极，守静笃。万物并作，吾以观复。"[①]人只有保持内心虚静的状态，才能观照宇宙万物的变化及其本原，清静可以说是一种指向道的途径。庄子继承和发展了老子的"清静"思想，提出了"心斋"说。他认为"气也者，虚而待物者也。唯道集虚。虚者，心斋也。"[②]可见，只有达到"心斋"的状态，才可以排除外物、内情的干扰，使意志达到绝对自由的状态，才能进入大道和至美境界。庄子眼中的"清静"是一种哲学层面的思考，同时他还把这种本体论的层面，扩大到了人的精神领域。"清静"既是道家哲学所追求的一种体道的境界，也是文人审美创作所期望达到的境界。魏晋时期，老庄之学的兴起与佛教的传入使人们更为重视并追求"清静"之境。道教、佛教都选择远离喧嚣的深山老林去追求清静的心灵境界，来获得修炼或修禅的境地。而在道教兴盛之际，特别是葛洪那里，清静变为一种修炼成仙的方式，即通过清静来追求超俗的出路。

道教中登山涉水的最初目的并不是为了审美，而是为了修行："凡为道合药，及避乱隐居者，莫不入山。"[③]《抱朴子·明本》云：

> 或问曰："昔赤松子王乔琴高老氏彭祖务成郁华皆真人，悉仕于世，不使遐遁，而中世以来，为道之士，莫不飘然绝迹幽隐，何也？"抱朴子答曰："曩古纯朴，巧伪未萌，其信道者，则勤而学之，其不信者，则嘿然而已。谤毁之言，不吐乎口，中伤之心，不存乎胸也。是以真人徐徐于民间，不促促于登遐耳。末

① 朱谦之：《老子校释》第十六章，中华书局，2000年版，第64-65页。

② 《庄子·人间世》。

③ 王明：《抱朴子内篇校释》卷十七《登涉》，中华书局，1985年版，第299页。

俗偷薄，雕伪弥深，玄淡之化废，而邪俗之党繁，既不信道，好为讪毁，谓真正为妖讹，以神仙为诞妄，或曰惑众，或曰乱群，是以上士耻居其中也。……山林之中非有道也，而为道者必入山林，诚欲远彼腥膻，而即此清静也。”①

葛洪在此回答了道士们登山涉水的原因，一是“为道合药”，二是“远腥膻”，得“清静”。道士的这种行为显然不是一种审美活动，而是为了实现自己的宗教信仰，但是他们的这种行为又明显地带有审美的意义。他们不带现实功利地寄寓于自然山水，将自然视为道家——道教中的“人格美”或“仙格美”的载体，“山不在高，有仙则名”，自然山水因为与神仙信仰的关联而具有审美价值。在清静的山林当中，他们与自然环境同化，心物交融，获得审美享受。南朝的陶弘景，爱好登山涉水，期望能在山林中得成仙之道，其《答谢中书》对山水自然的审美价值做了生动的描绘：

山川之美，古来共谈。高峰入云，清流见底。两岸石壁，五色交辉。青林翠竹，四时俱备。晓雾将歇，猿鸟乱鸣；夕日欲颓，沈鳞竞跃。实是欲界之仙都。

山水之美，让人流连忘返，其原因在于山水是“欲界之仙都”，山川之美与人的超迈脱俗从来都是相互影响的。在自然山水的影响下，陶弘景也主张修道之人应当选择山林来作为修炼之地：

① 王明：《抱朴子内篇校释》卷十《明本》，中华书局，1985 年版，第 186-187 页。

> 是以古之学者，握玄荃以藏领，匿颖镜于纷务，凝神乎山岩之庭，顺真于逸谷之津。[①]

> 夫清静未若东山，养真未若幽林，栖景而虚上，远风尘之网缠，于是荣辱之罗何足以羁士聊？[②]

老庄主张清静无为、清虚静谧、寡欲不争、淡泊名利，葛洪也提到“学仙之法，欲得恬愉澹泊，涤除嗜欲，内视反听，尸居无心。”[③]修仙之道，只要“能恬能静，便可得之”，摒弃欲望，明心见性，方能得道成仙。

道教所追求的“清静”与文艺创作具有一定的相通性。道教的修炼可以帮助文人获得虚静的创作心境。艺术家在晶莹无暇、纯净虚静的境界中，才能达到自由的审美状态，才能获得美妙绝伦、不染尘俗的艺术灵感。席勒就曾指出，在审美的国度里，每一个人都是自由的公民。“审美活动是一种精神的情感活动，只有在自由的状态中，人的主体性才可能得到充分的发挥，人的生命也才可能成为真正的审美主体。”[④]在世俗的心理世界中，很多人无法企及这个自由的境界，但是道教修炼所达到的至灵之境却与这一境界很相近，因此很多文人非常虔诚地修习过道教的修炼方术，如嵇康、陶渊明、李白、白居易、苏轼等。

---

① 《真诰》卷二，《道藏》第 20 册，文物出版社、上海书店、天津出版社三家本，1988 年版，第 501 页。

② 《真诰》卷七，《道藏》第 20 册，文物出版社、上海书店、天津出版社三家本，1988 年版，第 527 页。

③ 王明：《抱朴子内篇校释》卷二《论仙》，中华书局，1985 年版，第 17 页。

④ 蒋冰海：《审美论》，上海社会科学出版社，1992 年，第 21 页。

道教认为“道”包含着清和浊、静和动等对立的两个方面，其中清静是本，浊动是流。因为，清是浊的根源，静是动的基础。所以，不论治国还是治身都要以清静为上。汉初黄老之学以清静无为获得统治的成功，学道者也能以清净获得长生不老，与天地同寿。汉魏道教继承了先秦和两汉道家清静是“道”之本源的观点。《老子想尔注》认为“道常无欲，乐清静，故令天地常正”，要求“天子王公”，尽管荣华显达，被人尊奉，但是“务当重清静，奉行道诫”，不可妄为。学道的人，则“当自重精神，清静为本”。《太平经》则认为天地有性，“善者致善，恶者致恶，正者致正，邪者致邪”，人只要能够自己“善”和“正”，就能感动天地。声称“人心端正清静，至诚感天，无有恶意，瑞应善物为其出。子欲重知其大信，古者大圣贤皆用心清静专一，故能致瑞应也。”葛洪在《抱朴子内篇》称：

> 仙法欲静寂无为，忘其形骸。

将“静寂”作为学仙之法的基本要求。可见“清静”一直是道士学道和修道的重要内容。

日本美学家今道友信提出审美意识的构造不同于日常生活中的意识构造，审美意识是日常意识的中断。只有垂直切断日常意识，主体才能转向审美意识的方位。他说，当我们在日常生活中，忽然“一下子注意到那个平常不十分注目的景色时，在那一瞬间，我们的意识一下子脱离了日常行动体系，而集中于那一景色，……这时我们的日常意识被垂直地切断了。”[①]现象学美学家罗曼·英

① 今道友信：《关于美》，黑龙江人民出版社，1983年版，第157页。

伽登在《审美经验与审美对象》中也说过,“当我们从日常生活中采取的实际态度、从探究态度向审美态度转变时,……艺术中断了关于周围物质世界的事物中的‘正常’经验和活动。在此之前吸引着我们,对我们十分重要的东西(日常事物)突然失去其重要性,变得无足轻重。”①

道教所追求的清静状态也有一种“垂直切断日常意识”的功能,从而使主体进入审美的境界。审美是非功利性的,“想象机制始终服从审美需要和超功利实用的审美动机。在一般情况下,想象机制是在生活-实践的需要和实用-功利的动机的刺激下产生的。木匠为了人们生活的需要,借助想象,形成家具的心理模型,这一心理模型的实现,就使人们能够经济地利用有限的居住空间,但是审美与创美则是远离物质功利目的的。我们不能够从画中的森林得到绿色的荫蔽;不能够从乐曲中的田园得到鸟语花香的庭院。文艺只是想象的产物,只给鉴赏者提供一个假设的、进行观照的文艺境界。对自然美的鉴赏,也只是为了获得审美的愉悦,而不是为了占有审美对象。所以,审美想象唯一要遵循的是审美的需要和审美的动机。”②伽达默尔也说:“美本身充满了一种自我规定的特性,它没有任何目的关系,没有任何预期的功利,而是洋溢着对自我描述的喜悦和欢乐。”③

宗教体验同样具有非功利性特征。在道教的修炼过程中,修

① 李普曼编:《当代美学》,光明日报出版社,1986年版,第289页。

② 皮朝纲、钟仕伦:《审美心理学导引》,成都电讯工程学院出版社,1998年版,第128页。

③ 转引自刘小枫主编:《人类困境中的审美精神——哲人、诗人论美文选》,东方出版社,1994年版,第657页。

炼是为了摆脱苦短的人生，获得神仙一样的长生境界，获得精神的慰藉。从这个角度来说，宗教可以医治人的心灵。在修炼中若想得到神灵的降临指导或是自我达到仙境，必须摆脱功利和利害的束缚。只有心无牵挂，无所欲求，才能真正获得精神解脱。其它宗教也有这样的相似性，如佛教修行要念经、坐禅，其目的就是为了排除心中的种种杂念，使心灵处于虚空澄明的境界，不持"我执"。而基督徒在祷告时也必须排除种种杂念，消除一切疑虑和烦躁，把全身心都交托给上帝，怀着虔敬和信赖静心与上帝交流。

"清静"的状态阻断了与日常世界的关联，其中产生的神秘体验也是艺术创造的动力。"神秘性曾是原始思维的核心，也是原始宗教产生的真正原因。宗教的神秘性是指宗教是一种以爱为核心的无功利性的信仰，这种信仰是实证科学无法证明的，也是语言无法描述的。另外，宗教体验中出现的异象在自然界中也不可见，只有凭借生命本身才能体验它，用柏格森的话说只有在生命的绵延中凭借直觉才能把握它。换句话说，宗教信仰的神秘性就在于它只是人内心的一种体验，它属于生命冲动，是人本身的东西，是人类发自内心的力量和信念。"[①]道教思想中本来就存在着神秘感。如《太平经》中就详细描述了道教徒由守元气达到虚无，从而出现神仙世界种种幻象的情况，以及主体从中所获得的心悦神怡的感受。这种虚无的境界本身就是神秘的，同时主体从中获得的感受同于生理上的快感，它实质上是一种深层的"内视"的美感。对于这种美感的获得，葛洪在《地真篇》中从理论上做了较为明确的阐述。他袭用《老子》的话解释说："老君曰：'忽兮恍兮，其中有象，恍

① 王苏君：《走向审美体验》，浙江大学博士论文，2003年，第59页。

兮忽兮，其中有物。'一之谓也。"就是说，人在神志不清的时候，特别是处于一种宗教迷狂的变态心理状态中的时候，就幻想出各种离奇古怪、不同凡响的景象。又如道教中的"分形之道"，可令一人分形为数十人，衣服面貌皆如一。《抱朴子·地真》中对左慈的分形描述就颇为有趣：

> 左君（指左慈）及蓟子训葛仙公（指葛玄）所以能一日至数十处，及有客座上，有一主人与客语，门中又有一主人迎客，而水侧又有一主人投钓，宾不能别何者为真主人也。[①]

"客"所见到的分形之人，实际上都是一些幻觉。后世幻魔小说中的分身法、隐身法都渊源于道教的"守一"说。道教修炼产生幻觉的思维方式与审美体验十分相似。从现实意义上讲，神仙是不存在的，但通过清净之道和长年累月的冥思苦想，由于注意力的高度集中，思维的主体必然会产生一些幻觉，出现所谓的仙人，甚至出现分形之人，这个过程与艺术创作中的迷幻过程十分相似。因为艺术体验都或多或少带有无意识、直觉、灵感的特征。艺术体验与宗教体验均植根于人类的无意识和情感之中，而道教中的"清净"修炼既是成仙的必要路径，又是对自然进行审美的前提条件。

## 二、存思：宗教修持之道与审美体验之道

道教有所谓存神之法，存神又称存思、存想，是道教中最具特色的一种修炼方法，也是一种通神的重要手段和独具特色的思维

① 王明：《抱朴子内篇校释》卷十八《地真》，中华书局，1985年版，第325页。

方式。上清派的主要经典《上清大洞真经》以及著名的《黄庭经》记载了很多存神要诀。存思是人通过意念活动想象身外之神并集中意念把神收纳身中，同时又接引外界五行诸神返回人自身，从而达到修身长生、驱邪去病的宗教修炼。它往往要求修炼者闭合双眼或微闭双眼，默想内观某一物象或神的形貌及活动状态，精思凝想，去除杂念，经久修炼，以此达到与神相通的状态，这种状态超越日常生活的逻辑经验，充满奇妙的精神活动。在这种状态中，人往往能发现事物不同于感性物质存在的意义，宗教修持的方式同时又是审美体验之道，魏晋时期蔚然成风的自然审美活动，往往借用了道教的存思方式。

存思与审美思维的相通首先在于它是一种形象性的体验。存思是在心中想象身体各部位如骨节、五脏六腑等都有专神管辖，将其形象鲜明地保存在头脑里，或者想象他们居于身体的相关部位，葛洪《抱朴子内篇·地真》云：

> 吾闻之于师云，道术诸经，所思存念作，可以却恶防身者，乃有数千法。①

这是存思内景，又称内视。陶弘景《真诰》卷九引《丹字紫书三五顺行经》论内视法：

> 坐常欲闭目内视，存见五脏肠胃，久行之，自得分明了了也。然而道教设想之神，散之则为气，可以漫游于天地之间，

① 王明：《抱朴子内篇校释》卷十八《地真》，中华书局，1985年版，第324页。

故思存之法，必兼思外景。

《真诰》卷九又引《紫度炎光内视中方》曰：

常欲闭目而卧，安身微气，使如卧状，令旁人不觉也。乃内视远听四方，令我耳目注万里之外。久行之，亦自见万里之外事，精心为之，乃见百万里之外事也。

可见，存思内景和外景都要求所观之对象比较形象地反映在心中，是一种形象性的思维："存想体验的对象，是形象著明的神灵世界，存想的第一个显著特点，是它的形象性。"[1]这与艺术创作的思维相当接近。

虽然存思的实质是守一之道，就是要体悟老庄哲学的最高本体，但它在宗教系统中，已具象化为形象生动、面貌清晰的神灵。存思的功法与守一术皆要求思想高度集中，遣出凡俗的情与欲，如《庄子·大宗师》所言："堕肢体，黜聪明，离形去知，同于大通"的"坐忘"状态；再进而将心念存留于身内身外之境或身内身外之神，久之而神明自来。存思一方面可以使修炼之人精神静定以达修炼长生之目的；另一方面可以感知无数瑰丽的神仙形象或超越时空活动着的神仙群像，体味神仙生活的富赡、安逸、脱俗。其鲜明的形象直观性、充沛的想象力、神奇的宗教体验性为道教本身增添了无数的魅力。可以说"存想是道教思维方法的实质所在，是其宗教

① 刘仲宇：《道教法术》，上海文化出版社，2002年版，第241页。

思维神秘性的集中表现。"①"存想本身是形象的、流动的，它所构筑的神仙世界，是仙灵瞬息往来的神秘境地。借助了它，道士才能直接'面对'这一凡人无法感知的仙境，借助了它，行法者才具有降妖捉怪、腾天倒地的法力。因此，神仙信仰要求存想必须具有形象性和流动性的特点，而借助了这种特点，修道者、行法者才能体验、领略到内心的信仰。"②从宗教理想来说，上清道派的"存思"，就是为了让在现实中饱受痛苦和煎熬的个体生命进入精神自由的境界，摆脱现实的苦难。这个境界的核心就是神仙或仙人，也就是宗教所追求的理想人格。在这个超越现实的美妙绝伦的身与神游的仙境里，肉体与精神的自由是通过与神的对视和冥通，通过幻想的形式得以实现的。

早期的存思是一种以意念引导体内诸神归位的修炼之术。《太平经》中就有谈到："夫人神乃生内，返游于外，游不以时，还为身害，即能追之以还，自治不败也。追之如何？使空室内傍无人，画象随其藏色，与四时气相应，悬之窗光之中而思之。上有藏象，下有十乡，卧即念近悬象，思之不止，五藏神能报二十四时气，五行神且来救助之，万疾皆愈。"③上清派时期存思这种修炼之术达到了极致，如《大洞真经》、《黄庭经》都是存思之法的经书。《黄庭经》继承了汉代的神仙家传统，系统地论述了身神"八景二十四真"，同时又重视存思三丹田的主神，认为这是成仙之要，其《外景经》说：

---

① 刘仲宇："存想简论——道教思维神秘性的初步探讨"，《上海教育学院学报》，1994年第3期。

② 同上。

③ 王明：《太平经合校·以乐却灾法》，中华书局，1960年版，第14页。

“内息思存神明来，出于天门人无闲。”[①]闭目存思，则外界神灵纷至沓来，足见想象活动在道教修炼中的神奇作用。《内景经》又云：

> 兼行形中八景神，二十四真出自然清静神见与我言，安在紫房帏幕间。内视密盼尽睹真，真人在己莫问怜。[②]

这里说的是存思身中之神，身神还能与自我对话。在与神的相通之中，修炼者达到了一种自由逍遥、精神奔逸的状态。《大洞真经》中提出了三十九真，而存思上丹田神真法最为重要：

> 盖修炼之道必本于养气存神，逐物去虑，然后气凝神化，物绝虑融，无毫毛之间碍，而后复乎溟涬混沌之始，故不饥渴，不生灭，与云行空摄者，……或往或来而莫知其极也。[③]

陶弘景的《真诰》中也介绍了多种存思之法，有存思无神法、存思日月法、存气法等。在陶弘景那里存思身神法的神秘感少了许多。《黄庭经》以前有关存思的记载，带有浓厚的神学说教性质，偏于修炼功效。在魏晋南北朝时期，存思的范围也越来越广，存思已进一步和“导引”、“行炁”相结合，即从前此时期的“静功”修炼发展为“动静”结合的养生法了：

---

① 《太上黄庭外景玉经》，《道藏》第5册，文物出版社、上海书店、天津出版社三家本，1988年版，第914页。

② 同上，第911页。

③ 《上清大洞真经》，《道藏》第1册，文物出版社、上海书店、天津出版社三家本，1988年版，第555页。

> 吾闻之于师云，道术诸经，所思存念作，可以却恶防身者，乃有数千法。如含影藏形，及守形无生，九变十二化二十四生等，思见身中诸神，而内视令见之法，不可胜计，亦各有效也。①

在存思之法的传承发展中，其核心还是想象，在集中意念的想象中，才能达到那个虚幻超脱的神的境界，才能实现修炼的目的。"存想的对象，不仅是形象鲜明的，而且是灵动流变的。在存想者的体验中，那些鲜明的形象都是活的，变化莫测的个体，它们应召而来，受命而往，执行着凡人所无法执行的任务。至于存想自己的元神蹑空而行，更是在一幕幕场景的变换中体验到飞神谒帝的妙术。"②可以看出，存想是一种充满了形象性、想象性的带有强烈的个人体验色彩的思维活动。它要求修炼者全身心地投入到这种活动中，全神贯注于自己体验的对象。

同时因为其对象的虚无性，存想又具有着极大想象空间。它的创造性、想象性，都是艺术创作思维的重要特性，这一道教理论命题极大地开启了魏晋时期的审美思维。刘勰《文心雕龙·神思》将文学创作的构思称为"神居胸臆"，把这一过程描述为"乃内视远听四方，令我耳目注万里之外"、"物沿耳目"、"乃见百万里之外事"，其思路与存思的内景、外景相合，又说"寂然凝虑，思接千载；悄焉动容，视通万里"，可以看出，刘勰所谓的神思活动，其形态与道教存思相似。

---

① 王明：《抱朴子内篇校释》卷十八《地真》，中华书局，1985 年版，第 324 页。

② 刘仲宇：《道教法术》，上海文化出版社，2002 年版，第 243 页。

存思与审美思维的相通之处还在于它是充满想象与情感的思维。在存思中，修炼者可以获得与神灵沟通的机会，他们想象自己可以腾云驾雾，直上天庭拜见神灵，也可以经过修炼，想象神灵被自己的诚意所感动而降临凡间，向自己传经授道。可见，存思本是具有想象性的。在存思中所构筑的神仙世界，是神仙瞬间往来的神秘境界。有了存思的神仙世界，道士们才能直面这世人无法感知的仙境，而行法者才能拥有降妖除魔的法力。

而在自然审美中，可以触发创作者的灵感，打开思维的想象大门。想象是在人脑中对已有的表象进行加工改造而创造新形象的心理过程。道教修炼者所进行的“存想”是以神仙信仰、相信神仙实存作为前提的想象活动。审美中的想象是艺术家创作过程中的一种特殊的心理活动。创作主体的想象是在摒弃了功利欲求之后所展开的，是在一种虚静的状态下所发生的。如《庄子》中“梓庆削鐻”的故事表明，只有达到了“不敢怀庆赏爵禄”、“不敢怀非誉巧拙”、“辄然忘吾有四肢形体”的状态才能自由发挥。这是一种非功利的状态，心灵在此才能自由驰骋。正如康德所说：“在审美的企图里的想象力的活动是自由的。”[①]而道教修炼之人也可以通过存想获得宗教自由，“这种宗教自由对于生命个体而言不可能是真正的精神自由。因为宗教活动基于人类精神的它律，信仰不能自发地从一个人的内心产生，它是从外部置入的；在这种把握世界的方式中，至高无上的神作为悬于主体之上的阿莫利斯之剑，始终昭示着其想象要以它作为终极指归，这一点决定着道门中人在‘存想’活动中不可能获得绝对的精神自由。在艺术创作过程中，主体可

① 〔德〕康德：《判断力批判》上册，宗白华译，商务印书馆，1964年版，第163页。

以通过'审美想象'，挣脱社会生活现实的沉重羁绊，获得精神的无限自由与超越。"①

在道教修炼中，直面自然，既为道士提供了修炼的客观条件，又为艺术创作提供一定的启示，在大自然晶莹无暇、纯净清静的境界中能获得艺术创造的"灵感"。在那些修习过道教方术的诗人，如嵇康、陶渊明的笔下，我们可以看到他们对自然之美的礼赞和对道教修炼的执着。在中国古代文学中还有不少以"仙"、"道"喻诗的言论。如江西诗派的核心口号"点铁成金"、"夺胎换骨"就化用的道教修炼术语。刘熙载也曾说："学书通于学仙，炼神最上，炼气次之，炼形又次之"，②他认为书法这种艺术方式与神仙修炼的层次是相通的。

魏晋诗歌中常常出现"存思"、"存想"等概念，非常清晰地显示出道教修炼方式与文学创作思维的融合。束皙《补亡诗序》曰："皙与司业畴人，肄修乡饮之礼，然所咏之诗，或有义无辞，音乐取节，阙而不备，于是遥想既往，存思在昔，补著其文，以缀旧制。"③束皙用"存思"一词表达对已逝时光的追忆。诗人卢谌怀想好友刘琨也用的是"口存心想"。④ 陆机《文赋》形容文学创作的过程是"精骛八极，心游万仞"，突出其想象超越时空的自由性，而他自己的诗中

① 程群、潘显一："论道教'存思'与艺术创作中'审美想象'之异同"，《宗教学研究》，2005 年第 3 期。

② 刘熙载：《艺概 · 书概》，上海古籍出版社。1978 年版，第 170 页。

③ 束皙：《补亡诗六首》，《文选》卷十九，李善注引，中华书局，1977 年版，第 272 页。

④ 卢谌：《赠刘琨诗二十章》之五："大钧载运，良辰遂往。譬彼日月，迅过俯仰。感今惟昔，口存心想。借曰如昨，忽为畴曩。"逯钦立：《先秦汉魏晋南北朝诗》，中华书局，1983 年出版，第 881 页。

则常常用“目想”、“心存”之类的说法来表达精神飞扬的状态。[①]

## 三、“守一”之境界与审美之境界

道教修炼的最高境界是“守一”，这其中包含着丰富的审美内涵。春秋时期老子提出了“抱一”说法，“载营魄抱一，能无离乎？”[②]道教产生后，“守一”成了道教修炼之方术。在老庄那里“一”和“道”是同义的，这个思想也被后世道教守一术所继承和发展。

在道教修炼家那里，“一”就是“道”，这是守一术的基本理念。守一术，简明地讲，就是对“一”的意守。它的基本方法是把身心控制在安静的状态下，将意念集中于“一”。道教认为，人的生命、思维及心理活动都是精、气、神相互作用的结果。人们在自我的体内把三者合练为一，就能知觉到神仙世界，甚至能脱胎换骨、飘然成仙，这就是所谓的“守一”。葛洪对守一作出了较为详细的解释：

> 夫长生仙方，则唯有金丹；守形却恶，则独有真一，故古人尤重也。……吾闻之于先师曰：一在北极大渊之中，前有明堂，后有绛宫；巍巍华盖，金楼穹隆；左罡右魁，激波扬空……

---

① 陆机：《与弟清河云诗十章》之十：“企伫朔路，言欢尔归。心存言宴，目想容辉。”逯钦立：《先秦汉魏晋南北朝诗》，中华书局，1983年出版，第676页。陆机的弟弟陆云《为顾彦先赠妇往返诗四首》：“我在三川阳，子居五湖阴。山海一何旷，譬彼飞与沈。目想清惠姿，耳存淑媚音。”逯钦立：《先秦汉魏晋南北朝诗》，第717页。陆云《赠郑曼季诗四首·谷风（五章）》之四云：“习习谷风，有集惟乔。嗟我怀人，于焉逍遥。鸾栖高冈，耳想云韶。拊翼坠夕，和鸣兴朝。我之思之，言怀其休。”逯钦立《先秦汉魏晋南北朝诗》，第710-711页。“目想”、“耳存”、“耳想”之类说法不合常理，实即道教的存思法主张用人的整个身心去感念、想象。

② 朱谦之：《老子校释》第十章，中华书局，2000年版，第37页。

不施不与，一安其所；不迟不疾，一安其室；能暇能豫，一乃不去；守一守真，乃能通神，少欲约食，一乃留息；白刃临颈，思一得生；知一不难，难在于终；守之不失，可以无穷；陆辟恶兽，水却蛟龙；不畏魍魉，挟毒之虫；鬼不敢近，刃不敢中。此真一之大略也。[①]

葛洪认为守一术是非常重要的法术，他说“能知一则万事毕者也”。在葛洪那里守一术已发展为守“真一”和守“玄一”两法。守“玄一”是分形之道。《抱朴子内篇·地真》云：“守玄一，并思其身，分为三人，三人已见，又转益之，可至数十人，皆如己身，隐之显之，皆自有口诀，此所谓分形之道。”守“真一”则可以养生和辟邪，可以令内疾不起，风湿不犯，百毒不敢近，不假诸药。陶弘景在《真诰》中称：“守真一笃者，一年使头不白，秃发更生。”这个方法只是要求“凝心虚形，内观洞房，抱玄念神。”而守一所能达到的效果，《太平经》里也有论述：“夫守一之道，得古今守一者，得古今守一者，复以类聚之。上贤明力为之，可得度世；中贤力为之，可为帝王良辅善吏；小人力为之，不知喜怒，天下无怨咎也。”[②]

“守一”在道教中如此重要，那么“一”的本质内涵是什么呢？在老庄那里“一”就是道的别名，“天得一以清，地得一以宁，神得一以灵，谷得一以盈，万物得一以生，侯王得一以为天下正”，[③]“夫天

① 王明：《抱朴子内篇校释》卷十八《地真》，中华书局，1985年版，第324页。

② 王明：《太平经合校》卷九十六，中华书局，1979年版，第409-410页。

③ 《道德真经》，《道藏》第11册，文物出版社、上海书店、天津出版社三家本，1988年版，第477页。

下也者，万物之所一也。”[①]而在道教的思想里，“‘一’就是道，这是守一术基本的理念。”[②]而后“一”进一步的发展成为“真一”、“玄一”、“三一”等。特别是在葛洪的道教哲学中，“一”的范畴是由“道”的神秘宇宙本体通向道教神仙的中间环节。葛洪提出了“玄”这个最高的万物的主宰，而“道”、“一”这两个范畴是与“玄”相联系的。“道者涵乾括坤，其本无名。论其无，则影响尤为有焉；论其有，则万物尚为无焉。”[③]道是先于万物而存在，是一切事物的主宰。“道也者，所以陶冶百氏，范畴二仪，胞胎万类，酝酿彝伦者也。”[④]那么葛洪是怎样谈论“一”的呢？“道起于一，其贵无偶，各居一处，以象天、地、人，故曰三一也。天得一以清，地得一以宁，人得一以生，神得一以灵。”[⑤]

在道教的思想中，“一”和“道”是相同的概念，“一”又与“玄”联系起来，在葛洪的神仙道教体系中构成了最高的神秘本体。而道教的修炼就要靠守玄一、守真一来获得长生。“为什么恬静无欲便可得仙？葛洪说：‘人能淡默恬愉，不染不移，养其心以无欲，颐其神以粹素，扫涤诱慕，收之以正，除难求之思，遣害真之累，薄喜怒之邪，灭爱恶之端，则不请福而福来，不禳祸而祸去矣。何者，命在其中，不系于外，道存乎此，无俟于彼也。’这就是说，神仙道教的‘道’本身具有虚无的特点，人能恬静无欲，就同道的特点相合，体得了道，便可成仙。‘道’也称为‘一’，体道的方法，即存思守一。

① 郭庆藩：《庄子集释·田子方》，中华书局，1978年版，第714页。
② 张钦：《道教炼养心理学引论》，巴蜀书社，1999年版，第68页。
③ 王明：《抱朴子内篇校释》卷九《道意》，中华书局，1985年版，第170页。
④ 王明：《抱朴子内篇校释》卷十《明本》，中华书局，1985年版，第185页。
⑤ 王明：《抱朴子内篇校释》卷十八《地真》，中华书局，1985年版，第323页。

学仙者通过存思守一，会产生一种心理上的满足感，葛洪称为‘真知足’。‘真知足’的精神状态，实际上就是恬静无欲的精神状态，这是人们觉得长生之理，宇宙之道，全在自己心中，不假外求，即葛洪所谓‘命在其中，不系于外，道存乎此，无俟于彼’了。”[①]

“道教以‘道’名教，显然道是道教哲学中最核心的范畴。”[②]“道”是道教哲学的本体论范畴，在葛洪的道教哲学中，道是哲学的逻辑起点，和它同义异名的还有“玄”，而“一”这个范畴也是由此推演出来的。“道者，涵乾括坤，其本无名”，又可叫作“玄”，“玄者，自然之始祖，而万殊之大宗也。”道教修炼需要“守玄一”或“守真一”，最后又复归到“道”，从而实现体道得仙的目的。在道教看来，人们对象世界的本体就是“道”，宇宙间的万事万物及其分界都是由“道”产生出来的。可见，“道”是一种超时空而独立存在的，不断运动变化着的实体。从空间来说，它无所不在，无所不为：“包胎元一，范铸两仪，吐纳大始，鼓冶亿类”；“眇昧乎其深也，故称微焉，绵邈乎其远也，故称妙焉；其高则冠盖乎九霄，其旷则笼罩乎八隅。”[③]神仙道教的理论中，“道的范畴从形而上的宇宙本体，最后演化为形而下的神仙道教，这中间‘一’范畴的演变是关键，因为道士只有通过守一的存思气功才能将道化为自己的内心体验，从而将自己的精神与道融为一体，通神成仙。‘道’就是这样从抽象的哲学概念，在道教哲学中经过一个宗教化和方术化的推演过程，最后将它的哲学特征融入道士的精、气、神之中，从而体道合真，复归

① 胡孚琛：《魏晋神仙道教》，人民出版社，1989 年版，第 146 页。

② 同上，第 196 页。

③ 王明：《抱朴子内篇校释》卷一《畅玄》，中华书局，1985 年版，第 1 页。

于道，再将它上升到抽象的神仙境界。”[①]由此可见，道教的守一之法所追求的正是道，其最高境界即是本真世界，是万物的始祖。在终极目标上与魏晋自然审美所追求的境界是相同的。

魏晋士人对自然的欣赏突破了以往“比德”、“体道”的限制，开始欣赏自然山水本身。在《世说新语》中可以看到，士大夫开始将自然美当作美的范本。此时的人物品藻中也用到“松下风”、“春月柳”、“朝霞”、“游云”来描写人物的美。自然在这里因其无限的生机而具有独立的审美价值，人们在欣赏自然的时候没有加入道德的比附。自然是最为真实的自然，日月山川鸟兽禽鱼都可以作为审美的对象。

审美活动是人类的一种特有的社会现象，它通过主体对审美对象的体验和感受来达到精神享受的境界。黑格尔曾说：“有生命的自然事物之所以美，既不是因为它本身，也不是由于它为着要显现美而创造出来的。自然美只是为其他对象而美，这就是说，为我们，为审美的意识而美。”[②]自然在成为人的审美对象以后才具有美的价值。道教的通过存思守一以体道的思想影响着魏晋文人的审美观，他们也追求着超脱于现实功利的审美世界，寻求着真实的自然。

例如郦道元《水经注》对自然景物的描写清新隽美：“水出山侧，颓波崩注，冲激衡山。山上和下开，可减六七十步，巨石磥砢，交积隍涧，倾涧奔荡，势同雷转，激水散氛，暧若雾合。”[③]“池上有

① 胡孚琛：《魏晋神仙道教》，人民出版社，1989年版，第202页。

② 〔德〕黑格尔：《美学》第一卷，朱光潜译，商务印书馆，1982年版，第160页。

③ 郦道元：《水经注》卷九《淇水注》，陈桥驿注译：浙江古籍出版社，2001年版，第150页。

客亭，左右楸桐，负日俯仰，目对鱼鸟，极水木明瑟，可谓濠梁之性，物我无违矣。”①又如吴均的《与宋元思书》：

> 风烟俱净，天山共色，从流飘荡，任意东西。自富阳至桐庐，一百许里，奇山异水，天下独绝。水皆缥碧，千丈见底，游鱼细石，直视无碍。急湍甚箭，猛浪若奔。夹岸高山，皆生寒树，负势竞上，相互轩邈，争高直指，千百成峰。泉水激石，泠泠作响。好鸟相鸣，嘤嘤成韵。

吴均之文让富春江之美景铺在人的眼前，让人获得身临其境的感受。六朝文人对自然的态度是一种求真求美的态度，他们在求真中获得求美的体验，又在求美中获得求真的乐趣，而道教守一术与此相关联。守一所追求的最高境界与审美所追求的最高境界是相通的。

## 第三节　博物地理著作中的自然

### 一、博物地理小说中的天道自然观

葛洪认为《列仙传》所记载的大量神仙是真实存在的，并在《抱朴子内篇·论仙》中进行了阐述。他认为天上和地上都有神仙居住，地上神仙居住的地方是洞天福地，洞天福地可以与神仙世界相汇通。道教对灵山的崇拜、对洞天福地的向往和对神仙世界的肯

① 郦道元：《水经注》卷九《淇水注》，陈桥驿注译：浙江古籍出版社，2001年版，第130页。

定对魏晋南北朝博物地理著作产生了深刻影响。博物地理著作描写自然，也对人间的仙境展开了自由的想象，由此形成博物地理著作一个独特的现象，即用艺术的夸张和想象表达宗教的虔诚和神秘，它是彼岸的宗教追求与此岸的感性追求相结合的产物。

博物地理小说的传统可以追溯到《山海经》。《四库全书总目提要》说："序叙山水，多参以神怪，故《道藏》收入'太元部竞字号'中。究其本旨，实非黄老之言。然道里山川，率难考据，案以耳目所及，百无一真。诸家并将当作地理书之冠，亦为未允。核实定名，实则小说之最古者尔。"[①]将《山海经》定性为"小说之最古者"，肯定了《山海经》与中国小说的渊源关系。而汉魏博物地理类小说的集中出现，则是道家的天道自然观念向道教神仙思想转变的文学性表现。

汉代黄老思想中的根本观念是尊天、法天。《黄老帛书》中的《经法·四度》说："周迁动作，天为之稽。天道不远，入与处，出与反。""极而反，盛而衰，天地之道，人之理也。逆顺同道而逆理，密知逆顺，是谓道纪。"人事也好，自然也好，最重要的就是"毋逆天道"。《淮南子》中对道的描述也至为朴素自然，《原道训》说："所谓天者，纯粹朴素，质直皓白，未始有与杂糅者也。"这和老子的认识一样，道也是虚无、柔弱的："是故清静者，德之至也，而柔弱者，道之要也。虚无恬愉者，万物之用也。肃然应感，殷然反本，则沦于无形矣。"尊天法天的思想与至上神信仰相关联，《淮南子·天文训》中的天，同时就是至上神或至上神人住所，《地形》篇讲昆仑山和山上树林木，说那是诸位上帝上下的道路，还通过赤松、王乔把

① 永瑢等：《四库全书总目提要》，中华书局，1965 年出版，第 1205 页。

养性之术与成仙联系了起来,《精神训》中所谓的"真人"、"至人",已经是飘然欲举的神仙了:"所谓真人者,性合于道也。故而有若无,实而若虚。处其一,不知其二。治其内,不识其外。明白太素,无为复朴。体本抱神,以游于天地之樊,芒然彷徉于尘垢之外,而消遥于无事之业。""无至人倚不拔之柱,行不关之涂,禀不竭之府,学不死之师,无往而不遂,无至而不通。生不足以挂志,死不足以幽神。屈伸俯仰,抱命而婉转。祸福利害,千变万纷,孰足以患心。若此人者,抱素守精,蝉蜕蛇解,游于太清,轻举独往,忽然入冥。"因此,汉代黄老思想的天道自然观念,与道教的神仙思想有着内在的联系,"在汉代开启了道家向神仙道教过渡、发展的方向。"①

从相信天道自然,崇尚自然的思想观念出发,很容易得出世界之大无奇不有的结论,"任其自然"为一切好奇循异提供了理论武器。"好奇循异,本就是方士的惯伎,得到这种自然观的支持,更是如虎添翼。魏晋南北朝时期,博物著作急剧增多,与天道自然观念的推动有极大的关系。这些博物著作的特点,就是相信一切。"②当时著名学者郭璞在《山海经叙》中清楚地表明了这种认识:

> 庄生有云:人之所知,莫若其所不知。吾于《山海经》见之矣。夫以之寥廓,群生之纷纭,阴阳之煦蒸,万殊之区分,精气混淆,自相溃薄,游魂灵怪,触而构,流行于山川,丽状于木石者,恶可胜言乎?然则总其所以乖,鼓之于一响;成其所以变,混之于一象。世之所谓异,未知其所以异;世之所谓不异,未

① 金春峰:《汉代思想史》,中国社会科学出版社,1987年版,第255页。

② 李申:《道教本论》,上海文化出版社,2001年版,第138页。

> 知其所以不异,何者?物不自异,待我而后异;异果在我,非物异也。故胡人见布而疑黂,越人见罽而骇毳。夫玩所习见而奇所希闻,此人情之常弊也。今略举可以明之者:阳火出于冰水,阴鼠生于炎山,而俗之论者,莫之咸怪。及谈《山海经》所载,而咸怪之,是不怪所可怪而怪所不可怪也。不怪所可怪,则几于无怪矣;而怪所不可怪,则未始有可怪也。夫能然所不可,不可所不可然,则理无不然矣。①

《山海经》中记载的道里山川无从考证,向被认为荒诞不稽,郭璞用"自然之化"观照之,则合情合理了。可见,自然的观念为一切奇谈怪论提供了理论依据。当异物异俗有了合情合理的存在空间后,道教超现实的神仙、仙境也依此逻辑而被自然而然地接受。这二者之间本来有着内在的联系。在交通不便的时代,绝域殊方的异物异俗,具有很大的神秘感,是最适合神仙居住的地方,于是博物地理小说一方面驰骋自己的文学想象,大肆夸耀炫示珍物异宝,同时又宣扬了道教神仙境界的美好神秘,《山海经》中"率难考据"的"道里山川"变成了仙家的洞天福地,所记的巫术变成了道教的道术,神话与历史人物变成了长生不死的神仙。

而在汉魏重要的博物地理著作《十洲记》和《博物志》中,更是充满着对各种想象的神仙世界的描写,可以说它们是体现道教神仙世界的神圣宗教追求与文学创造的典范之作。

《十洲记》是托名东方朔的作品,昔人多以其为六朝方士伪作。《十洲记》记载了八方巨海中的祖洲、瀛洲、玄洲、炎洲、长洲、元洲、

① 袁珂:《山海经校注》,上海古籍出版社,1980年版,第478页。

流洲、生洲、凤麟洲、聚窟洲等十洲。书中多为记录地理博物故事，如相关洲、岛的方位、范围，岛上的仙芝、玉醴泉、仙人等。《十洲记》记山川地理，其主旨却是宣扬神仙思想。其序曰："汉武帝闻王母说八方巨海之中有祖洲、瀛洲、玄洲、炎洲、长洲、元洲、流洲、生洲、凤麟洲、聚窟洲有此十洲，乃人迹所稀绝处。又始知东方朔非世常人，是以延之曲室而亲问十洲所在、所有之物名。"整篇故事以东方朔学仙的行踪为构架，以此引出十洲仙境，实"为道教仙境说之祖"①。《十洲记》以文学化的虚构夸张将《山海经》记山川地理异物的传统发扬光大，使原本怪异难识的东西具有一种灵异的色彩，对普通大众产生神秘的诱惑，从而达到宣传道教神仙思想的目的。《山海经·西次三经》记昆仑："西南四百里，曰昆仑之丘，是实惟帝之下都，神陆吾司之。其神状虎身而九尾，人面而虎爪。是神也，司天之九部及帝之囿时。"只是平实地记录昆仑山的位置及司掌昆仑的神，到了《十洲记》中，昆仑山成为道教女神西王母所治的仙景：

> 昆仑号曰昆陵，在西海之戌地，北海之亥地，去岸十三万里。又有弱水周回绕匝。山东接石圃，西北接北户之室，东北临大活之井，西南至承渊之谷。此四角大山，实昆仑之支辅也。……山三角，其一角正北，干辰之辉，名曰阆风巅；其一角正西，名曰玄圃堂；其一角正东，名曰昆仑宫。其一角有积金，为天墉城，面方千里，城上安金台五所，玉楼十二所。其北户山承渊山，又有墉城，金台玉楼，相鲜如流精之阙光。碧玉之

① 杨建波：《道教文学史》，武汉出版社，2001 年版，第 97 页。

堂，琼华之室，紫翠丹房，景云烛日，珠霞九光。西王母之所治也，真官仙灵之所宗。

这段描写极尽铺陈渲染之能事，语言华丽，音韵优美，墉城建筑的恢宏气魄与墉城装饰品之繁华富丽跃然而出，给读者以强烈的冲击力。之所以要突出昆仑山，只因为它是“真官仙灵之所宗”。《山海经》中关于山川道路的地理知识尚停留于对现实世界的记录，其中半人半神、亦人亦兽的形象是原始思维的产物，《十洲记》将山川道路的描绘升华为仙景宣传，则是在为人们在可感可触可知的日常经验世界之上虚构出一个完美的世界，目的不是叙述地理知识，而是讲述神仙天庭，它赋予地理知识以思想内涵，使之内化为道教知识体系的组成部分，成为其时声势宏大的畅道的“邈遐”玄思。

《博物志》是一部以山水地理为主干的著作。作者张华精通方术，《博物志》除记仙人、神宫、神泉、不死树、石脂玉膏外，还宣扬方士的服食导养之法。《博物志》中的神话具有浓厚的神秘主义色彩，长生不老、三百岁乃觉、不死神话、君子国、羽民国。……那些奇特的时空充满着想象的韵味。《博物志》以神秘主义想象，变异时空，出入神仙世界，折射出人对生死无常的焦虑和对长生成仙的渴望。这些对神仙世界的向往，都基于人们对修道成仙的信仰。在想象当中，神灵可以降临，在想象当中，更可以达到修炼长生的目的。道教修炼的充沛想象力、神奇的宗教性也对当时文学的创作产生了一定影响。比如，《博物志》在记录昆仑山时引录《史记》中叙齐王遣使入海求仙的言语，突出了昆仑的神仙色彩：“昆仑山北地，转下三千六百里，有八玄幽都。方二十万里，地下有四柱，四柱广十万里地，有三千六百轴，犬牙相举。《史记·封禅书》云威宣燕昭遣人乘舟入海，有蓬莱、方丈、瀛洲三神山，神人所集，欲采仙药，盖言先有至之者，其鸟兽皆白，金银为宫阙，悉在渤海中，去人不远。”

## 二、博物地理小说中的自然

博物地理小说中的自然首先是神灵崇拜的对象。魏晋南北朝时期道教的灵山崇拜起源于上古原始宗教中的自然神与自然崇拜，它是道教神仙思想和方术的重要内容。“自然崇拜的对象是神灵化的自然现象、自然力和自然物，即神灵化的天、地、日、月、星、雷、雨、云、虹、山、石、水、火等。”[①]《史记·封禅书》中曾记载，秦始皇即帝位三年，东巡郡县，至泰山封禅之时，就有儒生议论“古者封禅为蒲车，恶伤山上之土石草木。”可见当时人们认为在进行宗教活动时，不可伤及山上的土石草木，此中含着山上土石草木皆有神性这样一种信仰。而且古人相信，在名山之上进行封禅祭祀，能够达到与神界相通之目的，可以祈求神灵佑助国家社稷的安定。

道教继承了这种古老的信仰，并加以发展和利用。在道教信仰中，山不仅可以为帝王联系天神，还可以为修道求仙的民众提供沟通神界的条件。道教赋予“山”一种神秘的、神性的特征，中国众多的名山获得了神圣的文化价值和社会价值，自然界处处彰显着神性的光芒。魏晋时期，道教追求的长生不老和得道成仙，只有通过际遇神仙，得赐灵药才能实现。人们认为神仙居住在山中，“山

① 何星亮：《中国自然神与自然崇拜》，上海三联书店，1992 年版，第 11 页。

无大小，皆有神灵，山大则神大，山小即神小也”，[①]同时《汉书》中也提到“列仙之儒居山泽间。”所以神灵居住的名山则成了道教崇拜的对象，山神崇拜也成了上古自然神灵崇拜中流传最为广泛的崇拜。

在道教思想影响下，自然成为具有神性的自然，名山更是道教与仙境得以沟通的地方。“辽阔的中华大地上有无数名山，几乎山山都和道教文化有关，山山都有道教的传说故事。可以说，是中华大地巍峨锦绣的群山哺育了道教文化，使它具有了那么深沉的根底，那么杳渺悠长而波澜壮阔；同时，也正是道教文化赋予中国的名山大川以浓郁的文化色彩，使那些崇山峻岭、飞瀑流泉、奇峰异石、沟石洞壑充满了神奇的故事，成为中华民族宝贵的文化遗产。”[②]在《山海经》中那些真实的或虚构的名山，几乎都有奇异的神话为之增色。春秋战国时的《山经》记载有 347 座名山，其中大多与神话相关。《海内西经》中是这样描述昆仑山的：“海内昆仑之虚，在西北，帝之下都。昆仑之虚，方八百里，高万仞。上有木禾，长五寻，大五围。面有九井，以玉为槛。面有九门，门有开明兽守之，百神之所在。”《博物志》也谈到：

> 地部之位起形高大者，有昆仑山。广万里，高万一千里。神物之所生，圣人仙人之所集也。

曹操在《秋胡行》中歌曰：“我居昆仑山，所谓者真人，道深有可得”；

① 王明：《抱朴子内篇校释》卷十七《登涉》，中华书局，1985 年，第 299 页。

② 赵敏俐：“山崇拜与道教文化及游仙诗”，《东方丛刊》，1994 年第 1 期。

“歌以言志，我居昆仑山。”昆仑山、三神山都是道教仙境的发源地。在道教中昆仑山是神仙所居住的地方，是十洲三岛之一。《淮南子·坠形训》中也提到：

> 昆仑之邱，或上倍之，是谓凉风之山，登之不死；或上倍之，是谓悬圃，登之乃灵，能使风雨；或上倍之，乃维上天，登之乃神，是谓太帝之居。

所谓“三神山”，是海中三座仙山，又称“三岛”、“三壶”。据《史记·秦始皇本纪》和《封禅书》，三神山之说出自齐国徐市，他为讨好秦始皇而上书，说海上有蓬莱、方丈、瀛洲三神山，山上有众仙人和长生不老之药。“自威、宣、燕昭使人入海求蓬莱、方丈、瀛洲。此三神山者，其传在渤海中，去人不远；患且至，则船风引而去。盖尝有至者，诸仙人及不死之药皆在焉。其物禽兽尽白，而黄金为宫阙。未至，望之如云；及到，三神山反居水下，临之，风辄引去，终莫能至焉。”[①]魏晋南北朝时期人们企求长生不老，认为“灵丹妙药”可以使人达到仙境，《抱朴子内篇·金丹》说炼制“大药”者“必入名山，斋戒百日，不食五辛生鱼，不与俗人相见尔。”修道者们认为，“甘口之食是伤命之斧，爵禄奢丽是消真之源。故神人爱幽寂，而栖身不显形于风尘者也。”[②]

《博物志》中记载：“泰山，一曰天孙，言为天帝孙也。主召人

① 《史记》卷二十八《封禅书》，中华书局，1978年版，第1369-1370页。

② 《无上秘要》卷九十七，《正统道藏》太平部，上海商务印书馆涵芬楼名义影印本，1926年。

魂。东方万物始成，故知人生命之长短。”[1]泰山被视为统管鬼神和主管世人生死的神灵，魏晋南北朝时期崇拜泰山神也是盛极一时。“道教在魏晋南北朝时期融摄山神崇拜，灵山崇拜成为洞天福地说的思想渊源。魏晋南北朝时期已经有了‘洞天福地’之说的肇始。”[2]在灵山崇拜发展后，道教更加追求那些直接的可以通天的圣地：“洞天”、“福地”，因此，博物地理小说中的自然还是道教理想的洞天福地。

任何一种宗教的教义中都有一个理想的彼岸世界，而道教的彼岸世界就在神仙信仰构建的仙境。早期道教依循洞穴崇拜，认为山中有仙道，而名山是神仙所居之“洞天”、“福地”。“洞天”意指通天之山洞，在此修道可以通天。此意义上的洞天应是山峦合抱中虚，能兼采阴阳二气之地，是那些人迹罕至、景色秀丽的山脉或岛屿。它们被看作是神仙的居住之地，也是道教徒修炼的最佳场所。“福地”则指受福之胜地，在此修炼可以成地仙，得福之地。如《道迹经》云，句曲山“居月弗地，必度世，见太平。”只要是有灵性、出过真人、适合道礼修炼的地方，不管是江河岸边，还是山林之内，都是“有福之地”，居于此地可受福度世，修成地仙。因此“洞天福地”指那些有益于道门中人得道成仙的名山大川，是道教极力想要营造的人间仙境。“从道教的视角来看，洞天福地融自然与人为一体，最能体现道意，是沟通天地、仙凡两界的独特空间世界，因此比较适合修道者修行、炼化，并逐渐成为道教进行各种宗教活动的主

---

① 张华：《博物志校证》，范宁校证，中华书局，1980年版，第10页。

② 吴成国，陆静卿：“魏晋南北朝时期道教灵山崇拜论析”，《宗教学研究》，2005年第2期。

要场所。”[1]

在上清派的道书如《道迹经》、《真诰》中就已提及到大小洞天及福地，可见“洞天福地”的观念在东晋时就已形成。《真诰·稽神枢》云：“大天之内，有地中之洞天三十六所。”[2]石室、洞窟是早期道教修道之人的住所和进行宗教活动之地。他们认为洞穴、石室是与尘世隔绝专心修行之所和传授道书之地。《抱朴子内篇》曾说“下士得道于山林”，道教的各种秘典多封存于名山之中。“诸名山五岳，皆有此书，但藏之于石室幽隐之地，应得道者，入山精诚思之，则山神自开山，令人见之。”[3]在葛洪的《神仙传》中也记载了石室中仙药和道书的故事：

> 王烈者，字长休，邯郸人。常服黄精并铅，年二百三十八岁，犹有少容，登山历险，行步如飞。少是本太学书生，学无不览，常以人谈论五经百家之言，无不该博。中散大夫谯国稽叔夜，甚敬爱之，数数就学，共入山游戏采药。后烈独之太行山中，忽闻山东崩圮，殷殷如雷声。烈不知何等，往视之，乃见山破石裂数百丈，两畔皆是青石，石中有一穴口，经阔尺许，中有青泥流出如髓。烈取泥试丸之，须臾成石，如投热蜡之状，随手坚凝，气如粳米饭，嚼之亦然。烈合数丸如桃大，用携少许归，乃与叔夜曰：“吾得异物。”叔夜甚喜，取而视之，已成青石，

① 付其建：《试论道教洞天福地理论的形成与发展》，山东大学硕士学位论文，2007年，第8页。

② 《真诰》卷十一，《道藏》第20册，文物出版社、上海书店、天津出版社三家本，1988年版，第602页。

③ 王明：《抱朴子内篇校释》卷十九《遐览》，中华书局，1985年版，第336页。

> 击之如璋璋如铜声。叔夜即与烈往视之,断山以复如故。烈如河东抱犊山中,见一石室,室中有石架,架上有素书两卷。烈取读,莫识其文字,不敢取去,却着架上,暗书得数十字形体,以示康,康尽识其字。烈喜,乃与康共往读之,至其道径,了了分明,比及,又失其石室所在。①

石室是藏匿仙物之地,也是人间的仙境。在这样的描述中,我们可以看到自然是与仙界相联系的,那些石室也是自然神性的体现。

早期道经中对"洞天"、"福地"已有记述。照道经所说,道教神仙所居住的"仙境"中,位于名山洞府者,就有诸如十大洞天、三十六(小)洞天、七十二福地等。前面也已谈到过,古人对灵山的信仰,与"山不在高,有仙则名"的观念是密不可分的。道教的神仙住在神山之中,而神山也是许多世人可以得道之所。汉代刘向《列仙传》载,周灵王太子王子晋,从道士浮丘公在嵩高山上学道30余年,后跨鹤升仙。洞天福地的思想是在一定的时代背景下形成发展的,"它们都具有内涵深厚的神仙文化之底蕴。名山洞府在道士修行中占有非常重要的地位。由于道教认为得'道'才能成仙,而'道'在道教修炼中又被看作是先天一气,万物都是气化而生,仙境也是结气所成,而美若梦幻的奇山妙洞,自古以来就被传说为充满灵气的神秘之地。在此修炼之人自然可以与山之灵气相互感通而喜结仙缘。其次,道教认为名山都有仙真主理,而且草药丰富。那里往往远离尘嚣、空气清新,是采药炼丹、呼吸吐纳的理想场所。

① 《太平广记》卷九,中华书局,1962年版,第61-62页。王烈成仙的故事葛洪《神仙传》亦有记载,较略。

道教修炼的目的是要使修炼者融入自然、回归本然，实现天人合一，从而达到‘天地与我共生，而万物与我为一’，‘独与天地精神往来’的宁神境界。”[①]因此，洞天福地成为道教徒终身追求和守护的对象。

法国著名东方学家沙畹就曾说过：“中国人在洞穴中看到的是通向神仙居室的迷宫，得道之士可以在那里发现神圣的启示、符和天降经书。”[②]在道教的思想中，自然具有通天的魔力，人们在那些洞穴石室中可以获得与仙界的联系。这种被神性化的自然，不仅拥有沉淀的人文价值，更是充满了宗教圣地的神圣气氛。道教的“洞天福地”使遥不可及的“仙境”近化为人间凡世的名山大川。在这里，原本无法交汇的人间与仙境通过道教圣地得以相通，仙境也变得近而可达。在道教仙境说的影响下，自然界可以到达仙界，因此在当时的博物地理著作中对自然的描写总是充满着神性的色彩。自然总是与人们所追求的那个人间天堂相联系的。

在道教神仙思想的影响下，博物地理著作中描写了大量的神物，如不死草、玉醴泉、仙枣等，这些神物都可以满足人们不死之愿望。这些神物或真实或虚幻，但都融入了创作者自身的想象，并把自然塑造成了神奇的人间仙境。《十洲记》中记载了一种不死草：

祖洲，近在东海之中，地方五百里，去西岸七万里。上有不死之草，草形如菰苗，长三四尺。人已死三日者，以草覆之，皆当时活也。服之令人长生。昔秦始皇大苑中多枉死者，横

① 宇汝松：“道教洞天福地的文化意蕴”，《世界宗教文化》2006年第2期。

② 〔法〕索安：《西方道教研究编年史》，吕鹏志等译，中华书局，2002年版，第39页。

> 道有鸟如乌状，衔此草覆死人面，当时起坐而自活也。有司闻奏，始皇遣使者，赍草以问北郭鬼谷先生。鬼谷先生云："此草是东海祖洲上不死之草，生琼田中，或名为养神芝。其叶似菰苗，丛生，一株可活一人。"始皇于是慨然言曰："可采得否？"乃使使者徐福发童男童女五百人，率摄楼船等入海寻祖洲，遂不返。福，道士也，字君房，后亦得道。①

《博物志》也有不死草的描写："黄帝问天老曰：'天地所生，岂有食之令人不死者乎？'天老曰：'太阳之草，名曰黄精，饵而食之，可以长生。太阴之草，名曰钩吻，不可食，入口立死。'"②又如瀛洲有玉醴泉，"上生神芝仙草，又有玉石，高且千丈。出泉如酒，味甘，名之为玉醴泉，饮之，数升辄醉，令人长生。"③元洲有五芝涧，涧水如蜜浆，饮之可以长生不老。最为神奇的是聚窟洲的反生香，"香气闻数百里，死者在地，闻香气乃却活，不复亡也。"④汉武帝即因不识此香，不礼遇献香的西胡月支国使而亡。道教修炼还有不少益寿之物，如原始的仙物，是与仙人同级的。晋葛洪《神仙传》中也提到的仙枣，仙人如李意期、董奉等皆以"唯噉脯枣，少饮酒"为养生延年之道，另一仙人沈羲夫妇被迎上天，老君"赐枣二枚，大如鸡子，脯五寸。"

在道教神仙思想的影响下，此时期的博物地理著作中注入了新的神话元素。在这些神话中，自然物奇幻怪异难分真假，但都是

① 《十洲记》，《道藏》第11册，文物出版社、上海书店、天津出版社三家本，1988年版，第51页。

② 张华：《博物志校证》，范宁校证，中华书局，1980年版，第63页。

③ 《十洲记》，《道藏》第11册，文物出版社、上海书店、天津出版社三家本，1988年版，第51页。

④ 同上，第52页。

创作者借助历史自由想象的产物。

在上古人们的心中，人和动物、植物都是自然中的不同种族。而动植物身上人们还能找到为之崇拜的力量。卡西尔在谈到神话时说："在神话想象中，总是暗含着一种相信的活动。没有对它的对象的实在性的相信，神话就会失去它的根基。"[①]在道教神仙思想的影响下，张华的《博物志》中动植物更注入了一些新的神话元素，这些或想象或真实的自然物都极富灵性。《博物志》较之以前的《山海经》更加成熟，更多地体现了人们的神仙信仰。如"羽民国，民有翼，飞不远，多鸾鸟，民食其卵。去九疑四万三千里。"[②]这是人们幻想飞升的一个例子。

同时，《博物志》还多次提到不死之草，"不寿者八百岁"的轩辕国，"乘之寿三千岁"的白民国，"似仙人"的灌兜国人，体现了人长生不死的愿望。《博物志》中的神物更具不少想象的成分，如第114条记尧帝时的"屈佚草"竟然能识别奸佞小人："生于庭，佞人入朝，则屈而指之"。又如第117条记"枫树生者啖之，令人笑不得止"。再如第140条记"龙肉以醢渍之，则文章生"。《博物志》的世界是拥有奇幻色彩的世界，亦真亦假。

虽然《博物志》中所记载的轩辕国、白民国、大人国、结胸国、羽民国等异国名称与《山海经》中雷同，但其中所具有的"神仙气息"不尽一样，而且内容也更为丰富。如《山海经》中有两条关于"羽民国"的记录，《海外南经》："羽民国在其东南，其为人长，身生羽。一曰在比翼鸟东南，其为人长颊。"《大荒南经》："有羽民之国，其民皆

---

① 卡西尔：《人论》，甘阳译，上海译文出版社，2004年，第105页。

② 张华撰：《博物志校证》，范宁校证，中华书局，1980年版，第22页。

生毛羽。"说的是羽民国人个子高，身上长有羽毛，长面孔；而《博物志》第57条记羽民国"民有翼，飞不远，多鸾鸟，民食其卵"。这里羽民国人不仅身上长有羽毛，而且还长有翅膀，能够飞，能一跃千里，翱翔天空，这的确是神仙的能耐，虽然他们飞不远。这显然是使神仙更加人性化，让神仙更加贴近现实世界。又如《博物志》第66条："无启民，居穴食土，无男女。死埋之，其心不朽，百年还化为人。细民，其肝不朽，百年而化为人。皆穴居处，二国同类也。"无启民，居于穴中，吃的是土，没有性别之分，死后埋葬，心不会腐烂，百年后还会重新化为人。这里所体现正是神仙道教坚信长生能致的思想。再如《博物志》第321条"八月浮搓"的故事，这条传说是将"巨查"与"牛郎织女"的神话做了巧妙的结合，同时对神仙鬼怪的存在的认同，增加了其想象的巨大魅力。

博物地理著作中还有大量的仙人仙景形象。首先，博物地理著作中仙人的形象更为成熟，同时也对平民百姓成仙的故事进行了叙述。这不仅反映了道教神仙实有、长生可致、仙人可学的信仰，更是缩短了神仙世界与尘世社会的距离：

> 方丈洲，在东海中心，西南东北岸正等，方丈方面各五千里，上专是群龙所聚。有金玉琉璃之宫，三天司命所治之处。群仙不欲升天者，皆往来此洲，受太玄生箓，仙家数十万，耕田种芝草，课计顷亩，如种稻状。亦有玉石泉，上有九原丈人宫，主领天下水神及龙蛇巨鲸、阴精水兽之辈。[①]

① 《十洲记》,《道藏》第11册，文物出版社、上海书店、天津出版社三家本，1988年版，第53页。

> 蓬丘,蓬莱山是也,对东海之东北岸,周回五千里,外别有圆海,绕山,圆海水正黑,而谓之冥海也。无风而洪波百丈,不可得往来。上有九老丈人、九天真王宫。盖太上真人所居,唯飞仙能到其处耳。①

这里已经将地理事物与神仙道教相结合了。海外仙山不再是原始先民的居住地,而是具有一定阶级地位的上层仙人的居所。在博物地理著作中塑造了更为成熟的仙人形象,并对人们所向往的仙境进行了较为细致的勾勒。如西王母由原来的半人半兽的形象变为仙话中的传道授业的神仙形象。博物地理还对生活在仙岛上的仙官进行了描写,并且发挥想象,描述了他们所具有变化万端的本领。如:“扶桑,在东海之东岸,岸直陆行,登岸一万里,东复有碧海,海广狭浩汗,与东海等。水既不咸苦,正作碧色,甘香味美。扶桑在碧海之中,地方万里,上有太帝宫,太真东王父所治处。此地多林木,叶皆如桑。又有椹树,长者数千丈,大二千徐围。树两两同根偶生,更相依倚,是以名为扶桑。仙人月民其椹,而一体皆作金光色,飞翔空玄。其树虽大,其叶椹故如中夏之桑也,但椹稀而色赤,九千岁一生实耳,味绝甘香美。地生紫金丸玉,如中夏之瓦石状,真仙灵官,变化万端,盖无常形,亦有能分形为百身十丈者也。”②

《博物志》也对平民百姓成仙进行了叙述。“黄帝登仙,其臣左彻者削木象黄帝,帅诸侯以朝之。七年不还,左彻乃立颛顼。左彻

① 《十洲记》,《道藏》第11册,文物出版社、上海书店、天津出版社三家本,1988年版,第54页。

② 同上,第53-54页。

亦仙去也。"[1]传说中的帝王才能升仙的范围扩大到了平民百姓。《博物志》卷五方士多有此例，如左元放"能变形，幻人视听，厌刻鬼魅。"成公"其步渐高，良久乃没而不见，至今密县传其仙去。"《博物志》中还有不少关于方士的记录，他们都有超凡的能力，有的能穿墙越壁，如第179条记"右十六人魏文帝、东阿王、仲长统所说，皆能断谷不食，分形隐没，出入不由门户"，这些方士能够不食人间烟火，能够出入不经门行。还有方士能水火不入，如第183条讲焦生赤身裸体却处火不憔，入水不冻。而且这件事有杜恕杜太守亲眼所见为证。

其次，在博物地理著作中，自然仙境是奇幻的、美妙的、充满想象的世界。这正是对人们心中极乐世界的最完美的描绘。

道教的神仙世界里，没有世人最畏惧的生老病死，神仙摆脱了自然力的束缚，他们"或竦身入云，无翅而飞；或驾龙乘云，上造天阶；或化为鸟兽，游浮青云；或潜行江海，翱翔名山；或食元气，或茹芝草；或出入人间则不可识，或隐其身。"[2]而且也不受社会统治力量的束缚，甚至可以像《神仙传》里的河上公那样"上不至天，中不累人，下不居地"，不肯做汉文帝的臣民，竟使帝王的权威失去效力。

神仙为世人提供的是一个无忧无苦、飘逸逍遥的世界：神仙们在仙境之中，"肌肤若冰雪，绰约若处子，不食五谷，吸风饮露，乘云气，御飞龙，而游乎四海之外"。[3] 活得逍遥自在，无比幸福，最让人羡慕是他们掌握着长生不老之药。同时他们还抛开了世俗间争名夺利、七情六欲的烦恼。葛洪说："夫得仙者，或升太清，或翔紫

① 张华：《博物志校证》，范宁校证，中华书局，1980年版，第93页。

② 葛洪：《神仙传》卷一，《四库全书》，上海古籍出版社，1987年版，第260页。

③ 郭庆藩：《庄子集释·逍遥游》，中华书局，1978年版，第29页。

霄，或造玄洲，或栖板桐，听钧天之乐，享九芝之馔，出携松羡于倒景之表，入宴常阳于瑶房之中。”[①]这种理想的神仙境界，补偿了尘世生活中的缺陷，满足了现实人生的一切欲望。博物地理著作中对神仙世界的描绘更为丰富。如《十洲记》曰：“瀛洲在东海中，……洲上多仙家，风俗似吴人，山川如中国也。”“生洲，在东海丑寅之间，接蓬莱十七万里，地方二千五百里，去西岸二十三万里，上有仙家数万，天气安和，芝草常生，地无寒暑，安养万物，亦多山川仙草众芝，一洲之水，味如饴酪，至良洲者也。”[②]《抱朴子内篇》中也有对昆仑山的描写：“天不问其高几里，要于仰视之，去天不过十数丈也。……有珠玉树沙棠琅玕碧瑰之树，……每风起，珠玉之树，枝条花叶，互相扣击，自成五音，清哀动心。……昆仑山上，一面辄有四百四十门，门广四里，内有五城十二楼，……真济济快仙府也。”[③]

这些记载因其与道教仙话的相联系，故也可看作是道教神仙思想影响博物地理著作的产物。在这些著作当中，传统的地理传说与道教仙话结合，自然中存在神物、仙人、仙境，并有可以成仙的方士和平民。这些仙话的表述中都充满着想象的发挥。在这一时期，自然总是充满着想象性与神性，同时也披上了神仙的外衣。成仙不再那么遥不可及，修道可以成仙，仙境也是在人间存在的。“况列仙之人，盈乎竹素矣。不死之道，曷为无之？”[④]在博物地理

① 王明：《抱朴子内篇校释》卷十《明本》中华书局，1985年版，第189页。

② 《十洲记》，《道藏》第11册，文物出版社、上海书店、天津出版社三家本，1988年，第51-52页。

③ 王明：《抱朴子内篇校释》卷二十《祛惑》，中华书局，1985年版，第349-350页。

④ 王明：《抱朴子内篇校释》卷二《论仙》，中华书局，1985年版，第12页。

著作中所反映的仙人生活更加真实化、世俗化，他们不再是高居天上、远离尘嚣，而是存在于人间，存在于自然。这在一定程度上满足了人们想要成仙的愿望，反映了时代的要求。

道教的神仙思想在博物地理著作的创作中扮演了重要的角色。在魏晋时期，神仙体系的基本建立，修道成仙的方式，成仙故事的类型，平民神仙的形成，都为博物地理著作提供了好的素材。道教仙话的丰富的想象力、自由的内涵、崇高的神性都为文人的创作提供了灵感。魏晋南北朝诗歌也同样具有独特的神仙内涵，游仙诗和山水诗借助道教的神仙思想对游仙和自然景象进行歌咏，为诗歌提供了新的题材和审美境界。神仙道教的发展拉近了人与神仙世界的距离，实质上是拉近了人与自然的距离，自然在人的心目中不再是高高在上的"皇天"，也不是不可认知的世界。在道教思想体系和修炼方式的影响下，自然与人有了亲和力，新的自然审美观念逐渐形成。

## 第四节　游仙诗中的自然与自然观

### 一、三曹——对仙界的幻想

曹操作为一个政治家，其理想就是一统天下。他召集了不少民间方士聚集到邺下，不仅避免农民加入起义军，客观上也使原来各自修行的方士们集中于曹氏父子周围。

一时之间，邺下诸文人跟随方士问学长生之道，神仙风气弥漫，文人受其浸染，创作了不少游仙诗。曹操也写下了不少游仙诗以表达自己"求药延寿"的愿望。如《陌上桑》中描写幻想与仙人共处的生活："交赤松，及羡门，受要秘道爱精神。食芝英、昆仑，与赤松、王乔、西王母等仙人共处，服神药，食芝英，饮醴泉，拄杖枝，佩秋兰。”又如《步出夏门行》中一句“烈士暮年，壮心不已”表达对生命有限的悲哀。他在《秋胡行》中表达了对不死之药的渴望：“思得神药，万岁为期。”曹操创作游仙诗，一方面是为了表达对生命无常的悲哀和对长生不死的期望，另一方面也是为了构建出一个理想世界来完成统一大业，用以补偿人生的遗憾，实现其对人生的完美追求。曹操借用游仙这个艺术外壳来咏怀，在其中充斥着人生苦短、功业无期的困惑和匡世济民的社会责任感。

曹植是建安时期最负盛名的作家，《诗品》称之为“建安之杰”。他的诗现存八十余首，其中游仙诗就有十余首。现存的游仙诗有《仙人篇》、《飞天行》、《游仙》、《苦思行》、《飞龙篇》、《桂之树行》、《远游篇》、《驱车篇》、《平陵咏》、《五游咏》等。现实生活中的曹植满怀忧患，内心压抑痛苦，他不但希望保全生命，更希望获得生命的永恒。曹植早期的生活衣食无忧，意气风发，任性而行。到了“郁郁不得志”、“浮萍寄清水，随风东西流”的后期生活，他开始真诚地追求方术仙药期望能够延长寿命。他在诗中寄托了服食延寿的希望：“王子奉仙药，羡门进寄方，服食享遐纪，延寿保无疆。”(《五游咏》)“教我服食，还精补脑。”(《飞龙篇》)“灵芝采之可服食，年若王父终无极。”(《平陵东》)

曹植求药延寿也是为了实现他多年来建功立业的抱负。在《游仙》中他写到：“四海一何局，九州安可知？韩终与王乔，要我于天衢。万里不足步，清举凌太虚。”在神奇飘渺的“天衢”中，诗人可以驰骋翱翔，在幻想的天界中漫游以获得暂时的解脱与自由的快感，这里是现实中不曾拥有的精神家园。曹植的游仙，除了有感于岁月流逝想留住时间的脚步外，更多的是为自己在现实生活中遭遇的痛苦寻求解脱。“建功立业的理想破灭，曹植无法抑制内心之苦，于是借庄子哲学来自我排解、修养身心。《桂之树行》中他追求‘淡泊无为自然’的要道，《释愁文》中借玄灵先生之口为自己开的释愁之方也是‘无为’、‘澹泊’‘玄虚’、‘淳朴’‘恢廓’‘寂寞’等。曹植描绘了一个无为自然、人人平等的极乐世界，在这个世界里没有权势、小人的谗言，也没有骨肉为敌的痛苦。在曹植曲折复杂的经历中，我们不难看出他思想中的庄子式的摆脱尘世烦扰，寻求精神解脱的愿望，以及在遨游天地间寻求自由和快乐的愿望。”[①]曹植这里充满着道家的成仙思想，让人们体会到了在自然中所获得的精神自由，对自然有了一种新的美学感受。

曹丕的宗教态度与诗歌观念更为复杂一些。曹丕以魏之开国皇帝与邺下文士集团领袖的双重身份留名于世，这两个身份之间存在着巨大的反差。众所周知，曹丕是一个清醒冷峻的政治家，争夺太子位置的胜利者，成功地收缴了自己兄弟权利的皇帝，能运筹帷幄于刑名法术儒家伦理之间而治国安邦。代汉立魏的曹丕深知以宗教名义出现的虚妄妖异之说的鼓动力量，因此曹丕及其父曹操对道教都采取坚决的压制。曹操靠镇压五斗米道起家，张鲁投降后，又强迫其他五斗米道的骨干北迁，割断早期道教与其创始地的血肉联系，曹丕称帝后，对道教和祠祀巫祝活动的控制较其父更严格。

据《续高僧传·释僧勔传》载，黄初三年曹丕诏曰：“老聃贤人，未宜先孔子。……汉桓帝不师圣法，正以嬖臣而事老子，欲以求

① 王燕：“三曹神仙说态度及其游仙诗比较”，《湖北成人教育学院学报》，2003年第4期。

福，良足笑也。此祠之兴由桓帝，武皇帝以老子贤人，不毁其屋。……恐小人以此为神，妄往祷祝，违犯常禁，宣宜告吏民，咸使闻知。”明确指出不能祭祀老子，更以此为“常禁”。黄初五年又诏曰：“先王制礼，所以昭孝事祖，大则郊社，其次宗庙，三辰五行，名山大川，非此族也，不在祀典。叔世衰乱，崇信巫史，至乃宫殿之内，户牖之间，无不沃酹，甚矣其惑也！自今，其敢设非祀之祭，巫祝之言，皆以执左道论，著于令典。”并且积极推行儒学以为正宗：“夏四月，立太学，制五经课试之法，置春秋谷梁博士。五月，有司以公卿朝朔望日，因奏疑事，听断大政，论辨得失。”①可见，从现实政治人格来说，曹丕与道教是不相干的。然曹丕之作文与论文，则出于与其政治人格相去甚远的文人情怀，其细腻精致甚至脆弱的色彩，受到了重个体感性生命、享受现实生活、热衷养生养命的黄老道家和道教思想的影响。

尽管曹操本人是镇压黄巾军的功臣，并对道教采取严厉的压制和禁止的政策，但道教却一直是曹氏家族生活中的活跃因素。早在强迫五斗米道的骨干北迁时，曹操就采取压制禁止和笼络延用的两面政策。拜张鲁为镇南将军，且与之结成姻亲，让张鲁的子女与自己的女子相互婚配，其子曹宇娶的就是张鲁之女。可以想见，身为太子的曹丕不可避免地会与道教接触。据张华《博物志》记载，汉魏之际社会上方术道士很活跃，曹操将他们“聚而禁之”，在曹氏兄弟的成长过程中，从来就存在着道教的影响。

曹植的《辩道论》记录了当时的情形：“世有方士，吾王悉所招致，甘陵有甘始，庐江有左慈，阳城有即俭。始能行气导引，慈

① 《三国志·魏书·文帝纪》。

晓房中之术，俭善辟谷，悉号三百岁。卒所以集之于魏国者，诚恐斯人之徒，挟奸宄以欺众，行妖慝以惑民，故聚而禁之也。岂复欲观神仙于瀛洲，求安期于海岛，释金转而履云舆，弃六骥而美飞龙哉！自家王与太子及余兄弟，咸以为调笑，不信之矣。"①虽然曹植他们的态度是"不信之矣"，但道教却对他们产生着潜移默化的影响。

曹丕也很关注道教，《典论·论方术》曰："颍川部俭能辟谷，饵伏苓。甘陵甘始，亦善行气，老有少容。庐江左慈，知补导之术，并为军吏。初，俭之至，市伏苓价暴数倍。议郎安平李覃学其辟谷，餐伏苓，饮寒水，中泄利。殆至陨命。后始来，众人无不鸱视狼顾，呼吸吐纳。军谋祭酒弘农董芬为之过差，气闭不通，良久乃苏。左慈到，又竞受其补导之术，至寺人严峻，往从问受。阉竖真无事于斯术也，人之逐声，乃至于是，光和中，北海王和平亦好道术，自以当仙。济南孙邕少事之，从至京师。会和平病死，邕因葬之东陶。有书百馀卷，药数囊，悉以送之。后弟子夏荣言其尸解，邕至今恨不取其宝书仙药。"②曹丕已经注意到道教对社会风尚时代思潮的影响，其《游仙诗》隐约还可见服药的体验："西山一何高，高高殊无极。上有两仙僮，不饮亦不食。与我一丸药，光耀有五色。服药四五日，身体生羽翼。轻举乘浮云，倏忽行万亿。流览观四海，茫茫非所识。彭祖称七百，悠悠安可原。老聃适西戎，于今竟不还。"③且道家道教的思想渗入其人生理念："有昆山之妙噗，产曾城之峻崖。嗽丹水之炎波，荫瑶树之玄枝。包黄中之纯气，抱虚静而无

① 《三国志·魏书·华佗传》。

② 同上。

③ 欧阳询：《艺文类聚》卷七十八，上海古籍出版社，1965年版。

为。应九惠之淑敖，体五材之表仪。”[1]曹植后期写作《释疑论》公开否定自己在《辨道论》中的观点：“乃知天下事，不可尽知，而以臆断之，不可任也。但恨不能绝声色，专心以学长生之道耳。”[2]在施行现实的王道之术时，以清醒冷峻的态度限制压抑道教，在感悟生命、体察万物时，又自觉或不自觉地吸取道家道教思想的营养，这形成了精神世界中反差巨大的两重色彩。曹氏父子、兄弟写诗言赋论文有很重的道教的贵生、成仙的观念立场，曹丕深刻影响后世的“文气说”、“文章不朽说”即是以这种思想为底蕴的文学观念。

曹丕继承道家、道教“气”的概念，将其用于文学评价，认为创作者不同的个性气质决定了文章的不同审美风格。《典论·论文》兼论邺下文士的性格特征与文章风格：“王粲长於辞赋；徐幹时有齐气，然粲之匹也。如粲之初征登楼槐赋征思，幹之玄猿漏卮圆扇橘赋，虽张蔡不过也。然於他文未能称是。琳瑀之章表书记，今之隽也。应瑒和而不壮。刘桢壮而不密。孔融体气高妙，有过人者，然不能持论，理不胜词，以至乎杂以嘲戏，及其所善，杨班俦也。”

先秦《尚书》就有“诗言志”说，《毛诗大序》又倡“情志统一”，然将文学与个体自然性情相联系的，曹丕是第一人，文学观念的转化缘于曹丕濡染深厚的道教思想，这在其“文章不朽论”中体现明显。

曹丕说：“盖文章经国之大业，不朽之盛事。”或以为曹丕有过高估计文学作用之嫌，又回到了“诗教”的传统，这种认识其实是忽略了曹丕文学思想之生命底色。在紧随极力推崇文章的作用价值之后，曹丕关于生命的感叹为其文学价值论提供了注释，《典论·

---

① 曹丕：《玉玦赋》，逯钦立：《先秦汉魏晋南北朝诗》，中华书局，1983 年版，第 394 页。

② 王明：《抱朴子内篇校释》，中华书局，1985 年版，第 52 页。

论文》曰：

> 年寿有时而尽，荣乐止乎其身。二者必至之常期，未若文章之无穷。是以古之作者，寄身於翰墨，见意於篇籍，不假良史之辞，不讬飞驰之势，而声名自传於後。故西伯幽而演易，周旦显而制礼，不以隐约而弗务，不以康乐而加思。夫然，则古人贱尺璧而重寸阴，惧乎时之过已。而人多不强力，贫贱则慑於饥寒，富贵则流於逸乐，遂营目前之务，而遗千载之功。日月逝於上，体貌衰於下，忽然与万物迁化，斯志士之大痛也！

很明显，竭力抬高文学之价值的原因在于对时间易逝、生命短促的痛心，“日月逝于上，体貌衰于下”是如何不堪的痛楚，情痛之深切，才有对文学价值的无限拔高，文学是意欲超越感性生命的有限、时光易逝的无奈的工具；“文气说”已将文章视为个体气质、性情的表现，文章不朽其实就是对个体生命的极度张扬，它不是立足于伦理教化的政治社会学意义上的文学价值；相反，其中包含的是对生命之短暂的深切痛楚、对生命之美好的无限眷恋及意欲摆脱身观局限的急切心理，有着与道教的贵生、乐活，注重养生、追求神仙境界一样的思想旨趣。

汉魏之际，正是中国传统的精神世界崩溃，转而寻求新的精神支柱的时候。两汉由儒家的道德幻想和政治幻想建构的理想世界破灭了，汉末空前残忍的混战更造成一片精神的废墟，这时候，道教切近自然，切近感性生命的生命观念和神仙思想为人们提供了一种新的理解方式，成为人们精神世界中重要的思想元素。道教认为，万物之中，人最灵最贵，讲究“重人贵生”。道教的早期经典

《太平经》就提出了生命宝贵的思想:"天地之性,万二千物,人命最重","要当重生,生为第一。""凡天下死亡,非小事也。一死,终古不得复见天地日月也,脉骨成涂土。死命,重事也。人居天地之间,人人得一生,不得重生也。""故夫上士忿然恶死乐生,往学仙,勤能得寿耳,此上士是尚第一有志者也。""天下俱受天地之性,五行为藏,四时为气,亦合阴阳,以传其类,俱乐生而恶死。"[①]葛洪《抱朴子·对俗》认为:"陶冶造化,莫灵于人,故达其浅者,则能役用万物,得其深者,则能长生久视。"又说:"求长生者,正惜今日之所欲耳,本不汲汲于升虚,以飞腾为胜于地上也。若幸止家而不死者,亦何必求于速登天乎?"曹丕由太子而皇帝,身为曹魏帝国的政治栋梁,对世事无常、生命脆弱的体会尤其深切,其个体性的抒情倾向与道教思想趋同,也就是情理之中的事了。曹丕两次《与吴质书》都是关于生命的感慨,第一书先言南皮之游的欢乐,后感叹"节同时异,物是人非"。[②] 第二书尤其沉痛:

> 昔年疾疫,亲故多离其灾,徐、陈、应、刘,一时俱逝,痛可言邪!昔日游处,行则连舆,止则接席,何曾须臾相失!每至觞酌流行,丝竹并奏,酒酣耳热,仰而赋诗,当此之时,忽然不自知乐也。谓百年已分,长共相保,何图数年之间,零落略尽,言之伤心。倾撰其遗文,都为一集。观其姓名,已鬼为录。追思昔游,犹在心目,而此诸子,化为粪壤,可复道哉!

① 王明:《太平经合校》,中华书局,1960 年出版,第 34 页、第 613 页、第 298 页、第 161 页、第 393 页。

② 《三国志·魏书·王粲传》。

曹丕诗赋长于抒情，其情感的核心是生死无常的哀叹，对生命永恒的憧憬："展转不能寐，披衣起彷徨。彷徨忽已久，白露沾我裳。俯视清水波，仰看明月光。天汉回西流，三五正纵横。草虫鸣何悲，孤雁独南飞。"[①]《燕歌行》曰："展诗清歌聊自宽，乐往哀来摧心肝。"曹丕不仅在思想上服膺道教，还身体力行其养生修炼之术："崔寔《政论》云：熊经鸟伸，延年之术，故华有六禽之戏，魏文有五槌之锻。"[②]当"贵人重生"愿望在现实世界中化为幻影时，曹丕选择了以诗意的超越来慰藉自己的心灵，以艺术的方式实现生命的永恒，于是发出了"经国之大业，不朽之盛事"的感叹。

"三曹"的作品，出现了神仙题材，表达了对神仙的幻想，使秦汉方士和道教神仙观念渗透到了文学创作中，这些成就在宗教史和文学史具有很重要的意义。"三曹"诗中所描绘的自然，是他们追求神仙世界理想的载体。这是士人萌动以自然山水为审美对象倾向的开始。

## 二、郭璞——"仙隐"主题的独特创造

郭璞是魏晋游仙诗的集大成者，游仙诗在此达到了顶峰。"他不仅是改造、发展游仙诗的祖师、语言学巨匠、神话学家，而且被奉为术学大师、堪舆之祖"，[③]所以其游仙诗总能显得神奇瑰丽、丰富多彩。郭璞所处的动乱年代是佛道大发展的时期。乱世的失落感与恐惧感使郭璞倾心于神秘和宗教。刘勰的一句"正始明道，诗杂

① 曹丕：《杂诗二首》，逯钦立：《先秦汉魏晋南北朝诗》，中华书局 1983 年版，第 401 页。

② 王应麟：《困学纪闻》卷二十上，辽宁教育出版社，1998 年版。

③ 连镇标：《郭璞研究》，上海三联书店，2002 年版，第 145 页。

仙心，何晏之徒，率皆浮浅。唯嵇志清峻，阮旨遥深，故能标焉”，表明魏晋以来的神仙题材已受到人们的重视，而“郭景纯用隽上之才，变创其体。”[①]这里的变创说明郭璞在其诗歌中融入了对神仙思想的新的理解。

郭璞的游仙诗总是吟咏令人神往的列仙之趣，描绘瑰丽奇幻的神仙之境。如对“寻仙万余日，今乃见子乔”（其十）的叹喟和在“登仙抚龙驷，迅驾乘奔雷。鳞裳逐电曜，云盖随风回。手顿羲和辔，足蹈阊阖开”（其九）中感叹成仙升天的逍遥。《游仙诗》以丰富神奇的想象、瑰丽谲诡的意象，闪烁着奇异的色彩。他从《楚辞》、《山海经》等书中汲取神话故事，既能化用神话传说，又能增加游仙诗的神异色彩。道教的修炼都需要“清静”，修道之人往往都会进入山林“远彼腥膻而即此清静”来达到修炼之目的。对于郭璞而言，他常结交道士，在采药炼丹中出没于山林餐霞饮露，并在游仙诗中体现出这种与宁静美丽的自然界相结合的超自然的天国。

庾仲雍《荆州记》记载：“临沮（今湖北省当阳县西北）有青溪山，山东有泉，泉侧有道士精舍。郭景纯尝作临沮县，故游仙诗嗟青溪之美。”可见，郭璞的游仙诗也正作于访道之时。《游仙诗》（其二）描绘了青溪之美：“青溪千余仞，中有一道士。云出梁栋间，风出窗户里。”道士择居于人迹罕至的高山，在这里所达到的是一种“坐忘”的境界，可见物我两忘，与道冥一。如《游仙诗》（其三）中“赤松临上游，驾鸿乘紫烟”，诗人让天上仙人不招自来，表示对隐遁山林修炼之路的肯定。“左挹浮丘袖，右拍洪崖肩”表现出得道隐者志满意得的神态。《游仙诗》（其三）中山中景物写得鲜

---

① 曹旭：《诗品集注》，上海古籍出版社，1994年版，第28页。

明而生动衬托出了隐者的性格，他居于深山，抚弦鸣琴，处于物我两忘的境界，能“驾鸿乘紫烟”，与仙人同游。真正的隐遁是由于对现实的不满，所以郭璞的游仙诗浸透着对生命无从把握的悲哀。个性意识的觉醒和个人理想的追求，使其成为一种独特的咏怀诗。不可否认的是郭璞对神仙生活的歌颂与向往，本质上也是对他所处的社会现实的批判。

钟嵘的《诗品》提到郭璞的《游仙诗》“乃是坎壈咏怀，而非列仙之趣。”[①]就咏怀的角度来说，他的游仙诗确实为抒发胸臆，在这一方面，他是继承和发扬了自屈原到阮籍以诗歌咏怀的传统。但是其“非列仙之趣”，则说明了郭璞的游仙诗与前人的不同。而他的“创意在于反映正流行起来的新的神仙观念的影响，把隐逸和求仙结合起来，创造性地发展出‘仙隐’主题。这是依据‘地仙观念’对传统隐逸主题的发展，也是诗歌中表现仙道题材的重大创新。”[②]“到了郭璞的《游仙诗》，隐遁和游仙才被统一为一个理念，如他反复表明的，他的隐遁正证明了道教的仙化志向。”[③]如他的游仙诗其三就真挚地抒写了通过仙隐与神仙交游的幻想。在玄言诗盛行的东晋诗坛，郭璞借游仙诗抒发自己的哀世之感，比起那些“理过其辞，淡乎寡味”的玄言诗，更显独特的艺术魅力。郭璞不仅使游仙诗达到了顶峰，其游仙诗更为晋代诗风的转变和山水诗兴起做出了贡献，更为生活在动乱之中的其他诗人在思想上要冲破尘世束缚获得自由找了一个出口。

从游仙诗的内容不难看出游仙诗与道教的密切关系，而且游

---

① 曹旭:《诗品集注》，上海古籍出版社，1994 年版，第 247 页。

② 孙昌武:《诗苑仙踪:诗歌与神仙信仰》，南开大学出版社，2005 年版，第 217 页。

③ 同上，第 218 页。

仙诗里体现出了丰富的道教文化的因素。道教思想旨趣在于修神仙之道，即神仙信仰是道教最基本的信仰，弘扬长生久视之道更是其教义的核心。“艺术不仅不是空洞地显现而且比起日常现实世界反而是更高的实在，更真实的客观实在。”①在作为艺术表达的游仙诗里，我们可以看到宗教思想的完美融合。诗人总是通过那虚幻的仙境美景来观察与思索现实和人生。从游仙诗的发展来看，是从“三曹”对神仙世界的幻想，绵延到阮籍以游仙来咏怀，嵇康把养生与神仙幻想结合起来，再到郭璞通过隐遁与游仙的统一来应证了道教的仙化志向。我们从游仙诗的这条发展线索，可以看出道教神仙思想的发展变化。从散见于典籍中的神仙故事，到对神仙世界的系统化，再到修炼方式的系统化，道教的神仙思想对游仙诗的创作产生了重要影响。游仙诗是人们用诗歌这一艺术形式来表达因受时间局限而追求生命永恒与自由的作品，也是宗教与艺术完美融合的产物。

① 黑格尔：《美学》第一卷，朱光潜译，商务印书馆，1986 年版，第 12 页。

# 第六章　中古绘画中的佛学思想及其自然审美观

中古宗教意识形态对自然审美观的影响在画论中表现得比较突出。"汉晋两明，并勤丹青之饰"。[①] 在上位者的提倡和爱好，使中古宗教艺术迅猛发展，直接影响到中古时期的绘画艺术和绘画理论。汉代的绘画作品因为帝王治世之用，以反映儒家人伦教化思想为主，很少表现自然山水。魏晋之后，以表现画家审美情趣和自然美景的山水画勃然兴起。象人之美，神奇飘然，如在烟霞之上；模山范水，空灵幽眇，犹似仙境一般。佛教造像的兴起又给中古绘画的人体结构比例提供了参考的蓝本。此时的绘画作品无不染上浓厚的释道色彩，而研究山水画的理论也随之产生。在这些山水画理论中，以宗炳的《画山水序》为代表，而宗炳的山水画理论直接来自于他的佛学思想。陆探微的绘画则从创作的角度诠释了释道两家对绘画风格形成的作用。

---

① 〔南朝·梁〕萧统:《文选》卷五十九王简栖《头陁寺碑文》李善注引《牟子》曰："汉明帝梦见神人，身有日光，飞在殿前，以问群臣。傅毅曰：'天竺有佛，将其神也。'后得其形象。"又引何法盛《晋书》曰："彭城王(司马)纮，以肃祖明皇帝好佛，手书形象，经历寇难，而此堂犹在，宜成作颂。"中华书局，1977 年 11 月第 1 版，第 812 页。又张彦远《历代名画记》卷五《叙历代能画人名·晋》云："明帝司马绍，字道畿，下品上。元帝长子。幼异，有对日之奇。及长，善书画，有识鉴，最善画佛像。"人民美术出版社，1963 年 5 月第 1 版，第 134 页。

## 第一节　中古画论中的佛学思想

### 一、宗炳的“人是精神物”思想与《画山水序》

宗炳的《画山水序》是中古时期绘画理论的代表论著。他在《画山水序》中提出了“澄怀味象”、“山水以形媚道”、“应会感神，神超理得”、“万趣融其神思”、“畅神”等不少有关山水画的美学思想。这些思想直接来源于宗炳佛学理论中关于精神主体意识的论述，甚至可以说它们直接来源于宗炳的“人是精神物”和“澄神”、“神游”的佛学理论。

宗炳认为人的精神作用无比强大，“得焉则清升无穷，失矣则永坠无极。可不临深而求，履薄而虑乎。”①在此基础上，宗炳提出“神游”的观点：“昔佛为众说，又放光明，皆素积妙诚，故得神游。若时言成已著之筌，故慢者可睹。光明发由观照，邪见无缘瞻洒。”②宗炳认为，儒家信奉周孔之道，其缺憾在于，以一己之道德修行之力难以力挽世事之颓。世事之颓，“岂非世物宿缘所萃耶？若所被之实理于斯，犹未为深弘。若使外率礼乐，内修无生，澄神于泥洹之境，以亿劫为当年，岂不诚弘哉！”③而人之所以能够做到“澄神”和“神游”，其原因在于：

---

① 〔南朝·梁〕僧祐：《弘明集》卷二宗炳《明佛论》，上海古籍出版社，1991年第1版，第10页。

② 〔南朝·梁〕僧祐：《弘明集》卷三宗炳《答何承天书难白黑论》，上海古籍出版社，1991年第1版，第21页。

③ 同上。

> 人是精神物，但使归信灵极，粗禀教诚，纵复微薄，亦足为感。感则弥升，岂非脱或不灭之良计耶？昔不灭之实，事如佛言。而神背心毁，自逆幽司。安知今生之苦毒者，非往生之故尔耶？①

宗炳的"人是精神物"的说法带有慧远弥陀净土和期往生佛国的思想。相对于儒家以"善"为核心的自然审美观和道家以"真"为核心的自然审美观，源于佛陀净土和期往生佛国理论的"人是精神物"的自然审美观，其核心在"美"。具有"人是精神物"这种主体意识的人所追求的审美的最高境界即是"澄神于泥洹之境"，自然在他的眼中才真正成了审美的自然。

宗炳提出的"人是精神物"的思想在中古自然审美观的转型时期恐有两个积极的意义。一是在认识论上把主体分为精神主体和肉体主体，表明了主体的二重性。在这个意义上讲，"人是精神物"亦可称"人是精神我"。作为精神主体的自我，在面对自然界的时候所追求的就不再是自我道德完美的标志和载体，也不再是自我情感的依托或人生的归宿，而是超越自我和超越现实的对象。面对大千世界，作为"精神物"的自我可以感到"清升无穷"，不再"明于礼仪而闇于知人心"，并由此契合圣道与佛心，只要"澄神"于泥洹，便可获得来生。获得这种意识的人在面对自然风光和表现自然风光的画品之时，其审美的最高境界即是"畅神而已"，除此之外，别无他求。也就是说，自然界的光线、色彩、线条、结构、形态都

① 〔南朝·梁〕僧祐：《弘明集》卷三宗炳《答何承天书难白黑论》，上海古籍出版社，1991年第1版，第21页。

转化成“畅神”的对象，自然真正成了审美的自然。

宗炳的“人是精神物”的思想恐与慧远的佛学思想有关，[①]是对慧远“神也者，圆应无生，妙尽无名，感物而动，假数而行。感物而非物，故物化而不灭。假数而非数，故数尽而不穷。有情则可以物感，有识则可以数求。数有精粗，故其性各异。智有明暗，故其照不同。推此而论，则知化以情感，神以化传。情为化之母，神为情之根。情有会物之道，神有冥移之功。但悟彻者反本，惑理者逐物耳”[②]和“是故反本求宗者，不以生累其神。超落尘封者，不以情累其生。不以情累其生，则生可灭。不以生累其神，则神可冥。冥神绝境，故谓之泥洹”[③]的佛学思想的继承和发展。

“‘冥神’就是使‘神’达到一种不可知的超然的情景，并不是说‘神’没有了”。[④] 而“澄神”、“畅神”和“神游”则是在肯定了“神”的主体地位，实际上是肯定了“人是精神物”的前提下对自我精神主体的审美式的放逐。有了“人是精神物”的自我意识，人才能真正祛除“自我”，做到“以我神明，成尔灵智。我无自我，实承其义；尔无自尔，必祛其伪”，[⑤]视自然为自我，以自我为自然，“相看两不

---

① 《宋书·宗炳传》云：“（炳）妙善琴书，精于言理，每游山水，往辄忘归。征西长史王敬弘每从之，未尝不弥日也。乃下入庐山，就释慧远考寻文义。”中华书局，1974年10月第1版，第2278页。

② 〔南朝·梁〕僧祐：《弘明集》卷五慧远《沙门不敬王者论》，上海古籍出版社，1991年第1版，第32页。

③ 同上。第31页。

④ 吕澂：《中国佛学源流略讲》第四讲《禅数学的重兴》，中华书局，1979年8月第1版，第83页。

⑤ 〔唐〕道宣：《广弘明集》卷十五谢灵运《佛影铭并序》云：“亹亹正觉，是极是理。动不伤寂，行不乖山。晓尔长梦，贞尔沉詖。以我神明，成尔灵智。我无自我，实承其义；尔无自尔，必祛其伪。伪既殊途，义故多端。因声成韵，即色开颜。望影知易，循声非难。”上海古籍出版社，1991年第1版，第207页。

厌”，“我无自我”，“尔无自尔”，从而在感悟山水之美中获得正觉。这种自然审美观起自“感物”但通过“冥神”又超越了“感物”，成为中国中古时期最具代表性的自然审美观念。

在庄子那里，抟扶摇而上的鲲鹏虽高举九万里，尚须凭借相应的风力，如无此相应的条件，不得已而回到“适性”的现实，所以庄子之逍遥游本质上是在想象中对有缺陷的现实世界的满足。宗炳绘画理论中的“神游”或“澄神”、“畅神”本质上是对现实人生与世界的超越。而且“神游”或“澄神”、“畅神”的过程本身就是目的，因为依照大乘佛学的理论，“世间是流转生死的，涅槃是超出生死流转的。但是世间一切现象是毕竟空，以空为实相，这实相也就成为涅槃的内容，所以世间与涅槃是一回事，由实相把两者统一起来了（当然两者不可混同）。世间即涅槃，在趋向涅槃过程中，不应离开世间去另求涅槃。世间是无尽的，趋向涅槃的实践过程也应该是无住的”。[①] 所以，从大一点的范围说，宗炳的“人是精神物”的思想恐来源于龙树《中论》八不中道“不生亦不灭，不常亦不断，不一亦不异，不来亦不出”[②]的理论。

龙树认为，通向涅槃之路，不能偏执于生或灭，生即是灭，灭即是生。人的一生，甚至宇宙间的一切都不生不灭，不灭不生，人唯有进入这样的精神境界，才能超出生死流转，获得涅槃。龙树的《中论》被鸠摩罗什译出时，宗炳已经三十四岁。慧远与罗什经昙邕之力互通书信探讨佛教理义长达十余年，而宗炳与慧远交往十

① 李安：《中论》，中国佛教协会编：《中国佛教》第三辑《中国佛教经籍》，东方出版中心，1989 年 5 月第 1 版，第 296 页。

② 〔印度〕龙树：《中论》卷一《观姻缘品》，欧阳竟无编：《藏要》第二册，上海书店，1991 年 6 月第 1 版，第 911 页。

分密切，二人除了相互切磋佛理外，宗炳还在元兴元年（公元402）与慧远、刘遗民、雷次宗等人“于精舍无量寿佛像前建斋立誓，共期西方”。[①]

“人是精神物”的思想带有明显的宗教意识，属于宗教哲学的范围。但宗炳本人又是一位“拟迹巢由，放情林壑”[②]的山水画家和鉴赏家，“人是精神物”的思想自然渗透在他的绘画美学思想之中。他在《画山水序》中首先提出了山水画的灵魂在于表现出画家的主体意识：

> 夫圣人以神法道而贤者通，山水以形媚道而仁者乐，不亦几乎？余眷恋庐、衡，契阔荆，巫，不知老之将至。愧不能凝气怡身，伤跕石门之流，于是画像布色，构兹云岭。[③]

又说：

> 夫以应目会心为理者。类之成巧，则目亦同应，心亦具会。应会感神，神超理得，虽复虚求幽岩，何以加焉？又神本亡端，栖形感类，理入影迹，诚能妙写，亦诚尽矣。[④]

因为有了“人是精神物”的主体意识，山水在自我的眼中才会“以形

① 汤用彤：《汉魏两晋南北朝佛教史》上册《释慧远》，中华书局，1983年3月第1版，第256页。

② 〔唐〕张彦远：《历代名画记》卷六，人民美术出版社，1963年5月第1版，第134页。

③ 同上。第130页。

④ 同上。第131页。

媚道”。面对山水,主体才会“应会感神,神超理得”。即便受到时空的限制,眼前没有山水之时,自我依然可以“畅神”于名山幽涧之间。《宋书·宗炳传》云:“(宗炳)好山水,爱远游,西至荆、巫,南登衡岳,因而结宇衡山,欲怀尚平之志。有疾还江陵,叹曰:‘老疾俱至,名山恐难遍睹,唯当澄怀观道,卧以游之。’凡所游履,皆图之于室,谓人曰:‘抚琴动操,欲令众山皆应。’”而唯有反映出“万趣融其神思”,或者如黑格尔后来所讲的“主体与外在界双方的共鸣”①的山水之作方为神品。

宗炳在《画山水序》中还解释了视觉艺术中的透视学原理:“且夫昆仑山之大,瞳子之小,迫目以寸,则其形莫睹,迥以数里,则可围于寸眸。诚由去之稍阔,则其见弥小,今张绡素以远映,则昆阆之形,可围于方寸之内。竖画三寸,当千仞之高;横墨数尺,体百里之迥。是以观画图者,徒患类之不巧,不以制小而累其似,此自然之势。”②宗炳的这个说法涉及到透视学的某些原理,较为准确地揭示了中国水墨山水的创作和鉴赏规律,它所蕴含的形式美感原理与“以形媚道”一同成为中古时期山水画的基础理论。

## 二、佛教造像及其自然审美观

“历史上所有有影响的、受欢迎的宗教运动都离不开丰富多彩

① 黑格尔说:“在任何艺术中妙肖自然这一个原则都不应导入迷途,成为现实自然的散文或是现实自然的依样摹仿,使外在情境细节的描绘比起人物和事迹的精神方面的描绘还更显得重要。一般的说,我们不应该为妙肖自然而妙肖自然,因为外在界只应表现为和内在界是密切结合在一起的。……在史诗主角的一切心灵倾向里,例如在他们的生活方式、思想、情感和实践活动里,应该听得出一种主体与外在界双方的共鸣,使它们融合为一个整体。”〔德〕黑格尔:《美学》第一卷《艺术美的理念或理想》,朱光潜译,商务印书馆,1979年1月第2版,第324-325页。

② 张彦远:《历代名画记》卷六,人民美术出版社,1963年5月第1版,第130-131页。

的形象。一幅肖像、一种仪式、一条教义、一种情感、一个节日、一次幻像，乃至一次圣餐都是体现真理的具体形式”。[①] 因此，通过形象化的偶像和特定的仪式来传播教义是最简洁有效的方法之一。佛像与锡杖、经传一样，是菩萨常用的法器。“祭神如神在，则神道交矣；敬佛像如佛身，则法身应矣”。[②] 作为一种宗教艺术，佛教造像在传播佛教的过程中发挥了重要的作用，同时给中古绘画以深刻的影响。佛教造像中反映出来的关于人体结构、大小比例以及透视学的原理成了中古绘画的基本准则。

日本学者田边胜美认为佛像的制作起源于贵霜王朝（公元 1-3 世纪），在“贵霜王朝国王迦腻色迦一世的硬币上最早铸印了佛像（释迦牟尼佛立像、弥勒佛坐像）”。[③] 迦腻色伽一世的佛像很有可能影响了中国佛像的产生。有研究证明，“中国最早的佛像几乎都出在四川。彭山县 20 世纪 40 年代出土，现藏南京博物院的一件明器摇钱树陶座，浮塑着一佛二肋侍的形象，佛为高髻通肩衣，右手施无畏，左手平置，二侍者着衣裤，下部则有龙虎衔璧的图文。此器造像与迦腻色迦铜舍利盒上的一佛二侍像颇为相似。”[④]这同时也表明中土佛像来源于古印度的犍陀罗地区，带有犍陀罗艺术风格。但《魏书・释老志》载汉武帝元狩中遣霍去病讨匈奴时所获

① 〔美〕保罗・韦斯、冯・O. 沃格特：《宗教与艺术》何其敏、金仲译，丘仲辉校，四川人民出版社，1999 年 6 月第 1 版，第 127-128 页。

② 〔南朝・梁〕惠皎：《高僧传》卷十三《兴福》论曰。中华书局，1992 年 10 月第 1 版，第 496 页。

③ 〔日〕村田靖子：《佛像的系谱 从犍陀罗到日本——相貌表现与华丽的悬裳座的历史》，金申译，上海辞书出版社，2002 年 8 月第 1 版，第 13 页。

④ 李希凡总主编：《中华艺术通史》第四册《三国两晋南北朝卷》（田青主编）第六章《新兴的佛教雕塑》，北京师范大学出版社，2006 年 6 月第 1 版，第 235 页。

之"丈余金人"也有可能就是佛教造像。[1] 自汉明帝令画工图写蔡愔在西域得到的优田王栴檀像师第四所作的"释迦倚像"后，佛像在中国随着佛经的翻译和宣导便普及开来。《三国志·吴书·刘繇传》云："笮融者，丹杨人，初聚众数百，往依徐州牧陶谦。谦使督广陵、彭城运漕，遂放纵擅杀，坐断三郡委输以自入。乃大起浮图祠，以铜为人，黄金涂身，衣以锦采，垂铜槃九重，下为重楼阁道，可容三千余人，悉课读佛经。"这里的铜人虽然难以确定是否佛像法身，但"以铜为人"已开中土佛教铸像之先河。

中古时期，"形象塔庙，与时竞列"。[2] 最先绘制佛像的世族文人可能是王廙。王廙曾经在武昌应谢尚和戴若思之邀为他们的塔庙画像。王廙有佛像"狮子击象图"传世，他的佛像技法还传给了东晋的明帝司马绍（公元 323-326 在位）。[3] 司马绍也可能是第一个亲自绘制佛像的皇帝。《弘明集》卷十二习凿齿《与释道安书》说：

> 自大教东流，四百余年矣。虽藩王居士，时有奉者。而真丹宿训，先行上世。道运时迁，俗未签悟。藻悦涛波，下士而已。唯肃祖明皇帝，实天降德，始钦此道。手画如来之容，口味三昧之旨。戒行峻于岩隐，玄祖畅乎无生。大块既唱，万窍

① 〔北魏〕魏收：《魏书·释老志》曰："案武帝元狩中，遣霍去病讨匈奴，至皋兰，过居延，斩首大获昆邪王，杀休屠王，将其众五万来降，或其金人。帝以为大神，列于甘泉宫，金人率丈余，不祭祀，但烧香礼拜也。此则佛道流通之渐也。"中华书局，1974 年 6 月第 1 版，第 3025 页。

② 〔南朝·梁〕惠皎：《高僧传》卷十三《兴福》论曰。中华书局，1992 年 10 月第 1 版，第 496 页

③ 〔唐〕张彦远：《历代名画记》卷五，人民美术出版社，1963 年 5 月版，第 110 页。

俱怒呼。贤哲君子，靡不归宗。[①]

《文选》卷五十九王简栖《头陁寺碑文》也说："汉晋两明，并列丹青之饰。"李善注引《牟子》曰："汉明帝梦见神人，身有日光，飞在殿前，以问群臣。傅毅曰：'天竺有佛，将其神也。'后得其形象。"又引何法盛《晋书》曰："彭城王（司马）紘，以肃祖明皇帝好佛，手书形象，经历寇难，而此堂犹在，宜成作颂。"东晋明帝司马绍对佛像的喜好及亲自绘制，必然带士庶的效仿。荀勗、顾恺之的《维摩吉像》、卫协的《楞严七佛》、史道硕的《梵僧图》等人的画像是其中的代表作，均名重当世，流传后代。

同时，各种材质的佛教造像也源源不断的生产出来。《高僧传》卷一《译经上·吴建业建初寺康僧会》载孙浩至后宫修治园囿，"于地得一金像，高数尺"，这说明在孙吴之前已经有佛教金属造像流传到中国。僧祐《出三藏记集》卷十二《杂录序》载有《京师诸邑造弥勒像三会记》、《长干寺阿育王金像记》、《吴郡台寺释慧护造丈六金像记》、《荆州沙门释僧亮造无量寿丈六金像记》等，说明自吴至梁佛像的制作已蔚然成风。

据《高僧传》、《出三藏记集》、《弘明集》和《广弘明集》，佛教造像的材料有：纯金、纯银、铜、玉、石、木、珠、丝绸等等。其方法有雕、刻、凿、绘、铸、织等，其中犹以铜铸释迦像为最。佛教造像的泛滥带来铜材的匮乏，以致东晋安帝司马德宗曾于义熙（405-418）年

① 〔南朝·梁〕僧祐：《弘明集》卷十二习凿齿《与释道安书》，上海古籍出版社，1991年8月第1版，第78页。

间发布禁铜令。[①] 丹阳尹萧摹之于宋文帝元嘉十二年(435)上书称:“佛化被于中国已历四代,塔寺形象,所在千记。进可以击心,退足已招劝。而自倾世以来,情敬浮末,不以精诚为至,更以奢竞为重。旧宇颓圮,曾莫之修,而各造新构,以相夸尚。申地显宅,于兹殆尽。材竹铜綵,糜损无极。”萧摹之甚至要那些“欲铸铜像者,诣台自闻”,如果私自铸造佛像,不仅按律追究,而且将其“铜宅材瓦,悉没入官”。[②] 这个上书得到批准。但从今日本东京永青文库所藏的元嘉十四年铸造的金铜如来坐像看,[③]其效果还是值得怀疑。

大量的佛教画像和造像的创作以及寺庙的修造,必然带来对人体结构比例、骨骼肤色和自然材料等方面的研究,增加了人们对人自身的自然属性和对自然界的相关材质属性的认识。同时,这种认识又反过来推进了佛教画像和造像的水平。对佛像艺术的精益求精在当时已经成为一种自觉的追求。据《世说新语·识鉴》,戴逵十余岁便在建康瓦官寺中画佛像,深得“丹青特妙”的王濛的赏识。“又善铸佛像及雕刻。曾造无量寿木像,高丈六,并菩萨。逵以古制朴拙,至于开敬,不足动心。乃潜坐帷中,密听众论,所听

① 〔南朝·梁〕惠皎:《高僧传》卷十三《兴福·宋豫州释僧洪》曰:“释僧洪,豫州人,止于京师瓦官寺。少而修身整洁。后率化有缘,造丈六金像,熔铸始毕,未及开模。时晋末铜禁甚严,犯者必死。”汤用彤先生校引《名僧传钞》作“义熙十二年”。中华书局,1992年10月第1版,第484页。

② 〔南朝·梁〕僧祐:《弘明集》卷十一何尚之《答宋文皇帝赞佛教事》,上海古籍出版社,1991年8月第1版,第70页。

③ 参〔日〕村田靖子:《佛像的系谱 从犍陀罗到日本——相貌表现与华丽的悬裳座的历史》,金申译,上海辞书出版社,2002年8月第1版,第110-111页。

褒贬，辄加详研。积思三年，刻像乃成”。[1]《高僧传》卷十三《兴福》篇记载了一个有关铸造佛像的故事：

> 又昔宋明皇帝经造丈八金像，四铸不成，于是改为丈四。（释法）悦乃与白马寺沙门智靖率合同缘，与改造丈八无量寿像，以申阙志。始鸠集金铜，属齐末，世道凌迟，复致推斥。至梁初，方以事启闻，降敕听许，并助造光趺。材官工巧，随用资给。以梁天监八年（509年）五月三日于小庄严寺营铸。匠本量佛身四万斤铜，溶泻已竭，尚未至胸。百姓送铜不可称许，投诸炉冶随铸，而模内不满，犹自如先。又驰启闻，敕给功德铜三千斤，台内始就量送，而像处已见羊车传诏，载铜炉侧。于是飞鞴消融，一铸便满。甫尔之间，人车俱失。比台内铜出，方知向之所送，信实灵感。工匠喜踊，道俗称赞。及至开模量度，踊成丈九，而光相不差。[2]

把这个故事中的神秘色彩去掉，我们看到的实际是，铸造佛像需要很高的技术和艺术水准，没有掌握专门的知识和技能难以完成佛像的铸造。中古时期，有两个人是这方面的专家。一个是名士戴颙，一个是高僧僧祐。

东晋建康瓦官寺“有戴安道所制五像，及戴颙所治丈六金像。昔铸像初成，而面首殊瘦，诸工无如之何，乃迎颙看之。颙曰：‘非

① 〔唐〕张彦远：《历代名画记》卷五，人民美术出版社，1963年5月版，第124-125页。

② 〔南朝·梁〕惠皎：《高僧传》卷十三《兴福·梁京师正觉寺释法悦》论曰。中华书局，1992年10月第1版，第493-494页。

面瘦也，乃臂胛肥耳。'既鑢减臂胛，而面相自满，诸工无不叹息"。[①] 佛像的"面首瘦"与"臂胛肥"表面看来没有多大关系，一般的工匠显然看不到这一点。而戴颙的做法也不是增加佛像面部的浇铸，而是减少臂胛的用料，这显然是戴颙的视觉形式审美能力所决定。

僧祐对佛教造像不仅"为性巧思，能目准心计，及匠人依标，尺寸无爽。故光宅（寺）、摄山（寺）大像，剡县石佛等，并请祐经始，准画仪则"，[②]而且总是接受最棘手的造像工程。梁代的高僧释僧护曾经在其所居的石城山隐岳寺北青壁上雕凿十丈大佛，但仅雕凿成功大佛面相而卒。后在天监六年（公元 507 年），始丰（今浙江天台县）令陆咸因梦见三道人托其完成之，便通过建安王萧伟奏闻梁武帝。梁武帝"敕遣僧祐律师专任像事。……初僧护所创，凿龛过浅，乃铲入五丈，更施顶髻，及身相克成，莹磨将毕。夜中忽当万字处，色赤而隆起。今像胸万字处，犹不施金镈，而赤色在焉。像以天监十二年（公元 513 年）春就功，至十五年春竟。坐躯高五丈，立形十丈，龛前架三层台，又造门阁殿堂，并立众基业，以充供养"。[③]从戴颙对佛像面相与臂胛的比例的调整和僧祐对佛像标准的设计与佛龛深度的改变来看，他们对人体的自然结构、对雕像与自然环境的比例，甚至对建筑工程力学知识都有所了解和掌握。

具体来说，僧祐较之于戴颙，在佛像的制造和庙宇的修造上似

① 〔南朝·梁〕惠皎：《高僧传》卷十一《兴福·晋京师瓦官寺释慧力》。中华书局，1992 年 10 月第 1 版，第 481 页。

② 〔南朝·梁〕惠皎：《高僧传》卷十一《明律·齐京师建初寺释僧祐》。中华书局，1992 年 10 月第 1 版，第 440 页。

③ 〔南朝·梁〕惠皎：《高僧传》卷十三《兴福·梁剡史称山释僧护》。中华书局，1992 年 10 月第 1 版，第 491-492 页。

又前进了一步。戴颙看到的是人体(佛像的丈六是原型标准)[①]本身的结构,即面颊与手臂的比例,而僧祐看到的是整个佛像与山崖石壁之间的比例。他发现凿龛过浅,与佛像大小不成比例,于是采取了两个措施。一个是"铲入五丈",将背景扩大;一个是"更施顶髻",目的是使佛像的"身相"与自然崖壁协调一致,达到最美观的效果。换句话说,僧祐是把整个佛像放在自然环境中来做审美观照,通过相对固定的自然环境来确定造像的大小比例,使其与环境浑然一体,自然天成。从这个角度说,僧祐对佛像及其附属设施的建造是他的自然审美观念使之然。

总之,佛教传入中国以后,随着佛经的翻译和义理的探讨以及戒律的需要,特别是士庶民众对佛教信仰的扩大和加深,佛像也与佛教经典一样受到受到沙门高僧和普通信徒,甚至也受到君王权臣、世家大族的崇拜。以各种材质制造佛像之风愈演愈烈。佛像造像的蔚然成风也带来对人体比例、骨骼结构、形状大小和对自然材质、自然环境的重新认识和了解,一个新的自然审美观念由佛教造像所推动。玄学家以玄对山水,以山水目人,反映出来的是重德行操守、重精神气质的自然审美观念。实质上还是儒家君子比德说和老庄齐物论的自然哲学思想的反映。通过佛教造像反映出来的自然审美观念,看重的是自然物质属性与审美对象的外在同一,其实质是大乘般若性空学说的形象阐释。

进一步说,佛教造像开启了中古艺术的新领域,即"宗教艺术"领域。按照佛经的教谕,出于顶礼膜拜的信仰和宗教仪式的需要,

① 〔南朝·梁〕惠皎:《高僧传》卷八《义解》论曰:"而滞教者谓至道极于篇章,存形者谓法身定于丈六。"中华书局,1992年10月第1版,第343页。

佛像成为了真正的宗教艺术。“离开膜拜，离开教徒企图用来影响他们所信仰的超自然物——精灵、诸神等——的一套特殊的活动，任何宗教都无法存在”。[①] 佛教造像作为一种宗教艺术，首先是为顶礼膜拜而作。但是，当这种顶礼膜拜的需要变成一种社会思潮的时候，佛教造像的美学观念对绘画等艺术领域的影响也就很自然地出现了。正如潘天寿先生所讲：“原来中土汉代绘画，尚多简略，技术方法等，似尚不及印度佛画之精进？至晋卫协出，始就佛画而陶熔之，渐趋细密，其艺术手段，犹足左右一时之风习。”[②]在这种风气的熏染下，中古绘画技法和审美境界都有了很大的提高。接下来，我们以陆探微的作品为例作进一步的讨论。

## 第二节　陆探微生平与时代思潮

### 一、陆探微生平考证

据《历代名画记》记载：“陆探微，上品上，吴人也。宋明帝时常在侍从，丹青之妙，最推工者。《宋书》有名。”[③]这里的“吴”，指现今江苏苏州，宋明帝，指刘彧，公元465年至472年在位。刘宋是南朝的第一个朝代，由刘裕开创的刘宋王朝共经历五代八个皇帝，到最后一个皇帝宋顺帝刘准禅位给萧道成，其间共经历六十年。可以认定的是，《历代名画记》确切的将陆探微界定为刘宋年间的吴人。但遗憾的是《历代名画记》此处并没有注明陆探微的确切生

① 〔苏〕德·莫·乌格里罗维奇：《艺术与宗教》，王先睿、李鹏增译，生活·读书·新知三联书店，1987年8月第1版，第94页。

② 潘天寿：《中国绘画史》，上海人民美术出版社，1983年12月版，第39页。

③ 《历代名画记》卷六《宋》。

卒年，只是为后人提供了陆探微在刘宋时代活动的相关记录，其生年与卒年依然不能由此得出。由《历代名画记》入手，通过对后代文献资料的查阅，我们发现陆探微大部分的活动记录是在刘宋时代，而这一时期，是佛教与玄学相互结合，共同发展的关键时期，这种时代思潮影响了当时社会、政治、文化等许多方面，特别是在哲学艺术领域发挥了深刻的作用。因而追溯陆探微绘画史的过程，也是从不同的角度对这一时期佛教传播发展影响的研究。下面先进行陆探微生年的考证。

关于陆探微生年的考证，主要依托《历代名画记》上面的文字记载。《历代名画记》对陆探微当时存世的绘画作品进行了罗列，计"有《宋孝武像》、《宋明帝像》、《孝武功臣竹林像》、《豫章王像》、《严龙像》、《宋元微像》、《羊玄宝像》、《宋景和像》、《蝉雀图》、《建安山阳王像》、《巴陵王像》、《江陵王像》、《江夏王像》、《建平王像》、《江智渊、王悦像》、《王粹像》、《王嗣像》、《阮田夫像》、《勋臣像》、《孙高丽像》、《一人像》、《勋贤像》、《沈庆之像》、《顾庆之像》、《柳元景像》、《王道隆像》、《王翼之像》、《沈昙庆醉像》、《范惠景母子像》、《高丽赭白马像》、《阿难维摩图》、《鸂鶒图》、《王莹像》、《朱异像》、《麻超之、徐僧宝像》、《十一人图》、《五白马图》、《刘亮骟马图》、《猕猴图》、《齐高帝像》、《孔子像》、《十弟子像》、《宋元微像》、《钟期图》、《荣启期、孔颜图》、《竟陵王像》、《殷洪像》、《任侯伯像》、《释僧虔像》、《徐爰、李献、王凯像》、《孙夐著高丽衣图》、《刘硕、钱灵度像》、《徐爰、周饰之像》、《谢超宗像》、《宋桂阳王宠姬像》、《刘牢之板像》、《王献之板像》、《天安寺惠明板像》、《捣衣图》、《施脩林摇锡像》、《江智渊、刘季之像》、《太宰像》、《灵基寺瑾统像》、《蔡姬荡舟图》、《诗新台图》、《斗鸭图》、《萧史图》、《叙梦赋服乘图》，并传于代者也。”[1]

如《历代名画记》中所列非虚，那陆探微在宋明帝（公元465-472年）在位时，“丹青之妙，最推工者”，[2]不难想象，当时身为宫廷御用画工的陆探微，其绘画成就已经达到顶峰时代，因而最受帝王贵族所推崇。宋孝武帝公元453年至464年在位，推敲《历代名画记》中所录的68幅著作，陆探微在这期间身为宫廷画师做了《宋孝武像》。那这里先假设陆探微为画师的时间是宋孝武帝登基的公元453年。又《江夏王像》中的“江夏王”，指刘宋刘义恭（公元403—465年），他于公元424年封江夏王，进位司空，孝武帝时，授太尉，前废帝时，以谋废立被杀。根据《历代名画记》卷六的记载，“江夏王义恭尝荐（宗）炳于宰相”，[3]《江夏王像》的创作时间应该是在424至465年间，这里又将陆探微最早在宫中任画工的时间往前推了29年，即为424年。

又《历代名画记》卷二《论传授南北时代》：“陆探微师于顾恺之。”[4]“人称恺之三绝：画绝、才绝、痴绝”，[5]其绘画理论和艺术创作均达到了空前的高度。《世说新语・巧艺》记载道：“谢太傅云：‘顾长康画，有苍生来所无’。”[6]评价甚高。其画师法卫贤，行笔细劲连绵，如春蚕吐丝，行云流水，皆出自然。顾恺之最善于表现画中人物的性格特征和精神气质，其画论中最重要的理论观点就是“传神写照”、“迁想妙得”等美学命题。这种刻画人物内

① 《历代名画记》卷六《宋》。
② 同上。
③ 同上。
④ 《历代名画记》卷二《叙师资传授南北时代》。
⑤ 《历代名画记》卷五《晋》。
⑥ 《世说新语・巧艺》。

在精神的画论也就成为顾恺之、陆探微师徒二人人物画实践的突出特征。

顾恺之之卒年目前在学界也暂无定论，但其争论大都围绕在东晋义熙年间（公元 406—409 年）进行。如照前文所推，陆探微最早在公元 424 年时入宫出任画师画《江夏王像》，在宋明帝（公元 465—472 年）在位时达到其艺术的高峰。假设当时陆探微年近知天命之年，那么在公元 424 年画《江夏王像》时才为其孩提时代，这种假设似不能成立。《历代名画记》卷六载：

> 顾景秀。中品上。宋武帝时画手也，在陆探微之先，居武帝左右。①

唯一合理的推断就是，陆探微是在宋孝武帝 453 年之后任的画师，而后创作了《宋孝武像》与《江夏王像》，但是这又与"陆探微师于顾恺之"相矛盾了。假设顾恺之卒时是公元 409 年，如陆探微为顾恺之亲授，其在公元 409 年时至少应是少年。那么，下文提到的陆探微在南齐永明三年（公元 485 年）画《宗测像》时，陆探微已经是古稀老人，虽然不能排除这种现象，但这样的可能性实在不大。

林树中先生的研究也阐明了这一观点："关于陆探微的生年，可以为据的记载甚少。但可以把与陆探微关系最为亲密的学生也是同乡和挚友的顾宝先的活动和年龄来作比较。"②顾宝先其人，

---

① 《历代名画记》卷六《宋》。

② 林树中："陆探微生平与艺术风格"，《南通大学学报》社科版，2005 年第 1 期。

历史上对其名也有不同的记录。按“顾宝先”，则据《南史》卷三十五《顾琛传》记载乃吴人，顾琛次子，一家在刘宋与司空竟陵王刘诞关系甚深。

中华书局本《南齐书》卷三十二《何戢传》“时陆探微、顾彦先皆能画”句校勘记记载：

> “顾彦先”依《御览》九百四十四引《梁书》(按当作《齐书》)作“顾宝先”。[1]

按最早出现在历史记载中的顾彦先，乃晋初人。据《昭明文选》记载，陆机曾作《赠尚书郎顾彦先二首》与《为顾彦先赠妇二首》，题名中均有“顾彦先”其人。李善为《赠尚书郎顾彦先二首》注曰：

> 王隐《晋书》曰：“顾荣，字彦先，吴人也，为尚书郎。”[2]

此处“顾彦先”乃“顾荣”。而后陆机《为顾彦先赠妇二首》李善注云：

> 《集》云“为全彦先作”，今云“顾彦先”，误也。且此上篇赠妇，下篇答，而俱云赠妇，又误也。[3]

可以从李善注中得知陆机此诗乃是赠与全彦先。这两人都与

---

① 《南齐书》卷三十二《何戢传》，中华书局，1972年版，第589页。

② 《文选》，中华书局，1977年11月第1版，第347页。

③ 同上，第348页。

陆探微非同时代之人。因而《南齐书》卷三十二《何戢传》中的“顾彦先”当如校勘记所言为“顾宝先”。

“顾宝先”，或又作“顾宝光”。《历代名画记》卷六《宋》记载：“顾宝光，吴郡人，善书画，大明中为尚书水部郎。”[①]“顾宝光”即“顾宝先”，实则同一人也。《南齐书》卷三十二《何戢传》校勘记记载：“疑此当依《御览》引作‘顾宝先’。或作‘顾宝光’者，殆光与先形近致伪耳。”[②]

又《南史》卷二十二《王昙首传》子僧虔附传云：“吴郡顾宝先卓越多奇，自以伎能，僧虔乃作飞白以示之。宝先曰：‘下官今为飞白屈矣’。”[③]盖僧虔善书，宝先能书画，故作飞白以示之也。据《宋书·顾琛传》记载，顾琛生于 395 年，顾琛始任刘诞安东司马是在元嘉二十八年（公元 451 年），元嘉三十年（公元 453 年）任刘诞的司空参军。孝武帝孝建元年（公元 454 年）刘诞改封竟陵王，陆探微于此时作有《竟陵王像》，这是他见于著录的最早作品，而顾宝先同样作有《竟陵王像》。陆探微与顾宝先为同时代的画家与挚友，年龄相差应该在 10 年以内，暂且假定顾琛得子顾宝先的时间在 415 年，那么陆探微的生年应该在 410 年至 420 年，即东晋义熙六年至宋武帝永初元年之间。

一些学者在研究过程中也涉及到了陆探微的生卒年，虽然说法与本文的观点颇有些出入，但在顾恺之没有亲授陆探微画技这一推论上所持的态度是一样的，“顾恺之大致生活在 345-406 年间，而陆探微生卒年不详，但他作为一个画家较为出名的时代大约

---

① 《历代名画记》卷六《宋》。

② 《南齐书》卷三十二《何戢传》。

③ 《南史》卷二十二《王昙首传》。

在宋齐之时(约420-502年间)。这两人的时代相差约一百年,二人的画风也不可能完全一样。”[①]观顾恺之与陆探微的绘画史料可以看出,顾恺之的画论是成系统的、清晰的,其对“形神”的强调无处不在。“画人物自顾陆张吴以来,代有传家,虎头意在笔先,道子神生画外。……顾吴二派,至今讲笔法者,不能出其范围,正如山水家之南北二宗。”[②]反观陆探微,其人物画不仅注重神韵,对形似的要求也很高,力求表现出“秀骨清像”的文人风度。

根据以上推论,陆探微由顾恺之亲自教授技艺的可能性较低。那陆探微又是如何师承顾恺之的呢?不难推测,如师与徒非同一时代之人,其师法的方式,只能是通过学习前人流传下来的画迹或者摹本来临摹学习,这一点在魏晋南北朝时期是似有可能。顾恺之有一篇专论摹写方法的《摹拓妙法》传世,“好事家置宣纸百幅,用法蜡之,以备摹写。顾恺之有摹拓妙法。古时好拓画十得七八,不失神采笔踪,亦有御府拓本,谓之官拓。”[③]《摹拓妙法》是今存最早的一篇关于中国绘画技法的著作,也是一篇重要的绘画教育文献。观《摹拓妙法》可知,就算得到了师父的亲授,摹写、摹拓师父的作品是当时绘画艺术教育的重要手段。顾恺之与其师卫协也非同时代之人,因此摹写卫协的范本成为学习绘画的一种传授途径,故陆探微以摹写之法承袭顾恺之画风的可能性是非常大的,虽然不能根据有限的史料推测出陆探微具体的生年,但可以知道的是,陆探微生年与顾恺之卒年的年代相距较近。

---

① 赵声良:“敦煌早期壁画中中原式人物造型”,《敦煌研究》,2008年第3期。

② 俞剑华:《中国古代画论类编》,人民美术出版社,1998年版,第576页。

③ 俞剑华注释:《历代名画记》卷二《论画体工用搨写》,上海人民美术出版社,1964年1月版,第40页。

现在考证陆探微的卒年。关于陆探微的卒年，可依据的史料记载要相对的多一些。《历代名画记》卷六："武帝尝赐何戢蝉雀扇，是景秀画。后戢为吴兴太守，齐高帝求好画扇，戢持献之，陆探微顾宝光见之，皆叹其巧绝。"[①]这一记录在《南齐书》卷三十二《何戢传》也得到了印证："（建元）三年（公元 481 年）出为左将军、吴兴太守，上颇好画扇，宋孝武赐戢蝉雀扇，善画者顾景秀所画。时陆探微、顾彦先皆能画，叹其巧绝。戢因王晏献之，上令晏厚酬其意。"[②]故齐高帝建元三年时，陆探微尚在宫廷为画手，从事绘画与鉴赏方面的活动，期间画有《齐高帝像》。

据《南史》卷七十五《隐逸上·宗少文传》附《宗测传》载，南齐永明三年（公元 485 年）"侍中王秀之弥所钦慕，乃令陆探微画其形与己相对，又贻书曰：'昔人有图画侨、札，轻以自方耳。'"[③]《历代名画记》卷七："宗测，字敬微，炳之孙也。"[④]王秀之钦慕宗炳之孙宗测，所以令画师陆探微画其形貌。由此看来，南齐永明三年时陆探微还未去世，仍在朝为官作画。但这已经是可以参考的有关陆探微最晚的活动记载了。

最后可以推测的依据是《历代名画记》卷六："顾宝光。中品上。吴郡人，善书画。大明中为尚书水部郎。见《宋书·陆探微传》云：司徒左曹掾。"[⑤]《宋书》是否有陆探微传可从《宣和画谱》"其名略见于《宋书》"[⑥]得到确认。而《宋书·陆探微传》现已佚

① 《历代名画记》卷六《宋》。

② 《南齐书》第二册，中华书局，1972 年版，第 584 页。

③ 《南史》第六册，中华书局，1975 年 6 月版，第 1862 页。

④ 《历代名画记》卷七《南齐》。

⑤ 《历代名画记》卷六《宋》。

⑥ 卢辅圣主编：《中国书画全书》第二册，上海书画出版社，1993 年 10 月版，第 63 页。

失，唯独可见的就只有这五个字，“司徒左曹掾”，顾宝光时任司徒左曹掾。由《历代名画记》与《宣和画谱》可以知晓，《宋书》中有《陆探微传》的可能性极大，那这一条也可以作为考证陆探微生卒年的重要依据。按《四库全书》传记类的说明，“传记者，总名也，类而别之。则叙一人之始末者，为传之属；叙一事之始末者，为记之属。”古时撰写史书，需要撰写其人的经历与作品，按惯例来说，是在人死后才能入传的。《宋书》由沈约撰写，时间是在公元 487 年。因此可知，在沈约撰写《宋书》之时或撰写期间，陆探微已经离世了，因而沈约才专门为其写传。这样可推陆探微的卒年大约是在南齐永明三年（公元 485 年）为侍中王秀之画《宗测传》之后到沈约在公元 487 年撰《宋书》这段时间。

当然，以上只是根据现有材料的推测分析，仅凭此也不能确证陆探微有生之年的活动。对陆探微的生卒年考证定位，是为明确陆探微绘画创作与审美观念产生的背景，确定其艺术活动与社会环境的关联，对其绘画研究有着很重要的参考价值与学术意义。

陆探微生活的年代是中国历史上一个艺术空前自由的年代，“绘画乘此风会而发展，一面承汉魏崇尚老庄之弊，而为玄虚之清谈。何平叔等倡导于先，嵇康、阮籍等相继于后，竞相崇尚文采，张皇幽妙，以为旷达。”[①]朝代的更迭、佛教的兴起、老庄的复归以及自然的返朴，这种时代的、社会的、审美的背景与陆探微的绘画创作密切相关，也使得其绘画具有鲜明的时代烙印与个人特征。陆探微的绘画风格是在对顾恺之传承的基础上建立起来的。从画史上的记载来看，这种师承的关系清晰而明确，但陆探微的身世因

① 《中国绘画史》，上海人民美术出版社，1983 年 12 月版，第 27 页。

《宋书·陆探微传》已散佚，几乎全不为人知，其是否亲身师法顾恺之亦不得而知。而且陆探微对顾恺之的画风并不是简单的吸收和模仿，更不是亦步亦趋，而是兼容并蓄、融会贯通、独成面貌，有着自己独特的心灵表达，历代对陆探微的评价皆大于其师顾恺之。因此了解其生卒年与其经历的年代，对接下来对画作的研究至关重要。

## 二、陆探微创作的时代思潮

陆探微成长的年代是魏晋之后南朝第一个较为稳定的朝代刘宋。尽管刘宋较之魏晋时期，政治统治已经渐趋稳定与巩固，艺术风格也在逐渐地变化、调整，但魏晋时期传承而来的审美思潮的强大影响依旧存在。应当说，要还原陆探微生活的历史情境，研究其所受到的思想影响，首先必须把握魏晋到刘宋这一时期的社会意识与艺术风格的变化，而这样的变化，是离不开佛教与玄学这两大时代思潮的主流的。宗白华先生曾经说过："禅是中国人接触到佛教大乘义后体认到自己心灵深处而灿烂发挥到哲学境界与艺术境界，静穆的观照和活跃的生命构成艺术的二元，也是构成'禅'的心灵状态。"①这里借宗先生之言，分为两部分来进行探讨。

### （一）静穆的观照——回归自然的审美意识

魏晋南北朝时期，是中国绘画史上一个极为重要的发展期，中国绘画在这一时期出现了质的飞跃。中国美学真正关注自然之美，也正是在这个时代。丹纳在《艺术哲学》中说："要了解一件艺术品，一个艺术家，一群艺术家，必须正确地设想他们所属的时代

① 宗白华：《美学散步》，上海人民出版社1981年版，第65页。

的精神和风格的概况。这是艺术品的最后的解释,也是决定一切的基本原因。"[1]艺术品的产生并不是孤立的存在,而是与时代、社会、环境等有着重要的联系。魏晋南北朝时期可以说是中国美学与绘画理论发展的自觉时期,也是社会基础与绘画繁荣程度背道而驰的时代。作为一个时代的折射,这一时期的绘画不仅在人物画、山水画、花鸟画等画种上面有了进一步的发展,绘画的作用也由政治教化演化为了怡情任性,更产生了对后世作画影响极大的绘画理论,如顾恺之的"传神写照"、宗炳德的"澄怀味象"、本文重点要阐述的陆探微的"秀骨清像"以及"以书入画"的书法性用笔风格,都是在绘画由为实用到为艺术这一跨越中产生的。

宗白华先生在《美学散步》中这样写道:"汉末魏晋南北朝是中国政治上最混乱、社会上最痛苦的时代,然而却是精神史上极自由、极解放,最富于智慧、最浓于热情的一个时代。因此也就是最富有艺术精神的一个时代。"[2]长期作为帝王政治手段的儒学逐渐衰微,伴随着政治的腐败、战乱的频繁、经济的起落与文化的取舍,文人们纷纷将关注的重心转向对人生的追问与人生存意义的思索上,夹缝中生存的魏晋南北朝文人学士们抛弃了伦理化枷锁下的传统审美艺术,开始用怀疑的眼光与回归自然的态度来寻找自我,更加重视人自身的价值、生命的本真,强调个性的人物品藻。人为什么而活?应该怎样活?成为人们思考和寻找的新的生命依归。"每当社会剧烈变革的时候,有一些哲学家总是逃避现实,躲在思想的自由王国,'澹然独与神明居',思索着人类的命运和人生社会

① 〔法〕丹纳:《艺术哲学》,张伟译,北京大学出版社,2004 年版,第 7 页。

② 宗白华:《美学散步》,上海人民出版社,1981 年版,第 177 页。

与自然的关系，建构自己的哲学体系，以不同的方式解释着世界。”[①]儒学的崩塌，使得附庸在其身上的社会价值与文化模式随之破灭，人们失去了长久以来得以依赖的精神支柱，心理必然产生一种巨大的苦闷感与缺失感，因而要寻求另一个精神寄托。在反思的过程中，渐渐意识到回归自然挣脱枷锁才是实现自我价值的重要方式。而一直为贵族所追求的绘画艺术，也受到这样的影响，创作渐渐的转向了民间，画家们挣脱了原有的束缚，创作也不再拘泥于皇家审美要求，进入到自由创作的境地。

早在《诗经》时代，作为与人们最为亲近的“自然”，就已经进入了人们的创作视野，《诗经》凭借飞禽走兽、草木鱼虫，“情动于中而形于言”，歌唱人们的生活与情感，“关关雎鸠，在河之洲”[②]（《关雎》）用“关雎”来形容男女间的美好爱情；《硕人》[③]则用“凝脂”喻美人之肤，“瓠犀”喻美人之齿，“柔荑”喻美人之手；《鹤鸣》用“他山之石，可以攻玉”[④]来比喻治国要用贤臣；不难发现那个时代的人们就已经与“自然”形成了良好和谐的关系，喜好用自然之物进行艺术创作和艺术加工。但是仔细研读会发现，《诗经》之中出现的各种自然景物，或者是作为创作手段的比兴对象，或者是人的道德的比拟对象，并不是作为独立的审美对象为人们所重视，这也应该是魏晋之前历代对“自然”的艺术创作态度。

到了魏晋南北朝时期，“自然”作为独立认识的对象完全进入文人的眼中。又逢乱世，朝代更替如走马灯，洁身自好之士多遁

① 钟仕伦：《南北文化与美学思潮》，四川大学出版社，1995 年版，第 146 页。
② 方玉润：《诗经原始》上册，中华书局，1986 年 2 月版，第 71 页。
③ 同上，第 176 页。
④ 同上，第 375 页。

世,避居山林,退避世俗,于是老庄思想重新抬头,文人学士不能兼济天下,唯有独善其身,纷纷回归自然。《世说新语·容止》注引孙绰《庾亮碑文》中说庾亮"而公雅好所托,常在尘垢之外,虽柔心应世,蠖屈其迹,方寸湛然,固以玄对山水",[1]其中"以玄对山水"就是以虚静超脱的心胸面对自然,神游于自然。这也是魏晋南北朝文人们对前人的巨大超越,人们不再仅仅关注自然被赋予的道德、伦理、神灵等色彩,也不再将自然之物作为自喻的标准,而是将自然作为客观的认识对象,并将结合了佛道的玄学清谈融入到生活与艺术创作中。绘画艺术审美程度也因为上述原因,得到了特殊的发展。宗白华先生在"论中西画法的渊源与基础"中说,传统中国画是"借笔墨的飞舞,写胸中的逸气"。[2] 绘画在创作中不需要受外界的约束,而在于充分表达"人格心情与意境",但这并不意味着创作主体可以与时代远离,或可以远离世界进行构思与创作。

正是在魏晋南北朝这样特殊的自然意识、自我意识、社会意识的影响变迁之下,艺术才还原了其悦情悦性的本然面貌,融入到魏晋士人纵情山水的生活方式当中。绘画承此风发展,特别是魏太武帝后,道教大为兴盛,道释绘画盛行,如对寺庙佛像的模仿和创造、对外来范本的研求,因而人物画则显其秀骨清像、自然飘逸之美。

"可以说,绘画虽有很古的历史,但绘画的自觉,绘画的艺术自律性的完成,却不能不说是自魏晋时代开始。"[3]因晋室东迁,黄河

---

① 《世说新语·容止》。

② 宗白华:《美学散步》,上海人民出版社,1981年版,第100页。

③ 徐复观:《中国艺术精神》,华东师范大学出版社,2001年版,第94页。

流域皆为五胡割据，因而南北两朝呈对立相持之势。又因为地理条件与思想差异的关系，绘画艺术也呈现出变化发展之势。值南朝刘宋之际，社会稳定，气候温和，山水秀媚，“然南朝所作，大率绮丽精巧，而多新意”，①绘画大多清秀雅丽，多出新意。南朝秉承了魏晋时期尚自然、重个性的创作理念，但其“新意”二字又表现出南朝不同于魏晋时期的绘画要求，主流的绘画艺术就显示出一种新鲜的浑然天成与灿烂光彩。陆探微的绘画便成就于这样一个开放的时代之中。

朱景玄《唐朝名画录·序》说：“前朝陆探微屋木居第一，皆以人物禽兽，移生动质，变态不穷，凝神定照，固为难也。故陆探微人物极其妙绝，至于山水草木，粗成而已。且《萧史》、《木雁》、《风俗》、《洛神》等图画尚在人间，可见之矣。”②评其画人物禽兽、山水草木都俱佳，尤以其人物画“极其绝妙”，且“屋木居第一”。这种创作上的倾向，和陆探微的社会境遇、思想心态，以及因之而形成的对外部世界独特的审美观照有关。使其在绘画的审美取向上倾向于返璞归真，以清韵来描绘淡远的意境，注重对精神本体的审美意义上的追求。这也与魏晋南北朝自然观的整体追求不谋而合。

（二）活跃的生命——审美主体的建构

魏晋南北朝文人学士的为人中透露出的率性自然实际上是人对自我价值的一种肯定与自觉，是人主体性的一种自明。这种对自我的肯定，其本质上就是对人的主体性的一种建构。曹操的《短

① 傅抱石：《中国绘画史》，上海人民美术出版社，1983年12月版，第41页。

② 卢圣辅主编：《中国书画全书》第一册，上海书画出版社，1993年10月版，第161页。

歌行》“对酒当歌，人生几何，譬如朝露，去日苦多”[①]、陆机的《短歌行》“置酒高堂，悲歌临觞，人寿几何，逝如朝露。时无重至，华不再阳，蘋以春晖，兰以秋芳，来日苦短，去日苦多，今我不乐，蟋蟀在房”[②]、曹丕的《短歌行》“人亦有言，忧令人老，嗟我白发，生亦何早”[③]从表面上看似消极、悲观，深藏着的恰恰是对人生、生命、生活的强烈留恋与欲求，具有强烈的现实意义。正是这种内在人格的觉醒与自由，使得人们对自己的生命与意义有了重新的定位与追求。魏晋时期士大夫如王弼、嵇康、郭象等人大都崇尚道家自然观思想，并将其作为躲避灾祸、调适心态的工具。在此思想影响下，士人们重新思考自我，向往一种率性而动、自然而然的生活方式，思想精神获得了空前解放，开始肯定自我的人生价值，人的意识开始觉醒。在魏晋玄学风气影响下的人物品藻，形成了此时期特有的审美理想，即魏晋风度。

“到了东晋南北朝这个阶段，有些艺术家对山川自然美，在感情上产生了共鸣，渴望要去表现。”[④]一个时代有一个时代的美学观念，这一时期的美学，在思想交融、玄学盛行的大环境影响下，形成了自己所独具的文艺风格与文艺创作手法。玄学对魏晋及其以后的重大影响主要在于人与自然的融合。对逍遥人生向往的魏晋人获得了精神上的解放和自由，表现出对大自然的一往情深。大自然与人的精神形成了一种同形同构的关系，宗白华说，魏晋人“倾向

① 逯钦立辑校：《先秦汉魏晋南北朝诗·魏诗》卷一，中华书局，1982 年 12 月版，第 349 页。

② 同上，第 651 页。

③ 同上，第 389 页。

④ 葛路：《中国古代绘画理论发展史》，上海人民出版社，1982 年版，第 37 页。

简约玄澹、超然绝俗的美”,绘画是这种美的最具体的表现。受这种时代风气的影响,魏晋时期形成了绘画艺术自觉的艺术思潮。

地域文化对艺术的影响,在上古时代就已经产生,中古时期的绘画创作也不例外。一方面,风土气候影响作家的思想情感;另一方面,自然景物影响到作家选用的题材。所以刘勰说:“山林皋壤,实文思之奥府,略语则阙,详说则繁。然屈平所以能洞鉴风骚之情者,抑亦江山之助乎!”[①]这与司马迁所说的“南楚好辞”一样,都注意到了地域文化与创作之间的关系。魏晋中国文化中心由黄河流域转移到长江流域,而长江流域原本就是老庄思想影响至深的地方,长江流域温润明秀的气候,苍翠澄明的山水,必然会对人们产生美的熏陶。这也正是绘画艺术能够勃发巨大生命力的丰厚土壤。因此在这样的新环境中,激起了对自然的雅兴。地理因素的变化对社会审美的程度产生了特殊的影响,魏晋之前的绘画大都是为帝王贵族赏玩之用,政教气息浓厚,画匠也多是皇族豢养,魏晋开始移向民间,绘画也由审美进入到自由创作的境界。在绘画的初始阶段,画匠一般为帝王贵族画像。到了魏晋,“以玄对山水”的出现,文人个体意识的觉醒,渐渐的将视野放到自然山水,同喧嚣的社会相比,宁静的自然山水成为了人们精神寄托的场所。在承袭了魏晋时期玄虚之清谈的南朝,长期遭到极端压抑的个性力量以巨大社会反弹的形式迸发出来,对自然的主动关注、对美的欣赏与追求,形成了这一时代不可抗拒的社会思潮。南朝时期人们对绘画艺术的喜爱更为普遍,进入到南北朝,伴随着佛道之大行,寺院建筑的纷纷兴建,宗教画逐渐盛极一时,画家绘画的手法也渐

① 《文心雕龙·物色》,人民文学出版社,1962年版,第695页。

趋细密轻微。随着以陆探微之师顾恺之为代表的人物画派出现，山水画也逐渐独立发展起来，宗炳即是这一派之代表画家。

在绘画风格的发展与改变上，以陆探微师傅顾恺之著名的“形神”，与西方哲学中所讲的肉体与精神的关系不同，这里更加注重形神所传达的气韵和神韵。东晋“顾长康画人，或数年不点目精。人问其故。顾曰：四体妍蚩本无关于妙处，传神写照正在阿堵中”，[①]这里所说的“阿堵”，即眼睛。用眼睛来传神达意，要做到神似，就必须要“迁想妙得”、“以形写神”。“以形写神”也确定了中国人物画的理想境界。一件好的艺术作品，不仅要求形似，更加要求神似。当然，强调神似，并不是说一件好的作品与形似无关，或形与神可以脱离开来。“形”是艺术创作的基础，如果连起码的形象都没有了，“神”也就无从谈起。但如果是无“神”的“形”，便成了槁木，没有了生气。顾恺之一派主张的对形神关系的正确处理，至今也是进行绘画创作的一条重要原则，也是陆探微所继承的重要画论之一。

按照上面的推论，陆探微一生中大部分岁月都在刘宋年间，而其成长的重要阶段正值元嘉之治（公元 424—453 年），这是南北朝时期国力最强盛、社会最繁荣、人民最安居乐业的历史时期。据沈约《宋书》记载，早在元嘉年间，艺术就成为了“四学”之首。从沈德潜对南朝诗文的形容我们可以看到当时主流的审美思潮，其云：“诗至于宋，性情渐隐，声色大开，诗运一转关也。”在诗歌上面刘宋较之魏晋更加追求艺术形式的华美，崇尚声色，求新意。刘勰《文心雕龙·明诗》对这一变化也进行了描述：“宋初文咏，体有因革，庄老告退，而山水方滋，俪采百字之偶，争价一句之奇，情必极貌以

① 《世说新语·巧艺》。

写物，辞必穷力而追新，此近世之所竞也。”[①]当时的文人大都纵情超脱，沉浸于超脱的审美境界。鲍照作为元嘉三大家之一，就是一个极其注重实现个人价值的文人，他的诗歌感情激荡，节奏奔放，其诗《拟行路难》写道：“对案不能食，拔剑击柱长叹息。丈夫生世会几时，安能碟躞垂羽翼？弃置罢官去，还家自休息。朝出与亲辞，暮还在亲侧。弄儿床前戏，看妇机中织。自古圣贤尽贫贱，何况我辈孤且直！”[②]鲍照诗歌一改前人典雅的特点，将昂扬勃发的情感注入诗中，形象颇为鲜明。诗歌上面的转变仅仅是一方面，在刘宋时期，绘画上也多了许多“新意”。陆探微在顾恺之重神似的理论上进一步发展，不仅追求人物的风骨神韵，对其外形的姿态也追求逼真的效果。不难看出，当时求新求变的艺术主流已经逐渐渗透到艺术理论之中，刘宋之后的齐梁时代，审美风气的转变更加明显，对“新意”的要求也愈来愈高。我们从谢赫的《画品》中就能窥见一二。谢赫用“变古则今，赋彩制形，皆创新意”[③]来评价顾恺之，又认为袁倩“但守师法，更无新意”，[④]作品有无“新意”已经成为评价作者创作水平高低的重要标准，可见对创作中新意的推崇已经是南朝普遍的风气了。

由以上种种，可以得知，自然的发现与主体性的建构在这一时期的绘画领域产生了不可估量的影响，顾恺之、陆探微、宗炳等等，这一时期每一位大画家的成功，都离不开对自然的独特的审美观

① 《文心雕龙·明诗》。

② 逯钦立辑校：《先秦汉魏晋南北朝诗·宋诗》，中华书局，1982年12月版，第1275页。

③ 《中国古代画论类编》，人民美术出版社，1998年版，第358页。

④ 同上，第359页。

照。从美学角度讲,这种方式就是以自然本真为美。向外发现自然,以玄学道释之心态来静观四周,于是中国画有了山水精神;向内发现自我,凸显主体对自然的观照,回归到人们的自然属性,建构主体本身,因而有了魏晋风度。在此之上,自然也可以引申为一种生活方式和人生态度。老子说:"人法地,地法天,天法道,道法自然。"王弼对其注之曰:"道不违自然,乃得其性,法自然也,与自然无违也。"这里的"自然"是说宇宙本体、世界本源或是说宇宙万物本来的样子。按老子的看法,事物均有自己的本性,这就像鸟按其本性应飞翔在天空,鱼按其本性应遨游于水中一样。一种合乎本性的存在方式就是"道"所要求的存在方式。"人法地"的最终归宿是人法自然,要求符合自然天性。

绘画创作应合乎自然、顺应自然,创作本身不是为了树碑以传之千古,而是抒发自己的性情,以有限的尺幅展现作者的胸襟与独有的性格,体味精微奥妙的自然之道,只有创作者与物感化发现自己胸中之气,才能真正体会到绘画创作的真谛。所以这一时期的绘画表现的是以本真为胜的自然美,回归自然与审美互动,其追求的生命情感与绘画创作的最高境界变成了一种永恒的宁静与自由,这种精神上的超脱也正是中国绘画审美人生观所极力想达到的审美理想。

## 第三节 "一笔画"的美学思想

### 一、"以书入画"——"一笔画"的审美创造

自魏晋南北朝思想大解放以来,南朝人生活中所主张的自然主义,使得南朝人在审美上更趋向于一种玄澹、超脱的风度。这种

风度表面上看来是远离现实存在的，但是它却表现出对人生的终极关怀，是对人生深刻的思考，是一种理性的浪漫。从这一时期开始，中国笔墨本身就开始具有了一种超乎形象塑造意义的审美价值，具有独特的风采和神韵。无论是书法还是绘画，都以一种难以想象的程度兴起，又以一种前所未有的方式相互融合。

自陆探微以来，以书入画这一独特的绘画风格就逐渐进入到绘画领域，为后世宋元时期大放异彩的书法性用笔奠定了基础。魏晋时期的艺术创作不仅仅是自然之文，而且是具有了深厚意蕴的人性之文。“一是深入到了人物内心的心灵世界，二是崇尚一种和玄学、佛学相联的平淡自然之美，与汉画质朴古拙、气势雄强很不相同。”①书法、绘画艺术已经渗入到人的心灵，成为心灵的艺术。因此，宗白华先生说：

> 中国人这只笔，开始于一画，界破了虚空，流下了笔迹，既流出人心之美，也流出万象之美。②

虚空中传出动荡，神明里透出幽深，超以象外，得其环中，这些都是绘画艺术的特色。《历代名画记》卷二《论顾陆张吴用笔》中也说：

> 昔张芝学崔瑗、杜度草书之法，因而变之，以成今草书之体势，一笔而成，气脉通连，隔行不断，惟王子敬明其深旨，故

---

① 李泽厚、刘刚纪：《中国美学史》上册，安徽文艺出版社，1999 年版，第 32 页。

② 宗白华：《美学散步》，上海人民出版社，1981 年版，第 143 页。

行首之字往往继其前行，世上谓之一笔书。其后陆探微亦作一笔画，连绵不断，故知书画用笔同法。陆探微精利润媚，新奇妙绝，名高宋代，时无等伦。[①]

陆探微继张芝“一笔书”之后，开创了独特的“一笔画”风格，“精利润媚，新奇妙绝”。“一笔画”笔墨不仅用于书法中的一点一撇一捺，通过运笔的抑扬顿挫、轻重缓急，使得线条、笔墨显得浓淡相宜，于粗细方圆间极尽变化之能事，形成作品不同的形态、意境、趣味，表现出不同的情境、情感与情绪，这样的笔墨就由单纯的品味鉴赏范畴进入到独立的具有审美特征的绘画语言。正如张彦远所说：“凝神遐想，妙悟自然，物我两忘，离形去智。身固可使如槁木，心固可使如死灰，不亦臻于妙理哉，所谓画之道也。”[②]正是在审美的体验过程中，在审美想象活动的展开之时，获得一种对于自然深层奥妙、宇宙人生真谛的审美妙悟。这在陆探微的作品中就体现出一种“书画用笔同法”、“以书入画”的审美特征。

书法与绘画之笔墨有着密切的联系，笔法与画法之间也应该是相辅相成的。黄宾虹云：“笔墨之妙，画法精理，幽微变化，全含蕴于书法之中。不习书法，画不易高。”[③]洪惠镇先生将这种独特的书法性用笔称之为“集中了用笔中书写性的精神因素和画家寄寓在形象题材中的精神因素。”[④]将其归纳为中国画的“精神性”范

① 《历代名画记》卷二《论顾陆张吴用笔》。

② 《历代名画记》卷二《论画体工用拓写》。

③ 黄宾虹：《浙江大师事佚闻》，汪世清、汪聪：《浙江资料集》，安徽人民美术出版社，1984年版，第223页。

④ 洪惠镇：“中国画精神性辨析”，《美术观察》，1996年第8期。

畴中，应该说这种表述是非常正确的。《历代名画记》卷一《叙画之源流》有："夫画者，成教化，助人伦，穷神变，测幽微，与六籍同功。同时并运，发于天然，非由述作。"[①]"发于天然"说明绘画创作的产生是自然而然之意，其来源非历史与文献，而是自然的感发的。画者在面对客观蓬勃的山水自然时，天然地会产生一种愉悦与享受，萌发出审美愉悦，因此"自然"也就从自然之物进入到了审美的自然。

魏晋南北朝倡导的"回归自然"，就是将自然从观念上的自然回复到自然本身，让主体进入到逍遥自在的永恒境界。"是故知书画异名而同体也。洎乎有虞作绘，绘画明焉。"[②]书法用笔行云流水，在魏晋时期更是完成了从隶书到草书的转变，灵巧流畅的线条更是充分表现出了书法家们自由、自然的审美内在，陆探微将这样自然的内在引入了绘画创作中，"夫象物必在于形似，形似须全其骨气，骨气形似皆本于立意而归乎用笔，故工画者多善书。"[③]陆探微之"得其骨"，也正是借助绘画中书法用笔的精神性因素将心中无数感慨诉诸笔端，既能"参灵酌妙"[④]，又能"动与神会，笔迹劲利"，[⑤]直指精神最深处之性灵，运用灵动的线条架构出时间与空间的完美结合。故而，可以说，陆探微是很好地将中国画中书法性用笔纯粹地体现出来，将笔墨书写的精神性与人生、社会完美地融合在一起的创始人，而后世的文人画家如倪瓒等更是将"以书入

---

① 《历代名画记》卷一《叙画之源流》。

② 同上。

③ 《历代名画记》卷一《论画六法》。

④ 《历代名画记》卷六《宋》。

⑤ 同上。

画”发挥得淋漓尽致。

## 二、“气脉不断”——“一笔画”的核心内涵

陆探微的绘画语言以“一笔画”为显著特征，就绘画创作而言，仅仅凭借“一笔”是很难凸显绘画中人物、山水、花鸟之神韵的，因而他的“一笔”不仅仅是创作技法的概念，更是其绘画美学思想的主张，显示出他对艺术主体与客观关系的认识。

### （一）“气”与“一”的自然体味

宋人郭若虚《图画见闻志》在论陆探微“一笔画”时谓：“王献之能为一笔书，陆探微能为一笔画，无适一篇之文，一物之像而能一笔可就也。乃自始至终，笔有朝揖，连绵相属，气脉不断。”[①]这里所说的“气脉”，在文学作品中指的是诗文的脉络、气势与结构，郭若虚所谓的“气脉不断”实则为画中形象的风度与神采，作品与作者的血气及脉息之间密不可分的关系，可谓笔断意连。宗白华先生对此赞道：“这才是一笔画一笔书的正确性的定义。”[②]宗白华先生在这里给我们明确了一个很重要的问题，那就是陆探微的“一笔画”，并不是如张彦远《历代名画记》中所说的“一笔而成”，又或者说，《历代名画记》中针对“一笔书”与“一笔画”“一笔而成”的提法，也并非指的是数量上的简单笔画数“一笔”，而是指与连绵不断之“气”的密不可分。

主体与客体相感，是中国哲学中对人与自然关系的独特认识。绘画作品的神采决定于手下的笔墨，气脉决定于作者的内心。在

① 郭若虚：《图画见闻志》，人民美术出版社，1963 年 7 月版，第 16 页。
② 宗白华：《美学散步》，人民出版社，1981 年版，第 142 页。

绘画作品中张彦远对陆探微"一笔画"的描述，应该有其更加深刻的内涵。万物乃一气所生，"一笔画"中的"一"与"气脉不断"中的"气"，都是能在道家哲学中找到的基本命题。老子认为"道生一，一生二，二生三，三生万物。"[①]"道"无形无象，却是万物的本源与生命，"道生一"，从"一"出发，产生万物。而绘画中的"一"，就是绘画作品生命的标志。在宗炳处，"一"即"澄怀味象"之"象"。在宋元绘画中，郭熙《林泉高致》提出"身即山川而取之"，[②]强调画家必须要有"林泉之心"方能捕获审美之自然，"一"在这里即"身即山川而取之"的"之"，即绘画作品之最终精髓。而在陆探微处，"一"即"气脉不断"之"气"。庄子《人间世》有云："若一志，无听之以耳而听之以心，无听之以心而听之以气！听止于耳，心止于符。气也者，虚而待物者也。唯道集虚。虚者，心斋也。"[③]这是庄子用来说明"心斋"的文字，即用虚的"气"去感受"道"，因为"道"就集中于"虚"之中，这种虚静而得道的心理状态，就是"心斋"。

创作中的"气"就是一种感应世间万物，从而达到一种虚静空明境界的精神。在这个境界里，人心如止水，达到"虚静恬淡寂寞无为"的状态。"一笔画"的关键就在于能否将"一"与"气"牢牢把握，"气"对于绘画，就相当于"一"对于"道"，都是其生命性的表现。在文学作品的创作中，"气"是文章最本质和重要的东西，那什么是气呢？曹丕在其著名的《典论·论文》云："文以气为主。气之清浊有体，不可力强而致。譬诸音乐。曲度虽均，节奏同检，至于引气

① 陈鼓应：《老子注译及评介》，中华书局，1988 年 2 月版，第 232 页。

② 卢圣辅主编：《中国书画全书》第一册，上海书画出版社，1993 年 10 月版，第 497 页。

③ 《庄子集释》第一册，中华书局，1985 年 8 月版，第 147 页。

不齐，巧拙有素，虽在父兄，不能以移子弟。”[①]宇文所安对曹丕这句话的翻译是“In literature qi is the dominant factor”，[②]在这里“气”没有翻译为英文，而是用拼音“qi”来解释，充分尊重了原作者的本意。宇文所安的观点是：“气”虽然是来自生理的“呼吸”和物质之“气”，但它所负载的意思远远超过了表面的物质层面，“气”来自作家“内”部，它借助吟诵时所使用的“气”被引出来。“气”不能学或强致，但可以“养”，可以在使用中积累、消耗。

“气”之所以在绘画创作中有重要的地位，是因为“气”是艺术家个体生命的外在显现，独特的生命之“气”构成了艺术家独特的审美心理。先秦诸家谈论“气”，是在中国古代生命哲学的统摄下谈的，所谈之“气”大都带有生命色彩。这也是曹丕《典论·论文》中“体气高妙”所带有的一种生命气息。这种气息在中国古典文献中比比皆是，《诗品序》开篇就说：“气之动物，物之感人，故摇荡性情，形诸舞咏”，[③]也就是说人们情感的产生是外物作用的自然结果。又如《乐记·乐言》篇所云：“是故先王本之情性，稽之度数，制之礼仪，合生气之和，道五常之行，使之阳而不散，阴而不密，刚气不怒，柔气不慑，四畅交于中而发作于外，皆安其位而不相夺也。”这里的“生气”，就是生命的气息，一位艺术家是否成功，首先要做到本身自然的“合生气之和”。同样地，自然界的一切事物包括人自身，都是“根天地之气”，站在绘画的角度，首先要明确地分清内部的“气”和生理呼吸的“气”，因为“气”是一幅画作灵动起来的关键，是赋予作品鲜活生命的主体，没有“气”，一切都是呆板没有生

① 魏文帝：《典论》，《文选》卷五十二，中华书局，1977年11月第1版，第720页。
② 宇文所安：《中国文论：英译与评论》，上海科学出版社，2003年1月版，第68页。
③ 曹旭：《诗品集注》，上海古籍出版社，1996年8月版，第1页。

气的。这样的“气”指的就是艺术家整体的最高的精神世界与生命力。

（二）对生命力的精神追求

关于绘画的意境，张璪提出必须“外师造化，中得心源”[1]才能创造意境，而最高的意境则是作者“物我两忘”，将自己融入到宇宙的玄境之中，在无穷回味、袅袅余韵中追求虚静的最高境界。保持内心虚静状态才能表现和感受客观真实的“境”，《庄子·田子方》讲“游心与物之初”，[2]即游于道，天人合一，寻求的就是人在世上审美的存在与诗意的栖居。庄子倡导的美学是一种生命美学，它执着于个体自由生命的探寻，由此产生非功利非理性态度，主张回归自然，实现生命自由与完善。“天地有大美”是不可言说的，真正的美都不可以目观耳听，只能凭心静悟，只能心领神会。《孟子·尽心章句上》：“尽其心者，知其性也。知其性，则知天矣。”[3]这里的“心”，并非指心这个实体，也不是简单的包容之心、淡泊之心、平等之心、感恩之心，而是一种精神存在，就是游心于玄冥，进而达到人生、自然最高的体验。宗白华先生也特别强调“内心”在绘画创作意境生成中的作用：

> 中国艺术意境的创成，既须得屈原的缠绵悱恻，又须得庄子的超旷空灵。缠绵悱恻，才能一往情深，深入万物的核心，所谓“得其环中”。超旷空灵，才能如镜中花，水中月，羚羊挂角，无迹可寻，所谓“超以象外”。色即是空，空即是色，色不异

---

① 俞剑华：《中国古代画论类编》，人民美术出版社，1998 年版，第 240 页。

② 郭庆藩：《庄子集释》第三册，中华书局，1985 年 8 月版，第 712 页。

③ 朱熹：《四书章句集注》，中华书局，2006 年 11 月版，第 349 页。

空，空不异色，这不但是盛唐人的诗境，也是宋元人的画境。[①]

“道”是出于混沌未凿、天然本色的原始状态，是一种无所不包、无所不有的完美境界，其中包含着无比丰富、深远、耐人寻味的意蕴。老子用“大音希声，大象无形”[②]来解释，庄子则有“天地有大美而不言”。[③] 他们都明确地指出了语言的表现形式和思想情感的差异。借助有限的言辞去把握更为深远的意蕴，不能详尽，但言尽而意远。这种体验不仅在郭若虚的笔下才有，在后人对陆探微的绘画评论中都能找到。方薰《山静居画论》亦云：

衣褶纹当以画石钩勒笔意参之，多笔不觉其繁，少笔不觉其简。皴石贵乎似乱非乱，衣纹亦以此意为妙。曾见海昌陈氏陆探微天王褶如草篆，一袖六七折，却是一笔出之，气势不断，后世无此手笔。[④]

其中“气势”，代表的就是内心与外在相融合的一种生命力，《文心雕龙·定势》云：“势有刚柔，不必壮言慷慨，乃称势。”[⑤]虽然这里说的是为文之“势”，但书法、绘画之“势”亦然，于挥毫运笔间贯通气脉，“一笔画”之“一”，从哲学层面上讲就是心物交接，两者合二为一，借助有限的笔墨将生机盎然的自然生命传神地绘于笔

① 宗白华：《美学散步》，上海人民出版社，1981 年版，第 65 页。
② 陈鼓应：《老子注译及评介》，中华书局，1988 年 2 月版，第 228 页。
③ 《庄子集释》第三册，中华书局，1985 年 8 月版，第 735 页。
④ 俞剑华：《中国古代画论类编》，人民美术出版社，1998 年版，第 234 页。
⑤ 同上，第 541 页。

端，呈现于画中。

《历代名画记》卷一《论画六法》云："至于台阁、树石、车舆、器物，无生动之可拟，无气韵之可侔，直要位置向背而已。顾恺之曰：'画人最难，次山水，次狗马，其台阁一定器耳，差异为也。'斯言得之。至于鬼神人物，有生动之可状，须神韵而后全，若气韵不周，空陈形似，笔力未遒，空善赋彩，谓非妙也。"[①]所谓"气韵"，谢赫认为其为六法中的第一位，并在《古画品录》中对陆探微至丁光等二十七人进行了品评"第一品（五人），一、陆探微（宋），二、曹不兴（三国），卫协（晋），张墨（晋），荀勖（晋）。"谢赫将陆探微放在第一品第一人的位置，认为

> 虽画有"六法"，罕能尽该，而自古及今，各善一节。"六法"者何？一气韵，生动者也；二骨法，用笔是也；三应物，象形是也；四随类，赋彩是也；五经营，位置是也；六传移，模写是也。唯陆探微、卫协该之矣。然迹有巧拙，艺无古今，谨依远近，随其品第，裁成序引。故此所述，不广其源，但传出自神仙，莫之闻见也。[②]

谢赫在这里的意思就是绘画只要有"气韵"，画面就自然生动有生命力了。"彦远试论之曰：古之画或能移其形似而尚其骨气，以形似之外求其画，此难可与俗人道也。今之画纵得形似而气韵不生，以气韵求其画，则形似在其间矣。"[③]"气韵，为绘画中的最高

---

① 《历代名画记》卷一《论画六法》。

② 俞剑华：《中国古代画论类编》，人民美术出版社，1998 年版，第 355 页。

③ 《历代名画记》卷一《论画六法》。

标准，就是思想感情，体态行动，活跃在画面上，使所画的画有生气，有风韵，一切都像活的有生命的东西，不是毫无思想感情，呆板拘滞的样子。”[1]“气”也就是这样一种生命气息的外现，不同的人“气”的特征是无法模拟的，独特的审美风格形成独特的创作个性，所以不同的人其作品就会显现出独特的气息。抓住了“气”，就抓住了陆探微“一笔画”的内在精神，画中的一笔一画、笔墨、构图都是“气”的表征，运笔时的轻重缓急、婉转曲折种种分寸的把握也是作者情动于中的产物，它们共同构成了艺术作品的意境。钟嵘《诗品》序云：“气之动物，物之感人，故摇荡性情，形诸舞咏。”这一说法与王微在《叙画》中“于是乎以一管之笔，拟太虚之体；以判躯之状，画寸眸之明”[2]所说意思相近，由“气”的变化而带动生命的运动，人的性情由此得到感发，因而产生了艺术，艺术创造的过程，也成了“气”的物化。

## 第四节 “秀骨清像”的审美形态

### 一、秀骨——化气韵为骨力

有关陆探微绘画风格与特点，唐代张怀瓘《画断》曰：

> 顾、陆及张僧繇，评者各重其一，皆为当矣。陆公参灵酌妙，动与神会，笔迹劲利，如锥刀焉，秀骨清像，似觉生动，令人懔懔若对神明，虽妙极象中，而思不融乎墨外。夫象人风骨，

---

① 俞剑华注释：《历代名画记》，上海人民美术出版社，1964年1月版，第23页。俞剑华在注释中指出：必须熟练其它五法，方能达到气韵生动之标准。

② 俞剑华：《中国古代画论类编》，人民美术出版社，1998年版，第585页。

张亚于顾、陆也。……张得其肉，陆得其骨，顾得其神。神妙亡方，以顾为最。比之书则顾、陆，钟（繇）、张（芝）也，僧繇，逸少（王羲之）也，俱为古今独绝；岂可以品第拘？[①]

张彦远对张怀瓘的评价深以为然："以此论为当。"这句话的大意是说：品评者对顾恺之、陆探微以及张僧繇的评价各有侧重之处，当你欣赏陆探微的画作时，你不仅能够看到如刀削一般苍劲的用笔、绝妙的形象，而且可以感受到画中神韵、画中性灵。张怀瓘不仅指出了陆探微绘画最突出、最深层次的审美内涵，而且也指出了这样的审美特质需要"笔迹劲利，如锥刀焉"。

其实，从客观上来说，陆探微的绘画根底在很大程度上是从顾恺之那里传承而来的，但他在师法造化与取法前人的基础上加以变化，使其绘画的面貌多变。更因为个人性格的不同，以自己的心意做画，作品的风格、内涵就与其师顾恺之的有了区别。

张怀瓘在评价陆探微时用了三次"骨"字："秀骨清像"、"夫象人风骨"、"陆得其骨"，由此可见"秀骨清像"是陆探微绘画中一个重要的审美标准。"秀骨清像"最初是一种宫廷画家的绘画风格，始于顾恺之，成于陆探微，它以消瘦与骨节为基本体型，配以南朝文人随风飘动的宽袖衣袍，表现人物洒脱、超凡的神态与气度，究其本源，实来自于对自然之秀美的追求。

《历代名画记》卷二《论画体工用拓写》："顾生首创《维摩诘像》，有清羸示病之容，隐几忘言之状，陆与张皆效之，终不及矣。"[②]"秀"

① 俞剑华：《中国古代画论类编》，人民美术出版社，1998年版，第402页。

② 《历代名画记》卷二《论画体功用拓写》。

可形容山川之风貌，董其昌云："作云林画须用侧笔，有轻有重，不得用圆笔，其佳处在笔法秀峭耳。"[①]而"秀"在魏晋人物品藻中常常用于形容人的外表的风貌，《世说新语·容止》中描绘嵇康曰："嵇康身长七尺八寸，风姿特秀。见者叹曰：'萧萧肃肃，爽朗清举。'"[②]形容的是嵇康外貌仪容之美，嵇康作为"竹林七贤"之首，具有傲居山林、放浪形骸、不拘小节、清高自傲的气质。

作为当时风绝超群、文采冠绝的著名文人，陆探微也曾为竹林七贤画像。关于现今出土的《竹林七贤与荣启期》壁画母本的作者，学界至今尚无定论。不管是顾恺之抑或陆探微，可以肯定的是，从出土的四处《竹林七贤与荣启期》壁画（分别是：丹阳胡桥吴家村墓、南京西善桥南朝墓、仙塘湾墓以及建山金家村墓[③]）看来，其造型大都简练传神、潇洒飘逸、举止自然、任性不羁，透露出"秀骨清像"的绘画风格。因陆探微画作无一传世的遗憾，对《竹林七贤与荣启期》壁画的研究成了窥探"秀骨清像"画风的途径之一。

"竹林七贤"是魏晋时期著名的文人，其"七贤"之名产生于东晋年间，至今学界仍对"竹林七贤"之名的由来各持一词。陈寅恪先生在谈到"竹林七贤"中"七贤"之由来时说："'七贤'所取为《论语》'作者七人'的事数，意义与东汉末年'三君''八俊'等名称，即为标榜之意。"[④]"竹林"据《世说新语·任诞》记载："七人常集于竹林之下，肆意酣畅，故世谓竹林七贤。"[⑤]而陈寅恪先生则认为："所

---

① 董其昌：《画旨》。转引自王伯敏、任道斌：《画学集成》，河北美术出版社，2002年6月版。于安澜：《画论丛书》，上海：上海人民美术出版社，1963年10月版。

② 《世说新语·巧艺》。

③ 高金玉："也谈'竹林七贤与荣启期画像'"，《艺术探索》，2008年第4期。

④ 万绳楠：《陈寅恪魏晋南北朝史讲演录》，黄山书社，1987年版，第48页。

⑤ 《世说新语·任诞》。

谓'竹林',盖取义于内典之 Vlenuvena,非其地真有此竹林,而七贤游谈其下也。《水经注》中所引竹林古迹,乃后人附会之说,不足信。"[①]丁福保的《佛学大辞典》将 Vlenuvena 释为天竺"竹林精舍"。蒋天枢先生承袭了陈先生的观点,认为"竹林"之说法源于此。而现代学者王晓毅在其专著《佛释道与魏晋玄学形成》中,全面梳理了与竹林七贤有关的地理、历史、文学与宗教文献后提出:竹林七贤并非东晋史家附会佛教典故而成,确实是为七人竹林之游而得名。此种说法推翻了陈寅恪先生的新论,并与《世说新语》等文献记载相吻合。

《三国志·魏书·王粲传》注引《魏氏春秋》载:"康寓居河内之山阳县,与之游者,未尝见喜愠之色。与陈留阮籍、河内山涛、河南向秀、籍兄子咸、琅王戎、沛人刘伶相与友善,游于竹林,号为七贤。"七人性格豁达、文采超群,热衷玄学与清谈,崇尚个人价值,其生活方式与生存态度在魏晋时期为社会普遍效法,当时的文学与绘画创作也喜好以七贤为对象。画中的"荣启期"为春秋时代的名士,虽与竹林七贤所处年代相差较远,但其不受礼法之约束、喜好清静无为的性格与竹林七贤较为相似,颇受魏晋名士推崇。因而或个体或群体,魏晋南北朝时期的不少著作中都将竹林七贤与荣启期放在一起。从出土的陵墓壁画也可以看出,将竹林七贤与荣启期放在一起在当时是十分盛行的。《历代名画记》著录,陆探微也曾创作过《荣启期孔颜图》与《孝武功臣竹林像》。其实在当时图像圣贤的情况屡见不鲜,前文所例举的就有王秀之钦慕宗测,"乃令陆探微画其形与己相对。"

---

① 蒋天枢:《陈寅恪先生编年事辑》,上海古籍出版社,1981 年 9 月版,第 191 页。

陆探微所形成的清秀洒脱的“秀骨清像”的绘画风格，正是对崇尚玄学、重清淡的六朝士大夫文人形象的生动概括，具有鲜明的时代审美特征。这在当时画坛蔚然成风，并影响到雕塑创作。如果说这两件作品足够让我们看清楚“秀骨清像”的典型形象和精神气质的话，那么其深层含义就不离此时崇尚脱俗与放达的社会倾向，也不离此时人们审美鉴赏和品藻人物的观念倾向。《历代名画记》卷二《论顾陆张吴用笔》中云：

> 顾陆之神不可见其盼际，所谓笔迹周密也。张吴之妙，笔才一二，象已应焉。离披点画，时见缺落，此虽笔不周而意周也。若知画有疏密二体，方可议乎画。①

张彦远认为陆探微的画风师于顾恺之，行笔紧细，与顾恺之并称“顾陆”，属“密体”，张僧繇、吴道子属“疏体”，其笔法之佳正在于“秀”。所谓密体，非绝对的用笔紧致、密不透风，应指画面内容充实、丰富，所画之物实中显虚，虚实相生，浓淡相宜，笔墨运用恰到好处，无一点累赘之墨色。从陆探微之师顾恺之的绘画作品可以看出，“密体”的画风不强调大片重墨的渲染，画面讲求干净与静洁，用笔松密有致，于疏松的线条中加一些实而刚的线条，若无还有，多一笔失其清秀，少一笔缺其神韵，有着无限的秀峻与刚劲。然绘画者，喜疏喜密喜浓喜淡全在个人意趣，重要的是用笔的分寸，下笔遒劲有力、锐利刚劲，方能得其法。

陆探微绘画中对“骨法”的强调，我们也可以从其师顾恺之处

① 《历代名画记》卷二《论顾陆张吴用笔》。

觉察出一些端倪，顾恺之《画评》中云："画醉客，多有骨，俱生变趣。……画烈士，有骨。秦王之对荆卿，虽美而不尽善。画三马，隽骨天奇，其腾踔如蹑虚空，于马势尽善也。"除此之外，顾恺之《魏晋胜流画赞》也对骨法用笔与传神之间的关系进行了论述，这说明陆探微在对顾恺之的取法中不仅仅学习了其师重神轻形，着重表现人物内在精神的"传神写照"，还自然而然地对绘画之"骨法"进行了揣摩与传承，由此形成了其以书入画的"一笔画"。陈绶祥先生对"秀骨清像"的美学特征进行了进一步的描述，他在《魏晋南北朝绘画史》中指出："'骨'既指'瘦形'的人面部磊砢而有节目的骨节，又是为人'岩岩若孤松之独立'赖以立形的形体之'骸'，前者是裸露的，后者是'制衣以幔之'的。故身体之'骨'又与飘然翻动的衣衫饰物相表里，或曰身体之'骨'又直接表露于具体衣褶的转折中。"[①]"秀骨"以"瘦形"而骨气洞达、风度翩翩为特征，即借对象的骨感来传达傲立于世的魏晋名士之风，"岩岩若孤松之独立"形象的诠释了陆探微绘画中的"秀骨"之风，也映照出陆探微绘画作品中的自然审美观念。

就如同其虚实相间、疏密有致的画风一般，陆探微的绘画也兼具理性与感性，这虽没有传世的绘画作依据，却有历代文献的记载。陆探微绘画中理性的是其用笔，刚劲有力，少有拖泥带水之处，明确苍劲，更有其秀峭之气，在讲究作品整体意趣的同时也注重对骨力的追求。这样的骨力用之于鉴赏，正如清方士庶《天慵庵随笔》所云："山川草木，造化自然，此实境也。因心造境，以手运心，此虚境也。虚而为实，是在笔墨有无间——故古人笔墨具此山

① 陈绶祥：《魏晋南北朝绘画史》，人民美术出版社，2000年版，第56页。

苍树秀，水活石润，于天地之外，别构一种灵奇。或率意挥洒，亦皆炼金成液，弃滓存精，曲尽蹈虚揖影之妙。”这也正是其感性的所在，“参灵酌妙，动与神会”、“虽妙极象中，而思不融乎墨外”。

刘勰在《文心雕龙·风骨》[①]中对“风清骨峻”专门做了分析。刘勰从文学的角度出发，认为“沉吟铺辞，莫先于骨”，“辞之待骨，如体之树骸”，“练于骨者，析辞必精”，“骨”就如同文章的精神和思想核心，是情感“沉吟”的依据，“中国古典美学理论既重视思想——表现为‘骨’，又重视情感——表现为‘风’。一篇有风有骨的文章就是好文章。这同歌唱艺术中讲究‘咬字行腔’一样。咬字是骨，即结言端直，行腔是风，即意气骏爽，动人情感。”[②]“骨”在绘画中大概指的就是如同文章精神一样的对象，至于这个对象具体是什么，谢赫在《古画品录》提到“骨法用笔”，将其作为六法的第二位，仅次于“气韵生动”，足以看出作画时如何用笔勾勒的重要。谢赫这里的“用笔”只是“骨法”的手段，“骨法”才是绘画的目标，讲的应该是用笔的刚健与遒劲，与绘画风格相关，“骨法等于人的骨格，在画上就是轮廓的勾勒，必须注意用笔，用笔的方法，有些是和写字相通。”[③]“夫象物必在于形似，形似须全其骨气”，[④]张彦远认为其“骨”应该与“气”相联，作品既要有其外在的风貌，也要有其内在的美学意味，品一画而知自然之气韵、人物之品第。应该说陆探微作品被后世称赞推崇之“骨”，与前文所论之“气”相通。从美学的角度表述，其画“因心造境”，采取的是一种“以物观物”的态度，将

① 《文心雕龙·风骨》。

② 《美学散步》，上海人民出版社，1981 年版，第 47-48 页。

③ 俞剑华注释，《历代名画记》，上海人民美术出版社，1964 年 1 月版，第 23 页。

④ 《历代名画记》卷一《论画六法》。

主体的我融入客体的物，而后“以手运心”，将胸中之“气”化为笔端之“骨”，运用“骨”的力量将自然之“气”物化。因而，陆探微绘画在境界与内蕴上呈现出一种“秀骨”的审美特质。

## 二、清像——意澹而雅正

宗白华先生在说到艺术境界时，曾经说过：“禅是中国人接触到佛教大乘义后体认到自己心灵深处而灿烂发挥到哲学境界与艺术境界，静穆的观照和活跃的生命构成艺术的二元，也是构成‘禅’的心灵状态。”①禅宗是一个“心（禅）我合一”的精致周密的世界观理论。在禅宗看来，我心即佛、佛即我心，世界万物、客体主体、日月星辰、山河大地，无非是我心之幻化。宗白华先生常常用“寂而常照，照而常寂，动静不二，直探生命的本原”的禅境作为中国艺境的代表。这种禅境往往在一派气韵生动中蕴含着无限的寂静，流露出高风绝尘的禅意。汉画动，晋画静，但晋人的玄想又是骋目游心于太虚，故非槁木死灰，而是静中有动。而陆探微对这一禅境的表现又以绘画上“清像”的体现最为纯粹和完美，这不仅是对绘画艺术精神的创新，也牢牢地抓住了魏晋南北朝崇尚自然的审美本质。

如果说“秀”是画面外在的表现，那“清”则更多的讲究内在意蕴。宗白华先生将中国美学史上的美感分为“错彩镂金”与“芙蓉出水”两种，他说：

　　这两种美感或美的理想，表现在诗歌、绘画、工艺美术等

① 宗白华：《美学散步》，上海人民出版社，1981年版，第65页。

> 各个方面。楚国的图案、楚辞、汉赋、六朝骈文、颜延之诗、明清瓷器，一直存在到今天的刺绣和京剧的舞台服装是一种美，错彩镂金，雕缋满眼；汉代的铜器和陶瓷、王羲之的书法、顾恺之的画、陶潜的诗、宋朝的白瓷，这又是一种美，初发芙蓉，自然可爱的美。[①]

其“初发芙蓉、自然可爱”指的就是一种不追求雕琢、重视自己人格与思想的“清雅”境界。

“清”最初是魏晋人物品藻风气中的重要标准之一。“清”本义有透彻之意，指的是水清，“沧浪之水清兮”，[②]陶渊明《归去来兮辞》云：“临清流而赋诗。”清白、清雅这一含义，最早出现在《离骚》中：“伏清白以死直兮。”[③]《楚辞·渔父》亦云：“世人皆浊，我独清，众人皆醉，我独醒。”[④]《史记·乐书》：“子贡见师乙而问焉，师乙曰：正直清廉而谦者，宜歌风。”[⑤]《晋书·殷浩传》：“清徽雅量，众议攸归。”[⑥]“清”的含义到了魏晋南北朝，就与清雅清正的审美倾向和人物品藻不可分了，“清”成为魏晋时期理想的审美人格，而清与静，在绘画风格上则表现为空虚澄明。曹丕在《典论·论文》进一步将“气”反映出来的风格分为“清”“浊”。曹丕这里所谓的“清”

① 宗白华：《美学散步》，上海人民出版社，1981年版，第29页。

② 《文选》卷三十二。

③ 逯钦立辑校：《先秦汉魏晋南北朝诗·晋诗》，中华书局，1982年12月版，第987页。

④ 《文选》卷三十二。

⑤ 逯钦立辑校：《先秦汉魏晋南北朝诗·魏诗》，中华书局，1982年12月版，第466页。

⑥ 《史记》卷七十七。

"浊",并不是单纯地划分出泾渭分明的"清"或"浊",而是大致可以划分出二者,在其"清""浊"内部还可以分出"清""浊"。这样,在某种层次上相同的作品,发掘到不同的深度,就会呈现出不同的内容了。"清"的内涵也就是通过内心的明净与空明来达到对无限的自然的回归。

如果说之前的人物品藻是在道德领域上面进行的,那么在绘画领域,虚无飘渺的"清"已经融入到画境之中,使得其有最完美与纯粹的体现。"清"在总体上体现的应该是道家精神,相对于传统儒家的仁义礼智信,道家不讲求繁文缛节,更多地是要求顺应自然、清神静心。为了更好地进行绘画创作,必须先排除心中杂念,进入清明的自然之境,体味玄之又玄之道。

陆探微绘画中所体现出来的清秀与清雅的审美标准,正是承袭了魏晋玄风的产物。曹植的《白鹤赋》中有"聆雅琴之清韵",[①] 随后"清"、"雅"等字眼就被运用到了玄谈和人物品藻中去,散发出来的清雅气度更是充满了玄学的情调。"上古之画,迹简意澹而雅正,顾陆之流是也;中古之画,细密精致而臻丽,展郑之流是也;近代之画,焕烂而求备;今人之画,错乱而无旨,众工之迹是也。"[②]正如张彦远所评价的"迹简意澹而雅正",陆探微的绘画表现出的是一种超脱俗流的清雅情怀,具有显明浅切的特点。从其"雅正"入手,能观出其审美心境的宽阔,以最简单之笔墨得最真实之风貌。其"清秀"的画境,超越了以往常规的绘画框架,其审美情趣是与作者细腻的情感和敏感的神经分不开的,陆探微所追求的是言有尽

① 严可均校辑,《全上古三代秦汉三国六朝文》卷十四,中华书局,1958 年版,第 1129 页。

② 《历代名画记》卷一《论画六法》。

而意无穷的雅致、平和的绘画风格，从某种意义上说，这是艺术本真与自然的贴近，也是传统文化中与天地自然相通的哲学观的熏染所致，这也正是历代文人们在陆探微画作面前油然而生倾慕、赞叹与新奇之感的原因。

## 三、"秀骨清像"中的道释思想

思想受时代的影响，而艺术风格又受到思想的制约，因此，艺术是时代思潮最直接的呈现。从前文《历代名画记》对陆探微作品的著录可以看出，其作品除了《高丽赭白马图》、《蝉雀图》、《斗鸭图》、《猕猴图》外，几乎都为人物画。所画人物分为两种，一为帝王官员，一为佛教僧侣。除此之外，陆探微还参与过佛教寺庙壁画的创作，米芾《画史》著录："润州甘露寺……又陆探微'神'，面黄，口角露二向上齿，金甲，手持幡，下一白狮子，神彩惊人……"此记录在潘天寿先生那里也得到了证实：

> 至此，吾国之绘画，几全为佛画所陶溶，而能画者，亦几无有不能作佛画者。故有名寺院所饰之大壁画等，多为当时名家之手笔：如宋陆探微、谢灵运之画甘露寺，梁张僧繇之画天皇寺，北齐曹仲达之画开业寺，扬子华之画永福寺，北周田僧亮之画光明寺等，皆其例也。①

陆探微之于宗教画的创作，与南北朝崇信佛法、保护佛教密不可分。他作为宫廷画家，当然直接受到各君主贵族对宗教画要求

① 潘天寿：《中国绘画史》，上海人民美术出版社，1983年12月版，第39页。

的影响，不过，其“秀骨清像”的绘画呈现出的超然脱俗、飘逸旷达的风姿容貌，更多地体现出老庄玄学不拘泥于形迹、直视自然本真的精神。应当说，陆探微的绘画创作深受这一时期玄学、佛教与道教的交融的影响。

陆探微身处的南朝，绘画发展的大势，是以伴随着佛教传入的宗教画为主体。北魏时期，虽有太武帝毁佛像，但北魏文成帝即位后，奉佛教为国教，建殿宇、兴伽蓝，佛教艺术尤其是造像艺术大盛。佛教为了迎合当时社会的需要，以儒家特别是老庄玄学来解释佛教教义，庄禅互渗，因而获得了极大的发展，儒释道三家思想互相交融碰撞。《高僧传》卷六记载道安允许弟子慧远借“俗书”阐明佛理：“年二十四，便有讲说。尝有客听讲，难实相义，往复移时，弥增疑昧。远乃引《庄子》义为连类，于是惑者晓然。是后安公特听慧远不废俗书。”[①]慧远年少时有习读老庄思想的功底，因而在入佛门之后，修行之心深远，面对疑难问题，就引述《庄子》的内容对其进行解答，因此对佛学就有了更深刻的认识与理解。

老庄侧重于“天地与我共生，万物与我并存”的返璞归真与个性的绝对自由。庄子《逍遥游》中“若夫乘天地之正，而御六气之辨，以游无穷者，彼且恶乎待哉！故曰：至人无己，神人无功，圣人无名”[②]的人与天地自然化为一体的境界，实质上可以说是将人从纷繁的现实与禁锢的伦理道德中解放了出来，还原了人性的本真。而儒家早在孔子时代就提倡重视诗、礼，提高道德修养，以美储善。《论语·季氏》记载：“鲤趋而过庭，曰：‘学《诗》乎？’对曰：‘未也。’

① 释慧皎：《高僧传》卷六《慧远传》，汤用彤校注，中华书局，1992年10月版，第212页。

② 郭庆藩：《庄子集释》第一册，中华书局，1985年8月版，第17页。

‘不学《诗》，无以言。’鲤退而学《诗》。他日又独立，鲤趋而过庭，曰：‘学礼乎？’对曰：‘不学礼，无以立。’鲤退而学礼。”[①]这是儒家审美思想的基本特点。

庄禅互渗，儒释道三家相互融合、协调发展这一新的思想格局对中国传统美学思想的形成和发展具有重要的意义与价值。魏晋南北朝以自然为美的审美观念，首先体现在对自然率真人格理想的追求上。《世说新语》中所载魏晋名士大多洒脱率性、风流倜傥。显然，对自然率真的赞叹已经影响到了艺术创作领域。刘勰在《文心雕龙·原道》中写道“夫岂外饰，盖自然耳”、“心生而言立，言立而文明”、“夫以无识之物，郁然有彩，有心之器，其无文欤？”[②]反复强调美和艺术的本质就是自然之道的体现，认为创作的动机来自主体对外物的情感触发，这种感情的产生是自然而然的，不需要人工修饰。《情采篇》“五情发而为辞章，神理之数也”[③]中的“神理之数”也就是自然之道。“自然”成为艺术创作中的概念并作为重要范畴引入美学领域正是这一时期中国美学发展的重大变革。

以顾恺之的画论著作为代表的绘画思想，正是在这种儒学衰微、玄学兴盛的思想背景下发展起来的。玄学要解决的核心问题就是如何对待“自然”与“名教”。“自然”，在老庄看来是未经过人为加工改造的，天然如此的原初形态。老子的“人法地，地法天，天法道，道法自然”[④]中“自然”被提到了万物基本规律这一高度。庄

① 《四书章句集注》，中华书局，1983年10月版，第174页。

② 《文心雕龙·原道》。

③ 《文心雕龙·情采》。

④ 陈鼓应：《老子注译及评介》，中华书局1984年版，第163页。

子继承了老子推崇自然的思想，认为“天鬻者，天食也”，[1]天养就是受到自然的饲养，于是应该顺应自然，以自然为最高的准则。“名教”就是指维护社会宗法制度的一套政治原则。无论是王弼的“名教本于自然”、嵇康的“越名教而任自然”，还是郭象的“名教即自然”，都是对这一问题的回答。而郭象“独化于玄冥”[2]的命题把万有归定为自生自化的存在，认为人作为主体只有在“无待”境界中才能实现真正的逍遥，借此提出“庙堂及山林”的思想，以重新解释“自然”与“名教”的关系，指出“自然”与“名教”本是同一事，巧妙地把道家与儒家的思想整合在一起。学术界至今也无法定论的《维摩诘图》，也从一个侧面反映出当时玄学名士对佛学经典《维摩诘经》的追捧。尽管陆探微只是一个皇家宫廷画家，但其“秀骨清像”的风格通过佛教造像形象地再现出来，表明当时佛释道在社会上产生的广泛影响，而这种“秀骨清像”的菩萨形象也一直流传至唐朝。

这一时期所造的佛像，大都呈现出一种修长消瘦、超凡脱俗的风度，这与陆探微人物画的绘画风格极为相似，学术界将其称为中原风格。李文生先生在《中原风格及其西传》一文中列举了南朝画像砖，认为“这些都是顾恺之、陆探微‘秀骨清像’一派风格的作品。”[3]尽管南北朝时期建造了大量的寺院与佛像，但经过几次灭佛运动与时间的考验现在已经所剩无几了，我们能找到的那个时

---

① 郭庆藩：《庄子集释》第一册，中华书局 1985 年 8 月版，第 217 页。

② 郭象：《庄子序》，郭庆藩：《庄子集释》第一册，中华书局 1985 年 8 月版，第 3 页。

③ 李文生：“中原风格及其西传”，《敦煌石窟研究国际讨论会文集》，辽宁美术出版社，1990 年版，第 55-64 页。

代的佛像也因历史的磨难而不复当年的神采。

陆探微"秀骨清像"一派的风格同样体现在许多佛教遗迹上，如东晋十六国以后开辟的敦煌石窟壁画彩塑、麦积山塑像、炳灵寺石窟造像，以及北魏以后开辟的龙门石窟造像、云冈石窟造像等，都显现出一种"秀骨清像"的审美意味与文化特征。"如云冈第26、29、30、35窟的几尊佛像看上去面部狭长，其中交脚弥勒菩萨腿部的细长线条更突出了佛像体型纤细的特征，昙曜五窟佛像的强悍、壮硕的特征已经基本消失。龙门石窟中传世的北魏佛像也只有面部五官还遗留着鲜卑族的大嘴巴、高鼻梁的粗犷，脸型却已变得十分细长，身材也趋向苗条俊拔。"①菩萨造像都显出身形修长、裙带飘扬、飘逸柔美的动态感。"龙门石窟2005年迎回了7件佛像，它们是流失海外近百年的弥勒菩萨头像、古阳洞高树龛释尊佛头、火顶洞观世音菩萨头像、唐代前期飞天造像、唐代立佛像佛头、唐代的石灰岩佛头像和石灰岩天王头像。"②这一时期的造像中，佛像头像大都轮廓分明，面部狭长有力，眉清目秀，整体线条干净流畅，"秀骨清像"这一审美特征十分突出。

大同云冈石窟的开凿，据《魏书·释老志》记载，始于北魏文成帝兴安二年(公元453年)。孝文帝迁都洛阳后，云冈渐废，洛阳龙门石窟兴起。大批工匠随迁集于龙门，由工官统辖。在随后约三十年时间里，造像数万尊，刻石题记两千余件，参与其事的工匠逾八万人众。我们虽然还没有多少证据能够说明陆探微"秀骨清像"的绘画风格与云冈和龙门石窟造像风格的关系，但陆探微"秀骨清

---

① 《龙门博物馆》，大象出版社，2005年版，图1、2、3、4、5、41。

② 林伟："'秀骨清像'中的玄学'风度'——从佛教造像看魏晋玄学对佛教思想的影响"，《江苏社会科学》，2007年第1期。

像”的宫廷画风和这些石窟造像风格却有着特定历史背景下的关联，应该说，它们都是南北朝早期佛教兴盛的结果。

## 四、“自然”与“神会”

南朝佛教文化的广泛流行，丰富了这一时期绘画的技法与题材。凡画者，几乎没有不画佛画之人，画家们不仅善于画佛像，更开始研磨佛画之题材。因此出现了大量的佛教绘画名作，当时有名的寺庙壁画皆出自名家之笔。在这样的影响下，陆探微并没有一味的照抄模仿既定的画技，而是结合自身的感悟将佛教与中土文化相融合，形成了自己的艺术表现方式。从流传下来的著名论著中，我们也能找到玄学自然观与佛教自然观影响其画风的一些蛛丝马迹。

世人对陆探微“秀骨清像”绘画风格之总结，正是对玄学自然观的一种直观的体现，其深层含义脱离不了崇尚洒脱放达的社会意识倾向，其美学根底就在于崇尚自然。后世总结陆探微绘画中呈现出来的自然观，可见张彦远之评价，“自然者为上品之上，神者为上品之中，妙者为上品之下，精者为中品之上，谨而细者为中品之中。”[①]张彦远将自然列为五等之第一，在“神品”之上，以包六法，并认为顾恺之与陆探微之画为“迹简意澹而雅正”，为上古之画，以“自然”对应于顾陆二人。唐代张怀瓘《画断》曰：

> 顾、陆及张僧繇，评者各重其一，皆为当矣。陆公参灵酌妙，动与神会，笔迹劲利，如锥刀焉，秀骨清像，似觉生动，令人

---

① 《历代名画记》卷二《论画体工用拓写》。

> 懔懔若对神明，虽妙极象中，而思不融乎墨外。夫象人风骨，张亚于顾、陆也。[①]

潘天寿也指出：

> 吴人，常侍从宋明帝左右，妙绝丹青，长人物故实，兼善山水草木，参灵酌妙，动与神会。其作佛画及古圣贤像，笔迹劲利如锥刀，盖移书法之用笔于画法，自然秀骨天成，体运遒举。[②]

何谓"动与神会"？这个玄奥的"神"究竟是什么呢？根据上文的分析不难得出，这里的"神"即精神达到超越极致而形成的物我合一的状态，"神"摒弃了尘世苦难之烦恼，与万物交感，空心澄虑。"神"乃百感产生之根源，有百感，故与物相交会。

陆探微此自然神会说与慧远在《沙门不敬王者论》中的一些佛教理论颇为相似。慧远云："是故反本求宗者，不以生累其神；超落尘封者，不以情累其生。不以情累其生，则生可灭；不以生累其神，则神可冥。冥神绝境，故谓之泥洹。泥洹之名，岂虚称也哉？请推而实之。天地虽以生生为大，而未能令生者不死；王侯虽以存存为功，而未能令存者无患。"[③]"冥神绝境"即人进入到冥想沉思的状态，让自己在花鸟树木的自然之中将喜怒哀乐遮蔽起来，心灵进入

---

① 俞剑华：《中国古代画论类编》，人民美术出版社，1998 年版，第 402 页。

② 潘天寿：《中国绘画史》，上海人民美术出版社，1983 年 12 月版，第 42 页。

③ 僧祐：《弘明集》卷五慧远《沙门不敬王者论》，上海古籍出版社，1991 年第 1 版，第 31 页。

到虚静空澄的境界,物我交融,与宇宙自然相感。只有在这样空白无我的前提下,才能达到清静本性的境界从而涅槃。《高僧传》卷六中记载着慧远对于绘画的一段富有禅意的解释:

> 铭之图之,曷营曷求。神之听之,鉴尔所修,庶兹尘轨,映彼玄流。漱情灵沼,饮和至柔。照虚应简,智落乃周。深怀冥托,宵想神游。毕命一对,长谢百忧。①

慧远认为把佛像画下来,把铭文记下来,为的就是让尘世的情感在神灵的沼泽中洗涤干净,用高妙的玄理代替尘世中的烦扰与忧愁,怀着神灵的嘱托,宵想神游。

《形尽神不灭五》中谈到"神"时云:"夫神者何,精极而为灵者也。……神以化传,情为化之母,神为情之根,情有会物之道,神有冥移之功。"②慧远这里提倡的"冥神绝境"摒弃世俗功利,正好与艺术创作中的直觉观照相吻合。绘画创作审美心理的过程,正是物我"神会"之天人之际。人超越具体的物象,将自身情感注入到对象身上,隔绝一切功利因素,进入到纯艺术境界之中,此时的人能够感觉到平时难以感受的情感,领悟到难以领悟的道理。此乃"自然"、"神会"与"冥神绝境"之间的精微关联。

作为慧远弟子且精于言理的宗炳,也特别重视"神"在绘画中的地位。宗炳认为作画的目的是为了"畅神",这是一种最为理想的审美境界。面对山水,不仅要画出山水的形貌,又要将主体融入

---

① 释慧皎:《高僧传》,汤用彤校注,中华书局,1992年10月版,第213页。

② 慧远:《沙门不敬王者论》,僧祐:《弘明集》卷五,上海古籍出版社,1991年第1版,第32页。

山水,使人成为真正的审美主体,从而创造出一个不同于客观自然世界的艺术境界。“人是精神物,但使归信灵极,粗禀教诫,纵复微薄,亦足为感。感则弥升,岂非脱或不灭之良计邪。昔不灭之实,事如佛言,而神背心毁,自逆幽司,安知今生之苦毒者,非往生之故而邪。”[①]宗炳认为的“神”是超越生命形体的一种精神存在,说穿了就是通过直觉的观照与冥想,让情感与意象自由驰骋在自我的精神世界,与宇宙万物共鸣,进而充分抒发自身的情感。

慧远的“冥神绝境”、宗炳的“人是精神物”、陆探微的“神会”说,都说明艺术构思中打破时间与空间界限的重要性,都讲究精神的力量,重视心灵的体验,不时拂拭心灵的“尘埃”,以保持其明净。当内心通明之时,眼前的一切就会充满生机,心灵与外物的接触就能产生难以言说的愉悦感,从而达到触类旁通、任性逍遥的本真状态。此与《文心雕龙》所说:“是以陶钧文思,贵在虚静,疏瀹五脏,澡雪精神”[②]有着异曲同工之妙。

陆探微“神会”思想之艺术体现,《梁书》有所记载:

> 宋明帝好《周易》,集朝臣于清暑殿讲,诏曼容执经。曼容素美风采,帝恒以方之嵇叔夜,使吴人陆探微画叔夜像以赐之。[③]

伏曼容,字公仪,平昌安丘人。宋明帝在位时为骠骑行参军,

---

① 宗炳:《答何承天书难白黑论》,僧祐:《弘明集》卷三,上海古籍出版社,1991年第1版,第21页。

② 《文心雕龙·神思》。

③ 《梁书》卷四十八《伏曼容传》,中华书局,1973年5月版,第663页。

倜傥好大言，善老、易之学，宋明帝认为伏曼容与嵇叔夜有着相似的神韵气貌。嵇康放达超脱、不拘小节且形貌至美，宋明帝让陆探微画嵇康像，并将此画像赐予伏曼容。此举也证实了陆探微“神会”功力，能够将嵇叔夜与伏曼容二者共有的形神气度与自然洒脱的形貌跃然纸上，此非仅有技巧能成之画。

陆探微的绘画美学思想受到后世的高度评价，其根本原因在于陆探微绘画中的“自然神会”之思，在于陆探微作品中所蕴含的自然审美观。谢赫在《古画品录》中评陆探微为第一品第一人：

> 穷理尽性，事绝言象。包前孕后，古今独立。非复激扬所能称赞，但价重之极乎！上上品之外，无他寄言，故屈标第一等。①

陆探微之后，对其评价的文人很多，其评价标准也因人而异，各不相同。顾恺之作为陆探微之师，历代评价之高，但谢赫在《古画品录》中，却认顾恺之成就低于陆探微，这是一个值得注意的地方。

经历了魏晋玄学的洗涤与佛道的兴盛后，文人们对自然和生命的思辨更加成熟与深入，中古时期的宗教意识与自然审美观达到了高度的融合，陆探微的美学思想代表了这种融合的趋势。《古画品录》是第一部将陆探微推崇到极致的文献，其缘由即是谢赫认为陆探微的绘画既符合“六法”的最高要求，又满足其对“夫画品者，盖众画之优劣也”（《古画品录》小序）的标准，因而用“穷理尽

---

① 《古画品录》，人民美术出版社，1959 年 12 月版，第 6-7 页。

性，事绝言象”八字评价陆探微，认为其有了圣人的境界。

“穷理尽性”最早出自《说卦传》：“昔者圣人之作《易》也，幽赞于神明而生蓍，参天两地而倚数，观变于阴阳而立卦，发挥于刚柔而生爻，和顺于道德而理于义，穷理尽性，以至于命。”[①]孔颖达在《周易正义》中对“理”的解释是“又能穷极万物深妙之理”，即自然万物变化的规律。“性”则是“生灵所禀之性”，即有生命的一切事物所具有的自然本质，如生老病死等。而“言”与“象”也是魏晋时期玄学家探讨的重要概念，它们同样出自《易传》。《系辞传》：“书不尽言，言不尽意。然则圣人之意，其不可见乎？”“子曰：圣人立象以尽意，设卦以尽情伪，系辞焉以尽其言，变而通之以尽利，极变通之数，则尽利也。”[②]这说明周易思想在魏晋南北朝的绘画中也有所反映，其每一笔、每一画都取象于自然界，这反映出一种“取象”意识，体现了天地自然的法则和对自然物象美的认识。绘画的生命力就在于从“象”中体悟一种美感，我们可以从绘画的整个布局中感受到一种生命的律动。绘画创作不再局限于政治记事、弘扬圣人的功能，而在于体味自然的玄妙。要创作出优秀的绘画作品，最根本的途径就是把握“象”。应该说，在谢赫处，陆探微之“一笔画”与“秀骨清像”共同达到了“气韵生动”与“骨法用笔”的最高境界，因而成为“第一人”。

---

① 孔颖达：《周易正义》，阮元：《十三经注疏》，中华书局，1980年10月第1版，第93页。

② 同上，第82页。

# 第七章 《文心雕龙》的自然审美观

总体来讲，“魏晋时代，无论在学术的研究上，文艺的创作上，人生的伦理道德上，有一个共同的特征，那便是解放与自由。这种特征，与其说是自然主义，不如说是浪漫主义。自然主义用之于当日的玄学，似乎很适宜，但还没有如浪漫主义那样能包括人类的全部活动、全部表现。”①生存上，时人选择了自然，而生存状况必然会反映到他们的艺术创作、艺术理想以及审美理想之中。因此，山水自然也逐渐地代替人物，成为魏晋南北朝时期的重要审美对象。刘勰在这样的时代完成其“体大虑周”的著作——《文心雕龙》，对山水自然进行独特的美学审视也就在情理之中了。那么，研究刘勰的自然观，就具有重要的历史意义，也是揭示《文心雕龙》深刻内涵的一项工作。同时，我们也可以发现，由于自然在魏晋南北朝人的生存中占有重要地位，因此，研究他们的自然观就应该以其独特的生存语境为依托，这样才能使研究更为圆满，更有说服力。

在《文心雕龙》的审美意蕴中，对自然的审美是重要的内容，它是中国中古时期自然审美观的重要体现。

刘勰具有深厚的佛学修养，但是在《文心雕龙》中，却缺乏明显的、一以贯之的佛教思维。在众多的关于《文心雕龙》与佛教渊源

---

① 刘大杰:《魏晋思想论》,上海古籍出版社,1998 年版,第 19 页。

的研究成果中,呈现为两种方式:一是佛学有没有可能影响刘勰及《文心雕龙》或在多大程度上影响(简称"可能性研究");一是以认定佛教对刘勰及《文心雕龙》有影响为前提,重点探究影响的具体表现(简称"表现研究")。[①] 出于对当前这种研究格局的考量,我们认为应该两者结合,而主要采取"可能性研究"。这样就不至于陷入一些考据的疑问中难以自拔,从而能够在宏观的事实基础之上,去重点发掘美学思想。

刘勰曾精研佛理,但《文心雕龙》中却少有佛学的词汇和概念,这是事实,它一直困扰着学界的研究。对此,张少康认为应该从当时的文化背景上去理解:"第一,儒家文化在中国是长期占有统治地位的正统文化思想,它在每个时代都对社会生活各方面具有深刻的潜在影响,即使在玄佛思想占有比较主要地位的南朝也是如此。第二,在那个时代,佛学和儒学不是对立的,而是完全可以互相兼容的。崇敬儒学和信仰佛学并不矛盾,它是可以同时体现在一个人身上的。当时梁武帝就曾经提出三教同源,也就是儒、释、道三教同源。第三,那时佛学的传播是要借助中国本土文化的,当时特别是借玄学来宣传自己的学说,所以是玄佛合一的。"[②]从这个角度来看,《文心雕龙》中鲜有佛教的直接呈现,具有许多文化的、时代的合理性,当然这也与《文心雕龙》并不是宣扬佛教思想有关。但可以肯定的是,刘勰在很长的一段时间里沉潜于佛教,这必然参与到他的世界观、人生观、价值观等方面的建构。就本课题而

① 甘生统:"佛教与《文心雕龙》关系问题研究述略",《湖州师范学院学报》,2009年第5期。

② 张少康:"刘勰《文心雕龙》和佛教思想的关系",《北京大学学报》,2005年第4期。

言，我们认为他的宗教意识也影响到了其审美观，只不过这种影响主要是一种隐含的、深层的关系。

## 第一节 《文心雕龙》“自然”范畴的确立

### 一、“自然”释义

（一）《文心雕龙》“自然”范畴解读

在《文心雕龙》中“自然”作为一个词共出现九处，所见如下：1.“心生而言立，言立而文明，自然之道也”（《原道》）；2.“夫岂外饰，盖自然耳”（《原道》）；3.“人禀七情，应物斯感，感物吟志，莫非自然”（《明诗》）；4.“察其为才，自然至矣”（《诔碑》）；5.“岂非自然之恒资，才气之大略哉”（《体性》）；6.“如机发矢直，涧曲湍回，自然之趣也”（《定势》）；7.“譬激水不漪，槁木无阴，自然之势也”（《定势》）；8.“夫心生文辞，运裁百虑，高下相须，自然相对”（《丽辞》）；9.“故自然会妙，譬卉木之耀英华”（《隐秀》）。

然而，“自然”作为一个独立的词出现，并不是始于《文心雕龙》，而是如我们在“绪论”中所说，起于《老子》：“人法地，地法天，天法道，道法自然。”[①]并且，老子认为：“道生一，一生二，二生三，三生万物。”[②]由此可见，在老子那里，“自然”并不是现今意义上的自然界，而是对自然万物的一种本体性规定或阐明。“道”是万物的本体和生命，然而“道”的内涵又是“自然”。老子认为：“道常无

① 《老子·第二十五章》，陈鼓应：《老子今注今译》，商务印书馆，2003年版，第169页。

② 《老子·第四十二章》，陈鼓应：《老子今注今译》，商务印书馆，2003年版，第233页。

为而无不为。”[①]“就是说，道虽然产生万物，但它并不是有意志、有目的的主宰。”[②]因此，“道”并不具有实体性，没有具体形象，人类也不能单凭感觉的形式来把握它。“自然”则是对“道”的一种理论充实，它阐明着“道”所规定的本质内涵。它所标示的就是“道”“无为而无不为”的“自然而然”的本性，也就是说要让万物如其所是地呈现、存在。通过对《老子》中“自然”一词的简单回顾，我们再来对应看刘勰所谓的“自然”，就可以更加有效地辨析其内涵了。

《文心雕龙》中的九处“自然”，两处在总论；两处在文体论；五处在创作论。《原道》篇中的两个“自然”还是比较容易理解的。“自然之道”从本质上就是继承《老子》的“道法自然”，此处“自然”就是“自然而然”或“本然”的意思；另一个“自然”是刘勰论及万物的美学特征时提出的，用以说明龙凤、虎豹、云霞、草木等审美形式的纯粹性，没有经过人工的加工装饰，也就是说，这些审美形式之所以美在于它们都是随自身的本质而呈现的，是天生的、非人为的。所以，《原道》中的“自然”均是“自然而然”、“本然”的意思。

《明诗》、《诔碑》、《体性》三篇中的“自然”是针对审美主体而言的。刘勰在《明诗》篇中指出：“人禀七情，应物斯感，感物吟志，莫非自然。”这是中国传统美学的“物感说”，它阐明的是人（情感、意志）、物、艺术形式之间构成美学关系的基本原理。“物感心动”才能使人类有冲动去创作美好的艺术作品，这是人类的审美需要，因此也是顺应“道”的规律的一种作为，“自然”在此也是“自然而然”之意。《诔碑》一文中的“察其为才，自然至矣”，是刘勰夸赞蔡邕作

① 《老子·第三十七章》，陈鼓应：《老子今注今译》，商务印书馆，2003年版，第212页。

② 叶朗：《中国美学史大纲》，上海人民出版社，1985年版，第25页。

碑文的创作才能。而蔡邕的这种"自然至矣"的文才的具体表现就是"其叙事也该而要，其缀采也雅而泽；清词转而不穷，巧义出而卓立。"[①]而碑作为一种文体在刘勰看来就是要写实，[②]因此，蔡邕的碑文创作在刘勰看来恰恰是一种典范。他以"自然而然"的方式来写实，无疑就受到了刘勰的高度赞赏。《体性》篇是讲体貌与性情的关系的，也就是创作风格与主体的个性之间的关系。对此，刘勰以类推的方式指出："表里必符，岂非自然之恒资，才气之大略哉！"在这里，"自然"用以说明"恒资"和"才气"的特点，即是天赋，是人类的一种天性特点，因人而异。虽然刘勰也认为学习可以培养起正确的才气，但天赋的本性乃是根本，"习亦凝真，功沿渐靡"[③]就表明了这点。因此，这个"自然"是"天赋"、"与生俱来"的意思，但是，我们认为：此"自然"是对人类本性的一方面描述，在本质上仍然是对"道"的特点的一种呈现。

至于其余的四个"自然"，《定势》篇和《隐秀》篇共有三个，都是刘勰在作比喻的时候提出的。《定势》篇中刘勰有"自然之趣"、"自然之势"的提法。理解这两个短语中的"自然"，我们必须要明确"势"的内涵，因为这两个短语是刘勰作比喻用的。对于"势"，范文澜注为：

势者，标准也，审察题旨，知当用何种体制作标准。标准

① 《文心雕龙·诔碑》，本文所涉《文心雕龙》原文引自范文澜《文心雕龙注》，人民文学出版社，1958年版，以下仅注明篇目。

② 《文心雕龙·诔碑》赞："写实追虚，碑诔以立。"

③ 《文心雕龙·体性》。

既定，则意有取舍，辞有简择，及其成文，止有体而无所谓势也。[①]

由此可见，“势”是创作主体的一种标准，标准的确立就决定了体裁和风格，就比如“机发矢直，涧曲湍回”、“激水不漪，槁木无阴”一般，“机发”、“涧曲”、“激水”、“槁木”这些“势”（标准）就必然产生“矢直”、“湍回”、“不漪”、“无阴”的结果，这些结果是标准“自然而然”地产生的，是标准的“本然”要求，结果与标准之间的这样一种关系就可称为“自然之趣”、“自然之势”了。《隐秀》篇中，刘勰说：“故自然会妙，譬卉木之耀英华；润色取美，譬缯帛之染朱绿。”刘勰运用这一比喻说明“隐”和“秀”都要顺其自然，“自然而然”地呈现，不能力为。最后一个“自然”出现在《丽辞》篇，《丽辞》是讲对偶的，刘勰指出：“夫心生文辞，运裁百虑，高下相须，自然成对。”黄侃在《文心雕龙札记》中指出：“一曰高下相须，自然成对。明对偶之文依于天理，非由人力矫揉而成也。”[②]因此，我们认为这里的“自然”是“顺应天理而呈现的样子”的意思，也具有“自然而然”之意。

通过上文略显繁琐的分析，我们可以发现：刘勰《文心雕龙》中的“自然”范畴并不是指今天的自然界（自然万物），它有着自身独有的时代含义。而在分析中我们也可以明确：《文心雕龙》中的“自然”具有“天生，非人为”、“天性，非矫揉造作”等多种具体含义，但是这些具体含义又与“道”、“天理”紧密相连，是事物依据“道”和“天理”的一种自主呈现，反映了“道”和“天理”的本来要求，因此，

① 范文澜：《文心雕龙注》，人民文学出版社，1958年版，第534页。

② 黄侃：《文心雕龙札记》，上海古籍出版社，2000年版，第162页。

"自然"在根本上都具有"自然而然"、"本然"的意思。

（二）"自然"范畴的历史涵义

刘勰对"自然"范畴的理解恰恰体现出了中国古代哲学对"自然"的基本定位。《老子》中除了我们上文提到的"道法自然"一句之外，还有其它对"自然"的论述，其中有代表性的为"以辅万物之自然而不敢为。"[①]老子以此说明"自然"乃是万物的本体性规定，而人类是不能违反的。作为道家的另一位重要代表，庄子也不乏对"自然"一词的论述。他借用无名氏之口说："汝游心于淡，合气于漠，顺物自然而无容私焉，而天下治矣。"[②]在庄子看来，"顺物自然"是人类对世界的根本态度，有了这个立场，则天下太平，人民安乐。"夫至乐者，先应之以人事，顺之以天理，行之以五德，应之以自然，然后调理四时，太和万物。"[③]庄子把"顺物自然"的重要性逐步升华，它也成为人类谋取生存、获取幸福的根本法则或通道。庄子又认为：

> 以趣观之，因其所然而然之，则万物莫不然；因其所非而非之，则万物莫不非；知尧、桀之自然而相非，则趣操睹矣。[④]

人类的两种生活态度之间的对比，展示了生活质量上的巨大差异，庄子从历史的角度为我们真实展现了"自然"的重大规定力

① 《老子·第六十四章》，陈鼓应：《老子今注今译》，商务印书馆，2003年版，第301页。

② 《庄子·应帝王》，郭庆藩：《庄子集释》，中华书局，1961年版，第294页。

③ 《庄子·天运》，郭庆藩：《庄子集释》，中华书局，1961年版，第502页。

④ 《庄子·秋水》，郭庆藩：《庄子集释》，中华书局，1961年版，第578页。

量。同时，我们还能体会到庄子阐述“自然”时，不是凭空地虚假建构，而是展现了历史事实和逻辑上的双重说服力。庄子以“客”的身份为我们揭示了“自然”与人之间的纽带：“真者，精之至也。不精不诚，不能动人。……真者，所以受于天也，自然不可易也。故圣人法天贵真，不拘于俗。愚者反此。”[①]所以，在庄子看来，人类要在这片土地上谋划自己的幸福，积极的态度就是“顺物自然”，以“真”、“诚”的态度来面对世界万物。回头想想，刘勰在《文心雕龙》中提的“自然”在本质上不就是强调这种规定性吗？审美世界是人类营造“诗意栖居”的一种重要方式，它是与人类的真实生存紧密相连的，那么刘勰在其著作中使用“自然”这一范畴，也就具有很深远的意义了。

在认真分析《文心雕龙》中“自然”范畴之后，我们可以明确：刘勰所谓的“自然”并不是我们强调的现今意义上的自然界，它因此就不能成为我们进行研究的核心范畴，至于其在我们研究中的地位，我们在后文将逐步揭示。那么，在《文心雕龙》中有没有与自然界相对应的范畴呢？我们认为是有的。

“所谓自然美，指的是大自然中的鸟兽鱼虫、山川树林、江河湖泊等事物与现象的美，既有客观性的一面，又有社会性的一面，是兼自然属性与社会属性于一身的。”[②]在我们看来，自然美之所以具有自然属性与社会属性的双重界定，主要在于其在形式和内容上呈现出来的特殊性。自然美在形式方面建基于自然万物的物象之上，这些物象提供了自然美存在的先天家园；而自然美的呈现又

① 《庄子·渔父》，郭庆藩：《庄子集释》，中华书局，1961年版，第1023页。
② 刘丹：“自然美在中西方的文学表达”，《文艺评论》，1998年第3期。

是通过这些自然物象在人类世界中逐步揭示而实现的,自然美的审美性也是由人类帮助展现的。这与自然本身的存在层次也有关系,一般认为,自然包括纯粹的自然和人工的自然,这要视人类在其中的参与程度而定。那么,根据这样的规定,我们在《文心雕龙》中就可以发现:物、天、地、山、水等范畴都具有"自然"(自然界)的特征。因此,我们的研究就必然针对这些范畴而展开。同时,我们发现:"物"这一范畴与"自然"具有更密切的关系,而且《文心雕龙》中论述它的文字也比较多,所以我们在研究的过程中就以"物"为基本范畴来展开。

## 二、"物"的内涵

"物"在中国古代具有多方面的内涵。王元化认为:"就物这个字来说,据《经籍纂诂》所辑先秦至唐代的训释,共得五十余例。如果撇开其中意义相近以及物与它字组成一词者外,亦有二十余例。"[①]由此可见,对《文心雕龙》中"物"字的内涵进行把握、说明是非常有必要的。

在《文心雕龙》中,"物"是出现得比较频繁的一个范畴,总共出现了 59 次(《物色》篇的标题除外)。但是,在所出现的这些"物"字中,它们的内涵并不完全一致,而是存在着一定的差异。

我们说"物"字在《文心雕龙》中总共出现了 59 次,这其中有"物"单独成词,也有连缀成词,还有的是刘勰引用时运用的。所以说,"物"字在《文心雕龙》中存在复杂的情况,我们首要的任务是将"物"的情况进行有效的分类,剔除掉一些无关紧要的,抓住一些核

---

① 王元化:《文心雕龙创作论》,上海古籍出版社,1984 年版,第 105 页。

心范畴中的“物”，从本质上切近“物”的内涵。

（一）对“物”范畴的几种研究成果

刘勰在引用时所运用的“物”在一定程度上也可以揭示“物”的内涵，但是我们发现这些内涵已经包含在《文心雕龙》的其它的“物”范畴之中，因此，我们将不对引文中的“物”作特别的阐述。“物”在中国古代的含义非常丰富，《文心雕龙》中的“物”也具有此般特点。周振甫在揭示“物”的内涵时就总结出了这样四种：(1)万物；(2)景物；(3)事物；(4)写作要求。[①] 在这些内涵当中，前三项非常难以区分，那么要对《文心雕龙》中的“物”范畴根据内涵进行区分就难上加难了。

而杜黎均则比较成功地完成了一些这样的工作。他将《文心雕龙》中的“物”范畴归于两个大类：专用义和普通义，在专用义中又分出两小类：(1)指自然景物；(2)指客观事物，现实生活。他还做了更详尽的一步工作，就是将《文心雕龙》中与“物”相关的一些重要命题根据类别进行了指明。在意为“自然景物”一类中，他列出了以下十种命题：(1)“岁有其物，物有其容，情以物迁，辞以情发。”(《物色》)(2)“写气图貌，既随物以宛转。”(《物色》)(3)“体物为妙，功在密附。”(《物色》)(4)“然物有恒姿，而思无定检。”(《物色》)(5)“物色之动，心亦摇焉。”(《物色》)(6)“物色相召，人谁获安。”(《物色》)(7)“物色虽繁，而析辞尚简。”(《物色》)(8)“写物图貌，蔚似雕画。”(《诠赋》)(9)“其善图物写貌，岂枚乘之遗术欤？”(《才略》)(10)“婉转附物，怊怅切情。”(《明诗》)而在“客观事物、现实生活”这一类中，事实上也包含了“自然景物”的内容，只不过它

---

① 周振甫：《文心雕龙今译》，中华书局，1986年版，第519页。

的范围更大。在这一类中,杜黎均认为包括以下七个命题:(1)“故思理为妙,神与物游。”(《神思》)(2)“神居胸臆,而志气统其关键;物沿耳目,而辞令管其枢机。”(《神思》)(3)“枢机方通,则物无隐貌;关键将塞,则神有遁心。”(《神思》)(4)“物以貌求,心以理应。”(《神思》)(5)“逐物实难,凭性良易。”(《序志》)(6)“且何谓比?盖写物以附意,飏言以切事者也。”(《比兴》)(7)“人禀七情,应物斯感,感物吟志,莫非自然。”(《明诗》)另外,他还列出“物”的普通义:泛指一般生物、物品。[①] 在认真理解杜黎均的分类之后,我们可以发现,他的分类是由小及大的,在三个小类中的“物”在一定程度上都有“自然景物”的含义。那么,我们在研究的过程中就要以第一小类为核心,兼及其它两类来展开,这样就可以使我们的研究具有落脚点,又有说服力。当然,我们并不认为杜黎均对命题的分类是非常完美的,但是这至少是一种参考,为我们的研究打开了方便之门。

相对于前两位的观点,王元化对《文心雕龙》中的“物”具有更独特的理解。他认为:“《文心雕龙》一书,用物字凡四十八处,(物字与他字连缀成词者,如:文物、神物、庶物、怪物、细物、齐物、物类、物色等除外。)散见于《原道》、《宗经》、《明诗》、《诠赋》、《颂赞》、《铭箴》、《谐讔》、《诸子》、《封禅》、《章表》、《神思》、《情采》、《比兴》、《指瑕》、《总术》、《物色》、《才略》、《序志》各篇之中。这些物字,除极少数外,都具有同一涵义。……这些物字亦即《原道篇》所谓郁然有采的‘无识之物’,作为代表外境或自然

① 以上的分类方法参见杜黎均:《文心雕龙文学理论研究和译释》,北京出版社,1981年版,第51-52页。

景物的称谓。”[①]

（二）“物”的基本内涵

通过他们的深刻研究，我们逐渐明确了《文心雕龙》中“物”的基本内涵，同时也确定了研究的命题范围。而对“无识之物”的叩问也将成为我们把握“物”的契机。《原道》篇中，刘勰在论述“文”时指出：

> 夫以无识之物，郁然有彩，有心之器，其无文欤？

在周振甫看来：“文：包括颜色、形状、五音、文章。”[②]而颜色、形状、五音、文章又常常是与审美紧密联系的，它们或是审美对象的构成因素，或是直接就是审美对象。那么，在刘勰的话语中，“物”与“器”以及“彩”与“文”就构成了两组相对的范畴。“物”与“器”相对，“器”乃是指人，因此，“物”就是与人相对的“纯然物”。海德格尔认为：“纯然物即本真的物，这物是连用具也排除在外的。”[③]而在中国古代哲学中就有“形而上谓之道，形而下谓之器”的基本定位，“器”是一种真实的存在者，在这个层面上来说，“物”与“器”具有共同的存在境地，刘勰也就是在这样一个共同的存在境地中将两者进行对比。在对比中，我们可以发现“物”与“人”同审美之间的共同关系。至于“彩”与“文”，它们都是对审美形式的指明，“彩”是“物”的审美特征的一种自在呈现；“文”在此则是人与

---

① 王元化：《文心雕龙创作论》，上海古籍出版社，1984年版，第106页。

② 周振甫：《文心雕龙今译》，中华书局，1986年版，第10页。

③ 〔德〕海德格尔：“艺术作品的本源”，《海德格尔选集》，上海三联书店，1996年版，第250页。

审美的先天性关联。

《物色》篇向来就被认为是刘勰讲文学与自然界关系的一篇美学著作。并且在上文的分类中，我们也可以看出《物色》篇与“物”有关的命题最多，具有典型性，因此，以下我们展开对《物色》篇的重点分析。

## 第二节 刘勰的自然审美观

### 一、《物色》篇研究

在《物色》篇中，除了标题外，“物”字共出现了13次。其中，物有独立成词的，也有与“色”字连缀成词的。刘勰将“物”与“色”合铸成一个范畴，推进了对审美对象的认知，同时也体现出刘勰多元的文化思想。上文我们已经揭示出“物”的主体内涵是自然景物，而此处“色”的概念则是借用了佛学的学理。在佛教文化中，“色”主要指现象界，正所谓“色不异空，空不异色；色即是空，空即是色”，空在佛教理论中处于本质定位，“色”是世界万物的具体存在形态，是事物的外在现象。《世说新语·文学》“支道林造《即色论》”条注引《支道林集妙观章》云：

> 夫色之性也，不自有色，色不自有，虽色而空。故曰：“色即为空，色复异空。”①

刘勰将“物”“色”合铸成一个范畴，就在著作中融入了佛教学

① 徐震堮：《世说新语校笺》，中华书局，1984年版，第121页。

理，这与其早年入定林寺协助僧祐整理佛经的经历相呼应，而且以他对佛理的熟识，类似的融通亦为自然。由此可见，"'物色'不是仅指自然事物本身，而是自然事物所呈现出的外在形式、形象，同时，还指自然事物所蕴含的生命力。"①涂光社也认为："'物色'作为那个时期的文学术语，指自然万物或者外境的声色状貌。"②通过这样的理论铺展，刘勰一方面赋予自然景物以独立的审美地位，另一方面也为描述自然景物的丰富审美形象打开了视野，使其自然审美观表现出多层次的话语空间。所以说，《物色》篇的审美元素对于我们的研究来说是极重要的。

在《文心雕龙》的研究历史中，对《物色》篇的位次、意旨存在着不同的意见，而一般来说，大家都肯定了"《物色》篇阐明了自然在文学中具有重要的地位"这样的基本观点。《物色》篇的意义，在我们看来，不仅仅只体现在文学创作中，它在文学鉴赏等方面也具有重要的理论贡献。那么，我们将通过对《物色》篇中的有关命题进行分析，去探寻《物色》篇中蕴含的丰富美学意蕴。

由于刘勰是以文学作为基点来书写其自然审美意识的，那么，其自然审美意识必然呈现为两个基本部分。一是人类直面自然时的审美感悟；二是审美表现(述)。当然，这样划分只是为了言说的方便，在审美活动过程当中，两者的界限是很难界定的。但是，通过这样的划分，我们可以将有关的命题进行分类，以达到有层次地论述。由于引入了佛教"色"的概念，在自然审美意识的两个层面上，刘勰非常注重本体规定与表现方式之间的融通，在审美感悟上

① 张晶："'物色'论"，《光明日报》，2004年5月26日。

② 涂光社：《文心十论》，春风文艺出版社，1986年版，第86页。

高扬“物色之动”，在审美表现上书写缛采之美。

（一）审美感悟

审美感悟亦即审美领悟，“是指在审美活动中，主体用某种感性的形式，对客体意蕴和审美活动意蕴的直接的、整体的把握和领会。”[①]而审美领悟，在叶朗看来，既是审美感兴的一个重要组成部分，也是高潮部分。“‘感兴’作为中国古典美学的一个重要概念，内涵是很丰富的。‘感兴’不是简单的、被动的感受。‘感兴’是一种感性的直接性（直觉），是人的精神在总体上所起的一种感发、兴发，是人的生命力和创造力的升腾洋溢，是人的感性的充实和完满，是人的精神的自由和解放。”[②]

在审美感兴的过程中，审美对象与审美主体之间的关系异常微妙，而审美对象能否引起审美主体的审美注意和兴趣则是先决条件。刘勰对此显然也非常重视，他在《物色》篇的开头就直接阐明“物”（自然）给人类带来的感动。“春秋代序，阴阳惨舒，物色之动，心亦摇焉。”春、秋季节交替，阴、阳的天气互相变化，这些都是自然万物不同的存在语境，“物色”的变化促动了人类的情感变化，“物色”之动在本根上牵引着“人心”之摇。刘勰并不是凭空地提出这样的观点，“物色”能引起人的审美注意有一个重要的基础。在《物色》篇中，这一基础就是刘勰提出的“气”这一范畴：

> 盖阳气萌而玄驹步，阴律凝而丹鸟羞，微虫犹或入感，四时之动物深矣。

① 叶朗：《现代美学体系》，北京大学出版社，1999年版，第180页。

② 同上，第160页。

动物的生命活动都随着阴阳之气的变化而有不同，可见“气”对宇宙生命的重要性。

“气”作为一个范畴在中国古代美学中具有重要的地位，对中国哲学、美学、文论都产生了深远的影响。“气”是先秦哲学的一个范畴，孟子有云：“敢问何谓浩然之气？曰：难言也。其为气也，至大至刚，以直养而无害，则塞于天地之间。”①孟子是从主体的角度来谈“气”的，而主体之“气”本根上又与万物之“气”具有共同基础。庄子提出：“是故天地者，形之大者也；阴阳者，气之大者也；道者为之公。”②在庄子看来，天地、气都是以“道”作为基础的。而“气”则是以“道”的原则来化生万物，具有一定程度的运动元素。《淮南子》中有语：

> 气有涯垠，清阳者薄靡而为天，重浊者凝滞而为地。……天地之袭精为阴阳，阴阳之专精为四时，四时之散精为万物。积阳之热气生火，火气之精者为日；积阴之寒气为水，水气之精者为月；日月之淫为精者为星辰，天受日月星辰，地受水潦尘埃。③

这是一个天地万物演化生成的过程，而“气有涯垠”也证明了“气”虽然以“道”作为基础，但它与“道”的纯粹性相比，具有了更多的形而下内涵。也正因为这种不同，“气”成为万物形成差别的主

---

① 《孟子·公孙丑上》，朱熹：《四书章句集注》，中华书局，1983年版，第231页。

② 《庄子·则阳》，郭庆藩：《庄子集释》，中华书局，1961年版，第913页。

③ 《淮南子·天文训》，刘康德：《淮南子直解》，复旦大学出版社，2001年版，第81页。

要原因。“万物乃形，烦气为虫，精气为人。”[①]所以说，人在本质上是万物中的一份子，与万物具有共同的构造基础。但是人与其它万物相比，关键在于“精气为人”，人在某种程度上是高于其它万物的。荀子就认为：“水火有气而无生，草木有生而无知，禽兽有知而无义，人有气、有生、有知，亦且有义，故最为天下贵也。”[②]刘勰也对人作出了类似的评价：“惟人参之，性灵所钟，是谓三才。为五行之秀，实天地之心。”[③]人具有独立的思考能力，也因此具有审美感受能力。在刘勰看来，“若夫珪璋挺其惠心，英华秀其清气，物色相召，人谁获安？”[④]所以说，人对物色（自然万物）必然具有审美感悟能力。

而人类所具备的审美感悟力并不是简单的对物的条件反射。在刘勰的自然审美意识中，人类在自然审美过程中是根据自然万物的多样化呈现方式而主动运用各种审美感知力的。他在《物色》篇中提出：“是以诗人感物，联类不穷；流连万象之际，沉吟视听之区。”自然万物的呈现方式是多样的，其中就包括“形”、“声”、“色”等等，并且自然万物的存在方式也直接刺激着人类的审美感知力。那么，一个完满的自然审美过程必然会因为自然万物的这些存在方式而产生丰富多样的审美方式和审美情感。对应着自然万物复杂的存在方式，人类调动了视、听等一些直接的审美感知力，同时也运用联想的思维活动，真诚感悟自然万物的审美意蕴，从而达到

---

① 《淮南子·精神训》，刘康德：《淮南子直解》，复旦大学出版社，2001年版，第303页。

② 《荀子·王制》，王先谦：《荀子集解》上册，中华书局，1988年版，第164页。

③ 《文心雕龙·原道》。

④ 《文心雕龙·物色》。

“登山则情满于山，观海则意溢于海”[①]的审美效果。所以说，人类对自然万物的审美感悟过程是一个非常复杂而意蕴深厚的过程，它也充分证明了审美活动是一个主客体互动的过程。

经过上文的论述，我们可以发现，在刘勰的自然审美观中，自然万物之所以能够引起人类的审美注意是因为两个重要的基础：一是人与自然万物具有共同的构成因素，这就从本根上保证了自然万物可以引起人类的审美兴趣；二是人具有高于自然万物的生存条件，能够对自然万物进行审美，这为自然审美提供了主体的条件。并且，自然审美是自然万物与审美主体的一个完整的互动过程。《物色》篇云：“岁有其物，物有其容；情以物迁，辞以情发。”物是一个总称，在现实世界中，它展开的是一个千变万化、丰富多彩的世界。不同的物在引起人类的审美感兴方面就有不同的效果。陆机云：“遵四时以叹逝，瞻万物而思纷；悲落叶于劲秋，喜柔条于芳春。”[②]这也正是刘勰在《物色》篇所谓的“情以物迁”，说明人的情感会随着不同的物而有喜、哀、乐等等的变化。万物引起人类的审美注意，激发人类的审美情感，而情感的饱满又必然要求抒发。正所谓：“情动于中而形于言，言之不足故嗟叹之，嗟叹之不足故永歌之，永歌之不足，不知手之舞之，足之蹈之也。”[③]同样，在刘勰的自然审美意识中，对自然的审美情感也要求呈现出来，这一过程就是自然审美的美学表现。

---

① 《文心雕龙·神思》。

② 陆机：《文赋》，郭绍虞主编：《中国历代文论选》第一册，上海古籍出版社，2001年版，第170页。

③ 《毛诗序》，郭绍虞主编：《中国历代文论选》第一册，上海古籍出版社，2001年版，第63页。

（二）审美表现

事实上，在《物色》篇中，刘勰提出了一个完整的概括其自然审美意识的美学命题："岁有其物，物有其容；情以物迁，辞以情发。"在这个命题中，他不仅指明了物在不同时空中的多样化呈现，而且还更明确地指出了"物"-"情"-"辞"三者的密切关系。这三者的关系是刘勰精心经营的，而这三者之间构成的审美关系也非常值得我们推敲。"物"是一种先天的审美对象；"情"则具有作为审美主体的先天条件和获得审美感悟后的饱满情感的双重规定；"辞"又是审美情感的呈现方式和新的审美对象的联合体。由此可见，这三个字构成的关系，是一个非常复杂而含义丰富的美学问题。

审美表现是将人类获得的对自然的审美情感进行外化、呈现的过程。对自然的审美情感，正如上文所述，是由审美对象的"物"与审美主体的人类共同互动完成的。那么，在审美表现的时候，本根上就要求对审美情感的特征进行呈现。对此，刘勰提出了"写气图貌，既随物以宛转；属采附声，亦与心而徘徊"的命题。对这一命题，纪（昀）评曰："随物宛转，与心徘徊八字，极尽流连之趣，会此，方无死句。"[①]由此可见，刘勰这一美学命题对于审美表现的重要意义。对于这一命题的意旨，在学界还存在着不同的意见。周振甫把这一命题翻译为："描绘天气和事物的形状，既然要跟着景物而曲折回旋；运用辞藻和摹状声音，又要联系着自己的心情来回斟酌。"[②]他将这一命题中的"气"与"采"分别理解为"天气"和"辞藻"。我们认为，这一理解是值得商榷的。因为"气"作为一个范畴

① 范文澜：《文心雕龙注》，人民文学出版社，1958年版，第695页。

② 周振甫：《文心雕龙今译》，中华书局，1986年版，第415页。

在中国古代显然并不是指天气。而“写气图貌”在气语境中应该是立足于“物”的审美特征的。它上承“诗人感物，联类不穷；流连万象之际，沉吟视听之区”一句，又下启《诗经》中的自然审美表现的例子。“诗人感物”一句我们在上文已经进行了分析，它是指“物”的呈现方式的多样化对人类审美感悟能力和审美情感的影响。而《诗经》中的例子则表明：词语的运用是用来呈现“物”世界的形、声、色等存在状态的。对于我们的这种理解，在詹锳的《文心雕龙义证》有类似的依据：“骆鸿凯：‘气谓物之神气。’蒋祖怡《物色篇试释》：‘写气指神似，图貌指形似。’按‘气’谓气氛。《诠赋》：‘写物图貌，蔚似雕画。’”[①]对这一命题的解释还有：“骆鸿凯：‘采谓物之色采也。既随物以宛转，亦与心而徘徊，二语互文足义，犹云写气图貌，属采附声，既随物以宛转，亦与心而徘徊也。夫气貌声采，庶彙各殊，侔色揣称，夫岂易事？……自非入乎其内，令神与物冥，亦安能传其真状哉？”[②]由此可见，审美表现的过程就是将人类的自然审美情感表现出来。在表现的过程中要对自然的形、声、色等审美因素进行恰当的安排。刘勰通过例子以及对文学史的简单回顾为我们展现了他理想中的自然审美表现方式。刘勰在总论中列《宗经》一篇，树立起了儒家经典在“气”观中的崇高地位，当他论述自然审美表现时，就必然以儒家经典中的表现方式作为规范。因此，他以《诗经》中的审美表现方式作规范就在情理之中了。刘勰建立了这样的规范后，他又具体地提出了以下几个问题：

1.“以少总多，情貌无遗”。这是《诗经》在审美表现方面的特

---

① 詹锳：《文心雕龙义证》下卷，上海古籍出版社，1989年版，第1734页。

② 同上。

点,同时也是刘勰理想中的表现方式。在上文,我们已经探讨出:在刘勰的自然审美意识中,人类对自然的审美是人类与自然世界共同完成的,是主体之情与自然的形、声、色等审美元素的融合,是情景相生、相成的结果。那么,在自然审美中获得的审美情感必然是情景交融的。在审美表现时就必然要求做到"情貌无遗",要"既随物以宛转",又要"与心而徘徊"。这一命题是刘勰提出的最基本的规范,然而,"以少总多"与"情貌无遗"在理论上又似乎存在某种矛盾。因此,刘勰又提出了另一个问题。

2."触类而长,物貌难尽,故重沓舒状"。这一命题从某种程度上来说,是对第一个命题的补充。第一个命题的"情貌无遗"暗含着繁辞铺展的发展趋势,《离骚》的出现恰好就是这种发展趋势的体现。刘勰并不否定以《离骚》为代表的这种审美表现方式,反而认为这是文学发展的趋势和要求(这在《辨骚》中就已经奠定了基调)。关于这一发展趋势的本质,罗宗强曾指出:"就《诗》的表现技巧而言,固然有具备情思韵味境界之作,而多数作品,则原于民歌那种以固定辞组反复咏叹的手法,并不着重在物象的真实描写上。从固定辞组走向写实,才大量地描摹物象,求逼真唯恐刻划之不够细微。"[①]这也是《离骚》之所以呈现出文辞繁富的原因。《诗经》与《离骚》在自然审美表现方面存在着一定的差别,刘勰在其标准之下给予《离骚》之审美表现的一定地位,其中的原因,正如涂光社所言,在于"前者略去细节,点染事物最为突出的特征、最会心感人的声色,能给人以鲜明而梗概的感受,倒不失形象的完整;后者敷演声貌可以使万象纷呈,也能以'精彩绝艳'动人心魄,然而不能对每

① 罗宗强:《魏晋南北朝文学思想史》,中华书局,1996年版,第321页。

一细节都作详尽描绘，主次安排十分重要，也有难于把握的一面。”[①]涂光社可谓揭示了刘勰的用心，也为我们理解这两个存在一定矛盾的命题提供了重要的借鉴。

对于《离骚》的这一发展趋势，刘勰还提供了另一个参照系——对司马相如等人追求奇异形势、瑰丽声容的批评。在刘勰看来，司马相如等人“模山范水，字必鱼贯”的做法就是《离骚》这一发展趋势走向极端的体现，是一种追求“形似”的艺术审美表现。

3.“吟咏所发，志惟深远，体物为妙，功在密附”。对自然审美表现上出现的“形似”这一趋势，刘勰是坚决反对的，并因此提出了审美规范。这一审美规范的提出，其实是“情貌无遗”本质上所要求的。刘宋时期文坛出现的“形似”风气，刘勰认为是“窥情风景之上，钻貌草木之中”的体现，亦即太过于偏向于自然万物的外在形式。那么，这样的自然审美显然是存在一定问题的。前文我们已经阐明：自然美是包括多方面的，是“道”、“气”、“形”、“声”、“色”等元素的共同体，并且更是审美主客体共同完成的过程。所以，我们认为刘宋时期出现的“形似”之风不仅是审美表现上的问题，在自然审美时也存在先天的不足。相反，在自然审美时保持先在的合理性，在审美表现时就可以正确地择取“言”、“情”、“物”，做到刘勰所推崇的“吟咏所发，志惟深远，体物为妙，功在密附”也就是自然的了。

以这样的审美标准作基础，刘勰认为就可以做到“物色虽繁，而析辞尚简；使味飘飘而轻举，情晔晔而更新”。人类就不会在自然审美以及自然审美情感的表现上陷入片面追求“物色”的境地。

---

① 涂光社：《文心十论》，春风文艺出版社，1986年版，第100页。

这也是刘勰在《序志》篇中道出的真谛:“生也有涯,无涯惟智。逐物实难,凭性良易。”

4.“物色尽而情有馀者,晓会通也”。另外,刘勰还就艺术表现形式方面提出了自己的观点。在自然审美的艺术表现上,“《诗》《骚》所标,并据要害,故后进锐笔,怯于争锋”,《诗经》、《离骚》已经树立起了典范的作用,后代学人如何对自然进行审美表现就成了问题。刘勰在此指明了文学发展的必然途径,亦即要注意对自己审美情感的把握,才能做到既继承又创新的美学效应。刘勰始终是在“情”、“物”双重的标准下来构造其自然审美观的。因此,刘勰在提出上述命题之后,又提出了“江山之助”的理论观点。“情”可以促动审美表现的发展,而自然世界则是一个潜在的美学宝库。刘勰认为:“山林皋壤,实文思之奥府。……屈平所以能洞监《风》《骚》之情者,抑亦江山之助乎?”(《物色》)刘勰以屈原的成就作为范例,再次证明:自然审美意识必须是自然万物与主体之感情的共同作用,只有这样,才能使人类的自然审美意识既具有时代的意义,又有典型的内涵。要做到这一点,就需刘勰所规定的“岁有其物,物有其容;情以物迁,辞以情发”式的自然审美观。

通过上文的论述,我们可以切近刘勰的自然审美意识。他指明了自然审美的特点以及自然审美表现的要求,以“情”、“物”的结合为核心进行论述,揭示了“物色”的审美形态。其《物色》篇的赞中阐述的“山沓水匝,树杂云合。目既往还,心亦吐纳。春日迟迟,秋风飒飒。情往似赠,兴来如答”就言简意赅地道出了自然审美意识的基本情况,难怪纪昀评曰:“诸赞之中,此为第一。”①

① 范文澜:《文心雕龙注》,人民文学出版社,1958年版,第697页。

## 二、刘勰自然审美观的本质

到此为止，我们已经对刘勰的自然审美意识有了大概的了解。之所以说是大概的了解，是因为我们还只是从基本命题入手，对其自然审美意识进行了语义上的分析，还没有从更深层的原因方面去叩问他的自然审美意识。这后一步工作是非常重要的，它能使我们更深刻地理解刘勰的自然审美意识，也可以更透彻地感悟其中的深刻内涵。而且，刘勰写作《文心雕龙》就以“振叶以寻根，观澜而索源”[①]作为旨归。因此，下面我们就试图对刘勰自然审美意识的本质进行探讨。本质乃是决定现象的一种力量，是决定事物的终极存在，因此它就是本体。“何谓‘本体’？‘本体’是指终极存在，是指存在的根据和根源。何谓‘本体论’？就是对本体加以描述的理论体系，亦即构造终极存在的理论体系。”[②]所以，我们要做的工作就是进行本体论的研究，探究的就是刘勰自然审美观中的终极存在。

### （一）自然之道

正如上文所言，自然万物之所以能够成为审美对象，在刘勰看来，原因在于自然万物与人类具有共同的生存元素——道（气），并且人类还具有特殊的思维能力和审美感悟能力。自然万物能够引起人类审美兴趣的原因也就在于其在“道”（气）牵动下呈现出来的一些特征，这些特征是属于生命的，是人与自然万物互相交流、互通的通道。“道”在中国古代哲学中乃是作为本体出现的，它是化

① 《文心雕龙·序志》。

② 皮朝纲：《禅宗美学思想的嬗变轨迹》，电子科技大学出版社，2003年版，第22页。

生万物的一种存在，也就是终极存在。那么，我们就已经可以明确：在刘勰的自然审美观中，本根上是以“道”为本体的。然而，这种“道”的规定似乎又不足以说明刘勰自然审美意识的特点。因此，我们必须回到刘勰的自然审美观中，感悟刘勰独具的自然审美态度。

对于刘勰的自然审美观，我们不得不又要重提《物色》篇的赞：“山沓水匝，树杂云合。目既往还，心亦吐纳。春日迟迟，秋风飒飒。情往似赠，兴来如答。”这一段话将刘勰的自然审美观做了完整的呈现。山水自然构成了完美的画卷，而审美感兴和审美表现都是需要自然与人类的共同参与。情在刘勰看来要做到“登山则情满于山，观海则意溢于海”，只有这种真情，才能获得真实的审美感受。而作为审美对象的“物”世界，刘勰在《原道》篇中有这样一段论述：

> 傍及万品，动植皆文：龙凤以藻绘呈瑞，虎豹以炳蔚凝姿；云霞雕色，有逾画工之妙；草木贲华，无待锦匠之奇。夫岂外饰，盖自然耳。

刘勰对自然景物的评价是很高的，而评价的特点在于刘勰认为自然万物呈现出来的这些审美特征的方式是“自然”。此“自然”与“外饰”相对，是“自然而然”的意思。既然自然审美意识强调的是主客体的通力合作，那么刘勰对人也作出了相应的评价：“惟人参之，性灵所钟，是谓三才。为五行之秀，实天地之心。心生而言立，言立而文明，自然之道也。”人是具有灵性的，正因为这种独有的灵性使“心生”-“言立”-“文明”成为一个自然而然的过程。

“文”，周振甫认为包括颜色、形状、五音、文章。[①] 那么，我们可以认为：在《文心雕龙》中，“文”是审美形式或审美元素。通过考察刘勰对自然万物和人的评价，我们可以发现一个共同点，那就是：刘勰在最后都用了“自然”一词来做价值评判。对于《文心雕龙》中“自然”一词，我们在第一章中就进行了分析、阐述，它不是指称一个具体对象，而是进行一种描述，描述世界万物、人类情感等根据“道”的原则展开、呈现出的状态。那么，我们就发现：刘勰除了强调“道”的重要地位以外，还对“自然”(自然而然)情有独钟。这就是他对那些“自然而然”呈现的“文”具有特殊爱好的原因。

因此，刘勰的自然审美观中就有两个重要的理论支撑点——“道”和“自然”。“道”乃是一种本体，“自然”则是描述一种状态，刘勰则将这两者组合起来，构成了“自然之道”这样的提法。在这个命题中，“道”的重要地位依附于中国古代哲学的传统，刘勰的高明之处在于将“自然”的地位明显化。不仅使“自然”走向历史前台，而且也使“道”这一范畴显得丰满起来，为我们的研究提供了更加充足的理论支持。既然我们已经明晰了刘勰自然审美观的本质在于“自然之道”，那么，我们就有必要对这一本体规定下的自然审美意识进行深层次的解读。通过解读，我们可以呈现刘勰完整的自然审美意识。

“自然之道”是被刘勰置入到《文心雕龙》的“文之枢纽”部分的《原道》篇中的，它的重要性就可见一斑。对于“自然之道”，在学界存在着不同的理解，主要表现在这样两个方面：一是对“自然”一词的理解；二是对“道”与儒、释、道三家之“道”的关系。对于“自然”

---

① 周振甫：《文心雕龙今译》，中华书局，1986年版，第10页。

一词在《文心雕龙》中的内涵，我们已经在前文中有专门的论述，但是在学界还有不同的意见，而为我们的研究提供理论借鉴。陆侃如就曾指出："自然是客观事物，道是原则或规律，自然之道就是客观事物的原则或规律。"[①]并且，他在该文中还认为"自然之道"就是儒家之道。蔡钟翔则对刘勰的"自然之道"作出另解。他从"自然之道"的形成渊源以及魏晋玄学对"自然"的独特理解等多方面出发，对其进行了综合性的观照，进而认为在《文心雕龙》中存在着儒家之道和"自然之道"，"自然之道"处于主导地位，儒家之道合乎"自然之道"。蔡钟翔在论述刘勰的"自然之道"时紧密联系庄子将"道"解释为"不得不"然的渊源，同时又明确刘勰高举"自然之道"的目的在于矫正当时盛行的形式主义文风。[②] 总之，在蔡钟翔看来，刘勰是以"自然"来反对雕琢和造作。相对蔡钟翔而言，涂光社对"自然"的理解更为明确、直接：

> 这里的"自然"并不是作为创作客体的自然万物。从"人文之元，肇自太极"和天地人"三才"之论看，刘勰将人(创作主体)及其文学活动传统纳入"自然"之中。"自然"者，自然而然也。[③]

"自然"一词的内涵很显然就不是陆侃如认为的客观事物，而

① 陆侃如："《文心雕龙》论'道'"，中国文心雕龙学会选编：《文心雕龙研究论文集》，人民文学出版社，1990年版，第352页。

② 参见蔡钟翔："论刘勰的'自然之道'"，中国文心雕龙学会选编：《文心雕龙研究论文集》，人民文学出版社，1990年版，第358-373页。

③ 涂光社：《文心十论》，春风文艺出版社，1986年版，第28页。

是对一种审美境遇的描述。对于《文心雕龙》“自然之道”的理解由于“道”在中国古代哲学中的多义性，还存在着不同的意见，但陆、蔡两位的观点是比较有代表性的。特别是两位对“自然”一词的理解分歧很大，直接关系到学人对刘勰审美观的认识和研究。而涂光社的观点则明确了“自然”的涵义，证明了我们前文中对“自然”一词的理解是有根据的。虽然我们已经对刘勰《文心雕龙》中与“自然”相关的命题逐个进行了语义阐释，并且还提供了其他学人的有关观点进行佐证，但我们仍然有必要对“自然”在魏晋六朝语境下的含义进行观照，从而更准确地呈现这一词语所指称的对象。

（二）“自然之道”的历史语境

魏晋时期在思想上最大的特点在于玄学的兴盛，虽然在刘勰生活的年代里玄学已经走向尾声，但是仍然具有重大影响，成为时人难以逃避的生存语境。而魏晋玄学的一个重要贡献就在于对“自然”与“名教”的关系进行了讨论，并形成了不同的理论派别。因此，要考察“自然”在当时的内涵，我们就必须将目光投向魏晋玄学。另外，还要从当时相关的美学著作出发来切近“自然”在美学思想中的地位和涵义。

魏晋玄学所着重讨论的一个问题就是自然与名教的关系。自然与名教之辨的源头可以上溯到春秋时代的儒、道之争。孔子强调“正名”，试图为儒家的一系列政治伦理制度提供充分的学理依据；而道家则力主“无为”，倡导顺应“自然”之道。汉代董仲舒倡导“独尊儒术”，以儒家名教为思想基础。到魏晋时期，社会动荡不安、政治黑暗迫使当时的读书人难以在政治上实现“治国、平天下”的理想，因此，在生存方式上只有选择更广阔的自然世界。名教与自然之辨就是在这样的时代语境中呈现出来的，而怎样解决二者之间的矛盾就成为争辩的焦点所在。在名教与自然之辨中,“名教,即封建社会的伦理道德和政治制度等封建文化的总称;自然,即老庄道家所主张的自然无为原则,指不加一毫外在的人为力量而任其本然的意思。”①这些争辩经历了一个斗争过程,这一过程包括以下几个阶段,“即:王弼‘名教本于自然’——嵇康‘越名教而任自然’——裴頠‘名教不离自然’、郭象‘名教即是自然’。”②从这几个具有代表性的命题中,我们可以发现,魏晋玄学的名教与自然的争论,总的趋势是调和名教与自然之间的矛盾,试图使之成为一体。

在刘勰的《文心雕龙》中,“名教”与“自然”的关系问题仍然有明显的体现,并且刘勰就是在调节二者之间的矛盾,使之成为一体。刘勰在《原道》篇中既有从《周易》中吸取的影响,为我们展现了天文、地文以及人文的产生方式;同时又将“自然之道”作为本体来统率儒家之道,将“自然之道”与儒家的文学功用观作了理论调节。所以,在《文心雕龙》中,我们既可以发现儒家之道,也可以体会到自然之道,这也是学界存在争论的主要原因。但是,我们认为,《文心雕龙》的思想渊源具有其独具的时代特色。魏晋时期,儒、道、佛、玄等思想形成了独特的话语语境,它们在时人的思想中都留下了一笔。因此,在《文心雕龙》中,存在多种思想的影子是情理之中的事。而刘勰将“自然之道”作为本体也是当时话语语境的要求和体现。对“自然之道”的理解可以切近刘勰的自然审美观。

刘勰以“自然之道”作为本体建立起了自己的美学体系,而“自

① 赵书廉:《魏晋玄学探微》,河南人民出版社,1992年版,第238页。

② 王孝春:“论魏晋玄学的‘名教’与‘自然’之争”,《呼伦贝尔学院学报》,2003年第3期。

然”一词经过上文的论述，是“自然而然”的意思。那么，从这样的理论规定出发，刘勰自然观的本质将趋向显明，我们也就可以揭示刘勰自然审美态度。

“自然之道”作为本体在《文心雕龙》中确立起来后，它的直接效应就是决定《文心雕龙》中的审美态度、审美理想、审美标准。自然审美观是《文心雕龙》中的一个有机组成部分，它显然是以“自然之道”为基础的。“自然”在理论内涵上要求“顺其自然”、“不加外饰”，强调的是“道”的规定性，无论是直接的审美还是审美表现都要顺应“道”的法则(也就是顺应“自然”的要求)。毕竟，在刘勰看来，无论是作为审美对象的山水自然世界还是作为审美表现形式的文学艺术，都是“道”之文。当然，我们不认为刘勰是就事实上的文学艺术状况而得出的结论，而是从理论演化的规则和轨迹做了一种推理，在实际中不符合这一理论规定的，也就是刘勰所反对的。因此，刘勰的自然审美观在本质上就是要求返回自然万物的本身，认为自然万物“自然而然”地存在、呈现是美的；同样，在审美表现方面，文学等艺术形式俱要以“自然而然”为最根本的表现方式，做到不矫揉造作。刘勰这一规定以“道之文”统率天文、地文、人文，以道的本质内涵“自然”来要求天文、地文、人文如其所是地呈现。刘勰所营造的自然审美观是要使自然万物归于本然，审美表现上“他希望文的写作能返本归正，回到健康的轨道上来。”①因此，我们就可以发现刘勰的自然审美意识其实应该包含有两层意思：一是对自然万物的具体审美；二是在审美理念、审美标准上的

① 何懿：“论刘勰的自然美学观”，中国文心雕龙学会编：《论刘勰及其〈文心雕龙〉》，学苑出版社，2000年版，第58页。

"自然而然"。刘勰"自然之道"的本体规定不仅建立了其美学体系的核心,而且将促使我们更深刻地理解其自然审美观的意蕴。

### (三)刘勰自然审美观与宗教意识

刘勰《文心雕龙》所展现的自然审美观,在更深的层次上,与中古宗教意识有着密切的关系,是对魏晋南北朝社会思潮的有力回应。在中国文化演变的历程中,尽管有着佛教、道教等宗教形式,但是宗教观念却没有成为文化主流话语,反而与儒家、道家相融汇,彼此催化,所以,宗教形式在中国更多地体现为文化意义。正是在这个层面上,我们在研究刘勰自然审美观与宗教意识的关系时,就要揭示两者之间的内在文化理路,更直接地说,就要呈现它们的融通之处。以宗教意识,而不是宗教观作为言说的视点,可以说既有文化学的意图,同时更可以从广泛的视角下来审视所谓"儒教"的意义。

一般来说,宗教意识是宗教的核心,它树立一定的超自然信仰对象,以"万物有灵"作为基本的论调。在刘勰的时代,佛教的影响在不断扩大,而儒家在经过汉代董仲舒的"罢黜百家,独尊儒术"确立起绝对统治地位,并且董仲舒还将源于中国先秦哲学的"天人感应"发展成一系列的神秘主义学说。在董仲舒看来,天和人同类相通,相互感应,天可以干预人事,人也能感应上天。董仲舒还进一步将天幻化为人格神,而皇帝则又为天子,代表上天来统治生民,天子的作为与天象演变之间具有内在联系,天子不仁,违背天意,则上天会以灾难予以惩罚;天子治国有方,政通人和,上天也会降祥瑞以鼓励。这种具有浓重"君权神授"色彩的观念显然在一定程度上展现出宗教意识的特征,对中国文化造成了深刻的影响。诸多的宗教性思维沉淀到中国文化中,组成了中国文化复杂的宗教意识，这在《文心雕龙》的自然审美观中也有显明的体现。

我们已经阐明《文心雕龙》的自然审美观是以“自然之道”作为本体构成的，而“自然之道”本身的复杂性也非常明显，尤其是“道”，它在《文心雕龙》中既具有道家的内蕴，又有儒家的色彩，还有佛家的思维。就“自然之道”的道家来源“道法自然”而言，它具有宗教层面的价值，有人对此提出了自己的见解：“在老子的观念里，道是存在的本体，是至高无上的，这是不用质疑的。把‘道法自然’中的自然理解的高于道，不管我们怎样圆通，总有取消道的至上地位的危险；而把‘道法自然’中的自然理解的同一于道，又有将道与具体事务相混同，从而降低道的地位的倾向。两者同归殊途，都难以完全令人信服。实际上，老子的这一命题体现了他的宗教意识。这里包括至上神的非人格化、宗教价值的人文化和信仰的道德化等方面的内容……”①虽然我们对其中的一些细节看法还不能完全赞同，但是“道法自然”宗教内涵的呈现无疑开启了一种新的视域。在这个层面上，当刘勰以“自然之道”作为本体时，其自然审美观实际上已经包含了一些宗教意识。当然，《文心雕龙》自然审美观中的宗教意识并不是道家思想精粹的单面作为，而是与儒家同样具有密切联系。在《文心雕龙》中，刘勰专门以“原道”、“宗经”、“征圣”、“正纬”为主立“文之枢纽”，确立起整个文论体系的总论部分，这不仅挺立了儒家思想在其美学体系中的崇高地位，而且连带地将先秦两汉以来儒家的宗教意识也继承了下来。我们上文已经对儒家的宗教意识作出了一定的解释，有学者则进一步

① 唐名辉：“解读‘道法自然’的宗教学内涵”，《湖南工程学院学报》，2006 年第 1 期。

从"天人合一"的角度论证了这种宗教意识:"宗教意识的本质特征在于对神的信仰,认定'天人合一'为宗教意识,首先必须确认'天'的宗教意义。从现存的文字资料来看,天作为比较明确的宗教信仰应始于殷周时代,而殷周时代天的信仰又是同上帝信仰联系在一起的。据已出土的殷墟卜辞,'上帝'或'帝'是殷人崇拜的最高神祇,它不仅控制着人类的生活,还主宰着自然万物的变化。""'天人合一'的第二阶段是以董仲舒政治神学体系为代表的汉代以阴阳五行为构架的天人感应宇宙图式。其主要观点是,在人类社会之上存在着一个至高无上的神灵——'天',它是宇宙万物的创造者和统御者。天有理性意志,社会秩序是由天的意志决定……"① 天人合一观念除了有儒家的成分之外,其实还有道家参与,这在《文心雕龙》中主要表现为人与天地万物的关系,而自然审美观恰恰产生于此。

刘勰对"文"的界定,从"天文"、"万物之文"到"人文"的层次分别,将"天文"的崇高地位树立了起来,万物之文和人文在一定程度上都依附于天文,尤其是人文,它作为天地之心——人的审美创造物,是来源于天文的:

> 人文之元,肇自太极,幽赞神明,《易》象惟先。庖牺画其始,仲尼翼其终。而《乾》《坤》两位,独制《文言》。言之文也,天地之心哉!若迺《河图》孕乎八卦,《洛书》韫乎九畴,玉版金镂之实,丹文绿牒之华,谁其尸之,亦神理而已。②

① 申波:"'天人合一'与宗教意识",《广西社会科学》,2003年第5期。

② 《文心雕龙·原道》。

这无疑将人文的生成与上古时期的一些神秘的宗教意识联系了起来，从而具体影响到其审美观的构成以及对生命的独特理解，下文我们会对相关的内容进行解读，以深化刘勰美学思想的学理价值。至于《文心雕龙》中“道”的内涵与佛教的关系，普慧经过多角度论证，指出：“刘勰在《原道》中所指的‘道’实即是对宇宙神性的一种哲学抽象，是一种宗教神学意义上的高度概括，亦即佛教神学信仰的最高本体和本原。它与《灭惑论》及《弥勒石像碑铭》中的‘道’是一致的……”[①]由此可见，《文心雕龙》中“道”的内涵具有三教交融的特征，这正呼应了刘勰在《灭惑论》中的观点：“……梵言菩提，汉语曰道。”

## 第三节 《文心雕龙》自然审美观的构成

### 一、心物论

审美是一种活动，提到审美活动，就暗含着必须有一个审美主体与一个审美对象，而这二者也有规定，审美主体必须具备相应的审美能力；审美对象则能够引起审美主体的审美兴趣。这就是说审美活动是审美主体与审美对象共同参与的过程，两者缺一不可。中国传统美学很早就对这一问题给予了关注和论述，《文心雕龙》作为一部具有完整体系的美学著作，在论述其自然审美观时也是在这样的学理基础上进行的。学界对此也有所关注，王元化在《文心雕龙创作论》一书中就列“释《物色篇》心物交融说——关于

① 普慧：“论刘勰及其《文心雕龙》的佛学神学思想”，《文艺研究》，2006年第10期。

创作活动中的主客关系”一篇对《文心雕龙》中的心物观进行过探讨和研究。但是，王元化的探讨正如其标题所示，主要是局限于《物色篇》，而在此篇中他又是以“写气图貌，既随物以宛转；属采附声，亦与心而徘徊”这一命题为主。虽然从王元化的研究中可以见出《文心雕龙》中心物论的基本理论特征，但是尚有继续探讨的必要。

心与物之间存在着审美关系，中国古代早就注意到了，《乐记》中就对此进行过深刻的论述：“凡音之起，由人心生也。人心之动，物使之然也。感于物而动，故形于声。……乐也者，音之所由生也，其本在人心之感于物也。”《乐记》以简短的话语阐明了物作为审美对象，能够引起人类的审美兴趣的道理。不管是“音”，还是“乐”本质上都建立于心、物之间的关系。在此基础上，刘勰在《文心雕龙》中对心、物之间的审美关系做了全方面的论述。《文心雕龙》的心物论主要包括三方面的内容：一是作为审美对象的“物”的涵义；二是作为审美主体的“心”的涵义；三是心与物之间的审美关系。同时，由于宗教意识的参与，万物有灵的思维也影响着心物的对话和交流。

（一）“心”范畴的定位

刘勰对“心”的评价是非常高的，从其在书名中使用该字就可以见出端倪。在《序志》篇中，他道出了使用“心”字作为书名的缘由：“心哉美矣。”由此可见，“心”在《文心雕龙》中是一个非常重要的范畴，也是我们深入感悟刘勰自然审美意识的重要通道。在《原道》篇中他曾提出：“心生而言立，言立而文明，自然之道也。”“心”被视为“人文”这一审美形式生成的关键所在。

“心”在中国古代具有重要的地位，往往意味着某种主宰力量，而反映在美学上，它常常可以等同于审美主体。这样的理论规定使“心”的涵义具备了活力，也使“心”有了多方面的呈现。这从刘勰的理论阐述可以见出。在《原道》篇中，刘勰指出：“惟人参之，性灵所钟，是谓三才。为五行之秀，实天地之心。心生而言立，言立而文明，自然之道也。……夫以无识之物，郁然有彩，有心之器，其无文欤？”由此，我们可以发现，刘勰将“心”作为人类区别于自然万物世界的尺度之一，尤其是在审美的层面上，作为“有心之器”的人可以创造出新的审美对象。在这里，刘勰确定起来的是基本的理论趋向，“心”作为审美主体的最高代表被树立起来了，在接下来的篇幅中，刘勰将这一趋向贯彻到更具体的美学实践中，心物论就是其中重要的方面。

当“心”作为审美主体被树立起来后，审美主体——人的一系列因素就必然要反映在“心”上。在审美活动中，对审美主体进行的研究主要又以探究审美心理结构为重点。因为，审美心理结构不仅关乎主体以怎样的态度来对自然万物进行审美，而且还将决定主体表现审美感情的方式。所以说，刘勰以“心”代表审美主体时，实际上赋予了“心”以丰富的内涵。因此，研究刘勰的“心物论”时必须对此给予关注，揭示“心”所具有的理论内涵，只有这样心物论的意义才能得以阐明。刘勰在展开“心”的内涵时，选择了多种维度，“情”、“志”、“神”、“理”等都是“心”所具有的内涵，在一定程度上往往代替着“心”而参与到审美活动与审美表现当中。在前文中，我们一直在强调刘勰的自然审美意识是贯彻到直接的自然审美以及对自然审美情感的表现两个方面中的，那么，探讨刘勰的心物论也必然要兼顾这两方面。在《文心雕龙》中，《神思》是非常特殊的一篇，它是创作论的首篇，篇中包含着对“心物论”的深刻理解。

（二）“心”的维度与“心物”关系

刘勰在《神思》中化用庄子的话语说：“形在江海之上，心存魏阙之下。”“心”被赋予了崇高的地位和超凡的能力，它可以摆脱形的限制而显得活力十足，具有充分的自由性。“心”所具备的这样一种能力及其展开的活动就被刘勰称为“神思”，在刘勰看来，“神思”的活跃与否直接关系到对自然万物的审美及审美情感的表现，原因在于：“神居胸臆，而志气统其关键；物沿耳目，而辞令管其枢机。”[①]如果能够充分展现“神思”的作用，则“思理为妙，神与物游。”这就是刘勰所积极推崇的心物模式，神（心）与物能够互相融合、生成，达成审美意象的建构。刘勰在《神思》篇的赞中对此总结道：“神用象通，情变所孕。物以貌求，心以理应。”这与《物色》篇赞中“目既往还，心亦吐纳。……情往似赠，兴来如答”讲的是同样的道理。在刘勰的心物论中，在“心”的生命活力引导下，心与物之间呈现出了一种对话的状态。

“心”除了以“神思”的方式参与审美活动之外，还具有志、情等方式，刘勰的心物观对此也有充分的论述。刘勰在《明诗》篇中指出：“人禀七情，应物斯感，感物吟志，莫非自然。”七情是指人具有的喜、怒、哀、惧、爱、恶、欲七种情感，正因为具有了这些丰富的情感，人类才能应物而心动，获得审美感悟，并与自身的主体因素结合，形成审美意象。这一完整的过程，刘勰以一例呈现：“原夫登高之旨，盖睹物兴情。情以物兴，故义必明雅；物以情观，故词必巧

① 《文心雕龙·神思》。

丽。”[①]情与物之间是相互促进的，“登高之旨”是对情、物相生的先天语境的一种指明；“情以物兴”、“物以情观”两个命题中的“情”其实是有分别的，但它们都从属于“心”，是“心”的一种素养，它们与物紧密结合在审美表现上呈现的是“明雅”、“巧丽”的状态。

刘勰心物观的另一重要命题是“体物写志”。古语有云：“在心为志。”[②]可见志是心的构成因素之一，它需要与物共同呈现。刘勰并没有只停留在心物的结合以及呈现上，他还更深入地阐明他的心物观。他认为：“夫缀文者情动而辞发，观文者披文以入情，沿波讨源，虽幽必显。”[③]刘勰的这一理论规定往往没有被人纳入到其心物观中，但是我们认为这恰恰是刘勰的心物观追求完整性的体现，是值得我们学习和借鉴的。当然他也给予了理论支持：“夫志在山水，琴表其情，况形之笔端，理将焉匿？”[④]刘勰合理地运用了这种类比关系，证明心物关系是一个层层深入的过程，在审美表现形式中的呈现不是终点，而是一个新的开始。

由此可见，刘勰的心物观具有丰富的内涵，“心”不是干瘪的理论词汇，而是具有众多现实因素的存在。心、物之间不是从物到心或从心到物的单向关系，而是对话、融合的关系。尽管我们揭示了刘勰心物观中的许多内涵，对“心”也进行了多方面的追问，但是对于“心”的普遍性与个体性问题却还没有进行有力的考察。而这一步工作却是合理评价刘勰心物观的一个重要参照系，因此，我们必

① 《文心雕龙·诠赋》。

② 《毛诗序》，郭绍虞主编：《中国历代文论选》第一册，上海古籍出版社，2001 年版，第 63 页。

③ 《文心雕龙·知音》。

④ 同上。

须对之作出探讨。

虽然“物”从某种程度上来说也是一个抽象的指称，但刘勰也注意到了“物”在现实中的多样化存在：“岁有其物，物有其容。”而“桃花之鲜”、“杨柳之貌”、“出日之容”、“雨雪之状”等等可以说都是刘勰体会到的万物存在方式，这种多样化在审美表现上更表现为“物貌难尽”。同样，刘勰对“心”的具体情况也给予了一定的理论关注，主要体现在对“心”的普遍性和个体性的阐明上。在上文中，我们揭示了“心”表现为“神”、“情”、“志”等形式，这些从一定程度上来说，都是刘勰心物观中“心”所具有的普遍形式，是对“心”的普遍能力的指明。然而，审美活动是一个实践性非常强的过程，审美感悟具有当下性，会因为审美主体、客体的具体情况不同而获得不同的审美感情。具体到审美主体方面，刘勰概括为：“各师成心，其异如面。”[①]这种审美心理结构的不同反映到现实层面，刘勰认为是：“才有庸俊，气有刚柔，学有浅深，习有雅郑，并情性所铄，陶染所凝，是以笔区云谲，文苑波诡者矣。”[②]

刘勰的认知是深刻而完整的，从“心”的个体差异到“文”的多样化，再追溯到“物”的复杂多变，自然审美活动的精彩就有了十足的理由。

概言之，刘勰的心物观制约着其自然审美观的形成以及可以达到的高度。他对“心”、“物”的层次性认知以及对“心”、“物”之间的审美构成方式的探讨都具有深远的美学意义。当然在广度和深度上或许还存在一定的不足，但是可以肯定的是，这样的探讨方式

① 《文心雕龙·体性》。

② 同上。

确实为我们提供了借鉴。

## 二、审美范畴论

我们认为，心物观是刘勰自然审美观的基本呈现方式，心物关系贯穿着刘勰自然审美意识的始终。对刘勰心物观的探讨把握了其自然审美意识构成的基本脉络，然而，刘勰的自然审美意识在具体的构成上因不同的审美状况还呈现出一些特征，在《文心雕龙》中主要表现为一些重要的审美范畴。这些范畴从一定程度上可以更加具体地明确刘勰自然审美意识的构成。那么，我们就试图对相关的审美范畴作出分析、研究。刘勰的自然审美意识在表面形式上包括对自然万物的直接审美和相应的自然审美感悟的表现两个大部分。而在这种自然审美意识的深处则以“自然之道”作为本质规定，“自然而然”的要求贯穿着刘勰自然审美意识的全过程。因此，刘勰自然审美意识中的审美范畴必然是符合“自然而然”这一标准的。

### （一）审美对象范畴：物色、物貌、物容

对刘勰自然审美意识的研究，我们一直非常强调审美对象的确立，因此，我们对“物”的探究成为本文的重点所在。而且，我们认为刘勰对“物”的理解是非常深刻的，还不仅仅只是我们前文所阐述的那些。所以，在刘勰自然审美意识范畴上，我们将继续对这一问题进行关注。这一审美范畴，我们认为主要是《文心雕龙》中的“物色”范畴，与之对应的则有“物貌”、“物容”等，它们都是对“物”的某一方面特征的指明。它们之间的关系一定程度上在于刘勰受其宗教意识的影响，引用“色”的观念，在本体与现象之间书写自然的存在形态。就“物色”而言，我们在前文已经引用涂光社的

观点:“物色作为那个时期的文学术语,指自然万物或者外境的声貌状态。”因此,“物色”在某种程度上就是自然万物或自然美的存在状态和表现方式。在刘勰的自然审美意识中,他是非常关注自然万物的这种呈现方式的,所以,他专列《物色》一篇,并且提出了“物色之动,心亦摇焉”和“物色相召,人谁获安”两个重要命题。与之相似的,刘勰还提出了“物有其容”[①]、“物貌难尽”[②]、“物以貌求”[③]等等命题。这些命题都反映了刘勰对自然万物存在多样化的认知。自然万物之间正是因为这些外在形式的不同而呈现自身的审美特征的,如果审美主体无视这些“物色”因素,那么,自然审美只能是舍本逐末,将会偏移“自然美”本身。刘勰对自然万物的认识还不限于此,在其自然审美意识中,时间是一个重要的因素,它直接影响到自然审美的准确性、合理性。刘勰注意到:自然万物是存在于一定的时间维度中的,而时间的不同则会进一步影响“物色”的呈现状态。刘勰将这一状况概括为“四时之动物深矣”[④]和“岁有其物,物有其容”。[⑤] 正因为“物色”会因时而动,那么反映到自然审美上,刘勰认为应该尊重这种变化:“凡摛表五色,贵在时见。”[⑥]在“人文”这一审美形式上就体现为:“文变染乎世情,兴废系乎时序。”[⑦]由此可见,时间贯穿着自然审美的整个过程,并推动着自然审美意识的更新变化。刘勰在当时能够对自然万物有如此

① 《文心雕龙·物色》。
② 同上。
③ 《文心雕龙·神思》。
④ 《文心雕龙·物色》。
⑤ 同上。
⑥ 同上。
⑦ 《文心雕龙·时序》。

深刻的见解无疑为其自然审美意识增色不少，同时也丰满了其理论体系。

（二）审美主体范畴

刘勰自然审美意识强调的是审美对象与审美主体的相互生成。既然我们对审美对象进行了范畴研究，那么，对审美主体的相关范畴也必须给予观照，因为它们之间可以相互促进。如前文所述，刘勰非常重视对审美主体的评价，毕竟人类担负着自然美的揭示以及“人文”的创造等责任。虽然说自然审美是主客体共同参与、完成的，但从本根上讲，它是人类的一种高级活动，选择以怎样的方式去审美是人类的自由。那么，一切的理论探讨其实是对人类这一活动的理论阐释，是为寻求一种最好的审美方式提供证明。对审美对象的分析可以为营造某种审美方式提供必要条件，但只有通过对审美主体视野的构建才能真正完成这一过程。刘勰很显然对此有所感悟，他在前人的基础上对审美主体的建构提出了一些见解。

1. 虚静

在《神思》篇中，刘勰指出：“是以陶钧文思，贵在虚静，疏瀹五藏，澡雪精神。”刘勰在此提出了审美心境的问题，他将这种审美心境视为“驭文之首术，谋篇之大端。”因此，审美心境成了审美感悟和审美表现的前提。虽然刘勰是从审美表现的角度来阐述审美心境的问题的，但是我们认为其具有更广阔和深远的意义。刘勰的审美心境观可以概括为“虚静”范畴，它是中国传统美学强调审美主体建构的反映，也是在前人的基础上形成的。《管子》中就有“天之道虚，地之道静。虚则不屈，静则不变，不变则无过，故曰：‘不忒’”[①]的

① 《管子·心术上》，赵守正：《管子注译》下册，广西人民出版社，1987年版，第3页。

说法，描述了天地生成的基本面貌，也是对天地万物的基本定位。而“人皆欲知，而莫索其所以知。其所知，彼也；其所以知，此也。不修之此，焉能知彼？修之此，莫能虚矣，虚者无藏也。”[①]显然，这是天地生成对人类的基本要求，也就是要“虚”。如何在集体的层面上展开这种要求，《管子》中提供了具体的方式：“‘洁其宫，开其门’。宫者谓心也，心也者智之舍也，故曰宫。洁之者，去好恶也。门者谓耳目也，耳目者所以闻见也。”[②]按照这一理论推理，《管子》中提出了“虚一而静”的命题，对“洁其宫”做了阐释。叶朗在阐明《管子》的这一命题时认为：

> “虚”，就是排除主观的成见和欲念，也就是“无己”。“静”，就是保持心的安静、平静。“一”就是“一意专心”。《管子》四篇的作者认为，只有做到“无己”，做到“虚一而静”，客观事物的本来面目才能在你面前呈现出来。[③]

由此可见，“虚一而静”就是要求人类净化自己的心境，并进而扩展到身体各部分，从而去切近事物的本来面目。而后的荀子则对这一命题做了理论发展：

> 心未尝不臧业，然而有所谓虚。心未尝不满也，然而有所谓一。心未尝不动也，然而有所谓静。……不以所已臧害所将受，谓之虚。……不以夫一害此一，谓之壹。……不以梦剧

① 同上，第 2 页。

② 同上，第 3 页。

③ 叶朗：《中国美学史大纲》，上海人民出版社，1985 年版，第 101-102 页。

乱知，谓之静。[①]

与之相似的，老子早就提出："涤除玄鉴，能无疵乎？"[②]庄子又提出："气也者，虚而待物者也。唯道集虚。虚者，心斋也。"[③]

在"虚静"说的理论旨归上，我们可以发现，它主要强调通过对审美主体审美心境的一种净化，从而达成事物的自在呈现。同样，刘勰"虚静"说也是出于这种理论目的，这也是其自然审美意识的本质"自然之道"的基本要求。李天道就认为："可以说，'虚静'就是一种空明澄澈审美心怀的构筑，或者说是造成一种审美态势。其实质是通过'疏瀹五藏，澡雪精神'以虚郭心胸，涤荡情怀，让主体的心灵超然于物外，进入一种和谐平静冲淡清远的审美心境，造成无利无欲无物无我的静态的超越心态，以能够使主体于审美体验中，'通以万物'，使'物无隐貌'，能够清晰地印现出特定的审美对象，体悟到蕴藏于其深处的生命意义。"[④]那么，养成这样一种审美态势，在自然审美中就可以做到返回自然万物本身，体悟由自然审美带来的欢愉。刘勰在《物色》中就指出："是以四序纷回，而入兴贵闲。"可见，养成纯净的审美心境对自然审美不仅是方法，而且是必然之途。

刘勰的"虚静"说与道家存在渊源，但又融入了其文化背景。这种背景来自于佛教思维，有学者指出佛教禅观与刘勰的虚静

---

① 《荀子·解蔽》，王先谦：《荀子集解》下册，中华书局，1988 年版，第 394-396 页。

② 《老子·第十章》，陈鼓应：《老子今注今译》，商务印书馆，2003 年版，第 108 页。

③ 《庄子·人间世》，郭庆藩：《庄子集释》，中华书局，1961 年版，第 147 页。

④ 李天道：《文心雕龙审美心理学》，电子科技大学出版社，1996 年版，第 242 页。

说有三点相似:“首先禅并非枯守静寂,而是‘止’‘观’合一。……佛家禅观由定而观,由止而照与刘勰的虚静而致神思,虚静而摄象是一致的。其次,禅的思想也是以表象为基础的,……在这一点上,禅观与文学创作的构思具有一致性。第三,禅家从经验出发,体会到四种情况阻碍入定。……太执著、太用心、太疲惫则不能入定而进入静的境界,这一点与刘勰所倡‘钻厉过分则神疲而其衰’‘秉心养术,无勿苦虑;含章司契,不必劳情’也是一致的。”[①]刘勰长期修习佛学,沉潜所得演化为论审美,充实了“虚静”说的内涵。

2. 养气

刘勰还提出了另一个关于审美主体的重要范畴——“养气”。在《文心雕龙》中,刘勰专列《养气》一篇,可见“养气”范畴在其美学理论体系中的重要地位。而刘勰以“气”论文、论美的观点在《文心雕龙》中是很多的,例如:“精理为文,秀气成采”、[②]“气往铄古,辞来切今,惊采绝艳,难与并能”、[③]“列御寇之书,气伟而采奇”[④]等等。分析刘勰用“气”字的地方,徐季子认为大致有三个方面:文气、志气和精气。[⑤] 以“气”来论文、论美与中国古代将气视为人的生命力有着密切的关系。

王充曾指出:“人之禀气,或充实而坚强,或虚劣而软弱。充实

① 冯国栋:“刘勰的‘虚静’说与佛家的禅学”,《文艺理论研究》,2002年第6期。

② 《文心雕龙·征圣》。

③ 《文心雕龙·辨骚》。

④ 《文心雕龙·诸子》。

⑤ 徐季子:“刘勰的养气说——《文心雕龙》散论”,中国文心雕龙学会选编:《文心雕龙研究论文集》,人民文学出版社,1990年版,第664页。

坚强,其年寿;虚劣软弱,失弃其身。”[①]他认为人的生命力的强弱与所禀之气是成正比的。这种理论模式发展到曹丕那里,又将“文”之气与作者之“气”联系了起来:“文以气为主,气之清浊有体,不可力强而致。”[②]既然“文”的审美性建基于审美主体对自身之“气”的护养,那么“养气”就成了必然之举。刘勰恰恰顺应了这一理论趋势,他在《体性》中指出:“才力居中,肇自血气,气以实志,志以定言,吐纳英华,莫非情性。”那么,顺应主体之“气”显然是审美创作的根本之法,也是必然之举,也顺应了“自然之道”的本质规定。刘勰于是在《养气》篇中提出了这样一个观点:“率志委和,则理融而情畅,钻砺过分,则神疲而气衰:此性情之数也。”“率志委和”和“钻砺过分”是两种不同的方式,在事实上造成的结果也迥然相异。而刘勰的美学体系是以“自然之道”为本体构建起来的,“自然而然”成了最大的诉求,因此“率志委和”就是审美表现过程中审美主体的基本状态了。所以,刘勰认为:

> 志于文也,则申写郁滞;故宜从容率情,优柔适会。……是以吐纳文艺,务在节宣,清和其心,调畅其气,烦而即舍,勿使壅滞,意得则舒怀以命笔,理伏则投笔以卷怀。[③]

当我们阐述刘勰“养气”说的“率志委和”、“清和其心,调畅其

---

① 《论衡·气寿篇》,袁华忠、方家常译注:《论衡全译》上册,贵州人民出版社,1993 年版,第 54 页。

② 《典论·论文》,郭绍虞主编:《中国历代文论选》第一册,上海古籍出版社,2001 年版,第 159 页。

③ 《文心雕龙·养气》。

气”的方法时，其实还应注意到这一方法的一个重要基础——学业在勤。这样，我们就发现，刘勰的美学体系并不是任心而为，而是理论辩证的，具有很强的说服力。

（三）审美表现范畴

在观照刘勰自然审美意识的范畴论时，我们是以审美对象-审美主体-审美表现方式的顺利来进行的。在分析了审美对象和审美主体后，我们现在要对刘勰自然审美意识中的审美表现方式范畴进行探讨。事实上，刘勰的美学体系中有很多审美表现方式方面的范畴，《文心雕龙》创作论部分基本上就是讲审美表现方式的。那么，由于我们研究的是刘勰的自然审美意识，我们就择取其中较为典型的范畴——“比兴”和“写真”。

1. 比兴

既然我们是从审美表现方式的角度来观照“比兴”的，那么“比兴”中包含的从作者如何到“文”的内容就是我们论述的重点了。对此，刘勰进行了正面的阐发：“‘比’者，附也；‘兴’者，起也。附理者切类以指事，起情者依微以拟议。起情故‘兴’体以立，附理故‘比’例以生。‘比’则畜愤以斥言，‘兴’则环譬以托讽，盖随时之义不一，故诗人之志有二也。”[①]可见，刘勰是将人类审美表现的方式概括为“比”和“兴”两种情况的，而两者的不同在于“物”、“心”以及审美感悟之间组合方式的不同。具体到自然审美上，“比”是审美创作主体将已有的审美感悟托付于具体的相似物象，主体的自然审美感情建基于物象的塑造上面，因此，审美感情是相对退场的；而“兴”则不同，它是审美创作主体具有的审美感悟因某物象的促

① 《文心雕龙·比兴》。

动而直接呈现，物象虽然也与审美感悟具有相似性，但它并不承担呈现审美感情的责任，审美感情也就相对突显。

2. 写真

我们再来看刘勰在审美表现方式上的另一个范畴——“写真”。刘勰的自然审美意识以“自然之道”作为本体，要求在各个环节上符合“自然而然”的要求，“写真”就是这一要求的表现。《情采》篇认为：“为情者要约而写真，为文者淫丽而烦滥。”刘勰提出“要约写真”这样一个命题，目的在于阐明“为情而造文”的观点而反对“为文而造情”的时代事实。很显然，刘勰是以“写真”来要求审美感情的真实性。审美情感不能凭空而造，而必须是真情实意的，只有这样，审美创作主体创作的“文”才能具有较高的审美性。返回到刘勰要求真情实意的理论当中，我们就必须关注刘勰对审美感情获得的必然途径——心物交融。在刘勰看来，只有在“情以物兴”、“物以情观”的模式中，审美情感才是落于实处的，才是真实的情感。同时，“情以物迁，辞以情发”就保证了“文”的审美性。所以说，“写真”实际上是自然审美意识在审美表现上的必然要求。

在《文心雕龙》中还有很多范畴都体现着刘勰的自然审美意识，比如：意象、风骨、本采等等，但限于篇幅，我们在此不全部展开论述，况且其中大多数范畴已经得到了比较充分的研究，只要以我们揭示的刘勰的“自然之道”本体去看待这些范畴，就可看出它们事实上都体现出刘勰的自然审美意识。正因为如此，我们才可以说，自然审美意识是刘勰美学体系中的不可或缺的部分。

## 第四节 刘勰自然审美意识的生命情怀和历史意义

### 一、刘勰自然审美意识的生命情怀

在刘勰的自然审美意识的构成论中，还有一个非常重要的内容，它与前面的两种构成内容不同，在存在方式上是相对隐藏的，但又是可以被体会的，那就是其中蕴藏的强烈的生命情怀。刘勰的自然审美意识不是呆板的主客体构成论、关系论，而是其中蕴涵着许多动人的意蕴，充满着人情化的论证。因此，刘勰自然审美意识是关注生命和人生的，是建立在其对审美活动本质的深刻理解上的。刘勰的自然审美意识主要体现在审美对象、审美主体、审美表现以及审美活动等环节上，其中审美活动又贯穿于其它环节之中。那么，当我们去揭示刘勰自然审美意识的生命意识时，为了言说的方便，我们仍然要从有关的具体环节去阐述。

在《文心雕龙》中，刘勰常常以“物”和“文”两个范畴来指称审美对象。“物”范畴内涵丰富，我们在前文已经有所涉及，但是，可以明确的是，“物”的核心内涵是指自然万物、社会事物等明显的审美对象，尤其是指自然万物。在论述这些审美对象时，刘勰并不是将之描述成一个呆板的、无生气的世界，而是将之呈现为一个充满着生气、变化、丰富多彩的生命世界。刘勰在《文心雕龙》中又提出了“文”这一范畴来指称审美对象，“文”既包括自然万物，又包括人类创造的审美形式，亦即刘勰所讲的“道文”和“人文”。值得注意的是，刘勰论“文”时，实际上是涉及了三个概念：“道文”、“人文”以及“万品之文”(作者概括)。“道文”是一个总称，是理论推理的源头，而“万品之文”和“人文”则是“文”的形而下体现，是“道文”在现实层面上的存在方式。“物”和“文”虽然都具有指称审美对象的涵义，但从刘勰论述“万品之文”时的意旨看来，他是将“万品之文”等同于“物”范畴中的自然万物部分的。

因此，我们认为刘勰的生命意识就蕴藏在“文”之中。“文”的形成，在本体上是依据于“道”的，所谓“夫玄黄色杂，方圆体分；日月叠璧，以垂丽天之象；山川焕绮，以铺理地之形：此盖道之文也”[①]即是。

但是，“道”在刘勰的体系中可以说只提供了理论担保，在描述“文”的动性因素方面，刘勰选择了“气”范畴。其中的关系，我们在前文已经有所阐述，并且庄子也有观点佐证：“是故天地者，形之大者也；阴阳者，气之大者也；道者为之公。”[②]相比之下，“气”不像“道”那样不食人间烟火、高高在上，它化生万物，流行于万物之间。“气”在一定程度上成为生命活力的表现。陆道夫就提出观点：“从《文心雕龙》的《风骨》、《养气》、《体性》、《神思》、《定势》等与气有关的篇章来看，我们认为，用‘生命力’来解释刘勰的‘气’字还是比较符合刘勰的本意。”[③]“气”作为生命力在《文心雕龙》中得到确立，因此自然万物必然有所呈现，在审美表现上就显得丰富多彩：“故立文之道，其理有三：一曰形文，五色是也；二曰声文，五音是也；三曰情文，五性是也。”[④]所以，我们认为，在刘勰的美学体系中，自然万物是一个完满的生命世界，充分体现出刘勰重视生命的情怀。

① 《文心雕龙·原道》。

② 《庄子·则阳》，郭庆藩：《庄子集释》，中华书局，1961年版，第913页。

③ 陆道夫：“作为一种生命力的‘气’——浅谈《文心雕龙》‘气’之范畴的文本意义”，《广东外语外贸大学学报》，2004年第2期。

④ 《文心雕龙·情采》。

刘勰对审美主体的评价是相当高的:“惟人参之,性灵所钟,是谓三才。为五行之秀,实天地之心。”[①]人虽然由“道”化生,但他乃是“有心之器”,具有独立的思考能力,是宇宙精华之所在。在“道”的强势话语面前,刘勰对人类做了合理性评价,“天地人”的提法也因此实现了人在宇宙中的高尚地位。顺延这样的基本理论构架,刘勰在其自然审美意识中充分关注着人的生命,关注生命力和生命的审美需求。刘勰认为人具有很强的审美创造能力,“心生而言立,言立而文明,自然之道也。”[②]就表明人是“人文”这一审美形式生成的决定性因素。而刘勰的另外一个观点:“夫以无识之物,郁然有彩,有心之器,其无文欤?”[③]则表现出人的审美创造诉求。

既然人的主体地位已经得到了确立,那么在审美及其表现上人的生命形式、生命要求必然就提到了日程上来了。人类的生命力在审美上表现的最重要内容莫过于审美情感,所以,刘勰非常重视审美情感的获得和宣泄。“人禀七情,应物斯感,感物吟志,莫非自然。”[④]人是有感情的主体,当刘勰将“七情”视为人类的禀赋时,显然是为人类审美情感的产生提供了足够的理论担保。在自然万物的触动、感召之下,人类的感情就会现身、在场,审美情感的获得也不例外。另外,人类感情的宣泄也要求,或者是必然呈现在人与自然万物等等的关系上。刘勰对人类感情的这些问题都没有回避,他正面这些问题,并充分肯定是“自然”(自然而然)的。很显然,刘勰在此体现的是对人类生命力的尊重。所谓“登山则情满于

① 《文心雕龙·原道》。
② 同上。
③ 同上。
④ 《文心雕龙·明诗》。

山，观海则意溢于海”，正是对人类审美感情的一种确切描述。

刘勰对生命力的重视还体现在充分尊重了审美主体的个体差异性。审美活动是一个既体现人类普遍本质又尊重个体创造性的过程，并且，个体性在审美活动中往往具有更加重要的地位，因为审美通向自由。个体的差异影响自然审美的例子在孔子时就有："知者乐水，仁者乐山；知者动，仁者静；知者乐，仁者寿。"[①]不同精神品质的人对自然美的欣赏会有所偏好。在刘勰的自然审美意识中，他有"物以貌求，心以理应"[②]的根本理论规定。因此，审美主体的个性品质、心理结构等个体性必然受到关注。刘勰主要在《体性》、《养气》、《才略》等篇章中对审美主体的个性进行了有关的阐述。并提出了"各师成心，其异如面"、"才性异区，文辞繁诡"、[③]"性各异禀"[④]等重要的命题。这些命题都向我们表明了个性差异是客观存在的事实，并且深深地影响着人类的审美活动。在现实生存中，个体差异是生命的呈现方式，理论建构是形而上的本质观照，而对于审美观照来说，对个体的尊重显得更加重要。对个体性的差异，刘勰从才、气、学、习等方面进行了现实性的探讨："才有庸儁，气有刚柔，学有浅深，习有雅郑，并情性所铄，陶染所凝，是以笔区云谲，文苑波诡者也矣。"[⑤]刘勰既注意到了个体性生成的先天因素才、气，同时又体会到其后天原因学、习。"才性异区"的"才性"，"本意是指审美主体的资质、禀赋和个性、性格……"[⑥]"气"则

① 《论语·雍也》，朱熹：《四书章句集注》，中华书局，1983 年版，第 90 页。
② 《文心雕龙·神思》。
③ 《文心雕龙·体性》。
④ 《文心雕龙·才略》。
⑤ 《文心雕龙·体性》。
⑥ 皮朝纲主编：《中国美学体系论》，语文出版社，1995 年版，第 189 页。

是人体的原初生命物质，在个体上就表现为气质、禀赋；至于学和习则是人类在后天过程中接受的教育等因素。才、气是审美主体个性形成的内因，学、习是外因，它们最终达成的是审美主体的审美心理结构——“成心”。审美世界中，个体“成心”各异，那么“物色之动”导致“心摇”所获得的审美体验也就会精彩纷呈。刘勰对审美主体个性的尊重其实是对审美活动的准确理解，而其所指明的“成心”的先天和后天因素也是建基于其对审美活动本质的把握上的。因为，审美通向自由，自由既包括对普遍性原则的体会，又包涵着个性的呈现和个体感情的宣泄。

刘勰的生命情怀赋予了自然万物以活泼的生命力，也尊重了审美主体的感情和个性。然而，自然审美活动是一个主客体共同参与的过程。刘勰对审美活动中自然万物与人类关系的理解恰恰表明其中蕴涵着浓厚的生命情怀。在自然审美过程中，不是单纯的审美主体的单向作为，自然万物是自身自觉呈现、在场的。也就是说，审美活动是自然万物与人类进行生命交流的过程。“情以物兴”、“物以情观”这样两种基本审美方式就向我们展现了其中的生命力。而体现刘勰自然审美意识的生命情怀这一特征的莫过于《物色》篇的赞：“山沓水匝，树杂云合。目既往还，心亦吐纳。春日迟迟，秋风飒飒。情往似赠，兴来如答。”

可以说，刘勰是以美学的形式来谱写生命的篇章。对自然万物，他感受到的是活泼的生命力；对人类，他体会到本质与个性的共在；对自然审美活动，他感悟到了生命之间的交流、感动。总之，生命情怀蕴藏在刘勰的自然审美意识当中。当然，由于其生命意识由“道”来贯穿和铺展，道在《文心雕龙》中的复杂性同样使刘勰的生命情怀具有多义性，绝非儒释道中一家之论的演化。

## 二、刘勰自然审美意识的历史意义

刘勰的自然审美意识，我们已经从几个层面进行了粗略的探讨和分析。刘勰以“自然之道”作为本体确立起的自然审美意识体现出了高水平的理论建构，因此，它具有重要的历史地位。阐述刘勰自然审美意识历史地位的切入点很多，进行系统的论述是一个庞杂的系统，在有限的篇幅中比较难以实现。因此，我们抱着探讨问题要注重时代意义的理论角度，从阐明刘勰审美意识的两种时代意义来观照其历史地位。这两个时代，我们认为最具代表性的是刘勰自身的时代和当下我们所处的时代。

我们知道，任何的理论建构都不是空穴来风，因为理论总是来源于实践。刘勰的自然审美意识也不例外，它的产生与当时的许多实际因素是不能轻易隔离的，我们认为从时代特征上来考察其历史意义，更能揭示刘勰自然审美意识的深刻历史价值。

魏晋六朝时期，政治上局面混乱，门阀制促使社会等级分明，士庶之间存在明显的区分与矛盾；思想上，一改汉代“独尊儒术”的局面，玄学和佛学的地位逐渐显明，并成为主要的社会话语。儒学的式微在某种程度上改变了时人的生存理念，传统的“修身、齐家、治国、平天下”的儒家社会理想模式在魏晋六朝的时代话语下成为难以实现的抱负。因此，这一时期的学人在生存上往往走向更广阔的山水自然界，学术话语则趋向于对人性的叩问等问题。可以说，“魏晋时代，无论在学术的研究上，文艺的创作上，人生的伦理道德上，有一个共同的特征，那便是解放与自由。”[①]因此，要阐明

① 刘大杰：《魏晋思想论》，上海古籍出版社，1998 年版，第 19 页。

刘勰自然审美意识的时代性，我们必须从当时的实际因素上来探讨，那就是生存境遇上的山水自然因素以及思想上的自由因素。魏晋南北朝时期人们对山水自然的偏爱在中国美学史上具有重要的意义。在此之前，儒家思想占有统治地位，虽然道家等也影响着人们，但儒家思想却借助于政治的力量形成了完整的制度体系——名教。在儒家话语之中，山水自然的审美方式主要体现为"比德"一说。譬如子曰："知者乐水，仁者乐山；知者动，仁者静；知者乐，仁者寿。"[①]朱熹对此有这样的解释：

> 知者达于事理而周流无滞，有似于水，故乐水；仁者安于义理而厚重不迁，有似于山，故乐山。[②]

按照朱熹的解释，叶朗认为："孔子的话就包含有这样的意思，即审美主体在欣赏自然美时带有选择性，自然美能否成为现实的审美对象，取决于它是否符合审美主体的道德观念。"[③]因此，在儒家自然审美中，自然万物的审美本质在于自然万物的特性能与审美主体的道德品质联系起来，能够呈现主体的某种道德品质。所以，山水自然的审美在儒家美学体系中得到强调的是道德属性，山水自然的存在被视为人类道德的附庸，其自身的审美特性受到遮蔽。然而，在儒家以"比德"来建立人与自然的审美关系时，老庄的道家美学对自然的审美则显示出了较高的审美纯粹性。道家美学以"道"为本体建构自己的美学体系。与儒家美学强调"美与善的统

① 《论语·雍也》。
② 朱熹：《四书章句集注》，中华书局，1983年版，第90页。
③ 叶朗：《中国美学史大纲》，上海人民出版社，1985年版，第56页。

一”相异，道家美学强调的是“美与真的统一”。他们重视自然万物的自身特征，用“自然”（自然而然）来阐明“道”的内涵，庄子就借老子之口明确指出各物的自然本真状态才是各物价值的真实状态：

> 天地固有常矣，日月固有明矣，星辰固有列矣，禽兽固有群矣，树木固有立矣。夫子亦放德而行，遁道而趋，已至矣。又何偈偈乎揭仁义。[①]

因此，道家美学在自然审美上强调自然万物本身的真实属性，反对审美主体人为的干预，反对人为了满足自己的欲望而遮蔽自然万物。进入魏晋时期，儒学式微，以道家学说为中心的玄学逐渐成为当时的主流话语，冯友兰就将玄学称为“新道家”。玄学的“自然与名教”的争论也进一步确立起“自然”（自然而然）这一价值观念的地位。这样一种价值观念反映在人们的自然审美上，必然带来新的局面。刘勰的自然审美意识恰恰就体现了自然审美的这种时代性。而佛教的传入，加上刘勰对佛学的理解，更使其自然审美意识能够在本体与现象二维之间保持严密的逻辑关系，并能在高扬自然形态的同时，穿透背后的理论之基。

宗白华认为：“晋人向外发现了自然，向内发现了自己的深情。山水虚灵化了，也情致化了。”[②]毫无疑问，这是魏晋时期的基本审美现象。无论是山水还是人类主体，都是宇宙的生命形式，都是对“道”的显现。而山水自然与人类感情在魏晋时期的高拔，无疑都

---

① 《庄子·天道》，郭庆藩：《庄子集释》，中华书局，1961年版，第479页。

② 宗白华：“论《世说新语》和晋人的美”，《艺境》，北京大学出版社，2003年版，第122页。

是“自然”(自然而然)价值观的真实体现。这都是我们在刘勰自然审美意识中可以清楚感受到的,上文我们也进行了有效的论述。山水自然在魏晋时期成为重要的审美对象,具有其自身的合法性,而宗炳就对此进行了相关的阐述:

> 至于山水,质有而灵趣,是以轩辕、尧、孔、广成、大隗、许由、孤竹之流,必有崆峒、具茨、藐姑、箕、首、大蒙之游焉。又称仁智之乐焉。夫圣人以神法道,而贤者通;山水以形媚道,而仁者乐。不亦几乎?[①]

徐复观指出:“质有,形质是有。……与道相通之谓灵。”[②]可以说,在魏晋时期,山水自然在人们的审美视野中是通过这样的理论联系而获得了合法性。因此,魏晋南北朝时期,人们对山水自然的审美都离不开这种理论联系,刘勰又何尝例外呢?魏晋南北朝时期对山水自然的审美本质都指向于“道”,并且都隐含“道”的内涵“自然”(自然而然)。这样,山水自然就已经可以说走出了人类道德品质的牵制,它直接与化生万物的“道”切近,获得了自身的独立地位。山水自然在魏晋时期和人一样,在某种程度上都获得了解放。而究其本质,则是人类对自身的解放,是人类对“道”的回归,更是对宇宙万物和自身地位的合理评价。

山水自然在魏晋时期获得的历史地位还在文学艺术上有所反映,那就是以山水诗为代表的山水文学以及山水画等。我们前面

---

① 宗炳:《画山水序》,北京大学哲学系美学教研室:《中国美学史资料选编》上册,中华书局,1980年版,第177页。

② 徐复观:《中国艺术精神》,华东师范大学出版社,2001年版,第142页。

提到的《画山水序》就是这一时期因实践而产生的中国美学史上最早的山水画论。相比《画山水序》与魏晋山水画的关系，刘勰的自然审美意识则体现为对“山水文学”的理论探讨和总结。蒋祖怡就指出：“在《物色》篇中总结了山水文学构思的经验，又总结了它表现的经验，特别是对当时的写作核心问题‘情’与‘景’、‘形似’与‘神似’的关系问题，做出了较为正确的结论。”①

所以，我们认为，刘勰自然审美意识具有很强的时代性，无论是魏晋南北朝的生存话语（儒释道交融），还是文学艺术话语都对刘勰的自然审美意识产生了重要的影响。当然，刘勰自然审美意识的时代性绝对不止这些，它还具有明显的时代针对性——反对当时审美表现上的形似、滥情等不良之风。在《物色》篇中他就直接提出这一问题：“自近代以来，文贵形似，窥情风景之上，钻貌草木之中。”所以，刘勰在构造其自然审美理论时，一个重要的目标就是改变当时的审美倾向。这也为刘勰自然审美意识的时代性增添了一分色彩，更体现出其理论建构的深刻性，也证明了其具有重要的历史意义。

① 蒋祖怡：“《文心雕龙·物色》篇新释——当时新品种‘山水文学’写作经验的总结”，中国文心雕龙学会选编：《文心雕龙研究论文集》，人民文学出版社，1990年版，第693页。

# 第八章　结语

中古美学是中国古代美学发生重大转型的关键时期。这个时期的美学在基本元素、核心范畴、理论形态等方面产生了深远的影响，涌现了不少的美学家和美学专著。促使中古美学在这个时候发生重大转型的原因有两个，一个是社会形态的剧烈变化，另一个是宗教意识形态的影响，而自然审美观念的转变是中古美学转型最显著的特征，其中又以宗教意识形态对自然审美观念的影响最为明显。重寻中古美学的这一转型，探索中古宗教意识形态与自然审美观的内在联系，对我们研究中国美学史和独特的中国美学理论形态具有重要的意义。从总体上看，中古宗教意识形态与自然审美观的内在联系表现在以下几个方面。

首先，中古时期的宗教意识形态呈现出一种“多元杂糅”的特点。在这个“多元杂糅”的社会观念体系中，既有经印度佛教演变形成的早期中国佛教，又有中国本土的道教，同时还包含着先秦时期的巫术和自然宗教的“精神遗传”，混合着儒家学说、黄老无为、阴阳五行、神仙谶纬等思想，它们分别从不同的维度对中古自然审美观的形成产生了促进作用。虽然就严格意义的“体系”而言，中古时期的宗教意识形态没有严密的逻辑结构，但这种逻辑结构上的缺位似不能代表中古时期宗教意识形态理论丰富性的阙失，恰恰相反，这种体系结构正是中古时期社会思潮异常开放的象征。

两汉时期，以公孙弘、董仲舒为代表的汉代儒学从黄老之学中突破重围，以每个个体信仰权利的被剥夺为代价创立了神学自然观。在汉代儒生与方士的推波助澜下，“以经术润饰吏事”的政治哲学发展为神秘的自然哲学。随后，这种学说被谶纬学家发挥到极致，同时也就走向衰亡。

当从儒学内部再也很难找到振兴其独尊学说之火种的时候，新生的玄学却给了传统儒学以生机。以王弼为代表的玄学的自然观念开启了一个新的自然思潮。《庄》《老》《易》的三合一，“才性四本”的辩难与攻击，“有”与“无”和“自然”与“名教”的争论以及这种争论所留下的缺口——对苦难人生和无情世界的关注——让外来的佛教如润物细雨洒遍中土四域。而起自人生苦难现实并“包含某些传统的材料”的道教借助于本土巫术与自然宗教意识悠久深广的传统，甚至也借助佛教的某些传播方法而一发不可收拾，开启中国文化三教合流的先河，成为中古时期影响自然审美观念的重要因素之一。

与中世纪的西方美学相比，中国中古美学主要以“人与自然的审美关系”为发展主线。中世纪的西方，基督教由罗马国教而至世界宗教，一统天下，独立的位格神至高无上。中世纪虽然在欧洲文化领域的扩大、形成富有生命力的大民族和巨大的技术进步上取得了举世公认的成就，但在人的生存权利上和人对具体的美的追求上，包括对自然美的追求上却笼罩着神学的迷雾，美不在自然而在上帝。[1] 西方美学对自然本身之美的理性认识要在康德“为自

① 参阅国忠：《美是上帝的名字——中世纪神学美学》，上海社会科学院出版社，2003年版。

然立法”之后才真正建立,而中国中古时期的宗教意识形态因其开放性和多元性的特征与自然审美观念有着天生的联系。在中国中古时期,美不在上帝而在自然。中国中古时期的自然审美观念在“杂糅型”的宗教意识形态的制约和影响下,从神学的自然观经玄学自然观的嬗变而走向美学的自然审美观。在中国中古时期,以“美”的眼光来观照自然的审美思潮代替了以“善”的眼光和以“真”的眼光来审视自然的美学传统,而中国自然美学理论也在这个时候开始走向成熟。

其次,中国中古自然审美观念的形成经历了孕育、演变和形成三个发展阶段。汉代是中古自然审美观念的孕育时期。通过对黄老学派经典著作和董仲舒的《春秋繁露》的分析,我们发现,黄老之学和董仲舒的神学思想是中古自然审美观念孕育的基础。

先秦时期的自然审美观念以自然崇拜为主,人在自然面前显得很渺小,但人又通过巫术来试图改变某种自然现象,想要成为自然的主人以及自己的主人。《诗·大雅·嵩高》中的“崇高”思想集中体现了先秦时期的自然崇拜观念。董仲舒发展了这种观念,将自然灾异现象和自然界的变化规律以经术的形式将阴阳五行学说推演至汉代的政治和文化。《汉书·五行志》说:“汉兴,承秦灭学之后,景、武之世,董仲舒治《公羊春秋》,始推阴阳为儒者宗。”由于董仲舒以阴阳学说诠释儒家《春秋》的微言大义,将先秦时期“维岳降神”的神话生长成“天人感应”的神学,抽调了“天”的自然色彩而涂抹上宗教光环,成为至上皇权和国家意志。

在这样一种社会思潮的推动下,汉代的自然审美观念浸透着神学的雨露,自然事物的色彩、形状、声音、结构之美在以“润色鸿业”为能事的赋家手下变异成充斥天地之间的神圣之美,成为顶礼膜拜的对象，而一代之文学样式也几乎成了神学的附庸。也就是说，董仲舒的神学思想是为解释大一统帝国政治的合法性、确立君权神圣而建立的政治哲学，也是在新的社会历史、科学技术发展条件下的自然哲学。自然思想不是董仲舒学说的核心，董仲舒建立“天”的哲学的目的不是认识自然、解释自然，而是希望回答政治领域内“什么是正确的”以及现实社会中人“应该如何生活”的问题，但是他确立政治秩序和人伦原则的依据都是自然五行阴阳学说。董仲舒以自然为体察天意、知晓天道的途径，将抽象的天具体化、外在化、物质化为客观的自然界，自然界的万事万物成为抽象神学意志的象征，日月星辰、寒温暑雨，甚至人的生老病死、苦乐疾患等感性实在事物也具有了本体论的意义，因此以“天”的意志为统摄，将天文地理、气象季侯、草木鸟兽、人事制度、法令政治以及形体精神纳入一个统一的、相互联系彼此影响的系统化宇宙图式的神学自然观其实是董仲舒神学思想的基础，并由此孕育出中古时期的自然审美观念。

汉魏之际是中古自然审观念的演变时期。东汉以来，人们对自然界的看法已在逐渐发生变化。“天不变，道亦不变”将先秦时期与人的道德律相关的“天”演变成具有社会契约和政治哲学意义上的“天”。先秦时期的“天”虽然也高高在上，具有神性，但这种神性仅仅具有自然神的意义，而汉代的“天”已经具有宗教意义和政治意义上的“神”（权）的意义，天子通过儒生和方士的“合法性论证”获得了空前的政治与经济地位。但历史已经发展到这样一个时代，一方面中国本土的自然道德律和固有的文化传统在汉代末年因社会的急剧变革而走向式微，仅靠儒家自身的力量已经很难重振儒学；另一方面，由黄老之治遗留下来的精神遗产与谶纬内学相结合的民间传统给道教的产生铺下温床。

更重要的是，外来的佛教趁中国本土文化的式微，正从中国社会的皇室和士大夫开始一步一步地征服中国，佛教的自然观念开始浸入中土。地、水、火、风四大理论与有无、虚空和五行学说的交锋开始从根本上改变中古自然观念。在佛教看来，一切外在可见之物为色，但万物又处在永恒的变化之中，“过去色灭坏不可见故无色相，未来色不生无作无用不可见故无色相，现在色亦无住不可见不可分别知故无色相。无色相即是空，空即是无生无灭，无生无灭及生灭其实是一”，[①]所以万物皆是空。万物为空，色为万物，故“色不异空，空不异色，色即是空，空即是色。受想行识，亦复如是”。[②] 意识到这一点的人，便可获得正见，入不二法门。超越“有”、“无”，不异“空”、“色”，“感绝”、“理冥”，则进入般若的境界，进入般若的境界也就进入了审美的境界，而对自然的审美观照则是进入这种审美境界的最佳途径。

道教的自然观在魏晋之后渐趋成熟。淡化了道教的政治功用之后，长生术和炼金术成为道教徒追逐的主要目标。正是在炼金术和长生术的实验过程中，道教形成了自己独特的自然体系。以人为万物之灵，重视万事万物的变化及其原因在道教自然观中占有十分重要的地位。葛洪认为：“变化者，乃天地之自然，何为嫌金银之不可以异物作乎？譬诸阳燧所得之火，方诸所得之水，与常水火，岂有别哉？蛇之成龙，茅糁为膏，亦与自生者无异也。然其根源之所缘由，皆自然之感致，非穷理尽性者，不能知其指归，非原始

---

① 《大正藏》第二十五卷，〔印度〕龙树著：《大智度论》，〔后秦〕鸠摩罗什译，卷二十三《色初品》。

② 《大正藏》卷八，《般若波罗蜜多心经》，〔唐〕玄奘译。

见终者，不能得其情状也。狭观近识，桎梏巢穴，揣渊妙于不测，推神化于虚诞，以周孔不说，坟籍不载，一切皆为不然，不亦陋哉？”[①]葛洪将万物的变化看作是万物自身所由的必然，这无疑是一种进步的自然观念，“天不变，道亦不变”的汉代自然观念在这里受到极大的挑战。

魏晋之后，儒家学说受到极大的挑战。要想抵御来自佛教与道教的冲击，使儒家为代表的传统思想不致被淹没，唯有另辟蹊径，走中国本土文化内部整合的道路方才有可能抵御住外来佛教的征服。于是，源出于礼官的儒家和源出于史官的道家走到了一起，以他们代表性的经典为研究对象的社会学术思潮渐渐产生。无论是王弼、何晏，还是嵇康、郭象，魏晋时期的玄学家几乎都兼通儒、道，旁及名、法。而玄学家们几乎无一例外地决裂于传统的自然观念和自然道德律，他们以自己的言行和著述重新诠释了“自然”和“自然道德律”以及“名教”、“有无”和“才性”。玄学糅合儒道两家，在对宇宙人生的“道问学”中抽去了儒家的“重德行”，追求积极入世、立功不朽的价值观渐渐被修行吃药、高蹈尘世所代替。但无论是儒教、佛教还是道教，都有一个共同特点，即亲近大自然，他们都以亲近大自然，用审美的眼光来看待大自然为自我立身安命和达到人生最高境界的手段。

晋宋之际是中古自然审美观的形成时期。无论风流名士，还是高僧真人，他们都把山林幽谷、风花雪月作为自己精神解脱和审美享受的福地圣境。般若性空学说与玄学的结合使晋宋文人改变

① 〔晋〕葛洪：《抱朴子内篇》卷十六《黄白》，王明：《抱朴子内篇校释》，中华书局，1985年3月第2版，第284页。

了对自己和对自然的看法，在向外发现自然的同时向内发现了自我。而对“自然”和“自我”的双重发现——作为现实存在的“自然”和观念形态的“自然”，作为物质肉体的“我”和作为精神载体的“我”——归根结底是自我意识的确立。作为物质属性的“我”在圆照观察自然时与自然有一种异质同构的关系，能够将自然之精微之处描绘出来；作为精神自由的“我”则能够认识自然的规律，并将自然规律融冶于社会生活。这种对自然和对自我的双重发现，是魏晋自然审美观走向成熟的重要标志。

晋宋之际自然审美观念的形成固然离不开魏晋玄学对“无”与“有”和“自然”与“名教”的探究，也与身处易代之际的文人遁入山林以避祸乱的现实需要和江左自然地理环境相关联，但促使晋宋之际自然审美观念形成的根本原因还在于因佛教传播而带来的人对自身以及对自然的新的看法。宗炳“人是精神物”的思想代表着这种新的看法，他提出的“人是精神物”的命题在认识论上把主体分为精神主体和肉体主体，表明了主体的二重性。

儒家把自然界看成是精神道德的化身，肯定了自然界的美感因素，但却赋予自然美以浓厚的社会道德意识，其自然审美观的核心是“善”；道家把自然界看成是自我的精神载体和人生归宿，以“适性”为审美价值判断，追求的是《庄子·山木》篇所说的“形莫若缘，情莫若率”的人生境界。这种自然审美观把自然界看成是自己意识的终结，认为真理就在自然之中，只要“得其环中”，余皆“存而不论”，其核心在“真”。相对于儒家以“善”为核心的自然审美观和道家以“真”为核心的自然审美观，源于佛陀净土和期往生佛国理论的“人是精神物”的自然审美观，其核心在“美”。自然在此时，在具有“人是精神物”这种主体意识的人的眼中才真正成了审美的自然。这说明中古文人一方面把自己、自身独立于自然界，一方面也正是因为有了这种在观念形态上的对自然的对立与区分，才能在实践上将自身与自然融为一体。从这个角度讲，实际上在中古文人的心目中呈现出来的自然已经是一种具有审美情趣和审美移情意味的自然了。

第三，中古文人的自然观与上古时期的自然观的最大区别在于，中古文人的自然观理念中浸润着感觉、感性和感情，是自我意识的体悟和确认而不是自我意识的丧失或再度丧失。说到底，中古文人的自然审美意识实际上是他们对宇宙、对人生、对人的存在的终极关怀。这种新的自然审美观念在中古时期的文学艺术中得到了深刻地反映，例如《文心雕龙》的自然观念和陆探微的绘画风格。

《文心雕龙》是中古宗教与自然审美观相互融合的集中体现。刘勰在研习佛教经典的基础上，将佛教的自然思想运用于文学理论的研究中，对佛教的“物色”概念进行了改造，赋予其浓厚的自然审美意识。刘勰以《原道》、《物色》、《神思》篇为重点，着重阐发了以“心物交感”为代表的自然审美意识。

在刘勰看来，自然界是一个充满生气、无所不包的整体，天文与人文，人与自然也是一个统一的整体，他们相互感应、相互支撑。在《物色》篇中，刘勰将源于印度佛教地、水、火、风四大自然元素的“色空”理论与中国本土的“感物”说相融合，提出了著名的“物色”思想。所谓“物色”，并非指自然界的风、花、雪、月等自然景色或形状，而是指包括风、花、雪、月在内的大千世界各色各样的物体通过人的“诸根境界”所形成的一种感性体验(识)。或者说，指的是人的眼、耳、鼻、舌、身等五根与“无数物成就渐渐集聚”，因缘合会，

"与识等生"而形成的一种"境界"。如果特定的外在物境与人特定的内在心境相互契合,内外相感,人的感情也就由此而生。物物皆着我色,"色是我所",但色又非我之所,所观之色已经不是原来的自然之色,而是经过我之主观情感浸润后的自然之色。如同朱光潜先生当年所说的"物"与"物的形象"的关系,从"色"到"物色",二者的关系已经发生了本质上的转化。

简言之,"物色"意谓客观事物之外境通过人的内在心境对人的感情产生影响,使人生出喜怒哀乐悲之各种感情色彩,如刘勰所说:"物色尽而情有余者,晓会通也。(中略)山沓水匝,树杂云合。目既往还,心亦吐纳。春日迟迟,秋风飒飒。情往似赠,兴来如答。"[①]"会通"、"吐纳"、"赠答",说的也就是"内外相感",是审美主体对自然景色的改造加工,而改造加工后的自然景色显然不是原来的样子。换句话说,"物色"既不是自然界原本存在的事物,也不是人内心凭空生造出来的事物,而是如"依岩辉林,傍潭凿井。借空传翠,激光发冏"[②]一般,"至"于物又"不至"于物。惟其如此,方能感于物而兴于情,进入一种色空境界。很显然,刘勰为我们展现了人与自然本应具有的良好关系,把人与自然同源化其实是对自然崇拜和自然感应的否定,自然不再处于人类的生存威严之中,而是人自身的在场,人诗意栖居之所。

在中古绘画美学中,宗炳的《画山水序》和陆探微的绘画作品最能体现宗教意识对自然审美观念的影响。《画山水序》的"澄怀

① 〔南朝·梁〕刘勰着,范文澜注:《文心雕龙·物色》,人民文学出版社,1958年9月底1版,第693页。

② 〔唐〕道宣:《广弘明集》卷十五谢灵运《佛影铭并序》,上海古籍出版社,1991年,第206页。

味道”说实际上是佛教“中论”思想在绘画美学上的再现。“澄怀味道”源于“人是精神物”，而“人是精神物”的思想来源于龙树《中论》“不生亦不灭，不常亦不断，不一亦不异，不来亦不出”的“八不中道”思想。[①] 龙树认为，通向涅槃之路，不能偏执于生或灭，生即是灭，灭即是生。人的一生，甚至宇宙间的一切都不生不灭，不灭不生，人唯有进入这样的精神境界，才能超出生死流转，获得涅槃。“人是精神物”肯定了精神力量的强大和人与自然的统一、生与死的统一，从而奠定了中古山水绘画理论的基础，即以表现人的精神境界为山水绘画的极品，“画乃吾自画”、以自然为上上品成为了中古时期的艺术风潮。

陆探微的“一笔画”和“秀骨清象”是这种“自然者，为上品之上”[②]的一个代表，“一笔画”和“秀骨清象”的底蕴在释道精神。《历代名画记》载张怀瓘关于“象人之美，张（僧繇）得其肉，陆（探微）得其骨，顾（恺之）得其神”的评价可谓圭臬。[③] 世人称陆探微画风为“秀骨清像”，这种“秀骨清像”的绘画风格实际上来源于释道两家，一为般若空灵，一为仙风道骨，达到了“气韵生动”与“骨法用笔”的最高境界，陆探微也因此成为魏晋山水绘画的“第一人”。

总之，中古自然审美观念的形成、自然审美对象的确立、自然审美主体的自觉、自然审美范畴的创立、自然美学流派的产生无一

---

① 〔印度〕龙树：《中论》卷一《观姻缘品》，欧阳竟无编：《藏要》第二册，上海书店，1991年，第911页。

② 〔唐〕张彦远：《历代名画记》卷二《论画体工用榻写》，人民美术出版社，1963年，第24页。

③ 〔唐〕张彦远：《历代名画记》卷五《叙历代能画人名》，人民美术出版社，1963年，第115页。

不深深地受到宗教意识形态的影响和制约。从中古宗教与自然观念的交融过程中可以看出中国中古美学的发展规律，即中古美学在本土固有文化与外来文化的冲撞融合中从神学的自然观转变为审美的自然观，从人的自我的丧失转变为审美主体的确立。正是在儒释道的融合交流中，在外来文化从"冲击——反应"到"中国中心"的确立过程中，中古文人确立了对自然的审美关系，先秦时期的美学概念、命题、范畴和基本元素随之发生了深刻的变化，并随着中国哲学的自觉和儒释道的融合，推进了中古自然美学理论的自觉。

在这个转变过程中，佛教和道教的自然观念发挥着十分重要的作用。佛教的"色"、"色空"、"物色"、"般若"和道教的"长生术"、"炼金术"等理论在改变中土文人人生观和价值观的同时改变了他们的自然观和审美观。幽栖山林、遁入林壑以求证道禅慧或希冀长生成为这一时期世家大族和一般文人的时尚追求。自然界的阳光、空气、水不仅成为他们物质生活的第一需要，也成为他们精神生活的第一需要。自然界的色彩之美、形态之美和意境之美在他们的笔下得到了充分的反映，并且表现出中国美学的自然精神。受中古宗教意识形态影响的中古自然审美观既代表着先秦自然美学的终结，又标志着中国美学进入一个以人与自然审美关系为主要研究对象的新阶段，裹挟着宗教意识的中国自然美学将由此奔涌向前，开启一个崭新的发展时期。

# 主要参考文献与征引书目

## 一、古典文献


〔清〕阮元:《十三经注疏》,北京:中华书局,1980 年。

〔清〕方玉润:《诗经原始》上册,北京:中华书局,1986 年。

〔清〕王聘珍:《大戴礼记解诂》,北京:中华书局,1983 年。

〔唐〕陆德明:《经典释文》,北京:中华书局,1983 年。

〔汉〕司马迁:《史记》,北京:中华书局,1982 年。

〔汉〕班固:《汉书》,北京:中华书局,1964 年。

〔南朝·宋〕范晔:《后汉书》,北京:中华书局,1975 年。

〔晋〕陈寿:《三国志》,北京:中华书局,1959 年。

〔唐〕房玄龄等:《晋书》,北京:中华书局,1974 年。

〔南朝·梁〕沈约:《宋书》,北京:中华书局,1974 年。

〔南朝·梁〕萧子显:《南齐书》,北京:中华书局,1972 年。

〔唐〕姚思廉:《梁书》,北京:中华书局,1973 年。

〔唐〕姚思廉:《陈书》,北京:中华书局,1972 年。

〔北齐〕魏收:《魏书》,北京:中华书局,1974 年。

〔唐〕魏徵、令狐德棻:《隋书》,中华书局,1973 年。

〔唐〕李延寿:《南史》,北京:中华书局,1975 年。

〔清〕永瑢等:《四库全书总目提要》,北京:中华书局,1965 年。

〔晋〕张华:《博物志》北京:中华书局,1980 年。

〔宋〕朱熹:《四书章句集注》,北京:中华书局,2006 年。

朱谦之:《老子校释》,北京:中华书局,1981 年。

〔清〕郭庆藩:《庄子集释》,北京:中华书局,2004 年。

〔清〕王先谦:《荀子集解》,北京:中华书局,1988 年。

黎翔凤:《管子校注》,北京:中华书局,2004 年。

陈奇猷:《吕氏春秋新校释》,上海:上海古籍出版社,2002 年。

阎振益、钟夏:《新书校注》,北京:中华书局,2000 年。

〔清〕苏舆:《春秋繁露义证》,北京:中华书局,1975 年。

刘文典:《淮南鸿烈集解》,北京:中华书局,2006 年。

黄晖:《论衡校释》,北京:中华书局,1990 年。

〔清〕汪继培笺,彭铎校正:《潜夫论笺校正》,北京:中华书局,1985 年。

王明:《抱朴子内篇校释》(增订本),北京:中华书局,1985 年。

〔唐〕欧阳询:《艺文类聚》,上海:上海古籍出版社,1965 年。

〔南朝·梁〕萧统:《文选》,李善注,北京:中华书局,1977 年。

〔清〕严可均:《全上古三代秦汉三国六朝文》,北京:中华书局,1985 年。

逯钦立:《先秦汉魏晋南北朝诗》,北京:中华书局,1982 年。

费振刚、仇仲谦、刘南平校释:《全汉赋》,广州:广东教育出版社,2006 年。

王洲明、徐超:《贾谊集校注》,北京:人民文学出版社,1996 年。

中华书局编辑部编:《曹操集》,北京:中华书局,1959 年。

俞绍初校点:《王粲集》,北京:中华书局,1980 年。

楼宇烈:《王弼集校释》,北京:中华书局,1980 年。

戴明扬:《嵇康集校注》,北京:人民出版社,1962 年。

陈伯君:《阮籍集校注》,北京:中华书局,1987 年。

余嘉锡:《世说新语笺疏》,北京:中华书局,1983 年。

《大正藏》,台湾新文丰出版公司,1983 年。

《卍续藏》,台湾新文丰出版公司,1993 年。

欧阳竟无编:《藏要》,上海:上海书店,1991 年。

《道藏》,北京:文物出版社、上海:上海书店、天津:天津出版社,1988 年

〔南朝·梁〕僧祐:《弘明集》,上海:上海古籍出版社影印本,1991 年。

〔南朝·梁〕僧祐:《出三藏记集》,北京:中华书局,1995 年。

〔南朝·梁〕慧皎:《高僧传》,汤用彤校注,北京:中华书局,1992 年。

〔南朝·梁〕惠皎等:《高僧传合集》,上海:上海古籍出版社,1991 年。

王国维:《水经注校》,上海:上海人民出版社,1984 年。

周祖谟:《洛阳伽蓝记校释》,上海:上海书店出版社,2000 年。

〔南朝·梁〕刘勰著,范文澜注:《文心雕龙注》,北京:人民文学出版社,1958 年。

〔南朝·梁〕钟嵘著,曹旭集注:《诗品集注》,上海:上海古籍出版社,1996 年。

〔清〕刘熙载:《艺概·书概》,上海:上海古籍出版社,1978 年。

〔唐〕张彦远:《历代名画记》,北京:人民美术出版社,1963 年。

〔宋〕郭若虚:《图画见闻志》,北京:人民美术出版社,1963 年。

## 二、近世论著（以作者姓名首字汉语拼音为序）

**B**

北京大学哲学系美学教研室编:《中国美学史资料选编》,北京:中华书局,1980年。

**C**

陈寅恪:《金明馆丛稿初编》,《金明馆丛稿二编》,上海:上海古籍出版社,1980年。

陈垣:《中国佛教史籍概论》,上海:上海世纪出版集团 上海书店出版社,2001年。

陈国庆:《汉书艺文志注释汇编》,北京:中华书局,1983年。

陈鼓应:《老子注释及评价》,北京:中华书局,1984年。

陈鼓应:《管子四篇诠释——稷下道家代表作解析》,北京:商务印书馆,2006。

陈传席:《中国绘画美术史》,北京:人民美术出版社,2002。

陈绶祥:《魏晋南北朝绘画史》,北京:人民美术出版社,2000。

陈荣富:《马克思主义宗教观研究》,成都:四川出版集团 四川人民出版社,2008。

曹道衡:《中古文学史论文集》,北京:中华书局,1986。

曹道衡、沈玉成:《中古文学史料丛考》,北京:中华书局,2003。

蔡钟翔、曹顺庆编著:《自然、雄浑》,北京:中国人民大学出版社,1996。

蔡钟翔:《美在自然》,百花洲文艺出版社,天津:2001。

**D**

杜继文主编:《佛教史》,北京:中国社会科学出版社,1991年。

戴建平:《魏晋自然观研究》(博士学位论文),南京:南京大学,2001年。
丁原明:《黄老学论纲》,济南:山东大学出版社,1997年。
道济:《石涛画语录》,北京:人民美术出版社,1962年。

F

冯友兰:《中国哲学史新编》,北京:人民出版社,1998年。
冯契、徐孝通主编:《外国哲学大辞典》,上海:上海辞书出版社,2000年。
冯契主编:《哲学大辞典》,上海:上海辞书出版社,1992年。
方东美:《生生之美》,北京:北京大学出版社,2009年。
方立天:《中国佛教哲学要义》,北京:中国人民大学出版社,2005年。
潘天寿:《中国绘画史》,上海:上海人民美术出版社,1983年。
范端华:《中国佛教美术源流》,北京:国际文化出版公司,1996年。
费振刚、仇仲谦、刘南平校释:《全汉赋》,广东教育出版社,2006年。

G

郭沫若:《十批判书》,北京:东方出版社,1996年。
郭朋:《汉魏两晋南北朝佛教》,济南:齐鲁书社,1986年。
葛路:《中国古代绘画理论发展史》,上海:上海人民出版社,1982年。
葛兆光:《中国思想史》,上海:复旦大学出版社,2001年。
葛荣晋:《中国哲学范畴通论》,北京:首都师范大学出版社,2001年。

龚鹏程:《汉代思潮》,北京:商务印书馆,2005 年。

龚克昌:《中国辞赋研究》,济南:山东大学出版社,2003 年。

国际文化出版公司北京发行部编:《中国古代美术丛书》,北京:国际文化出版公司,1993 年。

**H**

侯外庐:《中国思想通史》,北京:人民出版社,1980 年。

胡适:《中国中古思想史长编》,合肥:安徽教育出版社,1999 年。

胡家聪:《稷下争鸣与黄老新学》,北京:中国社会科学出版社,1998 年。

胡经之:《中国古典美学丛编》,北京:中华书局,1988 年。

胡经之、王岳川:《文艺学美学方法论》,北京:北京大学出版社,2005 年。

胡孚琛:《魏晋神仙道教》,北京:人民出版社,1989 年。

傅雷:《世界美术名作二十讲》,北京:生活·读书·新知三联书店,1985 年。

黄侃:《文心雕龙札记》,上海:上海古籍出版社,2000 年。

黄宾虹、邓实编:《美术丛书》,南京:江苏古籍出版社,1986 年。

黄简:《历代书法论文选》,上海:上海书画出版社,1981 年。

何满子:《中古文人风采》,广州:花城出版社,2007 年。

何剑平:《中国中古维摩诘信仰研究》,成都:四川出版集团 巴蜀书社,2009 年。何星亮:《中国自然神与自然崇拜》,上海:上海三联书店,1992 年。

**J**

金春峰:《汉代思想史》,北京:中国社会科学出版社,1997 年。

蒋孔阳、朱立元主编:《西方美学通史》,上海:上海文艺出版社,1999年。

蒋英炬、杨爱国:《汉代画像石与画像砖》,北京:文物出版社,2001年。

蒋冰海:《审美论》,上海:上海社会科学出版社,1992年。

蒋天枢:《陈寅恪先生编年事辑》,上海:上海古籍出版社,1981年。

L

吕澂:《中国佛学源流略讲》,北京:中华书局,1979年。

吕子都:《中国历代僧诗精华》,北京:东方出版中心,1996年。

赖永海主编:《中国佛教百科全书》,上海:上海古籍出版社,2000年。

李希凡总主编:《中华艺术通史》,北京:北京师范大学出版社,2006年。

李申:《中国古代哲学和自然科学》,北京:中国社会科学出版社,1989年。

李申:《道教本论》,上海:上海文化出版社,2001年。

李发林:《山东汉画像石研究》,济南:齐鲁书社,1982年。

李书均:《中国古代建筑文献注译与论述》,北京:机械工业出版社,1996年。

李泽厚、刘纲纪:《中国美学史》,合肥:安徽文艺出版社,1999年。

李玲珠:《魏晋新文化运动:自然思潮》,台北:台湾文津出版社,2004年。

梁思成:《中国雕塑史》,天津:百花文艺出版社,2006年。

林木:《笔墨论》,上海:上海画报出版社,2002年。

卢辅圣主编:《中国书画全书》,上海:上海书画出版社,1993年。

罗宗强:《魏晋南北朝文学思想史》,北京:中华书局,2006 年。

罗宗强:《玄学与魏晋士人心态》,天津:南开大学出版社,2003 年。

罗新:《中古北族名号研究》,北京:北京大学出版社,2009 年。

刘师培:《中国中古文学史讲义》,北京:人民文学出版社,1959 年。

刘跃进:《中古文学文献学》,南京:江苏古籍出版社,1997 年。

刘仲宇:《道教法术》,上海:上海文化出版社,2002 年年。

刘大杰:《魏晋思想论》,上海:上海古籍出版社,1998 年。

陆侃如:《中古文学系年》,北京:人民文学出版社,1985 年。

连镇标:《郭璞研究》,上海:上海三联书店,2002 年。

**M**

牟钟鉴:《〈吕氏春秋〉与〈淮南子〉思想研究》,北京:齐鲁书社,1987 年。

**N**

那薇:《汉代道家的政治思想和直觉体悟》,济南:齐鲁书社,1992 年。

**P**

潘天寿:《中国绘画史》,上海:上海人民美术出版社,1983 年。

潘云告编著:《清人论画》,长沙:湖南美术出版社,2004 年。

皮朝纲主编:《审美与生存——中国传统美学的人生意蕴及其现代价值》,成都:巴蜀书社,1998 年。

皮朝纲、钟仕伦:《审美心理学导引》,成都:成都电讯工程学院出版社,1998 年。

**Q**

丘镇英:《西洋哲学史》,北京:北京师范大学出版社,1986 年。

曲德来:《汉赋综论》,沈阳:辽宁人民出版社,1993 年。

卿希泰主编:《中国道教史》,成都:四川人民出版社,1996 年。

R

饶宗颐:《老子想尔注校证》,上海:上海古籍出版社,1991 年。

任继愈:《汉唐佛教思想论集》,北京:人民出版社,1998 年。

任继愈主编:《中国佛教史》,北京:中国社会科学出版社,1985 年。

任继愈主编:《中国道教史》,北京:中国社会科学出版社,2001 年。

容肇祖:《魏晋的自然主义》,北京:东方出版社,1996 年。

荣新江:《中古中国与外来文明》,北京:生活 · 读书 · 新知三联书店,2001 年。

S

孙以楷主编,陈广忠、梁宗华:《道家与中国哲学》(汉代卷),北京:人民出版社,2004 年。

孙以楷:《道家文化寻根——安徽两淮道家九子研究》,合肥:安徽人民出版社,2000 年。

孙昌武:《诗苑仙踪:诗歌与神仙信仰》,天津:南开大学出版社,2005 年。

沈子丞:《历代论画名著汇编》,台北:世界书局,1984 年。

T

汤用彤:《汉魏两晋南北朝佛教史》,北京:中华书局,1983 年。

汤用彤:《魏晋玄学论稿》,北京:中华书局,1962 年。

汤用彤:《理学 · 玄学 · 佛学》,北京:北京大学出版社,1991 年。

汤一介:《魏晋玄学讲义》,厦门:鹭江出版社,2007 年。

陶秋英:《汉赋研究》,杭州:浙江古籍出版社,1986 年。

涂光社:《文心十论》,天津:春风文艺出版社,1986年。

W

王明:《太平经合校》,北京:中华书局,1960年。

王伯敏:《中国绘画通史》,北京:生活·读书·新知三联书店,2000年。

王晓毅:《儒释道与魏晋玄学形成》,北京:中华书局,2003年。

王建中:《汉代画像石通论》,北京:紫禁城出版社,2001年。

王瑶:《中古文学史论集》,上海:上海古籍出版社,1982年。

王元化:《文心雕龙创作论》,上海:上海古籍出版社,1984年。

王钟陵:《中国中古诗歌史》,南京:江苏教育出版社,1988年。

王家祐:《道教论稿》,成都:巴蜀书社,1987年。

吴云:《20世纪中古文学研究》,天津:天津古籍出版社,2004年。

伍蠡甫:《中国画论研究》,北京:北京大学出版社,1983年。

万光治:《汉赋通论》,成都:巴蜀书社,1989年。

吴曾德:《汉代画像石》,北京:文物出版社,1984年。

万绳楠:《陈寅恪魏晋南北朝史讲演录》,合肥:黄山书社,1987年。

X

许抗生、赵建功、田永胜著:《六朝宗教》,南京:南京出版社,2004年。

徐复观:《汉代思想史》,上海:华东师范大学出版社,2004年。

徐复观:《中国艺术精神》,上海:华东师范大学出版社,2001年。

徐开来:《拯救自然——亚里士多德自然观研究》,成都:四川大学出版社,2007年。

熊铁基:《秦汉新道家》,上海:上海人民出版社,2001年。

谢重光:《中古佛教僧官制度和社会生活》,北京:商务印书馆,2009 年。

**Y**

阎国忠:《美是上帝的名字——中世纪神学美学》,上海:上海社会科学院出版社,2003 年。

叶朗:《中国美学史大纲》,上海:上海人民出版社,1996 年。

袁珂:《山海经校注》,上海:上海古籍出版社,1980 年。

袁行霈主编:《中国文学史》,北京:高等教育出版社,1999 年。

袁行霈编选:《中国山水诗选》,郑州:中州书画社,1983 年。

袁济喜:《中古美学与人生讲演录》,桂林:广西师范大学出版社,2007 年。

俞剑华:《中国古代画论类编》,北京:人民美术出版社,1998 年。

余英时:《士与中国文化》,上海:上海人民出版社,2003 年。

余敦康:《中国哲学论集》,沈阳:辽宁大学出版社,1998 年。

杨爱国:《幽明两界纪年汉代画像石研究》,西安:陕西人民美术出版社,2006 年。

杨大年:《中国历代画论采英》,江苏:江苏教育出版社,2005 年。

杨建波:《道教文学史》,武汉:武汉出版社,2001 年。

于安澜编:《画史丛书》,北京:人民美术出版社,1963 年。

于民、孙通海:《魏晋六朝隋唐五代美学名言名篇选读》北京:中华书局,1987 年。

于民、孙通海:《中国古典美学举要》,合肥:安徽教育出版社,2002 年。

余明光:《黄帝四经今注今译》,长沙:岳麓书社,1993 年。

**Z**

朱光潜:《朱光潜全集》,合肥:安徽教育出版社,1992 年。

宗白华:《宗白华全集》,合肥:安徽教育出版社,1984 年。

章启群:《论魏晋自然观——中国艺术自觉的哲学考察》,北京:北京大学出版社,2000 年。

章启群编著:《经世与玄思》,北京:北京大学出版社,2009 年。

章太炎:《章太炎全集》,上海:上海人民出版社,1985 年。

章沧授:《汉赋美学》,合肥:安徽文艺出版社,1992 年。

钟仕伦:《南北文化与美学思潮》,成都:四川大学出版社,1995 年。

踪凡:《汉赋研究史论》,北京:北京大学出版社,2007 年。

张松辉:《先秦两汉道家与文学》,北京:东方出版社,2004 年。

张皓:《中国美学范畴与传统文化》,武汉:湖北教育出版社,1996 年。

张钦:《道教炼养心理学引论》,成都:巴蜀书社,1999 年。

赵志军:《作为中国古代审美范畴的自然》,北京:中国社会科学出版社,2006 年。

赵益:《六朝南方神仙道教与文学》,上海:上海古籍出版社 2006 年。

赵书廉:《魏晋玄学探微》,郑州:河南人民出版社,1992 年。

赵守正:《管子注译》,南宁:广西人民出版社,1987 年。

詹锳:《文心雕龙义证》,上海:上海古籍出版社,1989 年。

詹福瑞:《中古文学理论范畴》,北京:中华书局,2005 年。

周学鹰:《解读画像砖石中的汉代文化》,北京:中华书局,2005 年。

周振甫:《文心雕龙今译》,北京:中华书局,1986 年。

周积寅:《中国画论辑要》,南京:江苏美术出版社,1985 年。

郑午昌:《中国画学全史》,上海:上海古籍出版社,2001 年。

## 三、国外论著(以国家首字汉语拼音为序)

**D**

〔德〕黑格尔:《哲学史讲演录》,贺 麟、王太庆译,北京:商务印书馆,1959 年。

〔德〕W. 顾彬:《中国文人的自然观》,马树德译,上海:上海人民出版社,1990 年。

〔德〕W. 施密特:《原始宗教与神话》,萧师毅、陈祥春译,上海:上海文艺出版社影印本,1987 年。

〔德〕康德:《论优美感和崇高感》,何兆武译,北京:商务印书馆 2001 年。

〔德〕马克斯·韦伯:《儒教与道教》(最新修订版),王容芬译,桂林:广西师范大学出版社,2008 年。

〔德〕A. 施密特:《马克思的自然概念》,欧力同、吴仲昉 译,赵鑫珊校,北京:商务印书馆,1988 年。

〔德〕埃德蒙德·胡塞尔:《现象学的方法》,〔德〕克劳斯·黑尔德编,倪梁康译,上海:上海译文出版社,2005 年。

〔德〕李博:《汉语中的马克思主义术语的起源与作用》,赵倩等译,北京:中国社会科学出版社,2003 年。

〔德〕瓦尔特·本雅明:《机械复制时代的艺术品》,王才勇译,南京:凤凰出版集团,江苏人民出版社,2006 年。

〔德〕恩斯特·卡西尔:《语言与神话》,于晓等译,北京:生活·读书·新知三联书店,1988 年。

**F**

〔法〕巴尔特:《符号学原理结构主义文学理论文选》,北京:生活·

读书·新知三联书店,1988 年。

〔法〕霍尔巴赫:《自然的体系》,管士滨译,北京:商务印书馆,1977 年。

〔法〕索安:《西方道教研究编年史》,吕鹏志等译,北京:中华书局,2002 年。

〔法〕丹纳:《艺术哲学》,傅雷译,北京:人民文学出版社,1963 年。

G

〔古希腊〕亚里士多德:《形而上学》,吴寿彭译,北京:商务印书馆,1959 年。

H

〔荷〕许理和:《佛教征服中国》,李四龙、裴勇等译,南京:江苏人民出版社,2003 年。

J

〔加〕威尔弗雷德·坎特韦尔·史密斯:《宗教的意义与终结》,董江阳译,北京:中国人民大学出版社,2005 年。

M

〔美〕理查德·沃林:《文化批评的观念:法兰克福学派、存在主义和后结构主义》,北京:商务印书馆,2000 年。

〔美〕保罗·蒂利希:《文化神学》,陈新权、王平译,北京:工人出版社,1988 年。

〔美〕保罗·韦斯、冯·O. 沃格特:《宗教与艺术》,何其敏、金 仲译,丘仲辉校,成都:四川人民出版社,1999 年。

〔美〕安乐哲主:《佛教与生态》,何则阴等译,南京:江苏教育出版社,2008 年。

〔美〕威廉·詹姆斯:《宗教经验种种》,尚新建译,北京:华夏出版社,2005年。

〔美〕李普曼:《当代美学》,北京:光明日报出版社,1986年。

〔美〕宇文所安:《中国文论:英译与评论》,王柏华译,上海:上海社会科学出版社 ,2003年。

**R**

〔日〕笠原仲二:《古代中国人的美意识》,魏常海译,北京:北京大学出版社,1987年。

〔日〕镰田茂雄:《简明中国佛教史》,郑彭年译,上海:上海译文出版社,1986年。

〔日〕小尾郊一:《中国文学中所表现的自然与自然观》,邵毅平译,上海:上海古籍出版社,1989年。

〔日〕村田靖子:《佛像的系谱 从犍陀罗到日本——相貌表现与华丽的悬裳座的历史》,金申译,上海:上海辞书出版社,2002年。

〔日〕镰田茂雄:《简明中国佛教史》,上海:上海译文出版社,1986年。

〔日〕今道友信:《关于美》,哈尔滨:黑龙江人民出版社,1983年。

**S**

〔前苏联〕约·阿·克雷维列夫:《宗教史》,王先睿等译,北京:中国社会科学出版社,1984年。

〔前苏联〕德·莫·乌格里罗维奇:《艺术与宗教》,王先睿、李鹏增译,北京:生活·读书·新知三联书店,1987年。

**Y**

〔意〕翁贝尔托·埃科:《符号学与语言哲学》,王天清译,天津:百花文艺出版社，2006年。

〔英〕罗素：《西方哲学史》，何兆武、李约瑟译，北京：商务印书馆，1963年。

〔英〕渥德尔：《印度佛教史》，王世安译，北京：商务印书馆，1987年。

〔英〕霍克斯：《结构主义和符号学》，瞿铁鹏译，上海：上海译文出版社，1987年。

〔英〕马林诺夫斯基：《巫术科学宗教与神话》，李安宅编译，上海：上海文艺出版社影印本，1987年。

〔英〕弗雷泽：《金枝》，徐育新等译，北京：大众文艺出版社，1998年。

〔英〕李约瑟：《中国科学技术史》，北京：科学出版社、上海：上海古籍出版社，1990年。

〔英〕李约瑟：《中国古代科学思想史》，南昌：江西人民出版社，1990年。

# 后　记

这本书是我们承担的国家社会科学基金项目“中国中古宗教意识形态与自然审美观研究”(编号 07XZX009)的最终研究成果。全书由我提出基本的研究思路、撰写提纲和最终修改定稿。具体分工如下:第一章“绪论”、第六章的第一节“中古画论中的佛学思想”和第八章“结语”由我撰写;第二章“黄老思想与自然审美观”由萧砚凌撰写;第三章“董仲舒的神学自然观”由刘敏撰写;第四章“六家七宗与魏晋自然审美观”由汪祎撰写;第五章“中古道教神仙思想与自然审美观”由郑希撰写;第六章“中古绘画中的佛学思想及其自然审美观”的第二节、第三节和第四节由杨莹撰写;第七章“《文心雕龙》的自然审美观”由邱明丰撰写。在课题的研究过程中,刘敏教授协助我做了不少相关的研究工作。

我一直认为,在中国传统美学的研究中,对中国美学的自然精神的研究似显薄弱,而关于中国中古美学的研究又大多集中在佛教与美学、道教与美学、玄学与美学和自然山水美学或诗赋、音乐、绘画、书法美学的研究上。从中国中古宗教意识形态的维度,对这一时期自然审美观念的形成和发展作整体的考察,恐有助于改变这一现状。基于这个目的,由我作为课题负责人、刘敏等作为主研成员在四年前申报了“中国中古宗教意识形态与自然审美观研究”的国家社会科学基金项目并获得批准。

我们在继承和借鉴朱光潜、宗白华等老一辈美学家和当前学术界已有研究成果的基础上，运用马克思主义宗教观等基本理论，吸收当代美学和宗教学研究的新观点、新思想，在尽可能搜集、分析相关原典材料的基础上，注重相关理论的表现形式，并且努力“探寻这些形式的内在联系”(《马克思恩格斯文集》第五卷马克思《资本论》第二版跋，人民出版社，2009 年 12 月第 1 版，第 21 页)，将中国中古时期的自然审美观放在一个新的文化视域中进行考察，试图从整体上反映中古时期宗教意识形态与自然审美观的交融过程。从这个交融过程中似可看出中古美学的发展规律，即在本土固有文化与外来文化的冲撞融合中，中国传统美学的自然审美观已经开始从神学的自然观转变为审美的自然观，从人的自我的丧失转变为对自我的肯定，并由此确立了对自然的审美关系。

该研究成果似将有补于中古美学研究的某些薄弱环节，特别是为“中国美学的自然精神”的研究提供一些新的材料和新的观点，也为当代实践存在论美学、生态美学、环境美学和自然美学的研究提供一点历史的借鉴。

本书中的某些内容，例如“人是精神物与晋宋之际自然审美观的形成”，我曾于 2010 年 8 月在北京大学举行的第十八届世界美学大会的“自然美学”专题研讨会上进行了演讲，并发表在《北京大学学报》2010 年第 4 期上；“王弼的‘自然’说与魏晋自然审美观的发展”发表在《社会科学研究》2011 年第 5 期上；刘敏教授的“曹丕的宗教意识与文学观念”、“由人向天的提升——董仲舒‘天’之观念的神学意义”分别发表在《宗教学研究》2008 年第 3 期和《西南民族大学学报》2011 年第 3 期上。

我们在研究中借鉴了一些当代学者相关的研究成果，除了在书中随文标注外，特在此向有关学者表示真诚的感谢！

本课题的研究和本书的出版，得到了四川师范大学科研处、文学院和四川师大电子出版社各位领导的关心、帮助和支持，我们在此表示衷心的感谢！

由于我们的研究水平有限，书中恐有一些不足之处，还请读者多加指教。

钟仕伦

2012年7月28日于成都

**图书在版编目(CIP)数据**

中古宗教与自然审美/钟仕伦等著. —北京:商务印书馆,2012
ISBN 978-7-100-08883-1

Ⅰ.①中… Ⅱ.①钟… Ⅲ.①美学—研究—中国—中古 Ⅳ.①B83-092

中国版本图书馆CIP数据核字(2012)第016266号



**中古宗教与自然审美**
钟仕伦 刘敏 等著

商务印书馆出版
(北京王府井大街36号 邮政编码100710)
商务印书馆发行
北京瑞古冠中印刷厂印刷
ISBN 978-7-100-08883-1

2012年12月第1版 开本850×1168 1/32
2012年12月北京第1次印刷 印张18¼
定价:48.00元